핀란드 2학년 수학 교과서

__________ 초등학교 _____ 학년 _____ 반

이름 ____________________

QR코드를 스캔하면 놀이 수학
동영상을 보실 수 있습니다.

핀란드 2학년 수학 교과서 2-2 1권

초판 1쇄 발행 2021년 4월 5일
초판 4쇄 발행 2022년 9월 30일

지은이 마아리트 포슈박, 안네 칼리올라, 아르토 티카넨, 미이아-리이사 바네우스
그린이 마이사 라야마키-쿠코넨 **옮긴이** 이경희
펴낸이 정혜숙 **펴낸곳** 마음이음

책임편집 이금정 **디자인** 디자인서가
등록 2016년 4월 5일(제2018-000037호)
주소 03925 서울시 마포구 월드컵북로 402 9층 917A호(상암동 KGIT센터)
전화 070-7570-8869 **팩스** 0505-333-8869
전자우편 ieum2016@hanmail.net
블로그 https://blog.naver.com/ieum2018

ISBN 979-11-89010-57-7 64410
979-11-89010-56-0 (세트)

핀란드 2학년 수학 교과서

2-2

1권

글 마아리트 포슈박, 안네 칼리올라,
아르토 티카넨, 미이아-리이사 바네우스
그림 마이사 라야마키-쿠코넨
옮김 이경희(전 수학 교과서 집필진)

마음이음

핀란드 학생들이 수학도 잘하고 수학 흥미도가 높은 비결은?

우리나라 학생들이 수학 학업 성취도가 세계적으로 높은 것은 자랑거리이지만 수학을 공부하는 시간이 다른 나라에 비해 많은 데다, 사교육에 의존하고, 흥미도가 낮은 건 숨기고 싶은 불편한 진실입니다. 이러한 측면에서 사교육 없이 공교육만으로 국제학업성취도평가(PISA)에서 상위권을 놓치지 않는 핀란드의 교육 비결이 궁금하지 않을 수가 없습니다. 더군다나 핀란드에서는 숙제도, 순위를 매기는 시험도 없어 학교에서 배우는 수학 교과서 하나만으로 수학을 온전히 이해해야 하지요. 과연 어떤 점이 수학 교과서 하나만으로 수학 성적과 흥미도 두 마리 토끼를 잡게 한 걸까요?

- 핀란드 수학 교과서는 수학과 생활이 동떨어진 것이 아닌 친밀한 것으로 인식하게 합니다. 그래서 시간, 측정, 돈 등 학생들은 다양한 방식으로 수학을 사용하고 응용하면서 소비, 교통, 환경 등 자신의 생활과 관련지으며 수학을 어려워하지 않습니다.

- 교과서 국제 비교 연구에서도 교과서의 삽화가 학생들의 흥미도를 결정하는 데 중요한 역할을 한다고 했습니다. 핀란드 수학 교과서의 삽화는 수학적 개념과 문제를 직관적으로 쉽게 이해하도록 구성하여 학생들의 흥미를 자극하는 데 큰 역할을 하고 있습니다.

- 핀란드 수학 교과서는 또래 학습을 통해 서로 가르쳐 주고 배울 수 있도록 합니다. 교구를 활용한 놀이 수학, 조사하고 토론하는 탐구 과제는 수학적 의사소통 능력을 향상시키고 자기 주도적인 학습 능력을 길러 줍니다.

- 핀란드 수학 교과서는 창의성을 자극하는 문제를 풀게 합니다. 답이 여러 가지 형태로 나올 수 있는 문제, 스스로 문제 만들고 풀기를 통해 짧은 시간에 많은 문제를 푸는 것이 아닌 시간이 걸리더라도 사고하며 수학을 하도록 합니다.

- 핀란드 수학 교과서는 코딩 교육을 수학과 연계하여 컴퓨팅 사고와 문제 해결을 돕는 다양한 활동을 담고 있습니다. 코딩의 기초는 수학에서 가장 중요한 논리와 일맥상통하기 때문입니다.

핀란드는 국정 교과서가 아닌 자율 발행제로 학교마다 교과서를 자유롭게 선정합니다. 마음이음에서 출판한 『핀란드 수학 교과서』는 핀란드 초등학교 2190개 중 1320곳에서 채택하여 수학 교과서로 사용하고 있습니다. 또한 이웃한 나라 스웨덴에서도 출판되어 교과서 시장을 선도하고 있지요.

코로나로 인하여 온라인 수업과 재택 수업으로 학습 격차가 커지고 있습니다. 다행히 『핀란드 수학 교과서』는 우리나라 수학 교육 과정을 다 담고 있으며 부모님 가이드도 있어 가정 학습용으로 좋습니다. 자기 주도적인 학습이 가능한 『핀란드 수학 교과서』는 학업 성취와 흥미를 잡는 해결책이 될 수 있을 것으로 기대합니다.

이경희(전 수학 교과서 집필진)

추천의 글

수학은 흥미를 끄는 다양한 경험과 스스로 공부하려는 학습 동기가 있어야 좋은 결과를 얻을 수 있습니다. 국내에 많은 문제집이 있지만 대부분 유형을 익히고 숙달하는 데 초점을 두고 있으며, 세분화된 단계로 복잡하고 심화된 문제들을 다룹니다. 이는 학생들이 수학에 흥미나 성취감을 갖는 데 도움이 되지 않습니다.

공부에 대한 스트레스 없이도 국제학업성취도평가에서 높은 성과를 내는 핀란드의 교육 제도는 국제 사회에서 큰 주목을 받아 왔습니다. 이번에 국내에 소개되는 『핀란드 수학 교과서』는 스스로 공부하는 학생을 위한 최적의 학습서입니다. 다양한 실생활 소재와 풍부한 삽화, 배운 내용을 반복하여 충분히 익힐 수 있도록 구성되어 학생이 흥미를 갖고 스스로 탐구하며 수학에 대한 재미를 느낄 수 있을 것으로 기대합니다.

전국수학교사모임

수학 학습을 접하는 시기는 점점 어려지고, 학습의 양과 속도는 점점 많아지고 빨라지는 추세지만 학생들을 지도하는 현장에서 경험하는 아이들의 수학 문제 해결력은 점점 하향화되는 추세입니다. 이는 학생들이 흥미와 호기심을 유지하며 수학 개념을 주도적으로 익히고 사고하는 경험과 습관을 형성하여 수학적 문제 해결력과 사고력을 신장하여야 할 중요한 시기에, 빠른 진도와 학습량을 늘리기 위해 수동적으로 설명을 듣고 유형 중심의 반복적 문제 해결에만 집중한 결과라고 생각합니다.

『핀란드 수학 교과서』를 통해 흥미와 호기심을 유지하며 수학 개념을 스스로 즐겁게 내재화하고, 이를 창의적으로 적용하고 활용하는 수학 학습 태도와 습관이 형성된다면 학생들이 수학에 쏟는 노력과 시간이 높은 수준의 창의적 문제 해결력이라는 성취로 이어질 것입니다.

손재호(KAGE영재교육학술원 동탄본원장)

한국의 학생들에게

「핀란드 수학 교과서(Star Maths)」 시리즈를 펴낸 오타바(Otava) 출판사는 교재 전문 출판사로 120년이 넘는 역사를 지닌 명실상부한 핀란드의 대표 출판사입니다. 특히 「Star Maths」 시리즈는 핀란드 학교 현장의 수학 전문가들이 최신 핀란드 국립교육과정을 반영하여 함께 개발한 핀란드의 대표 수학 교과서입니다.

수 개념과 십진법을 이해하기 위한 탄탄한 기반을 제공하여 연산 능력을 키우고, 기본, 응용, 심화 문제 등 학생 개개인의 학습 차이를 다각도에서 고려하여 다양한 평가 문제를 실었습니다. 또한 친구 또는 부모님과 함께 놀이를 통해 문제 해결을 하며 수학적 즐거움을 발견하여 수학에 대한 긍정적인 태도를 갖도록 합니다.

한국의 학생들이 이 책과 함께 즐거운 수학 세계로 여행을 떠나길 바랍니다.

마아리트 포슈박, 안네 칼리올라, 아르토 티카넨,
미이아-리이사 바네우스(STAR MATHS 공동 저자)

이 책의 구성

핀란드 수학 교과서, 왜 특별할까?

- 수학과 연계하여 컴퓨팅 사고와 문제 해결력을 키워 줘요.
- 교구를 활용한 놀이 수학을 통해 수학 개념을 이해시켜요.

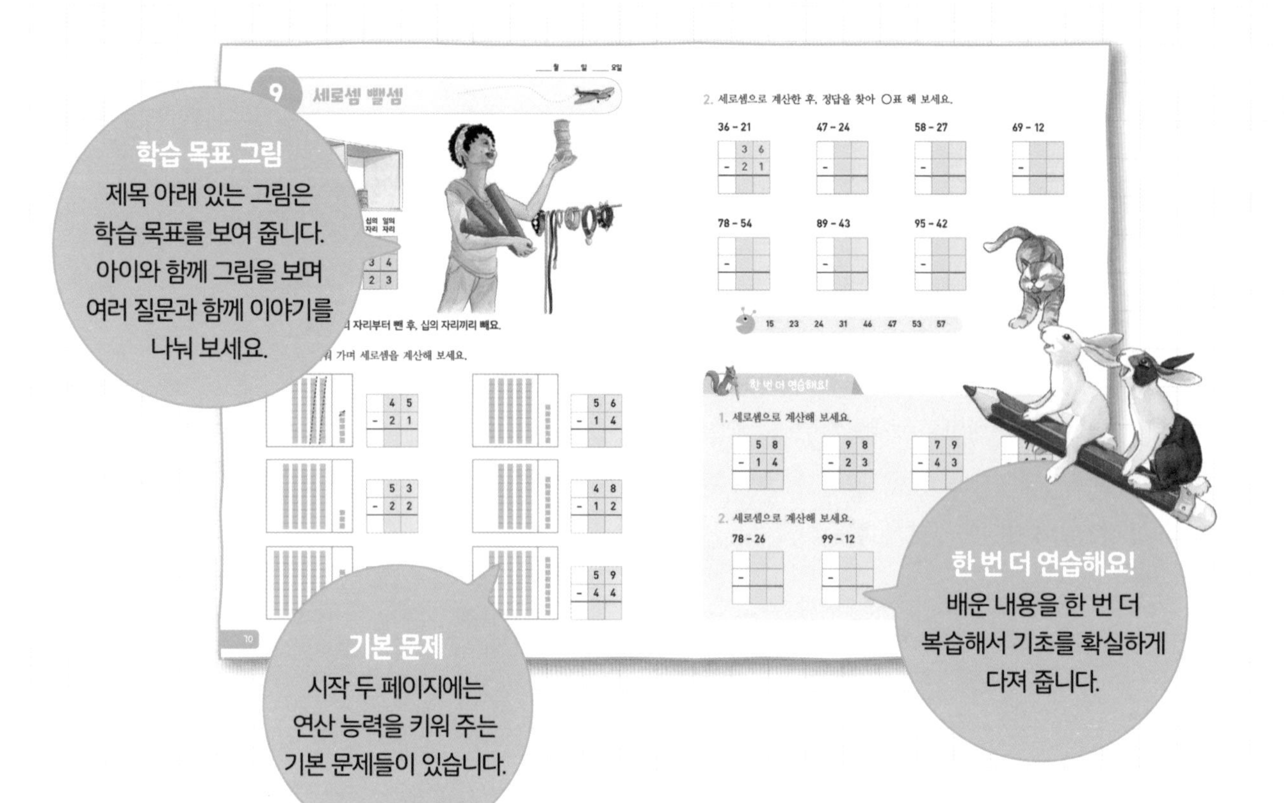

학습 목표 그림
제목 아래 있는 그림은 학습 목표를 보여 줍니다. 아이와 함께 그림을 보며 여러 질문과 함께 이야기를 나눠 보세요.

기본 문제
시작 두 페이지에는 연산 능력을 키워 주는 기본 문제들이 있습니다.

한 번 더 연습해요!
배운 내용을 한 번 더 복습해서 기초를 확실하게 다져 줍니다.

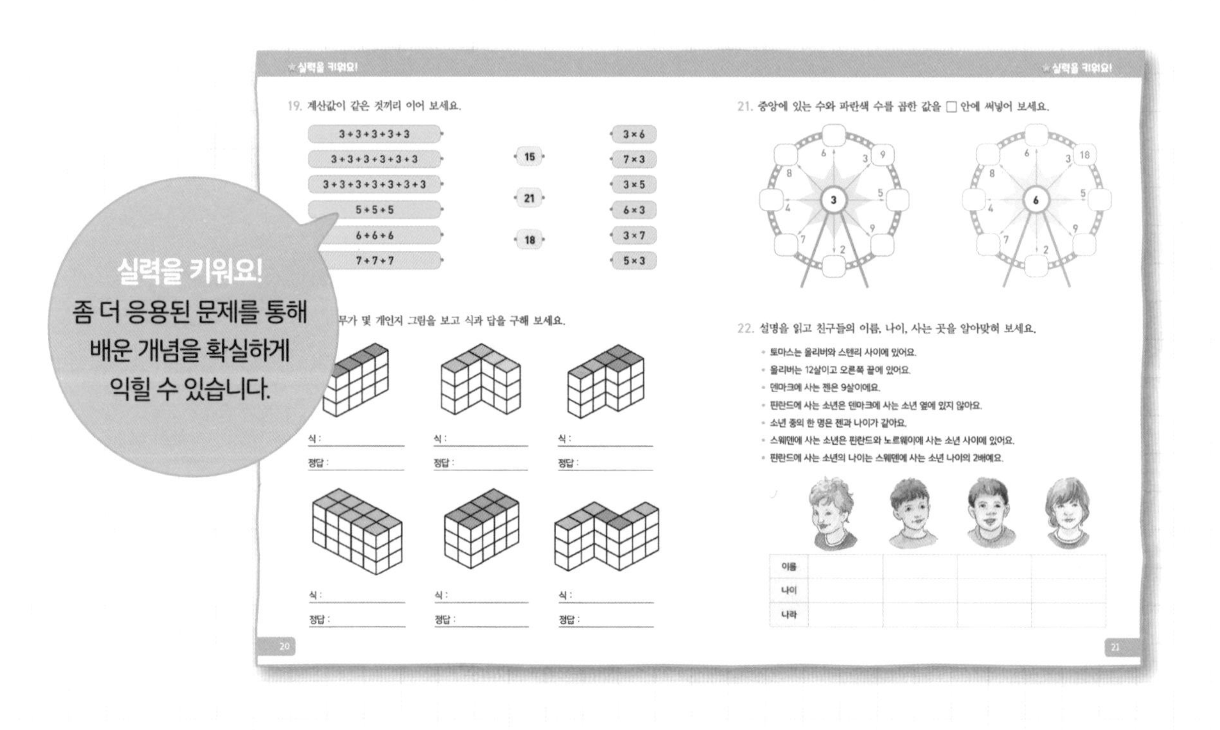

실력을 키워요!
좀 더 응용된 문제를 통해 배운 개념을 확실하게 익힐 수 있습니다.

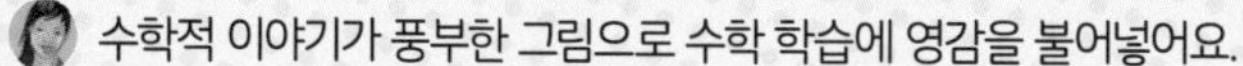

- 수학적 이야기가 풍부한 그림으로 수학 학습에 영감을 불어넣어요.
- 수학적 구조를 발견하고 이해하게 하여 수학 공식을 암기할 필요 없어요.
- 연산, 서술형, 응용과 심화, 사고력 문제가 한 권에 모두 들어 있어요.

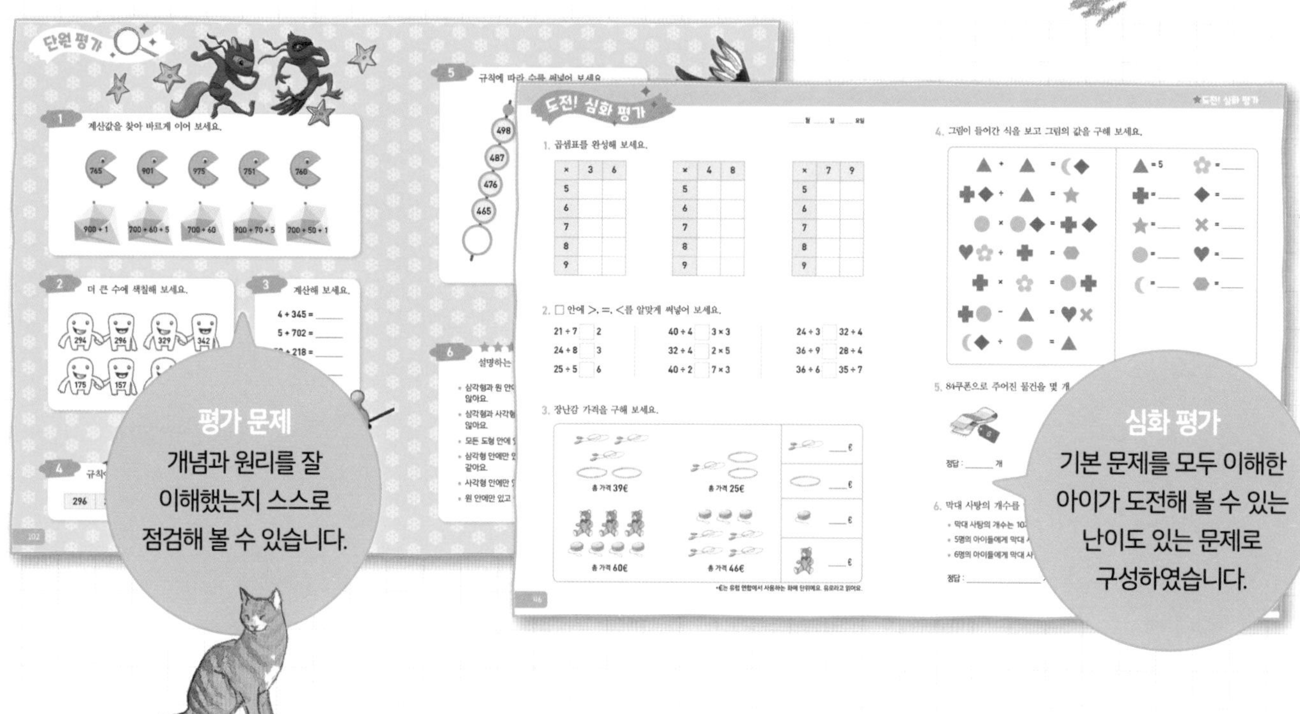

단원 평가
도전! 심화 평가
평가 문제
개념과 원리를 잘 이해했는지 스스로 점검해 볼 수 있습니다.
심화 평가
기본 문제를 모두 이해한 아이가 도전해 볼 수 있는 난이도 있는 문제로 구성하였습니다.

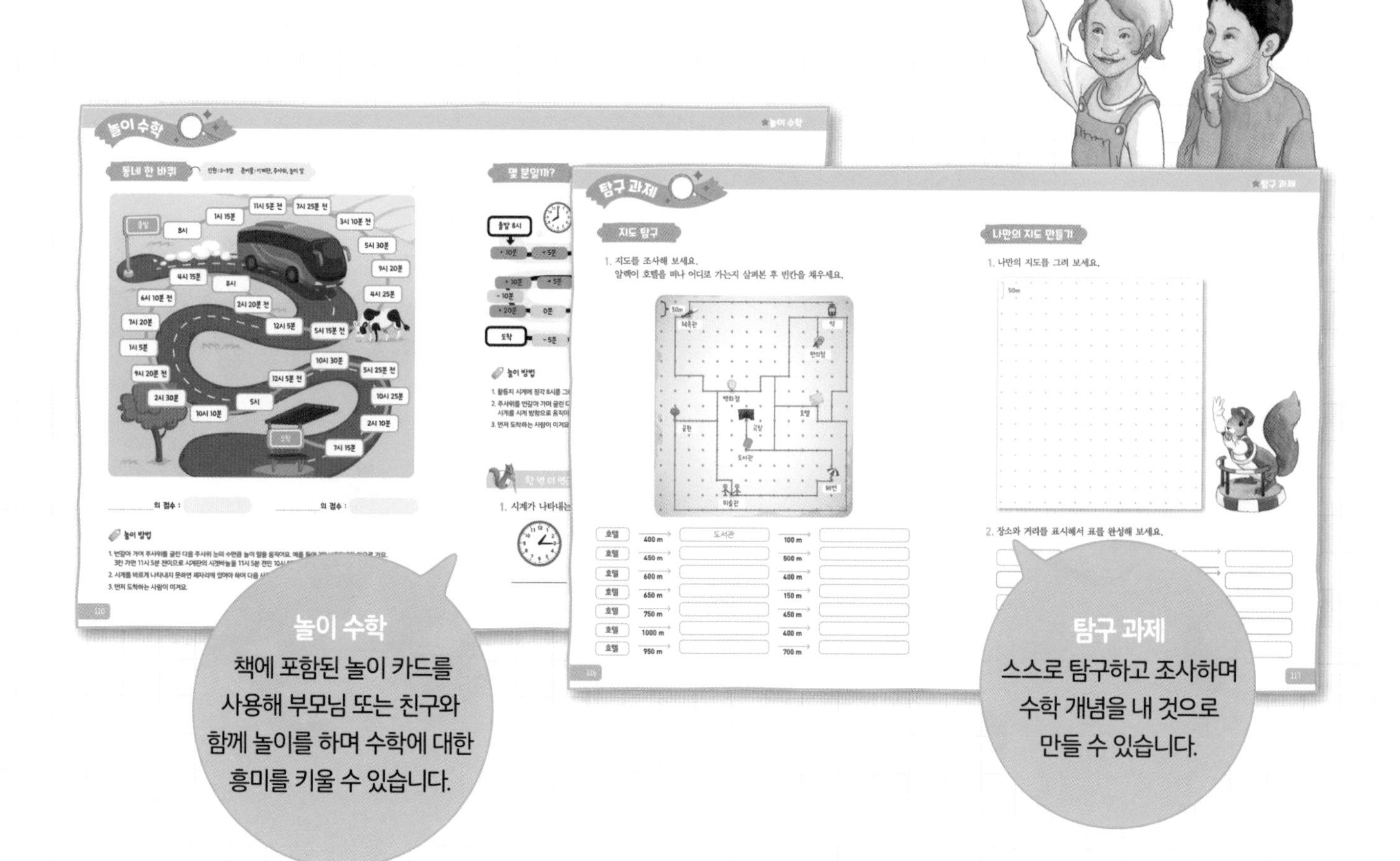

3 + 6 =
놀이 수학
탐구 과제
놀이 수학
책에 포함된 놀이 카드를 사용해 부모님 또는 친구와 함께 놀이를 하며 수학에 대한 흥미를 키울 수 있습니다.
탐구 과제
스스로 탐구하고 조사하며 수학 개념을 내 것으로 만들 수 있습니다.

차례

____월 ____일 ____요일

1 3단

1. 계산해 보세요.

$3 \times 0 =$ ______

$3 \times 1 =$ ______

$3 \times 2 =$ ______

$3 \times 3 =$ ______

$3 \times 4 =$ ______

$3 \times 5 =$ ______

$3 \times 6 =$ ______

$3 \times 7 =$ ______

$3 \times 8 =$ ______

$3 \times 9 =$ ______

$3 \times 10 =$ ______

2. 그림을 보고 곱셈식으로 나타내어 답을 구해 보세요.

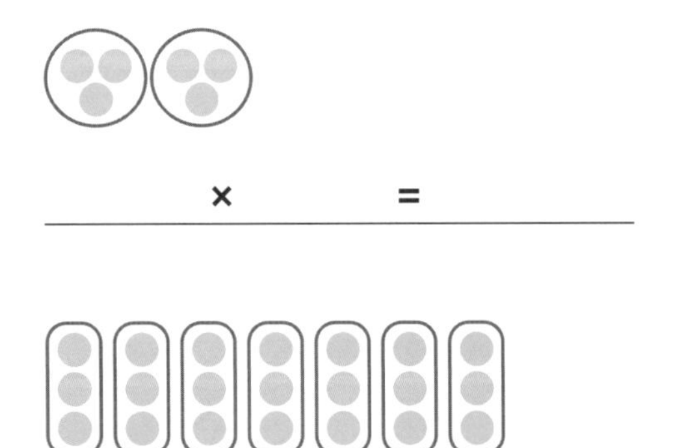

× =

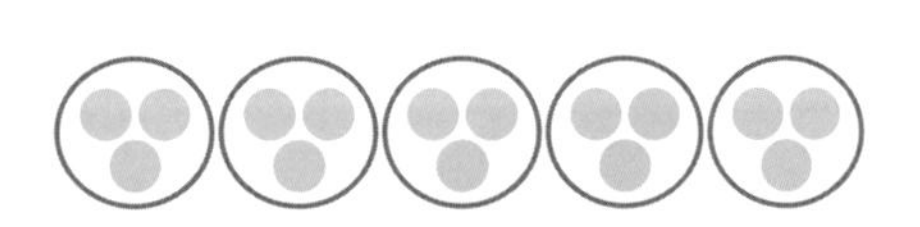

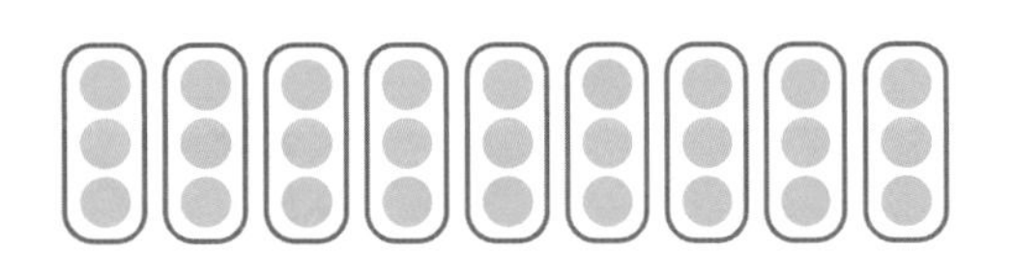

3. 그림으로 그린 후, 곱셈식을 쓰고 답을 구해 보세요.

3의 4배 ____________________

3의 6배 ____________________

4. 다람쥐는 3칸씩 뜀뛰기를 해요. 수직선을 따라 뜀뛰기를 하며 깃발에 3단을 써 보세요.

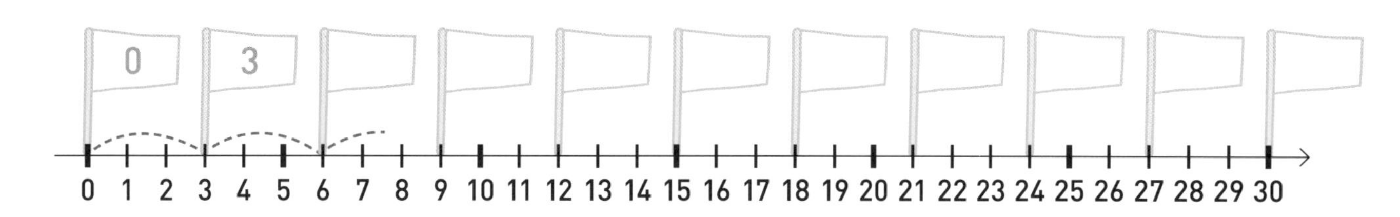

5. 계산해 보세요.

$3 \times 2 =$ ______

$3 \times 4 =$ ______

$3 \times 1 =$ ______

$3 \times 3 =$ ______

$7 \times 3 =$ ______

$9 \times 3 =$ ______

$3 \times$ ______ $= 15$

$3 \times$ ______ $= 12$

$3 \times$ ______ $= 30$

한 번 더 연습해요!

1. 계산해 보세요.

$3 \times 6 =$ ______

$3 \times 3 =$ ______

$3 \times 9 =$ ______

$3 \times 10 =$ ______

$2 \times 3 =$ ______

$5 \times 3 =$ ______

$7 \times 3 =$ ______

$8 \times 3 =$ ______

2. 3단을 따라 점을 이어 보세요.

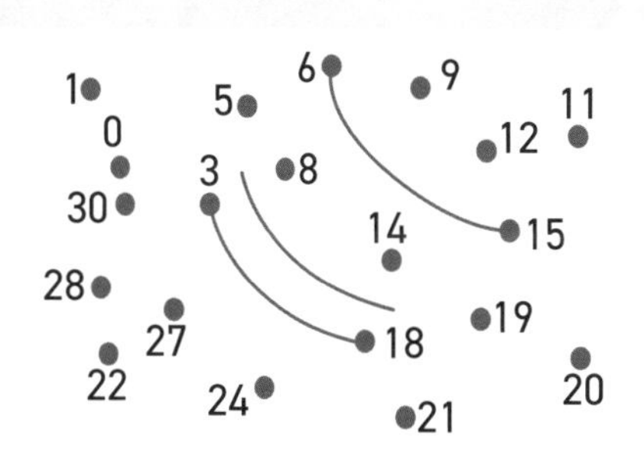

6. 규칙에 따라 수를 써넣어 보세요.

0	2		6						18	
0	3		9					24		
0		10			25	30				50
20	18		14					4		
30	27		21	18			9			0
100		80					30	20		

7. 계산값이 같은 것끼리 같은 색으로 색칠해 보세요.

8. □ 안에 >, =, <를 알맞게 써넣어 보세요.

3 × 3	□	10	3 × 2	□	4 + 2	3 × 4	□	13 − 2
3 × 5	□	15	3 × 9	□	8 + 19	3 × 8	□	32 − 8
3 × 8	□	21	3 × 6	□	8 + 9	3 × 0	□	8 − 7

9. 그림이 들어간 식을 보고 그림의 값을 구해 보세요.

10. 아래 글을 읽고 주사위 눈을 그려 넣어 보세요.

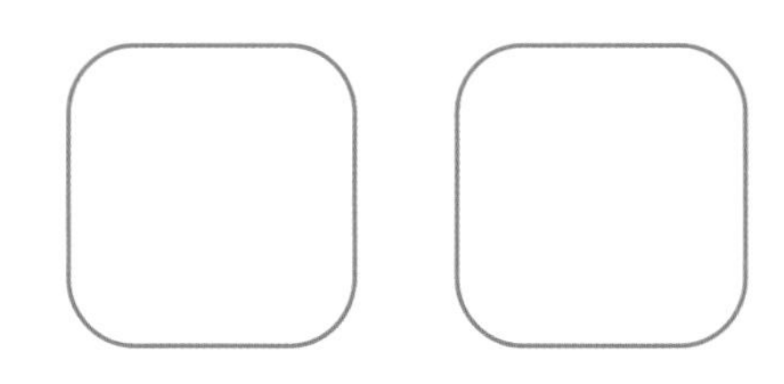

- 두 주사위 눈의 합은 9예요.
- 두 주사위 눈의 곱은 18이에요.
- 첫 번째 주사위 눈은 두 번째 주사위 눈의 수보다 작아요.

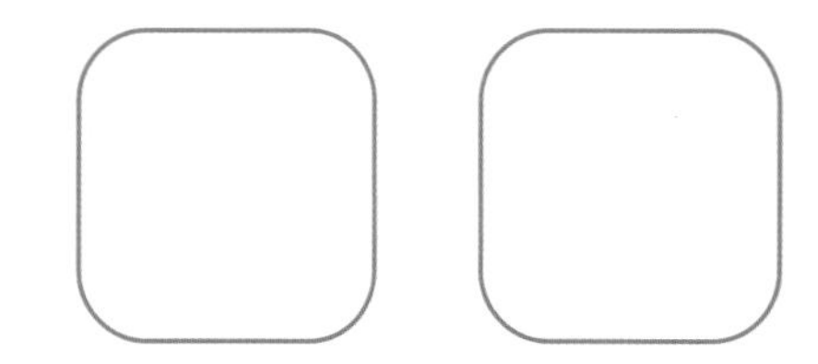

- 두 주사위 눈의 곱은 12예요.
- 두 주사위 눈의 차는 1이에요.
- 첫 번째 주사위 눈은 두 번째 주사위 눈의 수보다 커요.

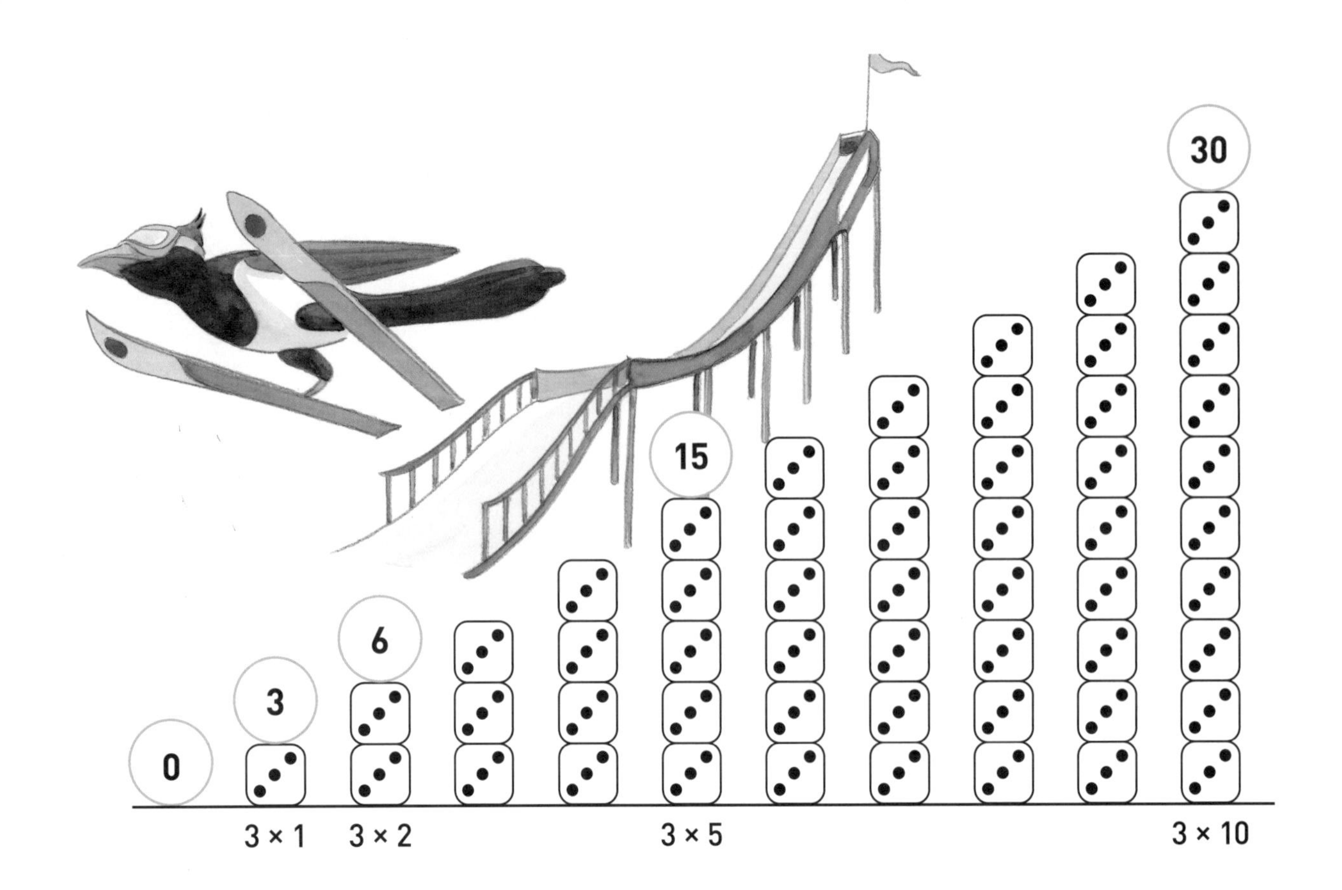

11. 계산해 보세요. 그림을 보고 풀어도 돼요.

3 × 3 = ______　　3 × 7 = ______　　3 × 4 = ______

3 × 6 = ______　　3 × 9 = ______　　3 × 8 = ______

12. 계산해 보세요.

3 × 2 + 3 = ______	3 × 5 + 3 = ______	3 × 5 + 6 = ______
3 × 3 = ______	3 × 6 = ______	3 × 7 = ______
3 × 5 − 3 = ______	3 × 10 − 3 = ______	3 × 10 − 6 = ______
3 × 4 = ______	3 × 9 = ______	3 × 8 = ______

13. 계산해 보세요.

3 × 6 = ______　　3 × 7 = ______　　3 × 9 = ______

6 × 3 = ______　　7 × 3 = ______　　9 × 3 = ______

14. 그림으로 그린 후, 곱셈식을 쓰고 답을 구해 보세요.

① 축구 선수를 5그룹으로 나누었어요. 한 그룹에 3명씩 있다면 축구 선수는 모두 몇 명인가요?

식 : ______

정답 : ______

② 야구 선수를 3그룹으로 나누었어요. 한 그룹에 8명씩 있다면 야구 선수는 모두 몇 명인가요?

식 : ______

정답 : ______

③ 학생 7명이 눈사람을 3개씩 만들었어요. 학생들이 만든 눈사람은 모두 몇 개인가요?

식 : ______

정답 : ______

④ 학생 3명이 팽이를 9개씩 만들었어요. 학생들이 만든 팽이는 모두 몇 개인가요?

식 : ______

정답 : ______

한 번 더 연습해요!

1. 학생들을 6그룹으로 나누었어요. 한 그룹에 3명씩 있다면 학생들은 모두 몇 명인가요?

식 : ______

정답 : ______

2. 계산해 보세요.

$3 \times 2 + 3 =$ ______

$3 \times 3 =$ ______

$3 \times 9 - 3 =$ ______

$3 \times 8 =$ ______

15. 그림을 보고 덧셈식과 곱셈식으로 나타낸 후 계산해 보세요.

300원+300원 = 　　　원

300원×2 = 　　　원

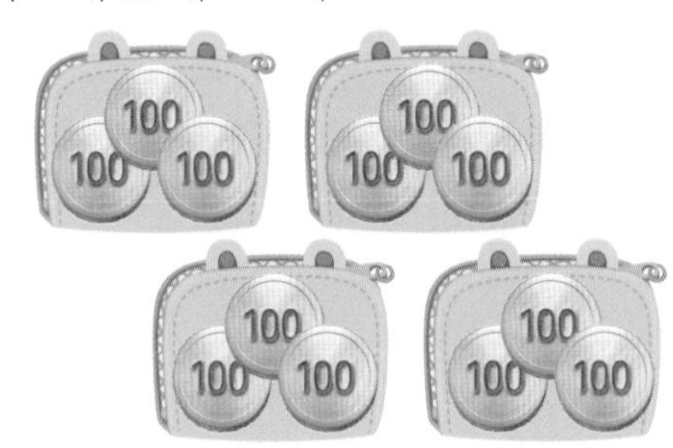

16. 계산한 후 정답에 해당하는 색을 칠해 보세요.

12 ● 18 ● 24 ●

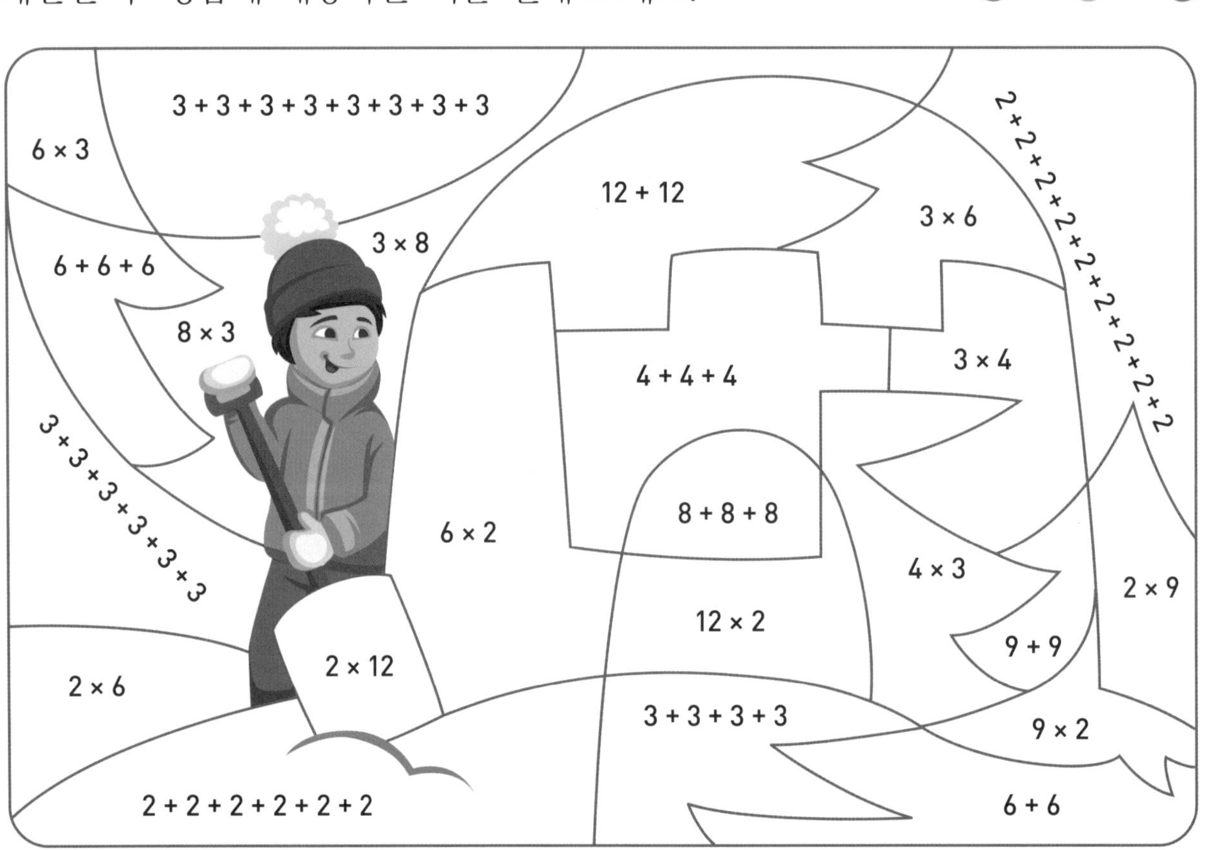

17. 아래 글을 읽고 참, 거짓을 표시해 보세요.

	참	거짓
❶ 2단의 모든 수는 짝수예요.	☐	☐
❷ 3단의 모든 수는 홀수예요.	☐	☐
❸ 18은 2단과 3단에서 찾을 수 있어요.	☐	☐
❹ 25는 3단과 5단에서 찾을 수 있어요.	☐	☐
❺ 10단은 5단에서도 찾을 수 있어요.	☐	☐
❻ 2의 10배는 3의 10배보다 커요.	☐	☐

18. 그림이 들어간 표를 보고 그림의 값을 구해 보세요.

					28
					23
					29
					30
					28
29	34	26	15	34	

= ______ 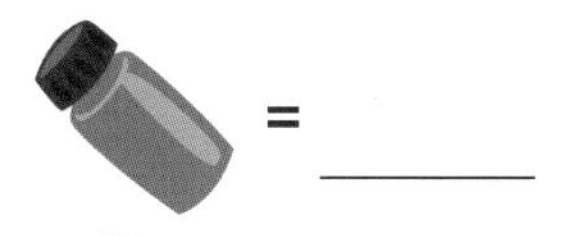 = ______ 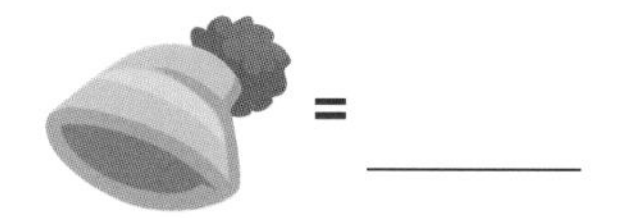 = ______

= ______ = ______ = ______

19. 계산값이 같은 것끼리 이어 보세요.

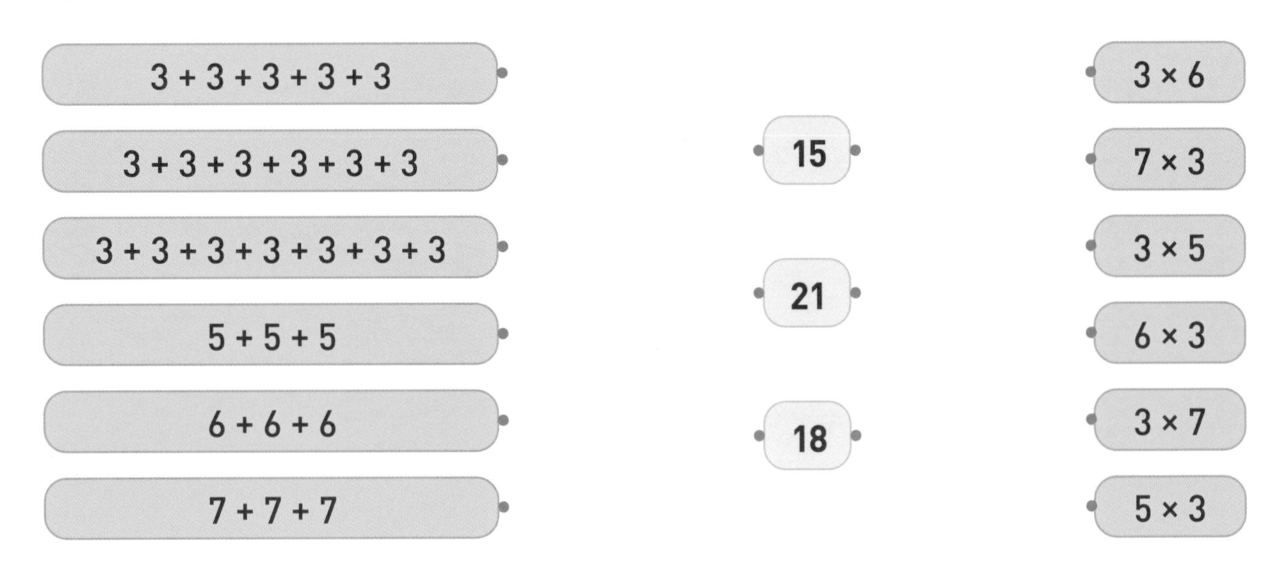

3 + 3 + 3 + 3 + 3
3 + 3 + 3 + 3 + 3 + 3
3 + 3 + 3 + 3 + 3 + 3 + 3
5 + 5 + 5
6 + 6 + 6
7 + 7 + 7
15
21
18
3 × 6
7 × 3
3 × 5
6 × 3
3 × 7
5 × 3

20. 쌓기나무가 몇 개인지 그림을 보고 식과 답을 구해 보세요.

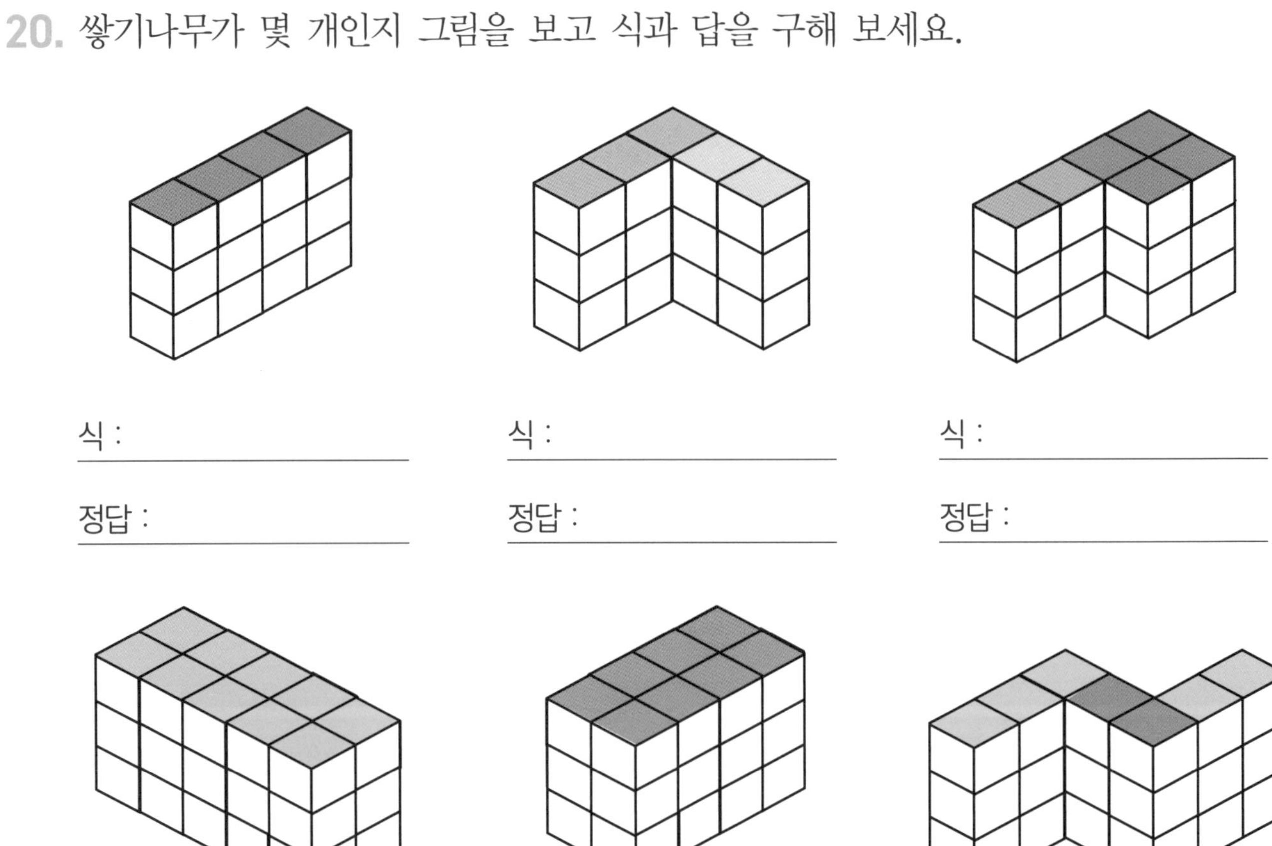

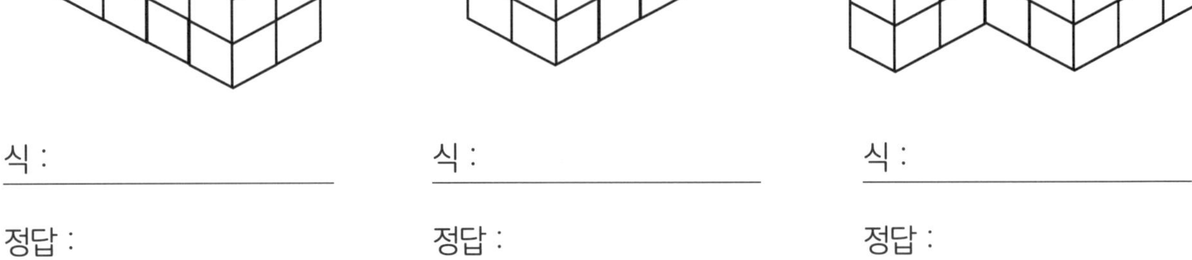

21. 중앙에 있는 수와 파란색 수를 곱한 값을 □ 안에 써넣어 보세요.

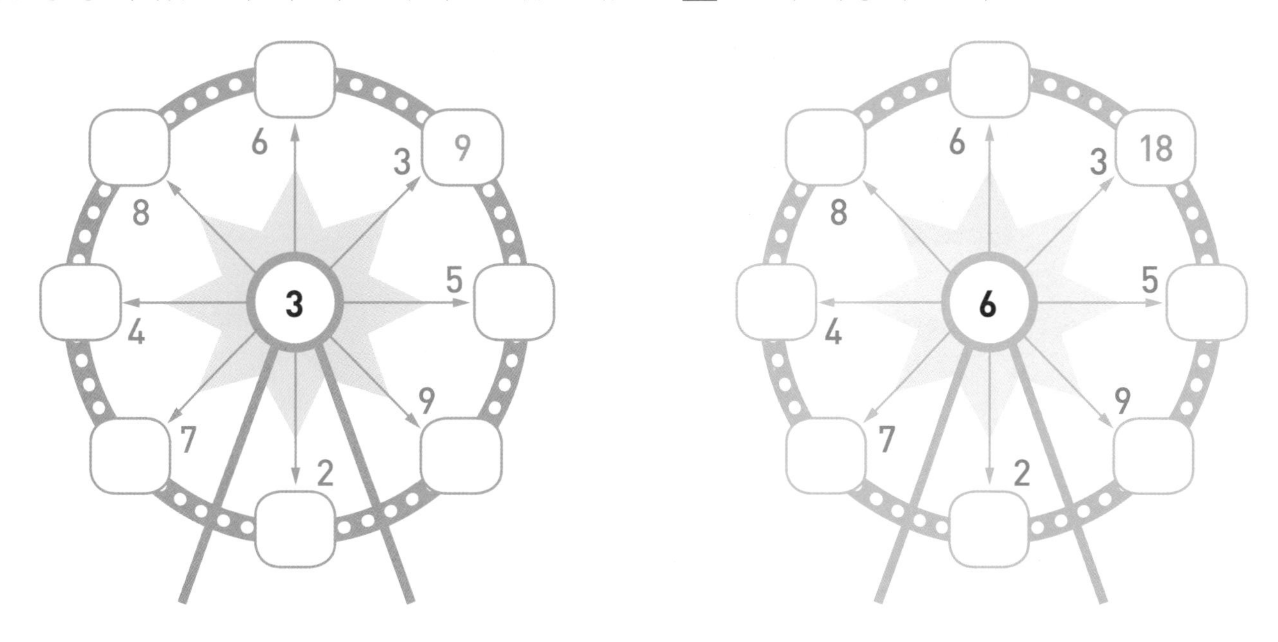

22. 설명을 읽고 친구들의 이름, 나이, 사는 곳을 알아맞혀 보세요.

- 토마스는 올리버와 스텐리 사이에 있어요.
- 올리버는 12살이고 오른쪽 끝에 있어요.
- 덴마크에 사는 젠은 9살이에요.
- 핀란드에 사는 소년은 덴마크에 사는 소년 옆에 있지 않아요.
- 소년 중의 한 명은 젠과 나이가 같아요.
- 스웨덴에 사는 소년은 핀란드와 노르웨이에 사는 소년 사이에 있어요.
- 핀란드에 사는 소년의 나이는 스웨덴에 사는 소년 나이의 2배예요.

이름				
나이				
나라				

2 4단

1. 계산해 보세요.

4 × 0 = ______
4 × 1 = ______
4 × 2 = ______
4 × 3 = ______
4 × 4 = ______
4 × 5 = ______
4 × 6 = ______
4 × 7 = ______
4 × 8 = ______
4 × 9 = ______
4 × 10 = ______

2. 그림을 보고 곱셈식으로 나타내어 답을 구해 보세요.

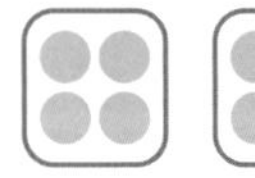

× =

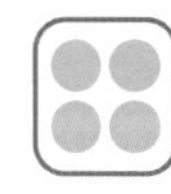
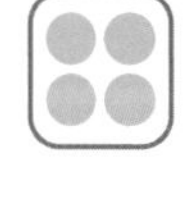
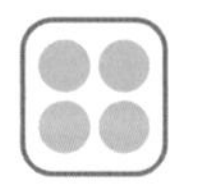
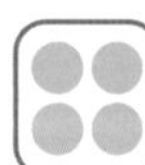
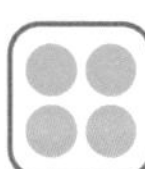
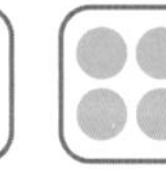

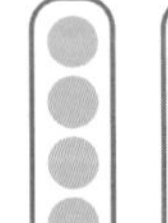
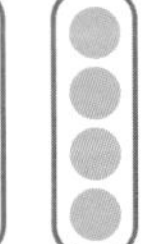
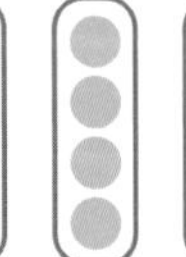
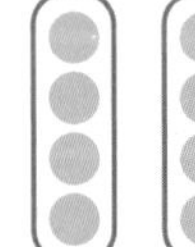
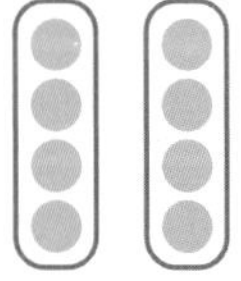

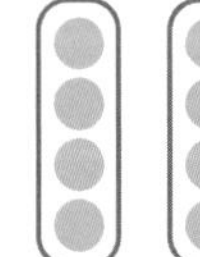
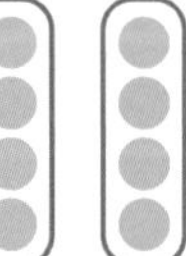
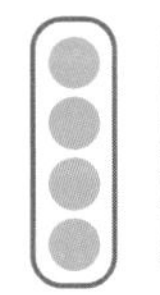
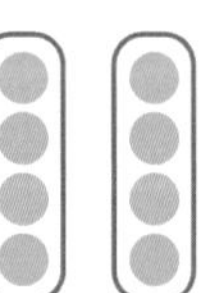
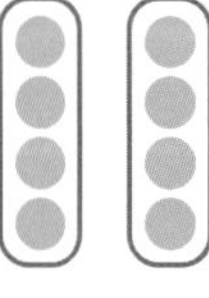

3. 그림으로 그린 후, 곱셈식을 쓰고 답을 구해 보세요.

4의 3배	4의 6배
________	________

4. 다람쥐는 4칸씩 뜀뛰기를 해요. 수직선을 따라 뜀뛰기를 하며 깃발에 4단을 써 보세요.

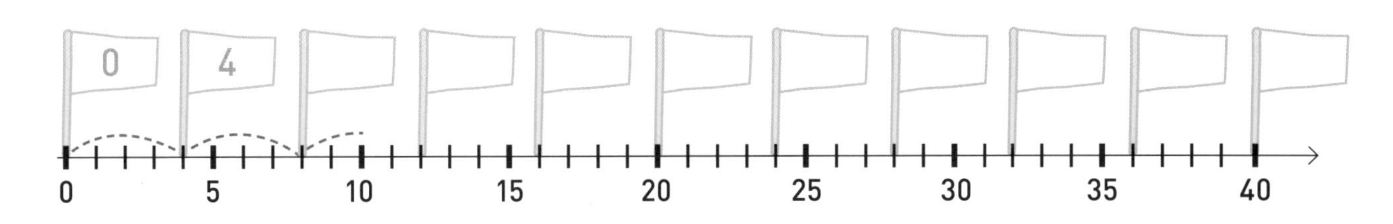

5. 계산해 보세요.

4 × 0 = ____	4 × 4 = ____	4 × ____ = 12
4 × 1 = ____	4 × 9 = ____	4 × ____ = 40
4 × 2 = ____	4 × 7 = ____	4 × ____ = 24

한 번 더 연습해요!

1. 계산해 보세요.

4 × 3 = ____	2 × 4 = ____
4 × 7 = ____	5 × 4 = ____
4 × 9 = ____	6 × 4 = ____
4 × 10 = ____	8 × 4 = ____

2. 4단을 따라 점을 이어 보세요.

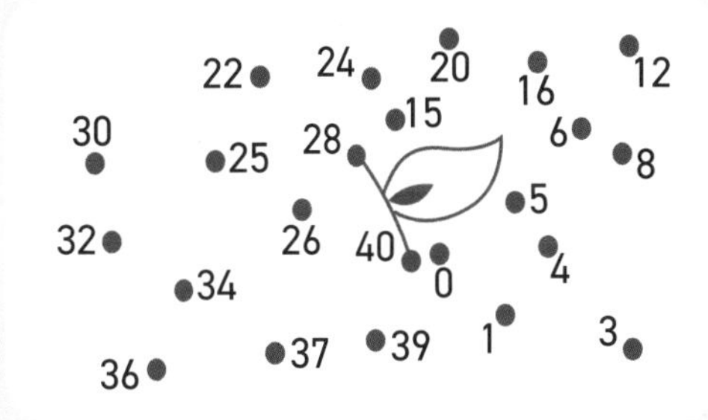

6. 계산값이 같은 것끼리 이어 보세요.

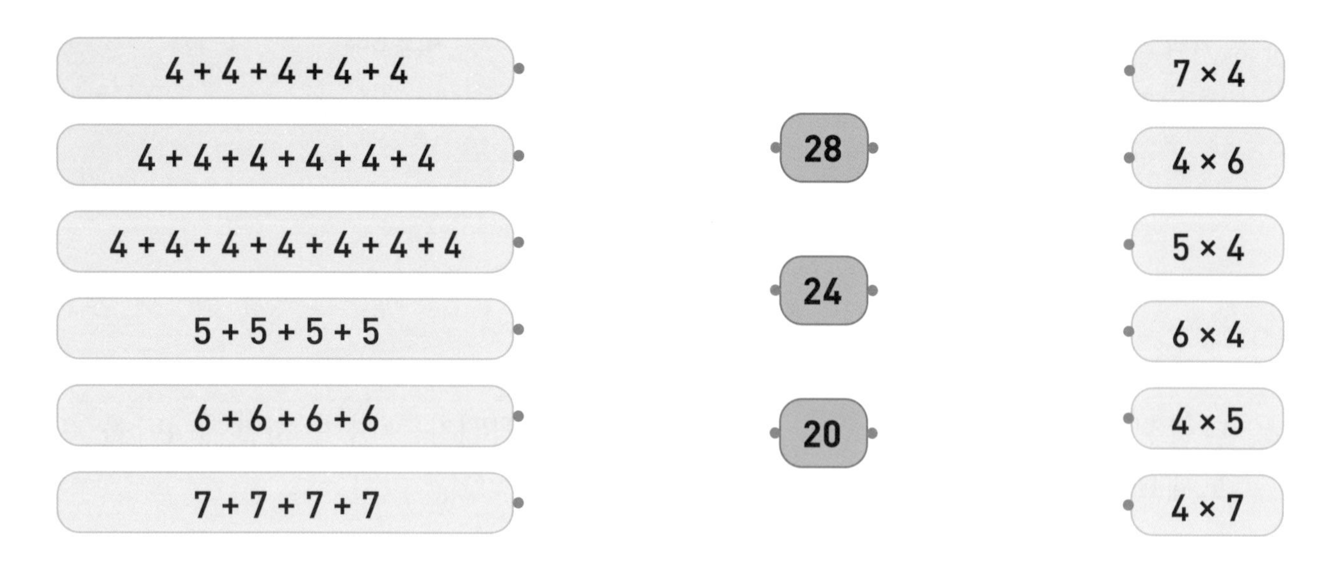

7. 계산한 후 정답에 해당하는 색을 칠해 보세요. 20 24 28

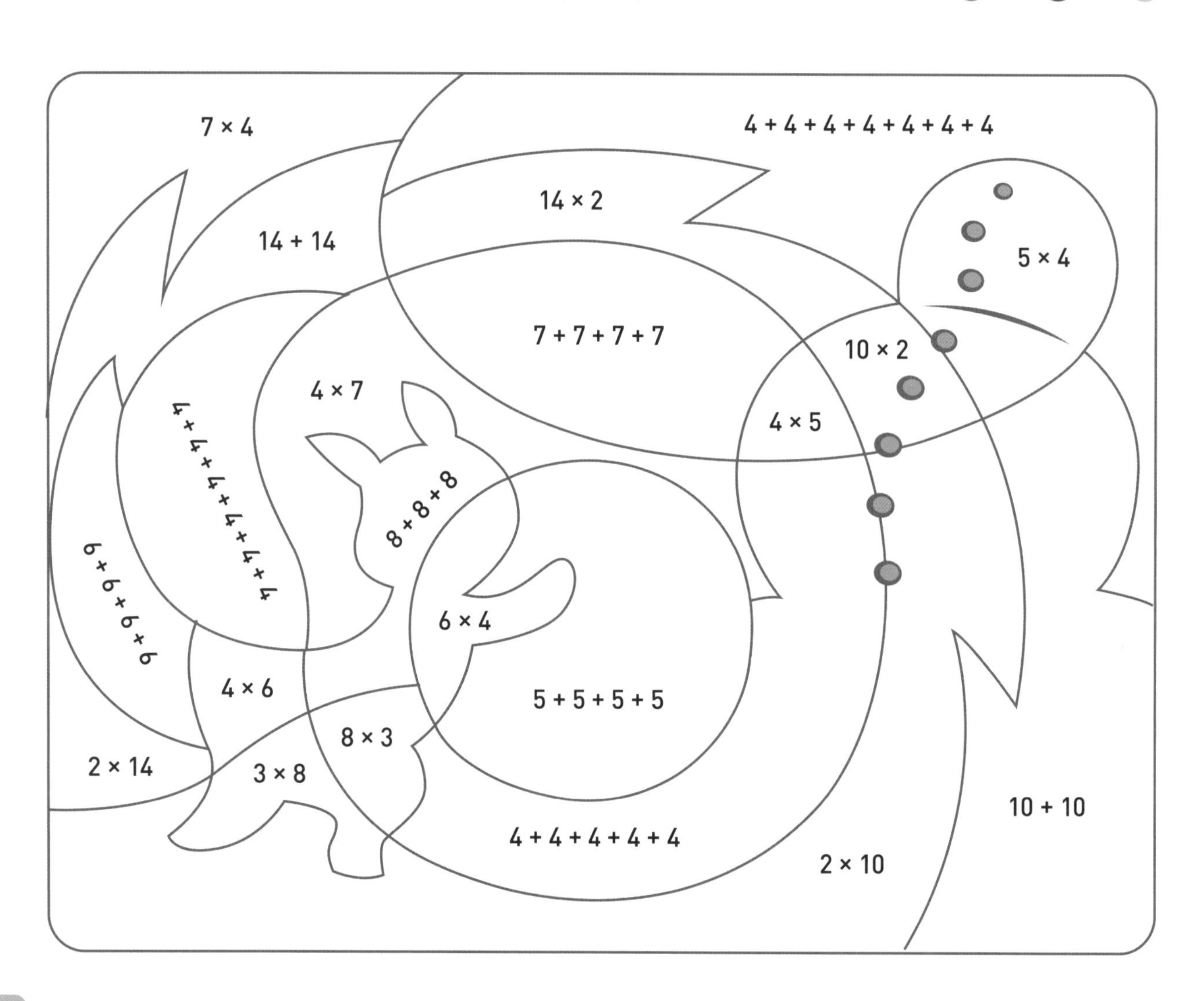

8. 빈칸에 알맞은 수를 구해 보세요.

3 × ______ = 2 × 6	8 × ______ = 4 × 4	4 × 2 = 2 × 2 × ______
3 × ______ = 4 × 6	5 × ______ = 4 × 5	4 × 8 = 2 × 2 × ______

9. 학생들이 생각하는 수를 맞혀 보세요.

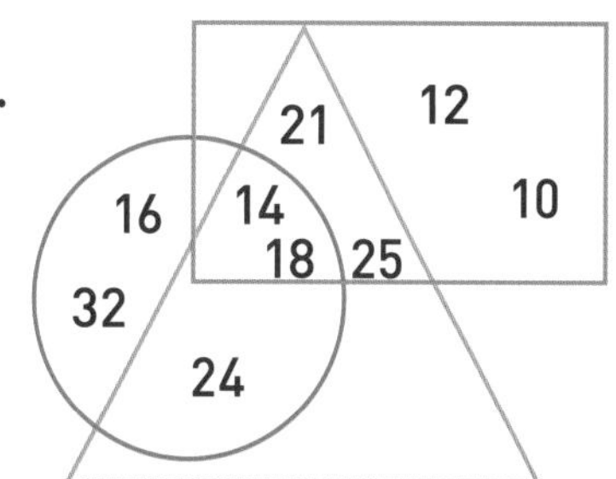

2단과 4단에서
찾을 수 있어.
원 안에 없어.

4단에서
찾을 수 있어. 그 숫자의
자리 수를 각각 더하면
5가 돼.

오로라의 수 ______

조세핀의 수 ______

3단에서 찾을 수 있어.
삼각형에는 있고
원에는 없어.

3단에서 찾을 수 있어.
사각형 안에 없어.

로라의 수 ______

마커스의 수 ______

같은 수를 곱한 값과 같아.
삼각형 안에 없어.

2단과 3단에서 찾을 수 있어.
원, 삼각형, 사각형 안에
모두 있어.

베니의 수 ______

윌리엄의 수 ______

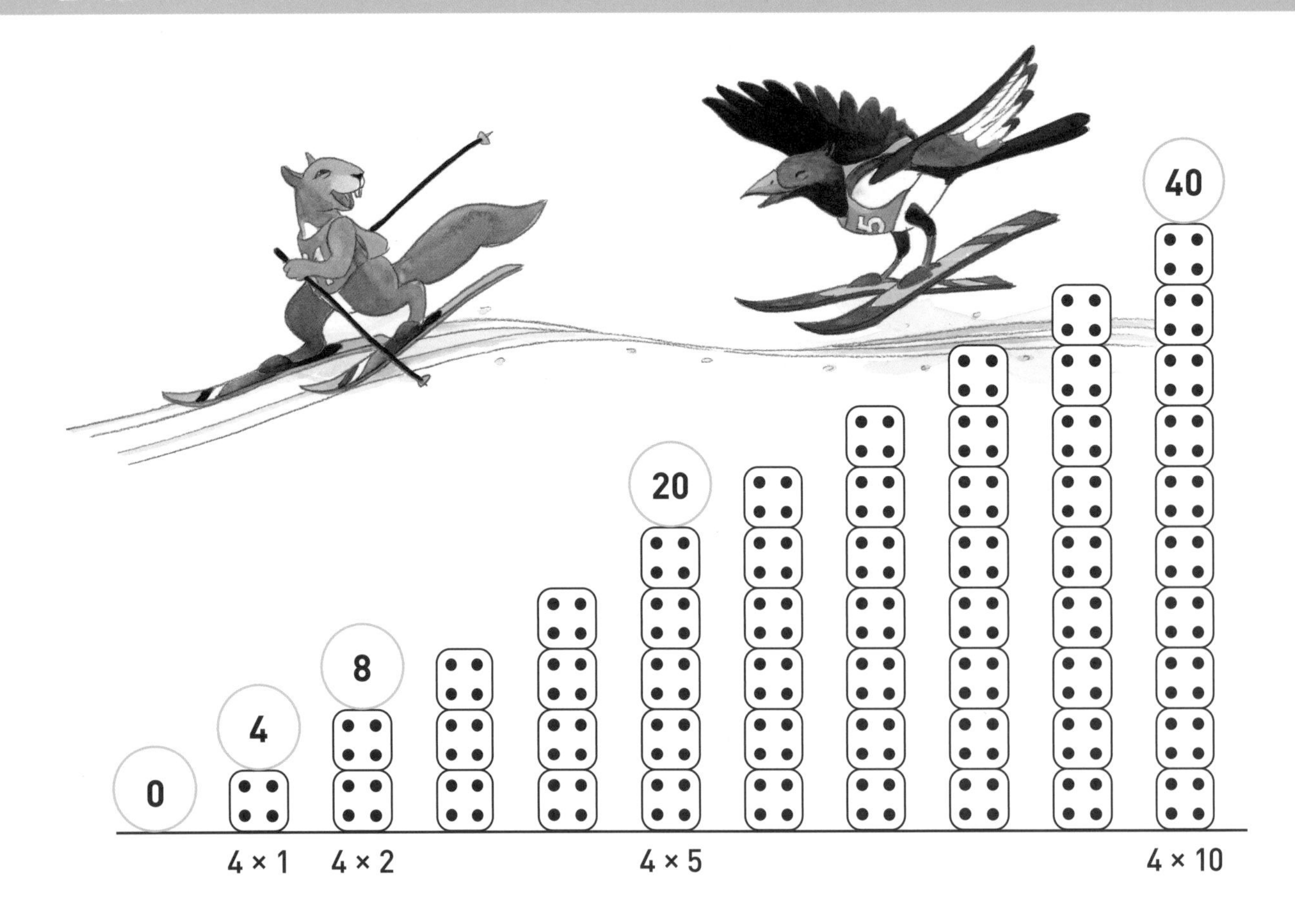

10. 계산해 보세요. 그림을 보고 풀어도 돼요.

4 × 3 = ______　　4 × 7 = ______　　4 × 4 = ______

4 × 6 = ______　　4 × 9 = ______　　4 × 8 = ______

11. 계산해 보세요.

4 × 2 + 4 = ______
4 × 3 = ______

4 × 5 − 4 = ______
4 × 4 = ______

4 × 5 + 4 = ______
4 × 6 = ______

4 × 10 − 4 = ______
4 × 9 = ______

4 × 5 + 8 = ______
4 × 7 = ______

4 × 10 − 8 = ______
4 × 8 = ______

12. 계산해 보세요.

4 × 6 = ______　　4 × 7 = ______　　4 × 9 = ______

6 × 4 = ______　　7 × 4 = ______　　9 × 4 = ______

13. 그림으로 그린 후, 곱셈식을 쓰고 답을 구해 보세요.

❶ 가게 안에 상자가 3개 있어요. 상자 1개당 공이 4개씩 들어 있어요. 상자에 있는 공은 모두 몇 개인가요?

식 :

정답 :

❷ 체육관 안에 바구니가 5개 있어요. 바구니 1개당 글러브가 4개씩 들어 있어요. 바구니에 있는 글러브는 모두 몇 개인가요?

식 :

정답 :

❸ 운동장에 7팀이 있어요. 각 팀마다 선수가 4명씩 있어요. 운동장에 있는 선수는 모두 몇 명인가요?

식 :

정답 :

❹ 가게에 상자가 4개 있어요. 상자 1개당 호박이 4개씩 들어 있어요. 상자에 있는 호박은 모두 몇 개인가요?

식 :

정답 :

한 번 더 연습해요!

1. 학생 6명이 공을 4개씩 가지고 있어요. 학생들이 가진 공은 모두 몇 개인가요?

식 :

정답 :

2. 계산해 보세요.

$4 \times 6 + 4 =$ ______

$4 \times 7 =$ ______

$4 \times 9 - 4 =$ ______

$4 \times 8 =$ ______

14. 그림을 보고 곱셈식을 2가지 방법으로 나타낸 후 계산해 보세요.

____ × ____ = ____

____ × ____ = ____

____

____

____

____

15. 아래 지시에 따라 토끼를 움직여 보세요. 지나간 길은 □ 안에 X표 해 보세요.

- ☒ 1
- ☒ 4
- □ 2
- □ 2
- □ 3
- □ 1
- □ 4
- □ 2
- □ 3
- □ 2
- □ 4
- □ 2

명령어

1 = 1칸 앞으로

2 = 2칸 앞으로

3 = 오른쪽으로 방향을 바꿔요.

4 = 왼쪽으로 방향을 바꿔요.

토끼가 찾은 것은 ______________

16. 빈칸에 알맞은 수를 구해 보세요.

$3 \times 4 =$ ______ $\times 6$

$6 \times 4 =$ ______ $\times 8$

$9 \times 2 =$ ______ $\times 3$

$6 \times 4 +$ ______ $= 7 \times 4$

$8 \times 3 +$ ______ $= 4 \times 8$

$9 \times 4 +$ ______ $= 3 \times 15$

$7 \times 4 -$ ______ $= 5 \times 4$

$9 \times 4 -$ ______ $= 8 \times 4$

$4 \times 9 -$ ______ $= 3 \times 8$

17. 아래 글을 읽고 주사위 눈을 바르게 그려 넣어 보세요.

- 세 주사위 눈을 합하면 13이에요.
- 가운데 주사위 눈의 수가 가장 커요.
- 양 끝 두 주사위 눈을 곱하면 16이에요.

- 가운데 주사위 눈의 수는 첫 번째 주사위 눈의 수와 같아요.
- 두 주사위 눈을 곱하면 24가 나와요.
- 마지막 주사위 눈의 수가 가장 작아요.

곱셈 놀이

인원 : 2명　준비물 : 주사위 2개, 2가지 색의 색연필

 **놀이 방법**

1. 순서를 정해 번갈아 가며 주사위 2개를 굴려요.
2. 두 주사위 눈의 수를 곱한 후, 그 값을 곱셈표에서 찾아 색칠하고 순서를 바꿔요.
3. 곱셈값을 못 찾거나, 이미 색칠되어 있어도 순서를 바꿔요.
4. 놀이를 10회까지 한 후 더 많은 칸을 색칠한 사람이 이겨요.

★ 111쪽 활동지로 한 번 더 놀이해요!

1	2	3	4	5	6
2	4	6	8	10	12
3	6	9	12	15	18
4	8	12	16	20	24
5	10	15	20	25	30
6	12	18	24	30	36

18. 그림을 보고 덧셈식과 곱셈식으로 나타낸 후 계산해 보세요.

200원+200원 = 　　　　원

200원×2 = 　　　　원

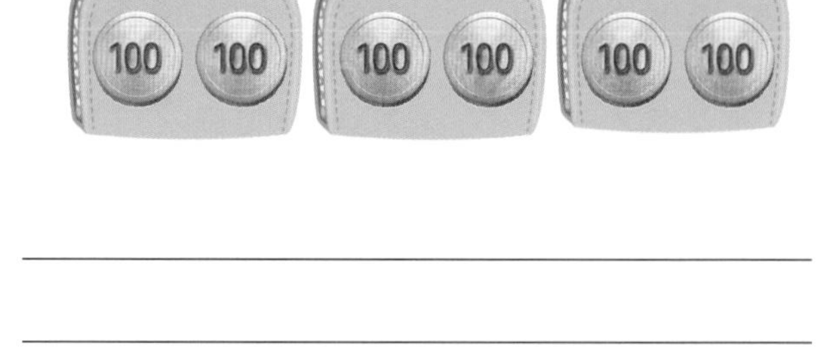

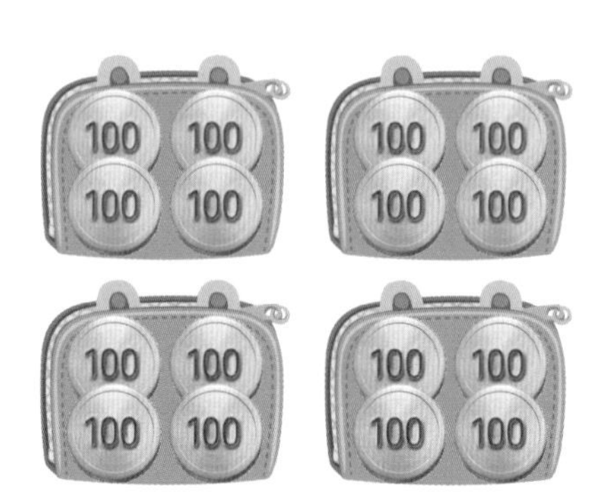

19. 그림으로 그린 후, 곱셈식을 쓰고 답을 구해 보세요.

❶ 지갑이 5개 있어요. 각 지갑마다 400원씩 들어 있어요. 지갑 5개에 든 돈은 모두 얼마인가요?

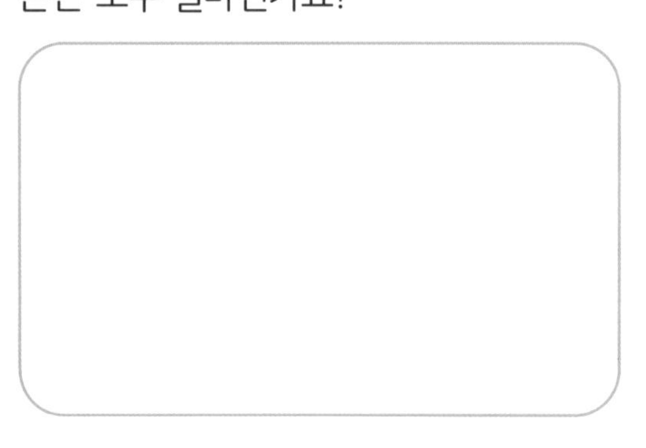

식 :

정답 :

❷ 지갑이 4개 있어요. 각 지갑마다 500원씩 들어 있어요. 지갑 4개에 든 돈은 모두 얼마인가요?

식 :

정답 :

20. 계산한 후 정답에 해당하는 알파벳을 찾아 써넣으세요.

8 × 5 = ______ ☐
3 × 4 = ______ ☐

8 × 3 = ______ ☐
9 × 4 = ______ ☐
4 × 7 = ______ ☐

9 × 2 = ______ ☐
8 × 4 = ______ ☐

5 × 4 = ______ ☐
4 × 6 = ______ ☐
8 × 3 = ______ ☐
4 × 1 = ______ ☐

2 × 4 = ______ ☐
4 × 4 = ______ ☐

2 × 9 = ______ ☐
2 × 6 = ______ ☐
4 × 9 = ______ ☐
5 × 3 = ______ ☐
4 × 0 = ______ ☐

4 × 3 = ______ ☐
4 × 5 = ______ ☐
2 × 8 = ______ ☐

6 × 3 = ______ ☐
6 × 2 = ______ ☐
4 × 10 = ______ ☐
7 × 4 = ______ ☐
3 × 6 = ______ ☐

0	4	8	12	15	16	18	20	24	28	32	36	40
Y	L	W	T	D	E	S	H	O	R	C	U	A

한 번 더 연습해요!

1. 지갑이 7개 있어요. 각 지갑마다 400원씩 들어 있어요. 지갑 7개에 든 돈은 모두 얼마인가요?

식 : ______________________

정답 : ______________________

2. 계산해 보세요.

4 × 3 = ______
4 × 7 = ______
4 × 9 = ______
4 × 6 = ______
4 × 5 = ______
4 × 4 = ______

21. 그림이 들어간 식을 보고 그림의 값을 구해 보세요.

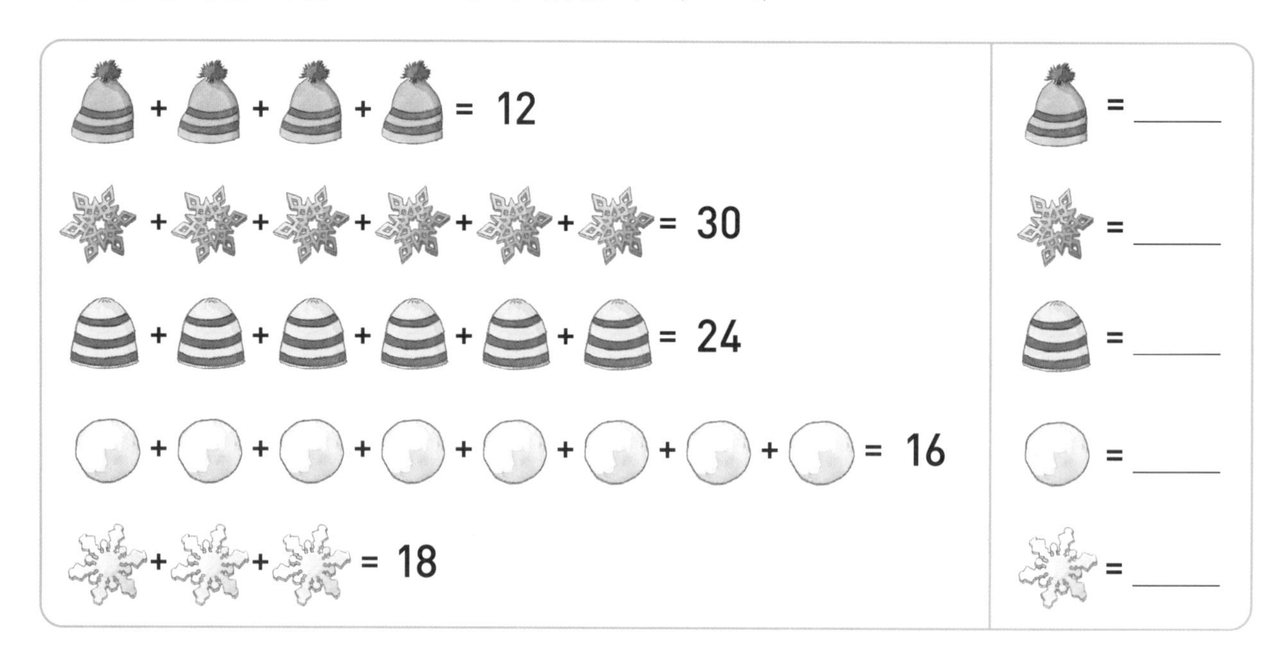

22. 표를 보고 알파벳을 찾아 써넣으세요.

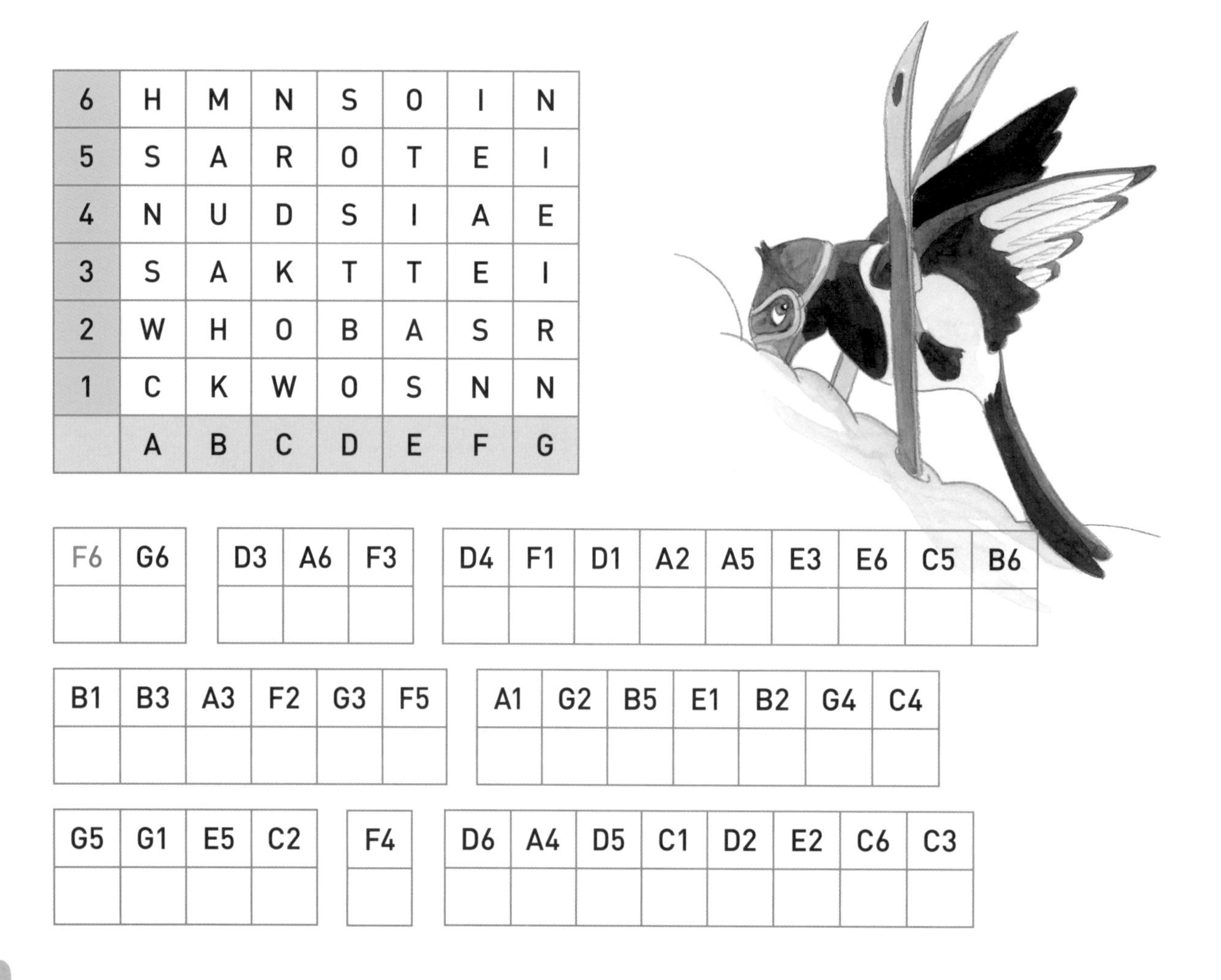

6	H	M	N	S	O	I	N
5	S	A	R	O	T	E	I
4	N	U	D	S	I	A	E
3	S	A	K	T	T	E	I
2	W	H	O	B	A	S	R
1	C	K	W	O	S	N	N
	A	B	C	D	E	F	G

F6	G6

D3	A6	F3

D4	F1	D1	A2	A5	E3	E6	C5	B6

B1	B3	A3	F2	G3	F5

A1	G2	B5	E1	B2	G4	C4

G5	G1	E5	C2

F4

D6	A4	D5	C1	D2	E2	C6	C3

23. □ 안에 >, =, <를 알맞게 써넣어 보세요.

5 × 4 □ 20	3 × 4 □ 9 + 5	4 × 6 □ 31 − 5
4 × 4 □ 15	8 × 4 □ 24 + 8	4 × 2 □ 35 − 30
9 × 4 □ 36	7 × 4 □ 18 + 9	4 × 9 □ 84 − 45

24. 중앙에 있는 수와 파란색 수를 곱한 값을 □ 안에 써넣어 보세요.

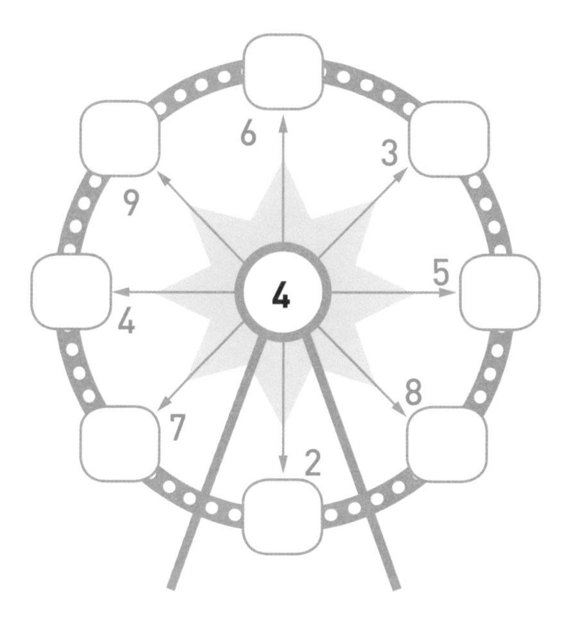

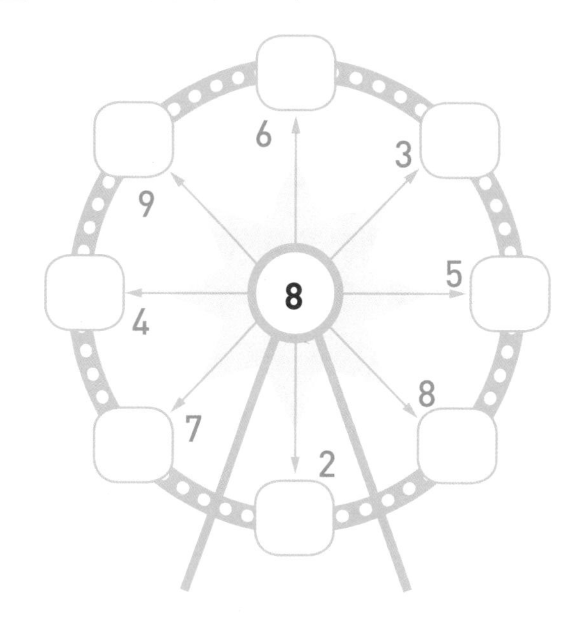

25. 아래 글을 읽고 인형의 주인을 알아맞혀 보세요.

- 마벨의 인형은 2단, 5단, 10단에서 찾을 수 있어요.
- 토니의 인형은 2단, 5단, 10단에서 찾을 수 있어요. 토니의 인형은 마벨 인형 수의 2배와 같아요.
- 오스카의 인형은 3단과 4단에서 찾을 수 있어요.
- 시에나의 인형은 3단과 4단에서 찾을 수 있어요. 이 수는 18보다 작아요.
- 앨리스의 인형에 12를 더하면 로즈 인형의 수와 같아요.

12

20

24

40

68

80

3 곱셈과 나눗셈의 관계

나누어지는 수 → 12 ÷ 3 = 4 ← 몫
나누는 수 ↓

$12 \div 3 = 4$

검산은 곱셈식을 이용해요.

$4 \times 3 = 12$

1. 과일을 3묶음으로 나눈 뒤 나눗셈식으로 나타내 보세요. 검산도 해 보세요.

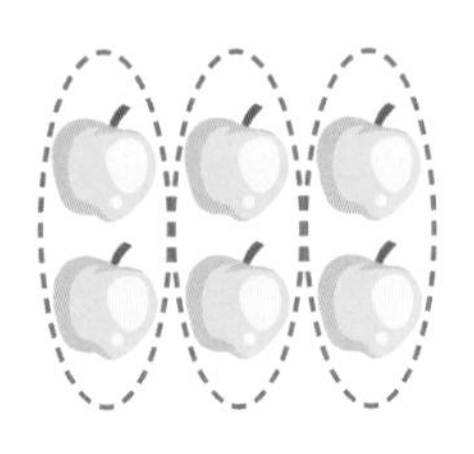

$6 \div 3 =$ ______

검산 : $2 \times 3 =$ ______

______

검산 : ______

2. 과일을 4묶음으로 나눈 뒤 나눗셈식으로 나타내 보세요. 검산도 해 보세요.

______

검산 : ______

______

검산 : ______

3. 계산해 보세요.

$4 \times 2 =$ ______	$5 \times 2 =$ ______	$3 \times 3 =$ ______
$8 \div 2 =$ ______	$10 \div 2 =$ ______	$9 \div 3 =$ ______
$8 \times 2 =$ ______	$5 \times 3 =$ ______	$3 \times 4 =$ ______
$16 \div 2 =$ ______	$15 \div 3 =$ ______	$12 \div 4 =$ ______

4. 계산해 보세요.

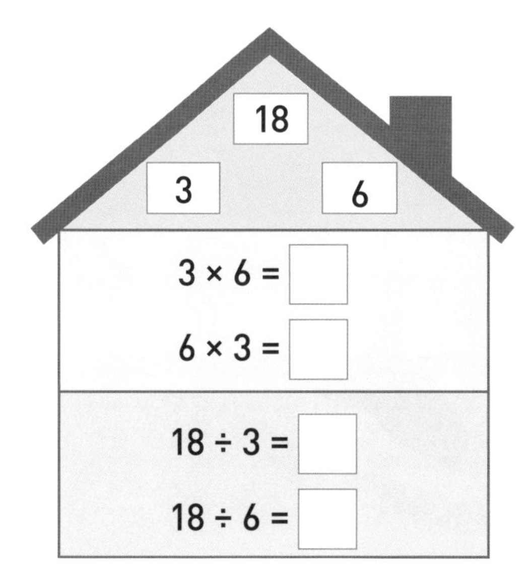

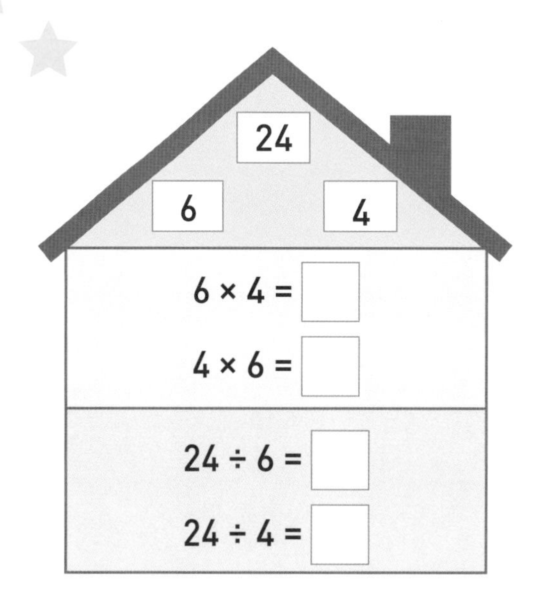

한 번 더 연습해요!

1. 계산해 보세요.

$2 \times 9 =$ □	$4 \times 5 =$ □	$7 \times 3 =$ □
$9 \times 2 =$ □	$5 \times 4 =$ □	$3 \times 7 =$ □
$18 \div 2 =$ □	$20 \div 4 =$ □	$21 \div 7 =$ □
$18 \div 9 =$ □	$20 \div 5 =$ □	$21 \div 3 =$ □

5. 계산한 후 정답에 해당하는 알파벳을 찾아 써넣으세요.

10 = 5 × ______ ☐
12 = 4 × ______ ☐
20 = 10 × ______ ☐
9 = 3 × ______ ☐
27 = 3 × ______ ☐
36 = 9 × ______ ☐
70 = 10 × ______ ☐
64 = 8 × ______ ☐

14 = 7 × ______ ☐
25 = 5 × ______ ☐
32 = 8 × ______ ☐
28 = 7 × ______ ☐
35 = 7 × ______ ☐
10 = 10 × ______ ☐
28 = 4 × ______ ☐

90 = 9 × ______ ☐
0 = 8 × ______ ☐
36 = 6 × ______ ☐
45 = 9 × ______ ☐
48 = 8 × ______ ☐
0 = 10 × ______ ☐

0	1	2	3	4	5	6	7	8	9	10
O	G	C	U	B	A	T	E	R	M	P

6. 수 가족으로 곱셈식과 나눗셈식을 완성해 보세요.

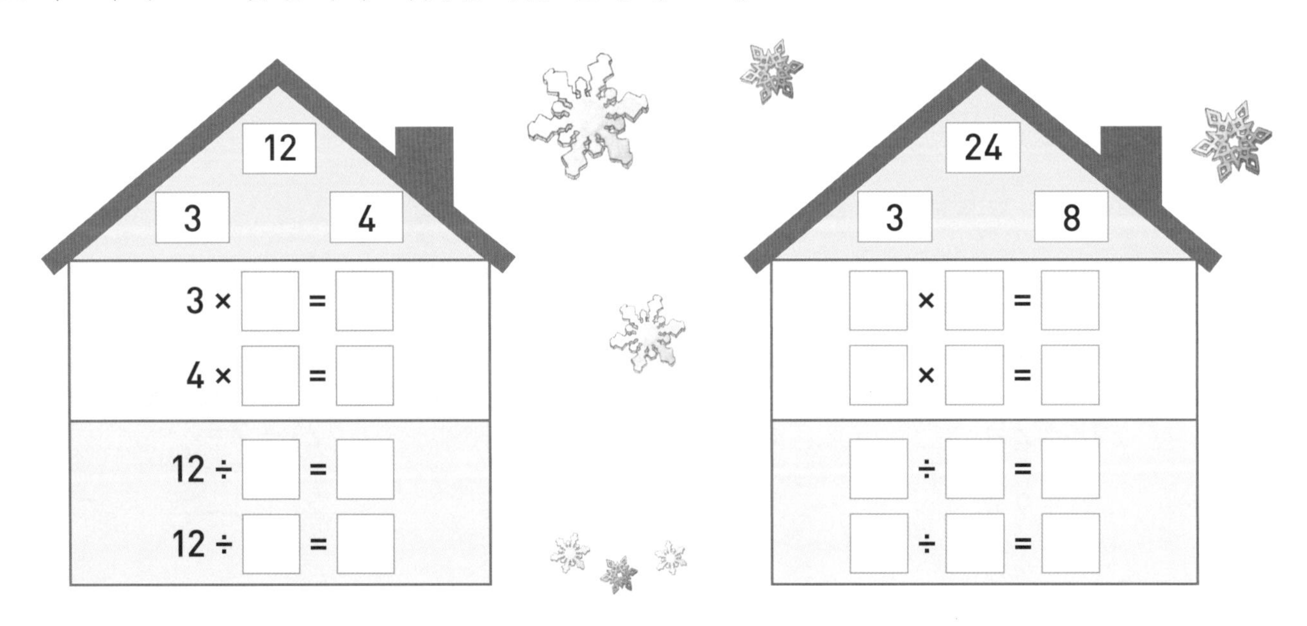

7. 평면도형의 꼭짓점 수는 모두 같아요. 가운데 수는 꼭짓점 수의 합과 같아요. 빈칸에 알맞은 수를 써 보세요.

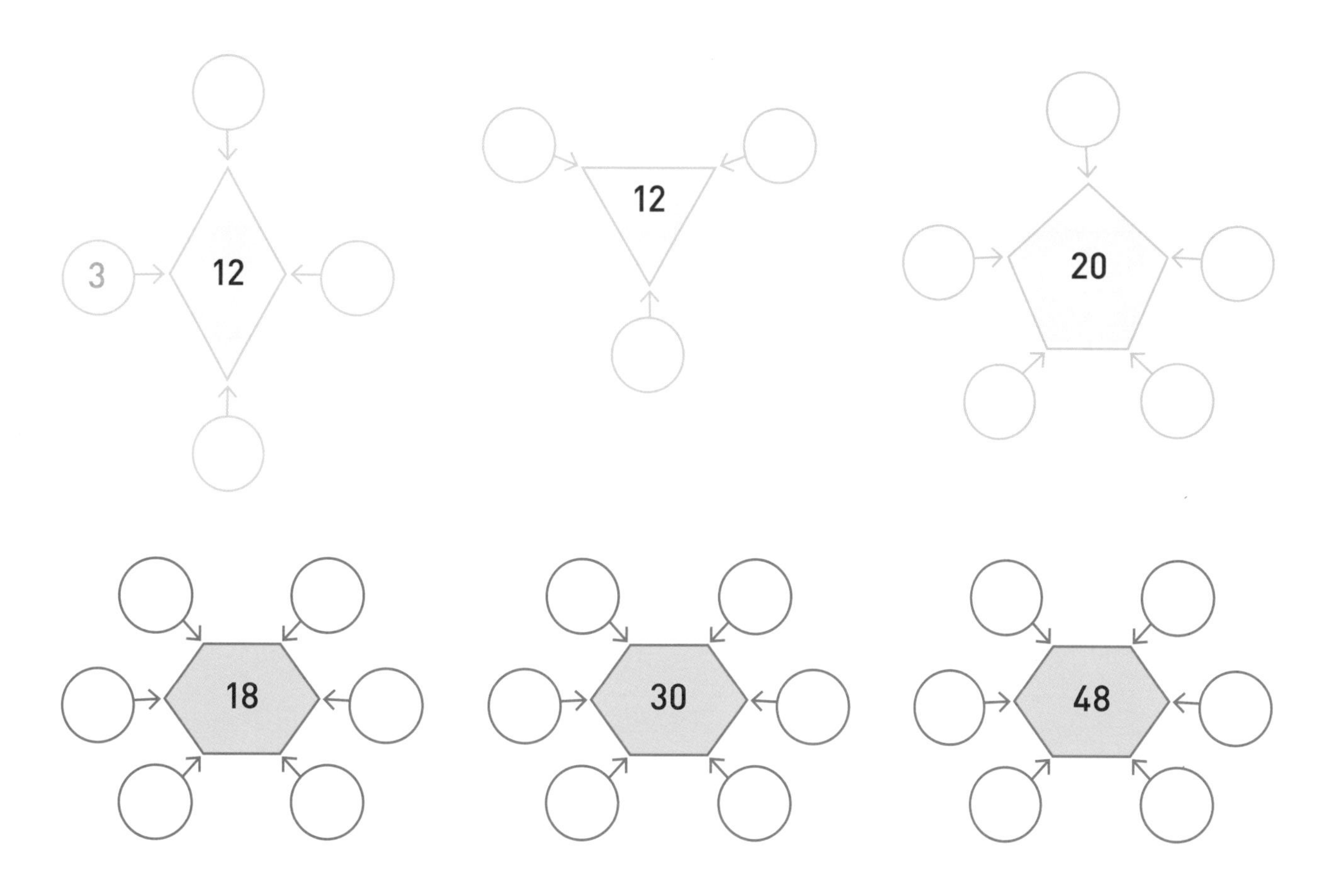

8. 아래 글을 읽고 썰매의 주인을 알아맞혀 보세요.

- 오토의 썰매는 3단과 4단에서 찾을 수 있어요.
- 로렌스의 썰매는 4단에서 찾을 수 있어요.
- 토미의 썰매에서 6을 뺀 수는 5단과 10단에서 찾을 수 있어요.
- 32를 4로 나누면 에릭 썰매의 수와 같아요.
- 24를 2로 나누면 브레드 썰매의 수와 같아요.
- 27을 3으로 나누면 알렉스 썰매의 수와 같아요.

9. 그림을 보고 곱셈식으로 계산해 보세요.

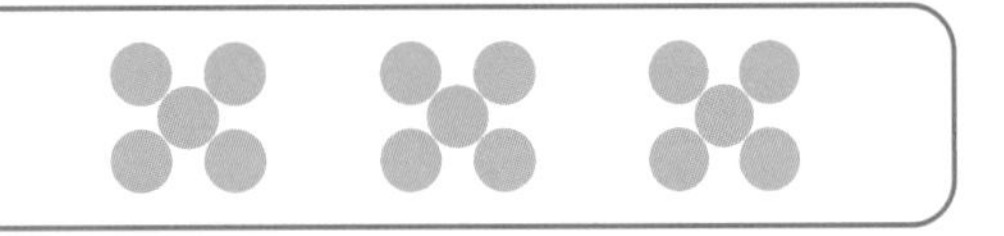

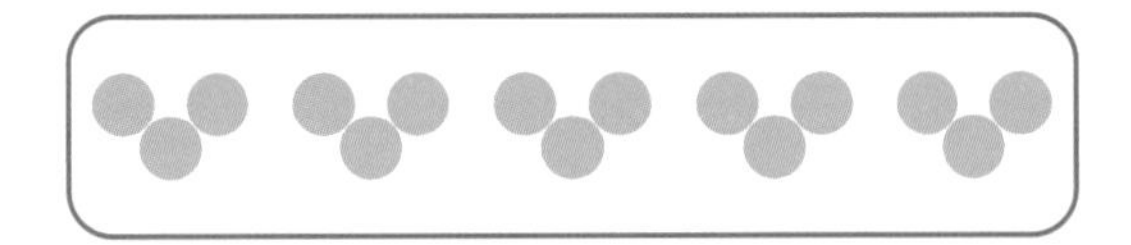

10. 규칙에 따라 수를 써넣어 보세요.

0	3	6								30
0	4	8								40
30	27	24								0
40	36	32								0

11. 계산해 보세요.

$3 \times 2 =$ ______

$4 \times 2 =$ ______

$6 \times 3 =$ ______

$7 \times 4 =$ ______

$8 \times 4 - 4 =$ ______

$4 \times 8 - 8 =$ ______

$9 \times 3 + 3 =$ ______

$3 \times 9 + 9 =$ ______

$6 \div 2 =$ ______

$10 \div 5 =$ ______

$12 \div 3 =$ ______

$16 \div 4 =$ ______

12. 그림으로 그린 후, 곱셈식을 쓰고 답을 구해 보세요.

① 교실에 책상이 3개 있어요. 각 책상마다 종이가 7장씩 있어요. 책상에 있는 종이는 모두 몇 장인가요?

식 :

정답 :

② 필통에 연필이 21개 들어 있어요. 연필을 책상 3개에 똑같이 나눈다면 책상 1개에 몇 개의 연필을 두어야 하나요?

식 :

정답 :

③ 옷걸이에 외투가 4벌 걸려 있어요. 외투마다 단추를 8개씩 달아야 해요. 단추가 모두 몇 개 필요한가요?

식 :

정답 :

④ 의자 32개를 교실 4곳에 똑같이 나눠서 가져다 놓아야 해요. 한 교실당 몇 개의 의자를 가져가야 할까요?

식 :

정답 :

한 번 더 연습해요!

1. 책상 3개가 있는데, 책상 1개당 자를 6개씩 두어야 해요. 자가 모두 몇 개 필요한가요?

식 :

정답 :

2. 계산해 보세요.

$2 \times 3 + 8 =$ ______

$3 \times 2 + 9 =$ ______

$9 \times 4 - 9 =$ ______

$4 \times 9 - 7 =$ ______

$8 \times 3 + 8 =$ ______

13. 그림을 보고 곱셈식을 계산해 보세요.

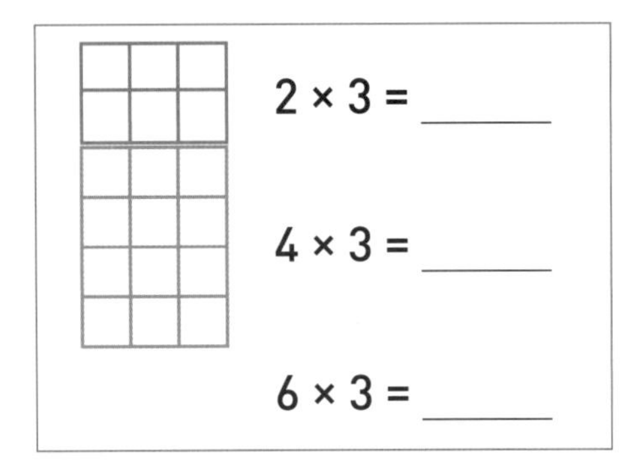

$2 \times 3 =$ ______

$4 \times 3 =$ ______

$6 \times 3 =$ ______

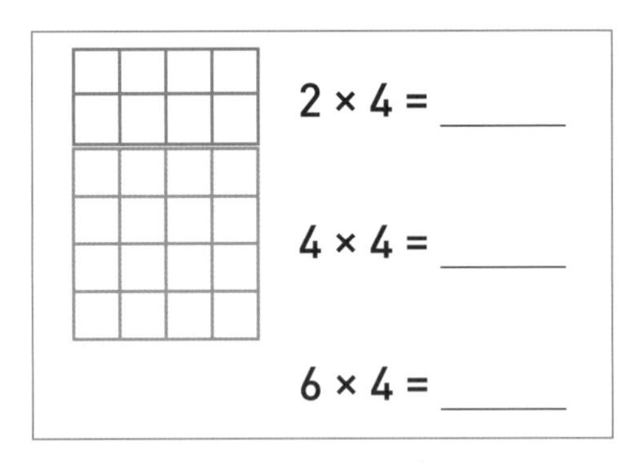

$2 \times 4 =$ ______

$4 \times 4 =$ ______

$6 \times 4 =$ ______

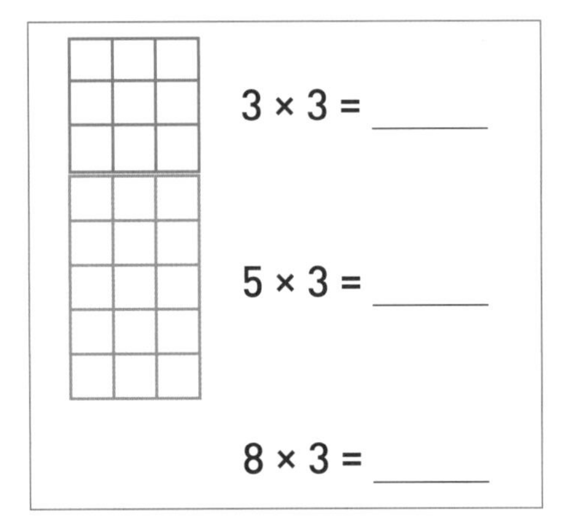

$3 \times 3 =$ ______

$5 \times 3 =$ ______

$8 \times 3 =$ ______

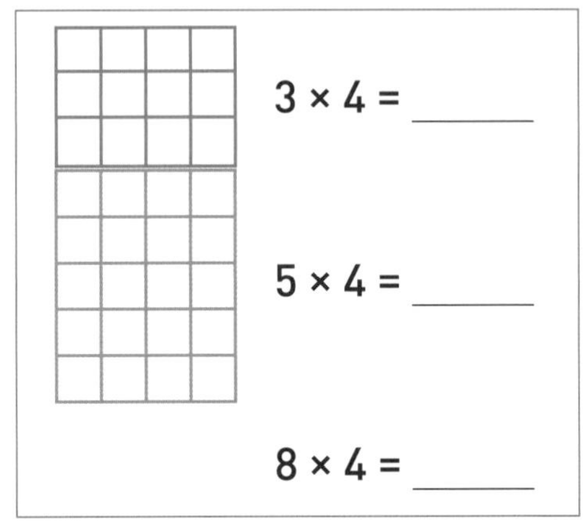

$3 \times 4 =$ ______

$5 \times 4 =$ ______

$8 \times 4 =$ ______

14. 2개의 모자, 3개의 티셔츠, 3개의 반바지가 있어요. 토끼가 입을 수 있는 모든 경우의 옷차림을 색칠해 보세요.

15. □ 안에 알맞은 수를 넣어 곱셈 계단을 완성해 보세요.

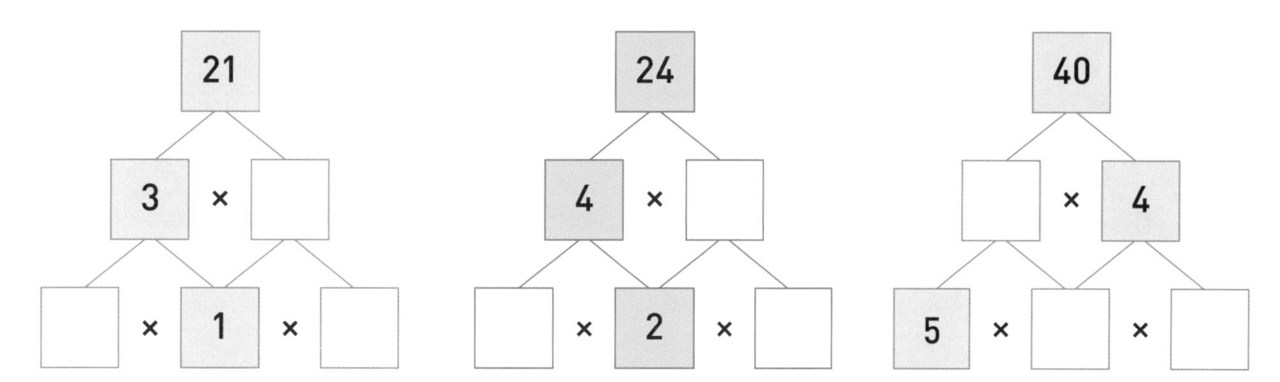

16. 곱셈식을 생각하며 빈칸을 채워 보세요.

×	3			7		8
	6					
1					6	
				21		
5			45			
4		20				
						80

한 번 더 연습해요!

1. 수 가족을 찾은 후, 곱셈식과 나눗셈식을 완성해 보세요.

실력을 평가해 봐요!

____월 ____일 ____요일

1. 규칙에 따라 수를 써넣어 보세요.

0	3	6								30

0	4	8								40

2. 그림을 보고 곱셈식을 완성해 보세요.

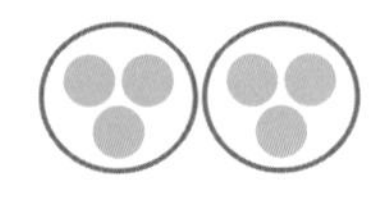

____ × ____ = ____

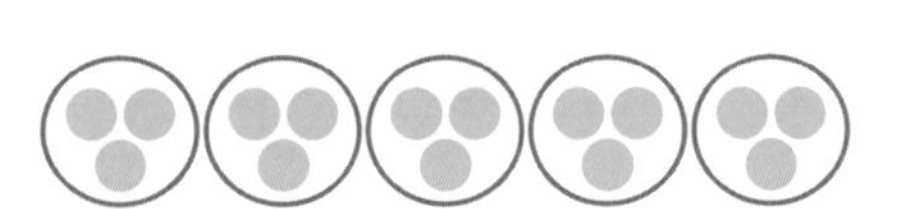

____

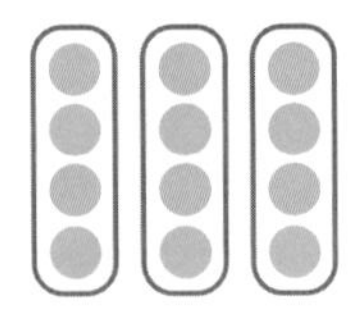

____

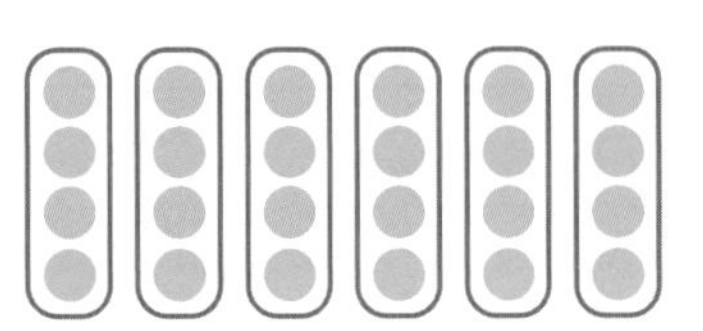

____

3. 그림으로 그린 후, 곱셈식을 쓰고 답을 구해 보세요.

3의 4배

____

4의 5배

____

4. 계산해 보세요.

3 × 3 = ____

3 × 5 = ____

8 × 3 = ____

4 × 2 = ____

4 × 3 = ____

7 × 4 = ____

3 × 7 + 10 = ____

3 × 8 − 12 = ____

4 × 0 + 17 = ____

5. 수 가족을 이용해서 곱셈식과 나눗셈식을 완성해 보세요.

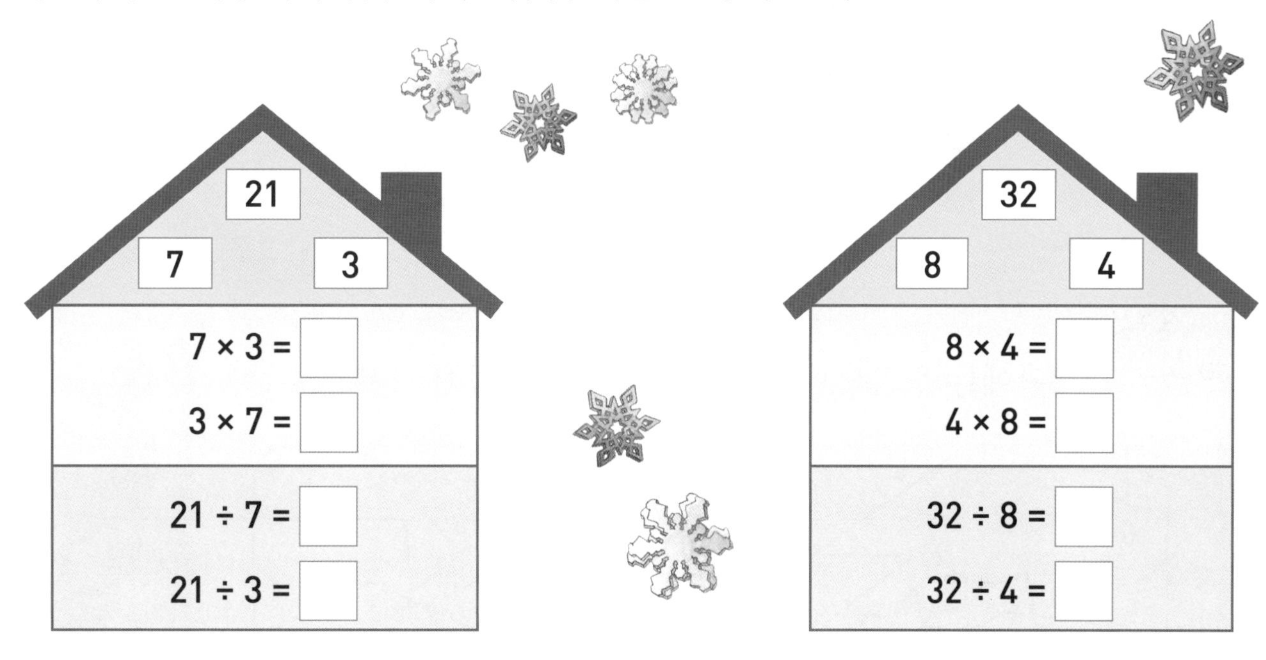

6. 빈칸에 알맞은 수를 구해 보세요.

3 × ______ = 15	4 × ______ = 4	3 × ______ = 21
3 × ______ = 24	4 × ______ = 16	3 × ______ = 27
3 × ______ = 12	4 × ______ = 40	4 × ______ = 36
3 × ______ = 0	4 × ______ = 20	4 × ______ = 24

7. 그림을 그리고 식과 답을 구해 보세요.

야구 선수를 3그룹으로 나누었어요. 한 그룹에 6명씩 있다면 야구 선수는 모두 몇 명인가요?

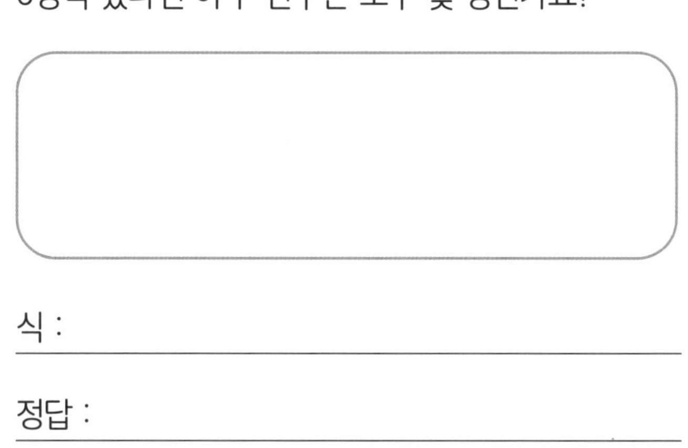

식 : ______

정답 : ______

실력이 자란 만큼 별을 색칠하세요.

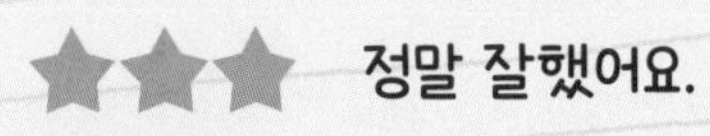 정말 잘했어요.

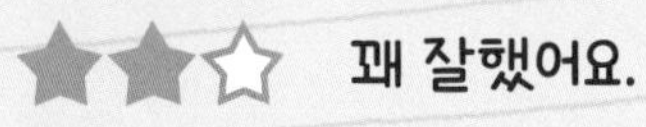 꽤 잘했어요.

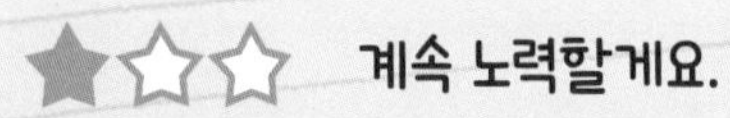 계속 노력할게요.

단원 평가

1

3단에는 노란색, 4단에는 파란색을 색칠해 보세요.

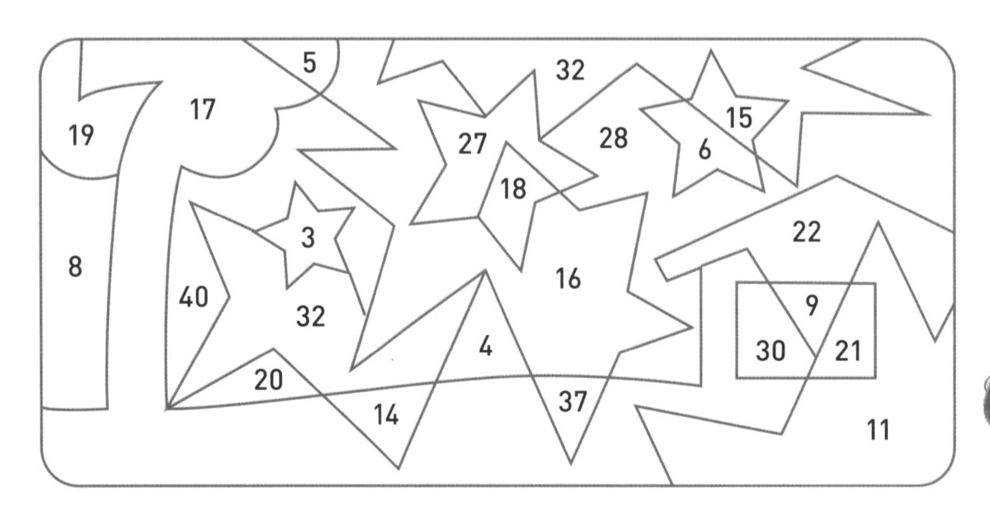

2

□ 안에 >, =, <를 알맞게 써넣어 보세요.

4 × 6 □ 23

3 × 3 □ 7 + 3

3 × 6 □ 17

4 × 9 □ 36

3 × 8 □ 15 + 15

3 × 9 □ 40 − 13

3

똑같이 그려 보세요.

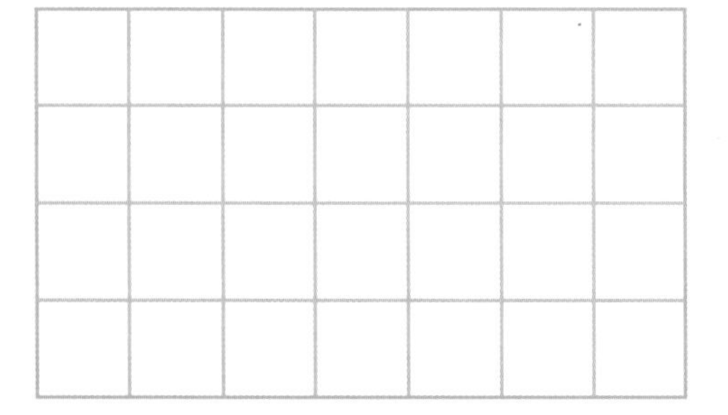

4

로봇의 작동 원리를 알아낸 후, 알맞은 수를 구해 보세요.

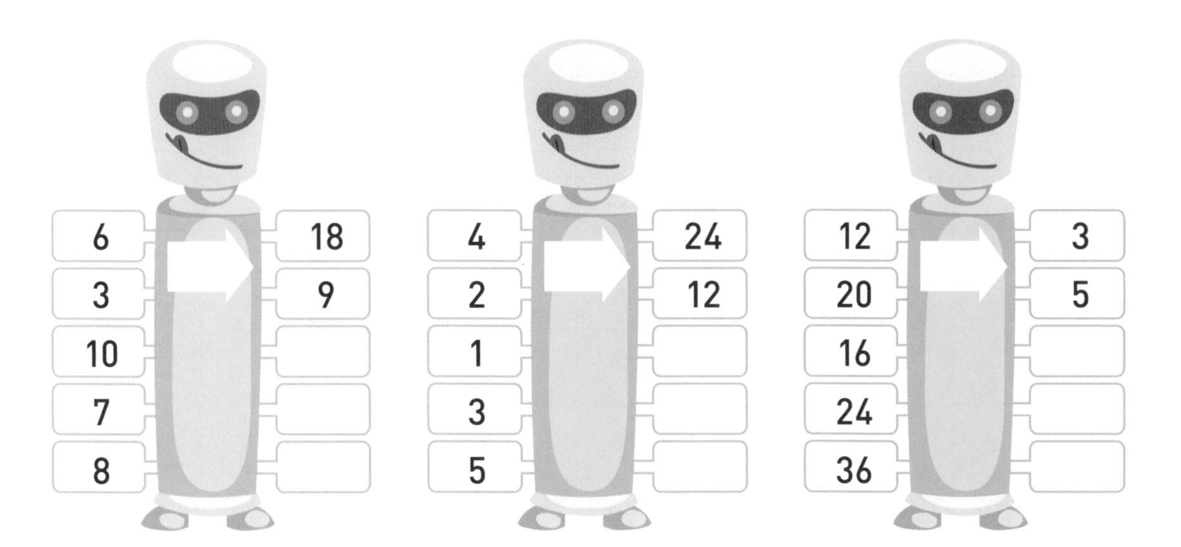

5

그림이 들어간 식을 보고 그림의 값을 구해 보세요.

× = 18

× = 18

\- = 7

\- - = 1

= ______

= ______

= ______

= ______

도전! 심화 평가

____월 ____일 ____요일

1. 곱셈표를 완성해 보세요.

×	3	6
5		
6		
7		
8		
9		

×	4	8
5		
6		
7		
8		
9		

×	7	9
5		
6		
7		
8		
9		

2. □ 안에 >, =, <를 알맞게 써넣어 보세요.

21 ÷ 7 □ 2
24 ÷ 8 □ 3
25 ÷ 5 □ 6

40 ÷ 4 □ 3 × 3
32 ÷ 4 □ 2 × 5
40 ÷ 2 □ 7 × 3

24 ÷ 3 □ 32 ÷ 4
36 ÷ 9 □ 28 ÷ 4
36 ÷ 6 □ 35 ÷ 7

3. 물건의 가격을 구해 보세요.

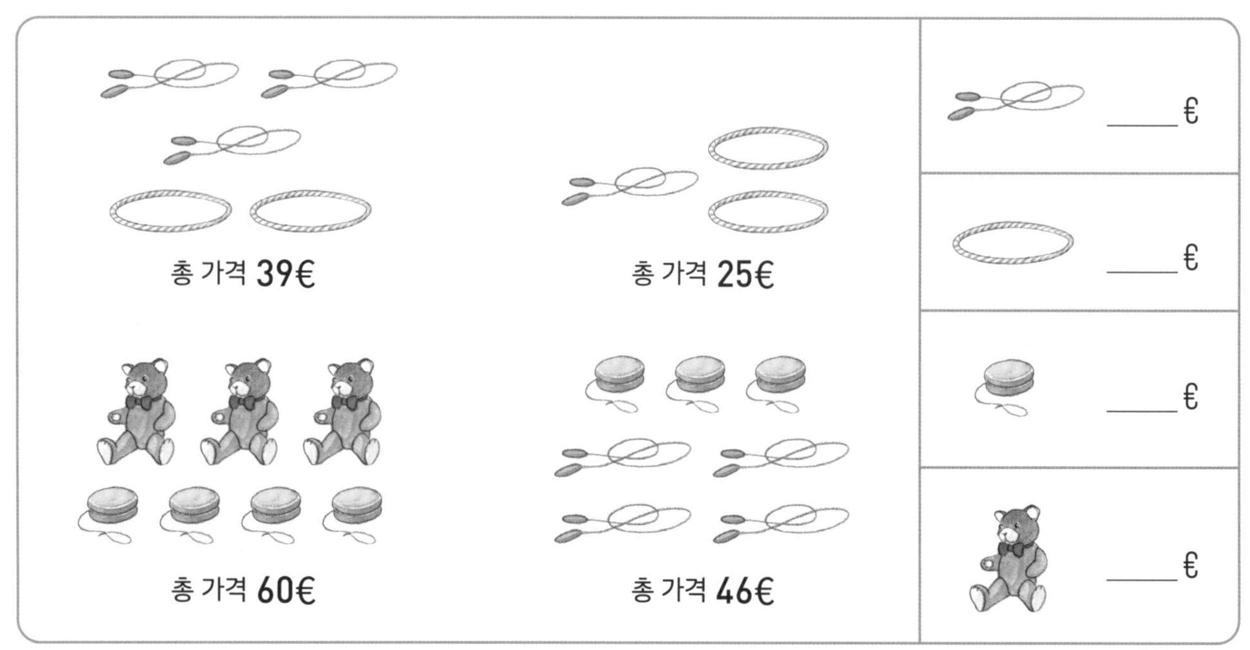

*€는 유럽 연합에서 사용하는 화폐 단위예요. 유로라고 읽어요.

4. 그림이 들어간 식을 보고 그림의 값을 구해 보세요.

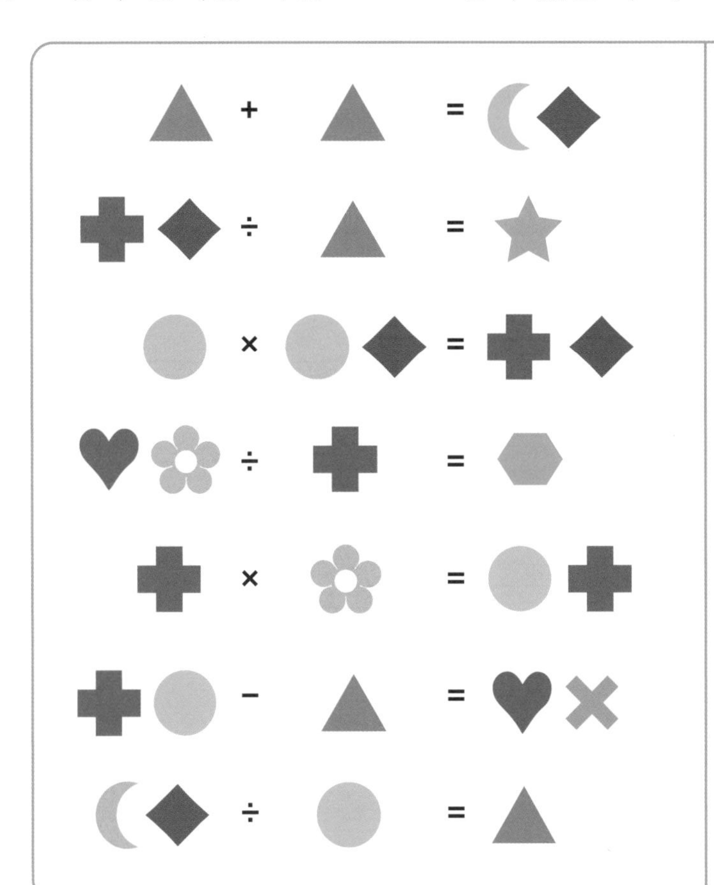

▲ = 5 ✿ = ______

✚ = ______ ◆ = ______

★ = ______ ✖ = ______

● = ______ ♥ = ______

☾ = ______ ⬢ = ______

5. 84쿠폰으로 주어진 물건을 몇 개 살 수 있나요?

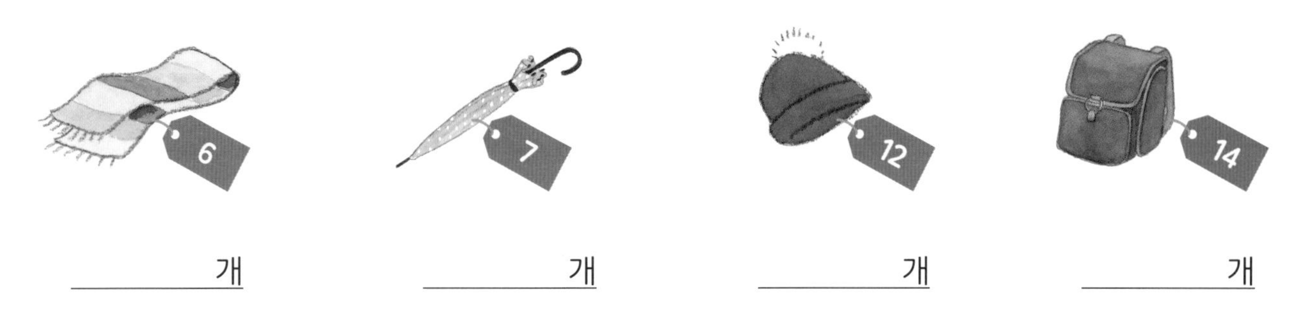

______ 개 ______ 개 ______ 개 ______ 개

6. 막대 사탕의 개수를 알아맞혀 보세요.

- 막대 사탕의 개수는 10개보다 많고 30개보다 작아요.
- 5명의 아이들에게 막대 사탕을 나누어 주면 4개가 남아요.
- 6명의 아이들에게 막대 사탕을 나누어 주면 짝수 개수를 받게 돼요.

정답 : ______ 개

4 덧셈의 결합 법칙

결합 법칙이란, 세 수의
합을 구할 때 앞의 두 수 또는
뒤의 두 수를 먼저 더한 후
나머지 한 수를 더해도 결과가
같다는 법칙이야.
덧셈에서는 순서를
바꿔서 더해도 결과값은
같다는 말이구나~!
10
10
10
1
1
5
5
1
1
1

37 + 5 + 3 = 45

(37 + 3) + 5 = 45

몇십이 되도록 순서를 바꾸어 더해도 답은 같아요.

1. 10을 만들어서 계산해 보세요.

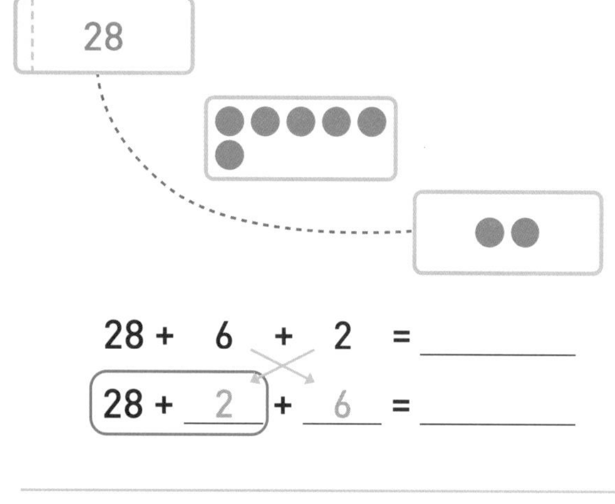

28 + 6 + 2 = ______

(28 + 2) + 6 = ______

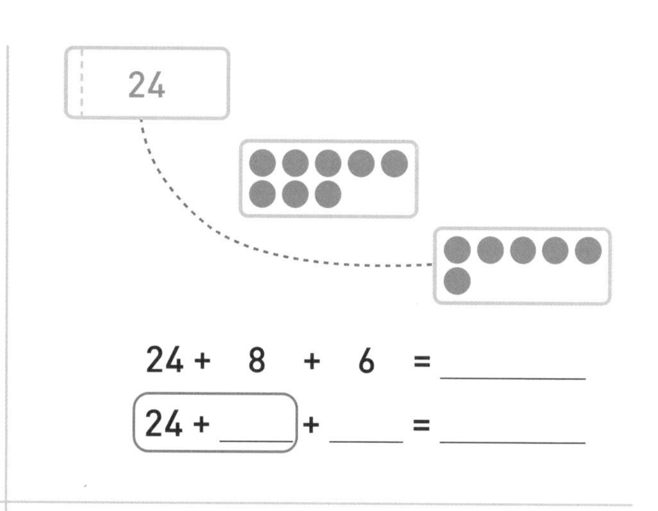

24 + 8 + 6 = ______

(24 + ____) + ____ = ______

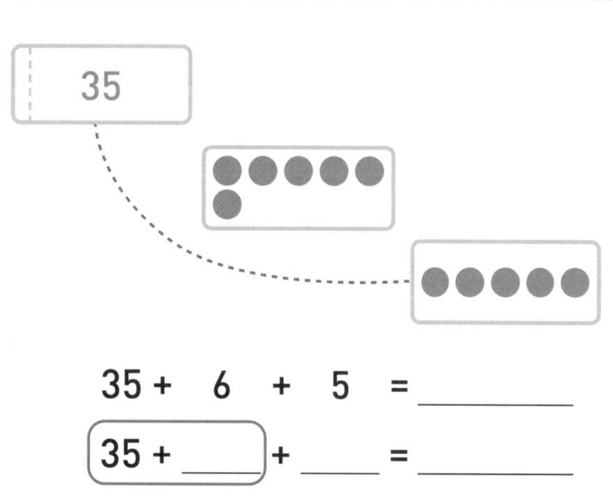

35 + 6 + 5 = ______

(35 + ____) + ____ = ______

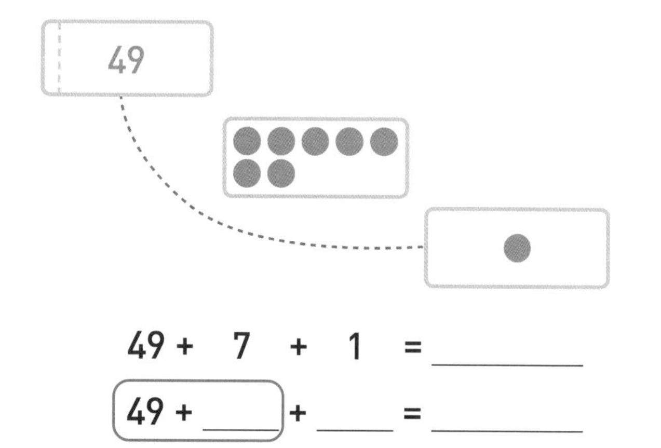

49 + 7 + 1 = ______

(49 + ____) + ____ = ______

2. 몇십을 만들 수 있는 수끼리 색칠한 후 계산해 보세요.

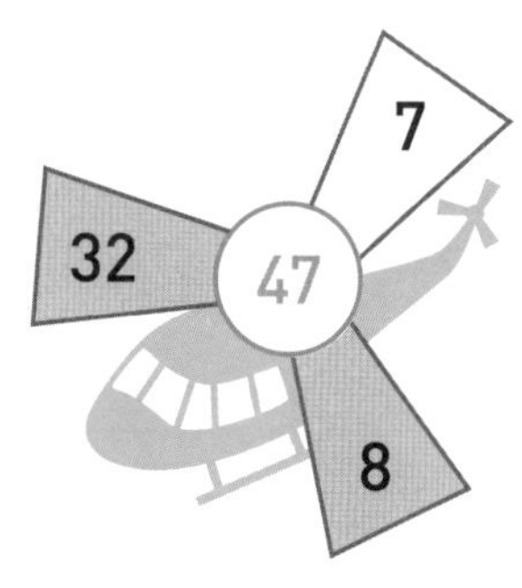

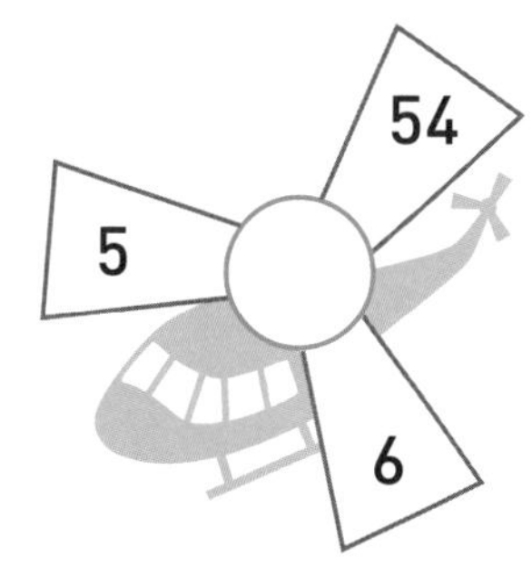

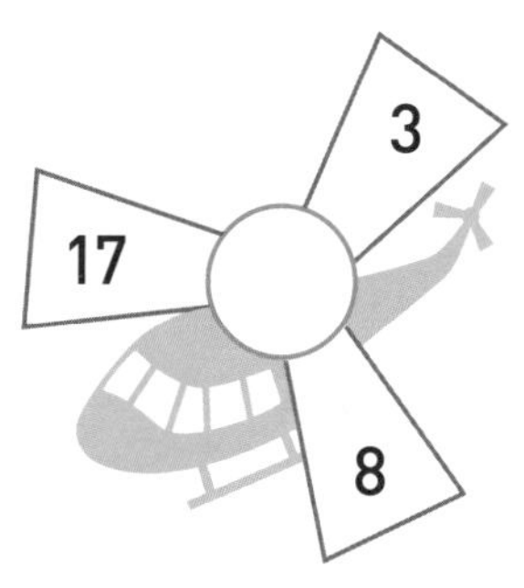

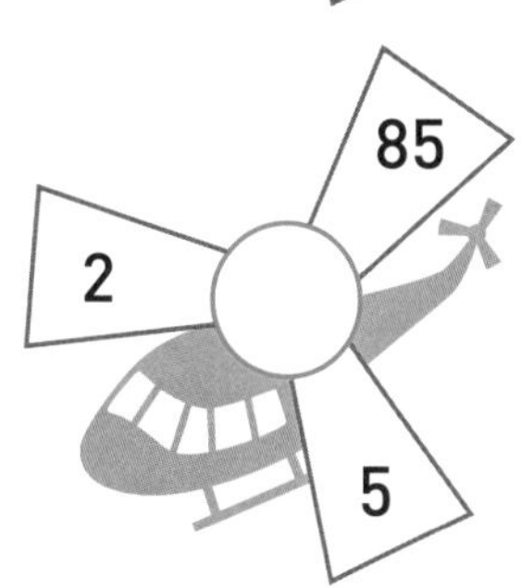

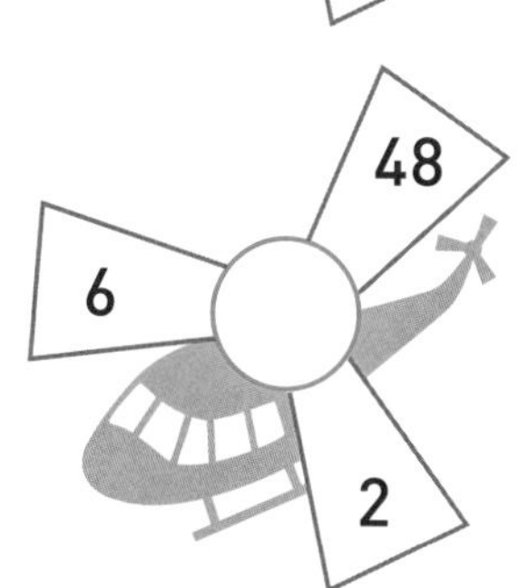

3. 계산해 보세요.

6 + 12 + 24 = ______

13 + 24 + 7 = ______

19 + 31 + 17 = ______

5 + 5 + 10 + 2 = ______

6 + 6 + 18 + 7 = ______

1 + 7 + 7 + 26 = ______

한 번 더 연습해요!

1. 10을 만들어서 계산해 보세요.

56 + 8 + 4 = ______

56 + ____ + ____ = ______

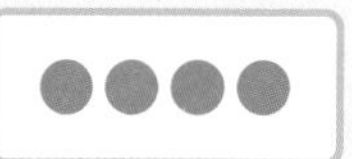

2. 계산해 보세요.

1 + 19 + 16 = ____

5 + 8 + 35 = ____

31 + 4 + 36 = ____

9 + 23 + 27 = ____

7 + 7 + 10 + 6 = ____

18 + 12 + 3 + 4 = ____

23 + 18 + 6 + 6 = ____

50 + 9 + 9 + 2 = ____

4. 계산값에 맞게 색칠해 보세요.

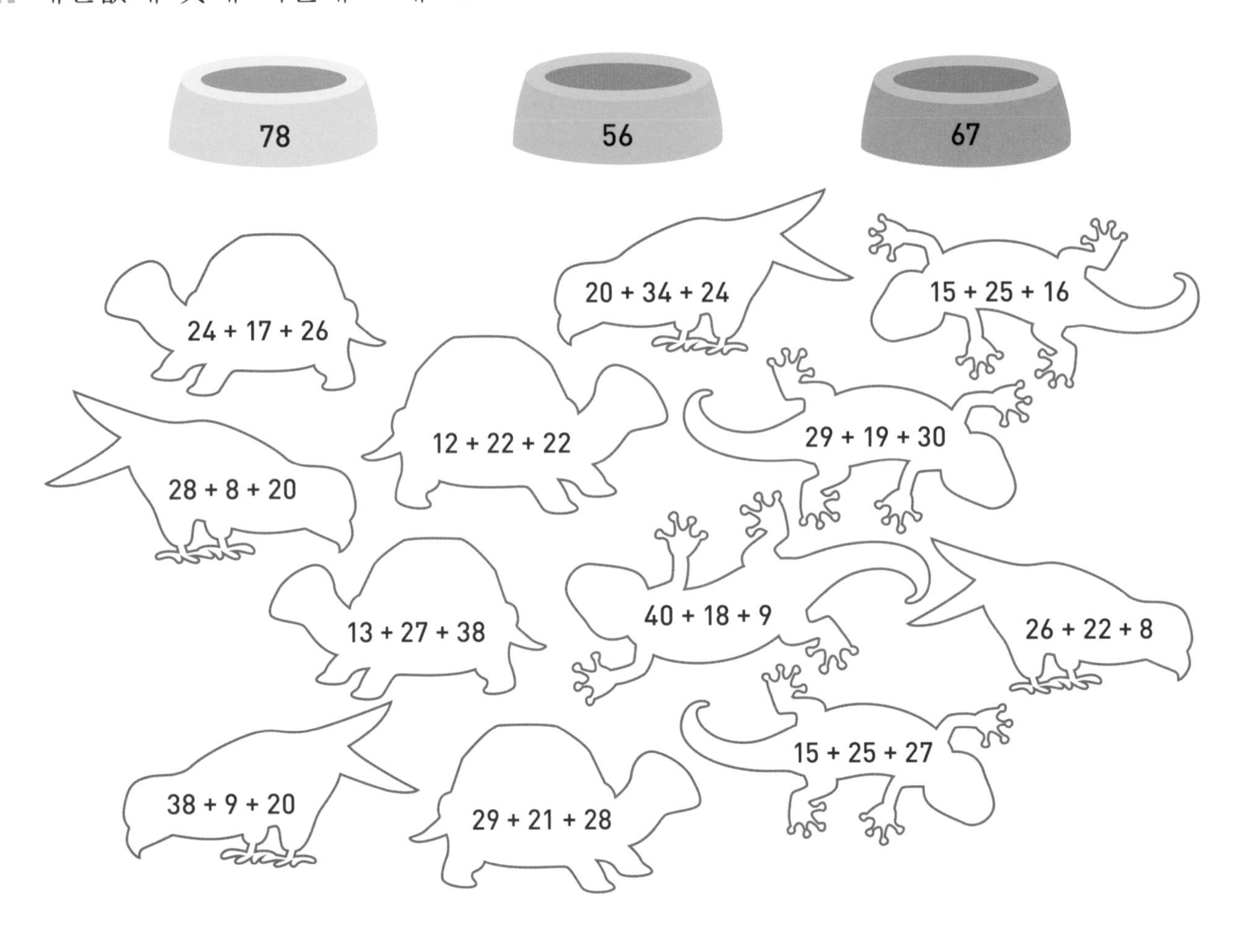

5. 그림이 들어간 식을 보고 그림의 값을 구해 보세요.

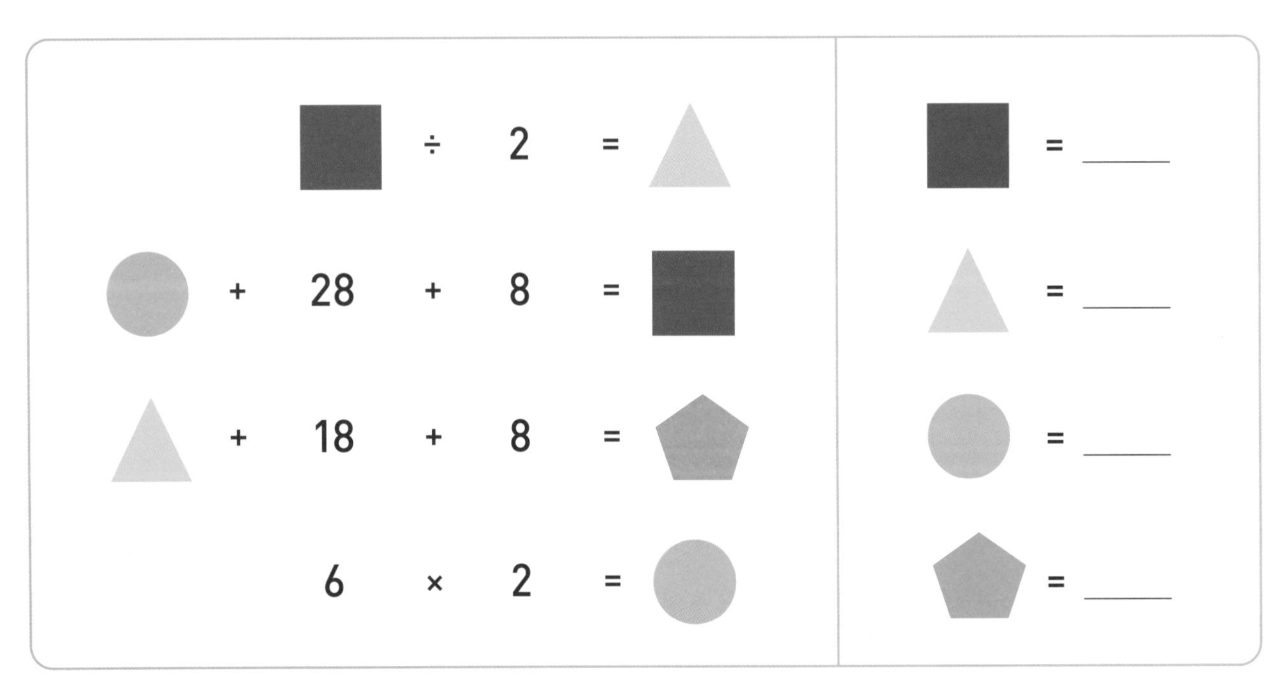

6. 가로와 세로의 합은 항상 73이 되도록 빈칸을 채워 보세요.

32			43	20			33	25		27
38										17
	26			17		28		24		

7. 그래프를 보고 식을 쓴 후, 답을 구해 보세요.

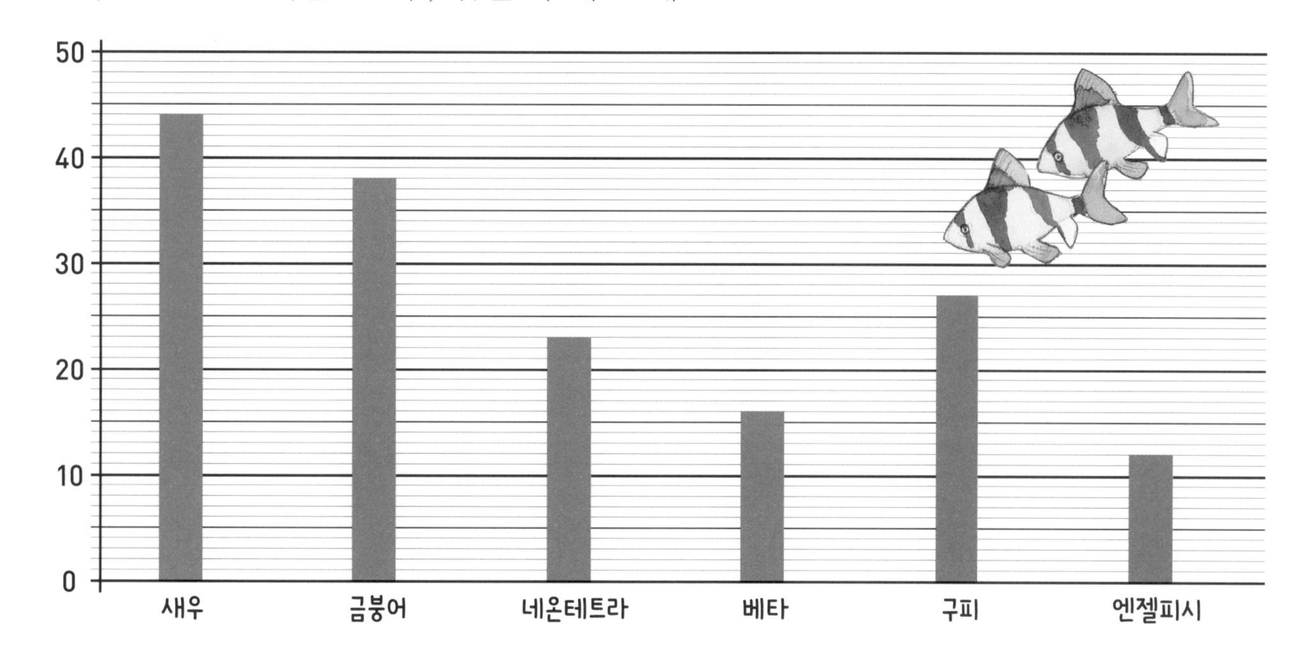

❶ 새우, 네온테트라, 베타는 모두 몇 마리인가요?

식 :

정답 :

❷ 금붕어, 구피, 엔젤피시는 모두 몇 마리인가요?

식 :

정답 :

❸ 새우는 구피보다 몇 마리 더 많은가요?

식 :

정답 :

❹ 베타와 구피의 합은 금붕어보다 몇 마리 더 많은가요?

식 :

정답 :

____월 ____일 ____요일

5 몇십 몇 더하기

1. 보기처럼 그림을 그려 계산해 보세요.

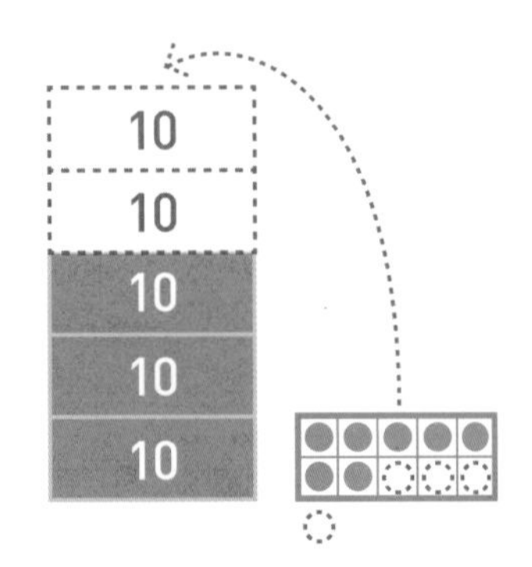

37 + 24 = ______

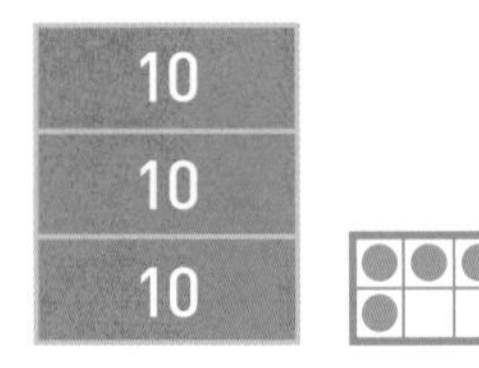

36 + 16 = ______

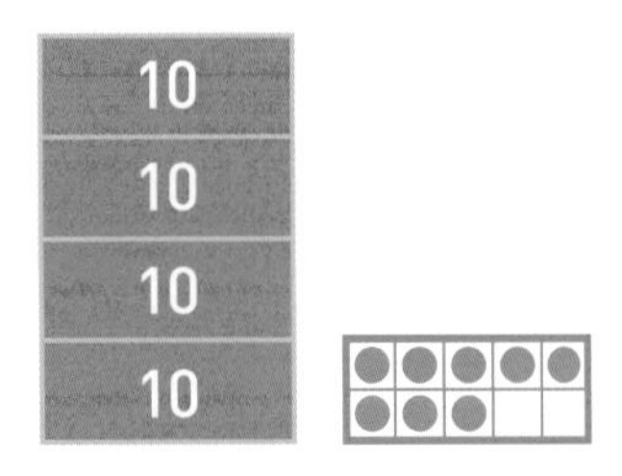

48 + 14 = ______

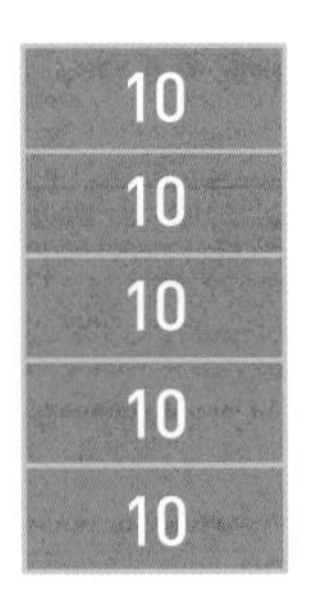

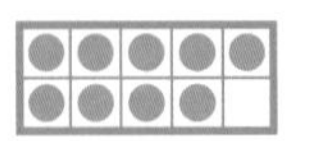

59 + 25 = ______

2. 계산해 보세요.

몇십끼리 더하고 일의 자리끼리 더하는 방법이야.

29 + 14

48 + 23

47 + 35

더하는 수를 몇십과 일의 자리로 분리해서 더하는 방법이야.

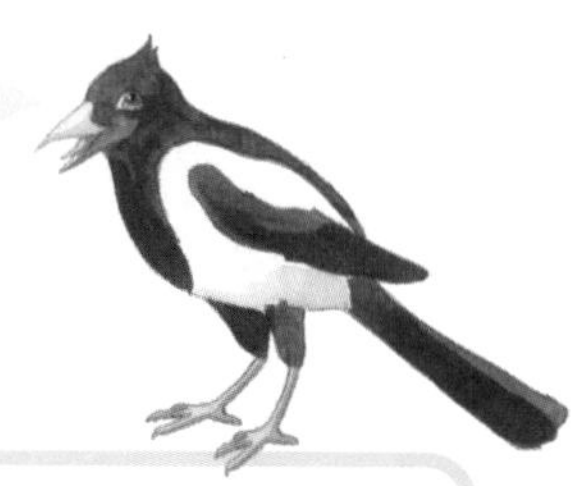

20 + 10 + 9 + 4 = _____

40 + 20 + 8 + 3 = _____

40 + 30 + 7 + 5 = _____

29 + 10 + 4 = _____

48 + 20 + 3 = _____

47 + 30 + 5 = _____

3. 계산해 보세요.

30 + 20 + 9 + 6 = _____

39 + 26 = _____

20 + 40 + 7 + 7 = _____

27 + 47 = _____

26 + 40 + 5 = _____

26 + 45 = _____

68 + 20 + 7 = _____

68 + 27 = _____

38 + 23 = _____

35 + 47 = _____

59 + 29 = _____

49 + 18 = _____

한 번 더 연습해요!

1. 그림을 그려 계산해 보세요.

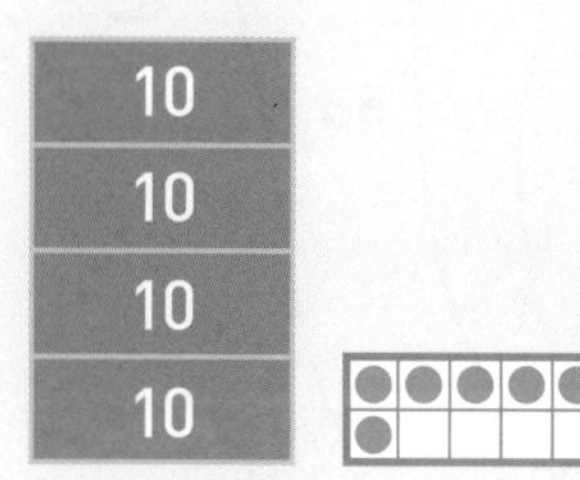

46 + 27 = _____

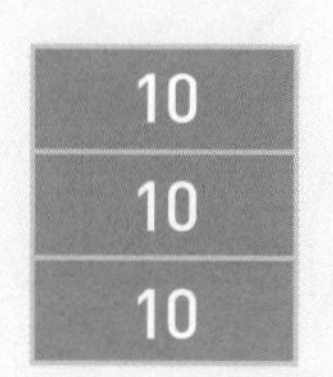

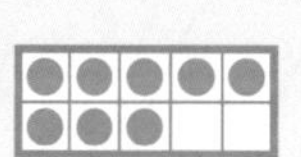

38 + 38 = _____

2. 계산해 보세요.

16 + 5 = _____

36 + 15 = _____

46 + 25 = _____

56 + 35 = _____

18 + 7 = _____

28 + 17 = _____

4. 그림을 보고 돈의 합이 얼마인지 구해 보세요.

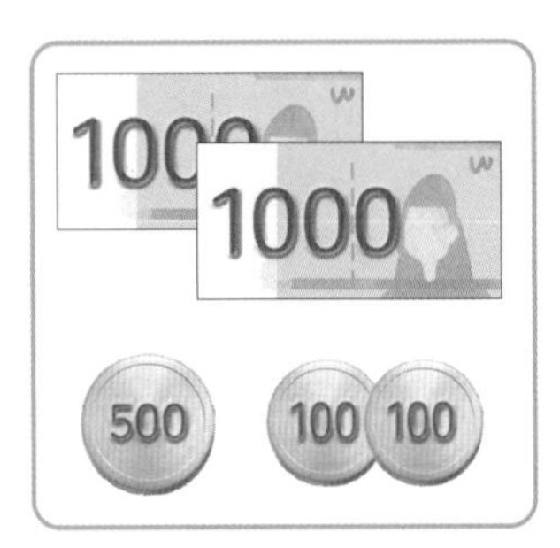

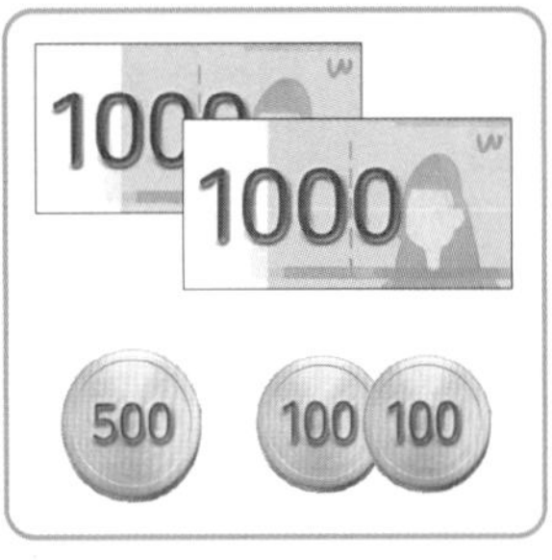

______

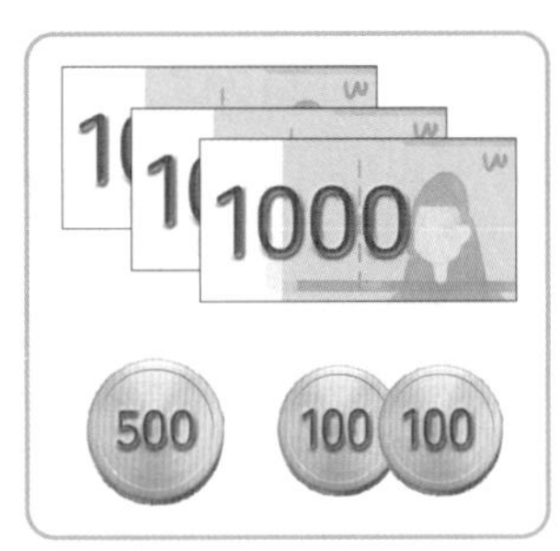

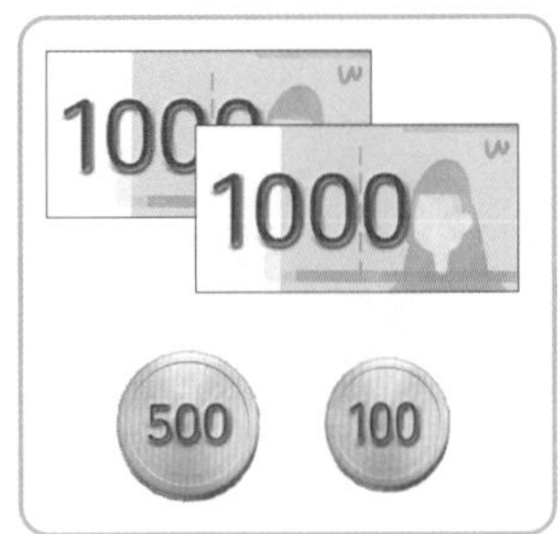

______

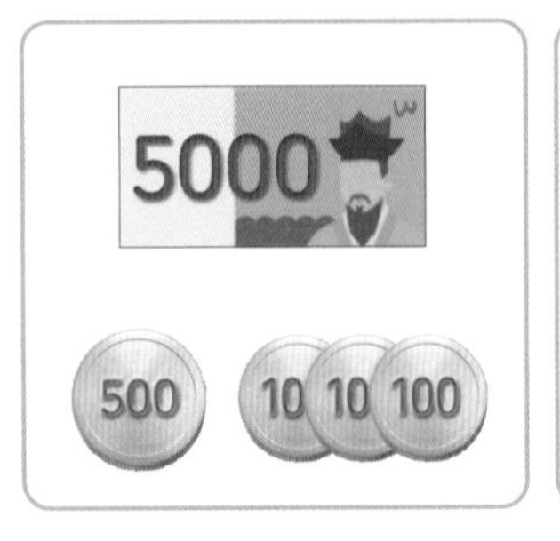

______

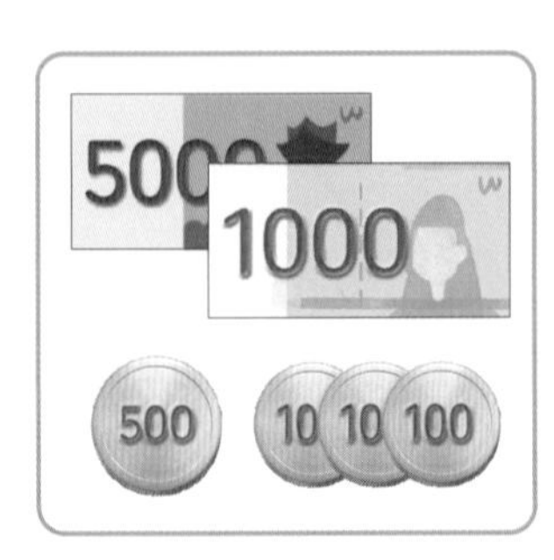

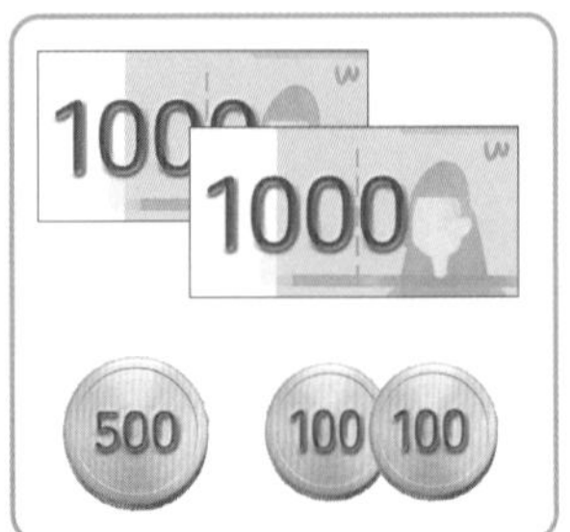

______

5. 계산값을 찾아 색칠해 보세요.

25 + 14 = ______

65 + 15 = ______

75 + 16 = ______

36 + 35 = ______

46 + 16 = ______

26 + 57 = ______

77 + 16 = ______

27 + 37 = ______

37 + 48 = ______

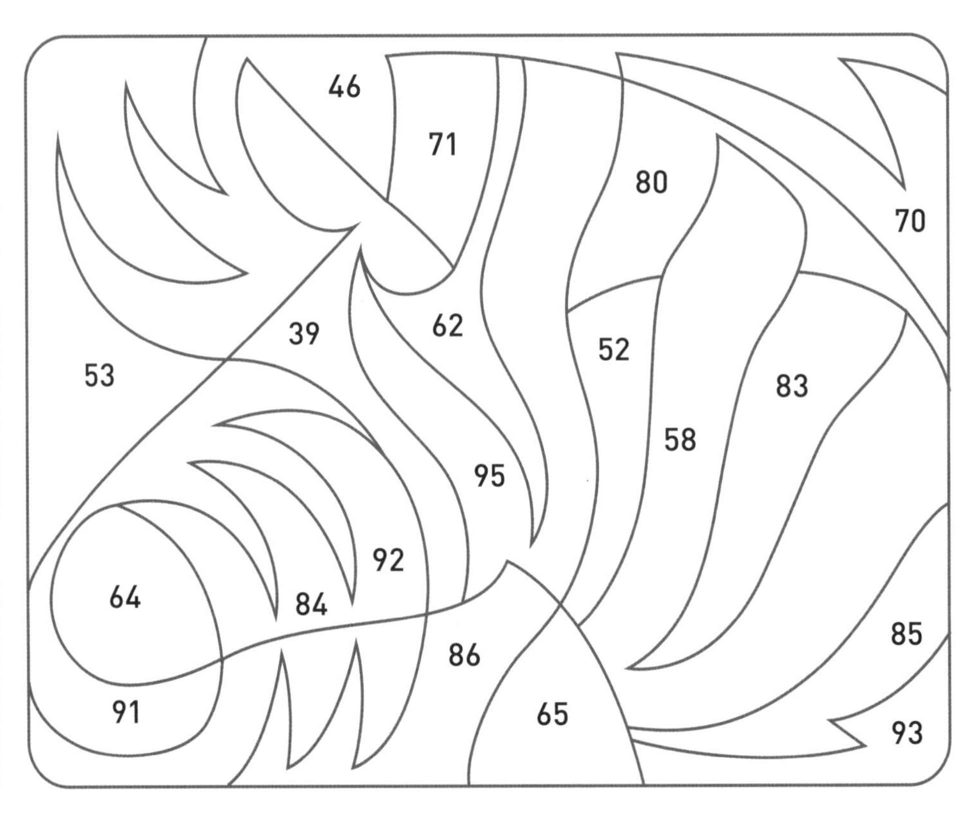

6. 표를 보고 식을 쓴 후, 답을 구해 보세요.

열대 초원의 동물들		
초식 동물	어미	새끼
코뿔소	35	27
얼룩말	57	38
기린	48	35
육식 동물	어미	새끼
치타	29	69
사자	36	47

❶ 코뿔소는 몇 마리인가요?

식 : ______________________

정답 : ______________________

❷ 사자는 몇 마리인가요?

식 : ______________________

정답 : ______________________

❸ 얼룩말은 몇 마리인가요?

식 : ______________________

정답 : ______________________

❹ 초식 동물의 새끼는 모두 몇 마리인가요?

식 : ______________________

정답 : ______________________

❺ 육식 동물의 새끼는 모두 몇 마리인가요?

식 : ______________________

정답 : ______________________

7. 그림이 들어간 식을 보고 그림의 값을 구해 보세요.

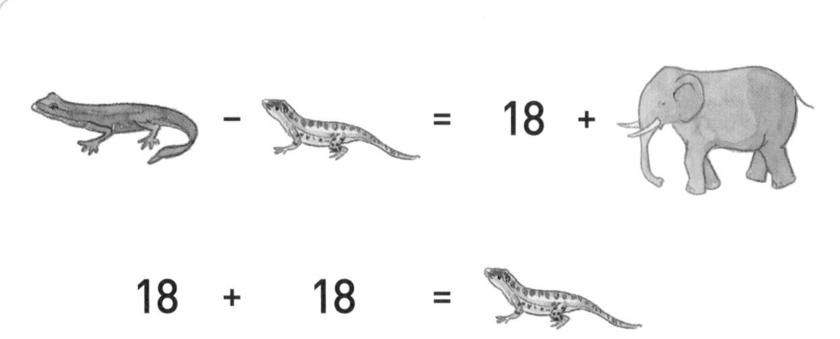

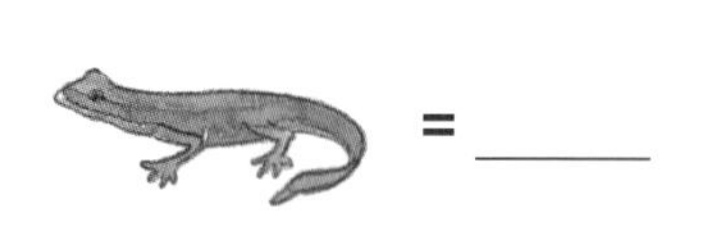 = ______

 = ______

 ÷ 4 = 

 = ______

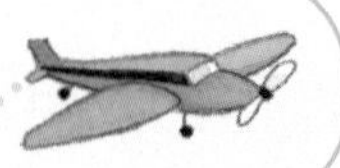

6 빼지는 수 구하기

처음 수에서
다른 수를 뺄 때,
그 처음 수를
빼지는 수라고 해~!
10
10
10

37 − 12 = 25

빼지는 수 구하는 법 : 25 + 12 = 37

1. 빼지는 수를 구해 보세요.

____ − 17 = 11

빼지는 수 : 11 + 17 = ____

____ − 22 = 14

빼지는 수 : 14 + 22 = ____

____ − 13 = 26

빼지는 수 : 26 + 13 = ____

2. 수 가족을 이용해서 덧셈식과 뺄셈식을 완성해 보세요.

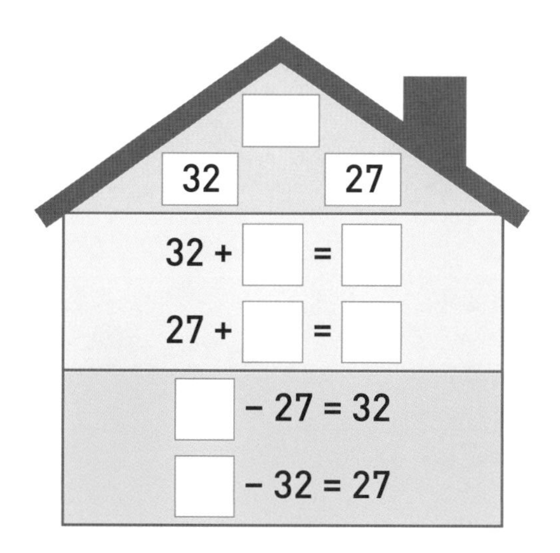

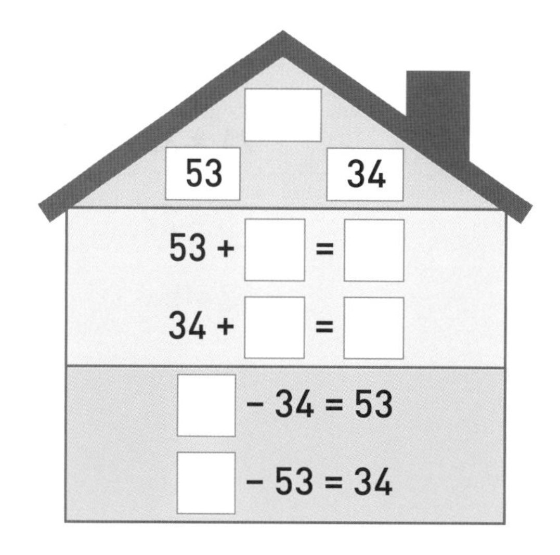

3. 빼지는 수를 구해 보세요.

_____ - 23 = 52

빼지는 수 : 52 + 23 = _____

_____ - 14 = 46

빼지는 수 : 46 + 14 = _____

_____ - 25 = 13

_____ - 41 = 26

_____ - 62 = 23

_____ - 22 = 24

_____ - 31 = 41

_____ - 24 = 73

한 번 더 연습해요!

1. 수 가족을 이용해서 덧셈식과 뺄셈식을 완성해 보세요.

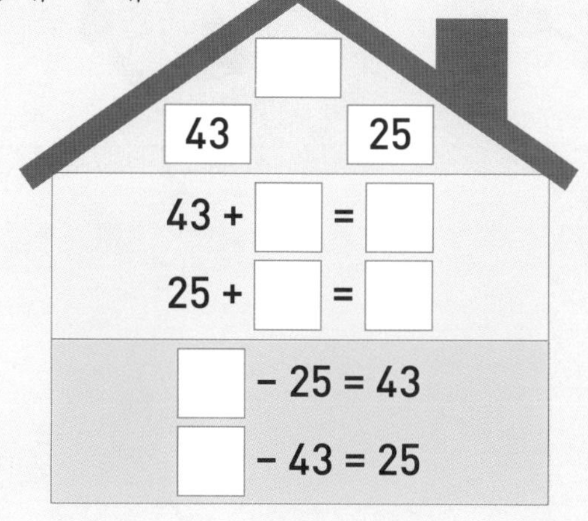

2. 빼지는 수를 구해 보세요.

_____ - 23 = 26

_____ - 56 = 11

_____ - 61 = 24

_____ - 33 = 23

_____ - 42 = 38

_____ - 21 = 73

4. 빼지는 수를 구한 후, 정답에 해당하는 알파벳을 찾아 써넣으세요.

☐	____ − 62 = 24	☐	____ − 15 = 60
☐	____ − 21 = 36	☐	____ − 71 = 18
☐	____ − 75 = 22	☐	____ − 68 = 10
☐	____ − 12 = 54	☐	____ − 50 = 48
☐	____ − 23 = 76	☐	____ − 17 = 71
☐	____ − 17 = 72	☐	____ − 46 = 24
☐	____ − 16 = 57	☐	____ − 35 = 63
☐	____ − 33 = 37		

57	66	70	73	75	78	86	88	89	97	98	99
O	D	H	S	P	R	G	N	I	L	A	F

5. 그림이 들어간 식을 보고 그림의 값을 구해 보세요.

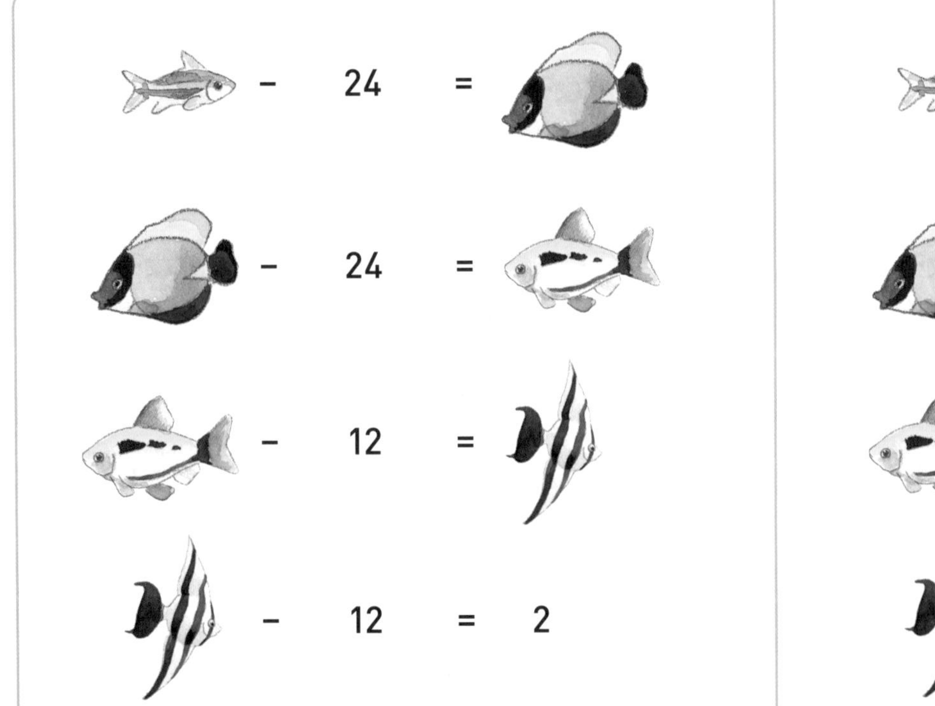

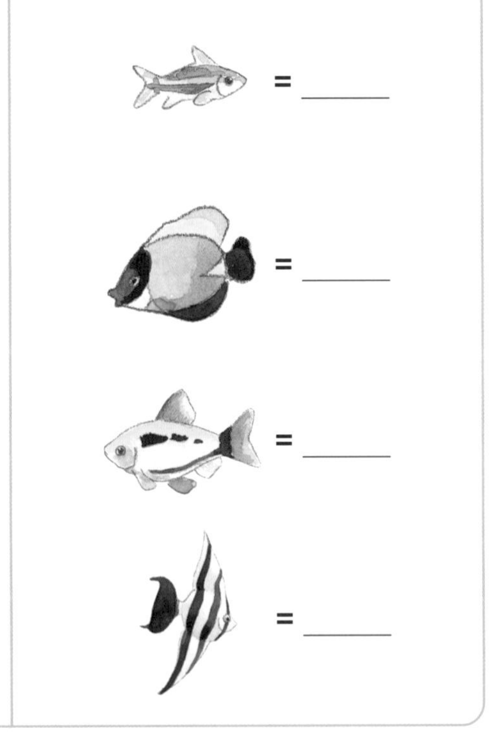

6. 필요 없는 조건의 문장을 찾아 줄을 그어 지운 후, 문제를 풀어 보세요.

❶ 스튜어트는 수족관을 만들기 위해 물고기를 샀어요. 물고기는 구피와 엔젤피시로 샀어요. 물고기를 사는 데 35유로를 썼더니 지갑에 44유로가 남았어요. 처음에 가지고 있던 돈은 얼마였나요?

___

❷ 기니피그 27마리와 햄스터 91마리가 애완동물 가게에 있어요. 기니피그는 우리 3군데에 나뉘어 있어요. 햄스터는 기니피그보다 몇 마리 더 많나요?

___

❸ 수족관에 금붕어 64마리와 구피 26마리가 있어요. 금붕어와 구피의 절반은 팔렸고, 240리터의 물이 가게에 남았어요. 수족관에 남은 물고기는 몇 마리인가요?

___

❹ 엘리스는 수족관을 만들기 위해 물고기를 사는 데 29유로를, 필터를 사는 데 45유로를 썼어요. 엘리스는 봉지 2개에 물고기와 필터를 담아 왔어요. 엘리스에게 남은 돈이 27유로라면 처음에 가지고 있던 돈은 얼마였나요?

___

사라진 돈을 맞혀라

인원 : 2명　준비물 : 모형 돈

놀이 방법

1. 500원짜리 2개와 100원짜리 10개를 가운데 두어요.
2. 가위바위보를 해서 진 사람은 눈을 감고, 이긴 사람은 가운데 둔 2000원에서 원하는 만큼 돈을 가져와 숨겨요.
3. 눈을 감았던 사람은 얼마를 숨겼는지 계산해서 말해요.
4. 숨긴 돈이 얼마인지 확인한 후 순서를 바꿔요.
5. 놀이가 익숙해지면 돈의 액수를 더 크게 정해서 반복하며 놀아요.

책 뒤에 있는 놀이 카드를 이용하세요.

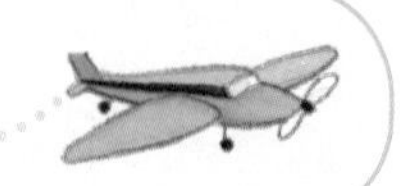

7 받아 내림이 있는 뺄셈

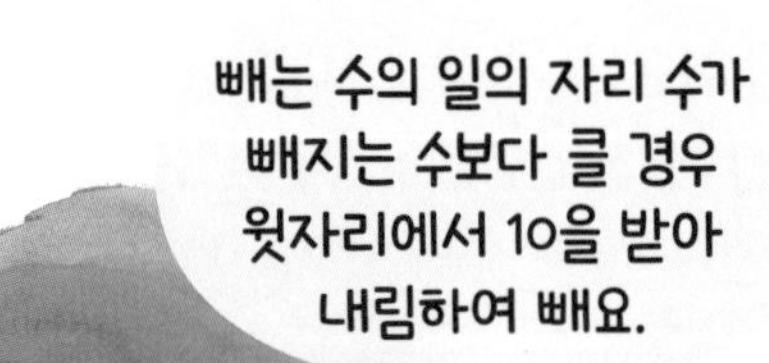

			십의 자리	일의 자리
5 4	−	2 6	= 2	8

1. 그림을 지워 가며 계산해 보세요.

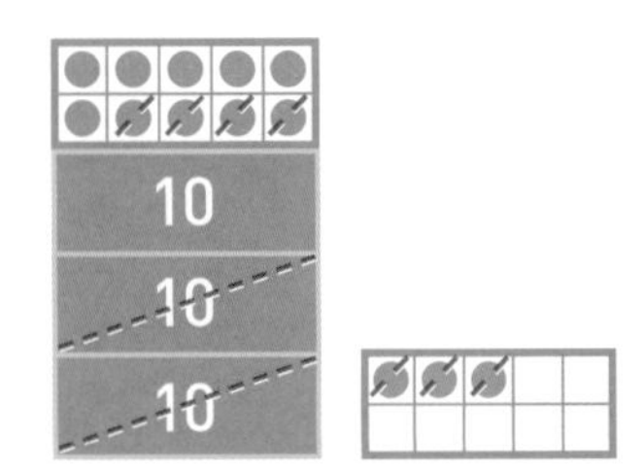

43 − 27 = ______

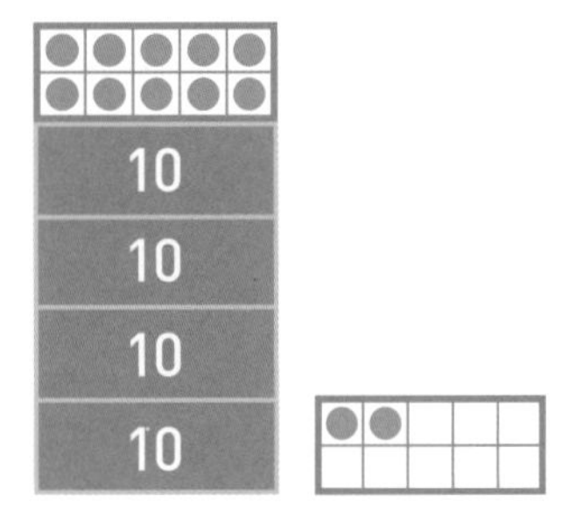

52 − 15 = ______

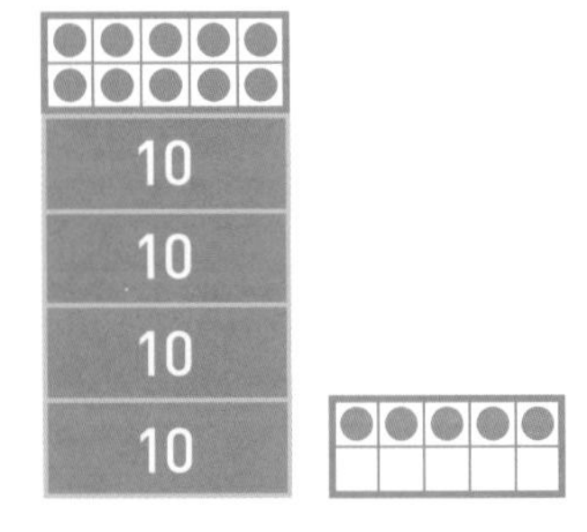

55 − 36 = ______

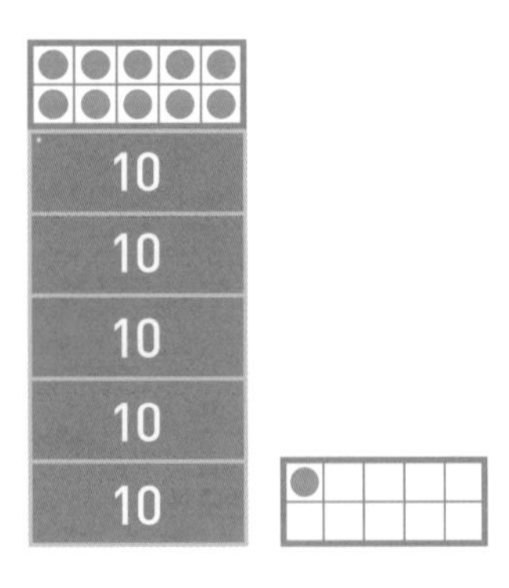

61 − 23 = ______

2. 계산해 보세요.

63 − 20 − 4 = ______

63 − 24 = ______

71 − 40 − 5 = ______

71 − 45 = ______

82 − 30 − 7 = ______

82 − 37 = ______

54 − 10 − 8 = ______

54 − 18 = ______

95 − 20 − 7 = ______

95 − 27 = ______

73 − 50 − 9 = ______

73 − 59 = ______

3. 계산해 보세요.

12 − 4 = ______

32 − 14 = ______

52 − 24 = ______

72 − 34 = ______

11 − 6 = ______

41 − 16 = ______

61 − 26 = ______

81 − 36 = ______

14 − 7 = ______

64 − 17 = ______

84 − 27 = ______

94 − 37 = ______

한 번 더 연습해요!

1. 그림을 지워 가며 계산해 보세요.

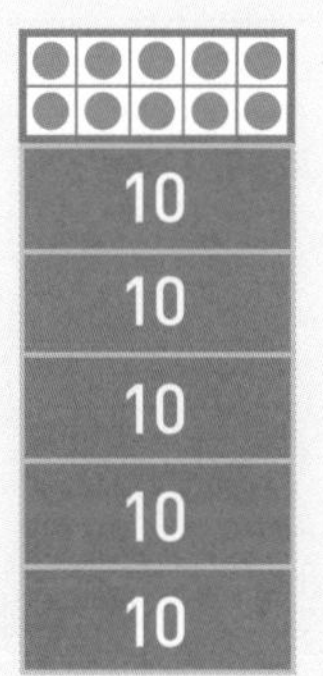

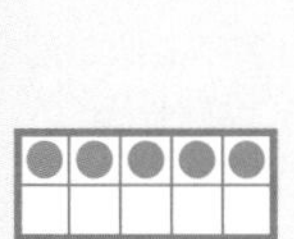

65 − 29 = ______

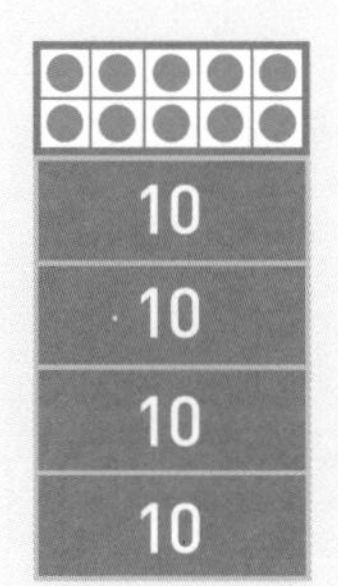

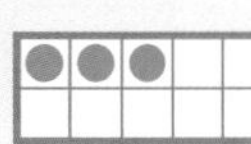

53 − 35 = ______

2. 계산해 보세요.

13 − 6 = ______

33 − 16 = ______

53 − 26 = ______

16 − 8 = ______

46 − 18 = ______

76 − 28 = ______

4. 계산값이 같은 것끼리 이어 보세요.

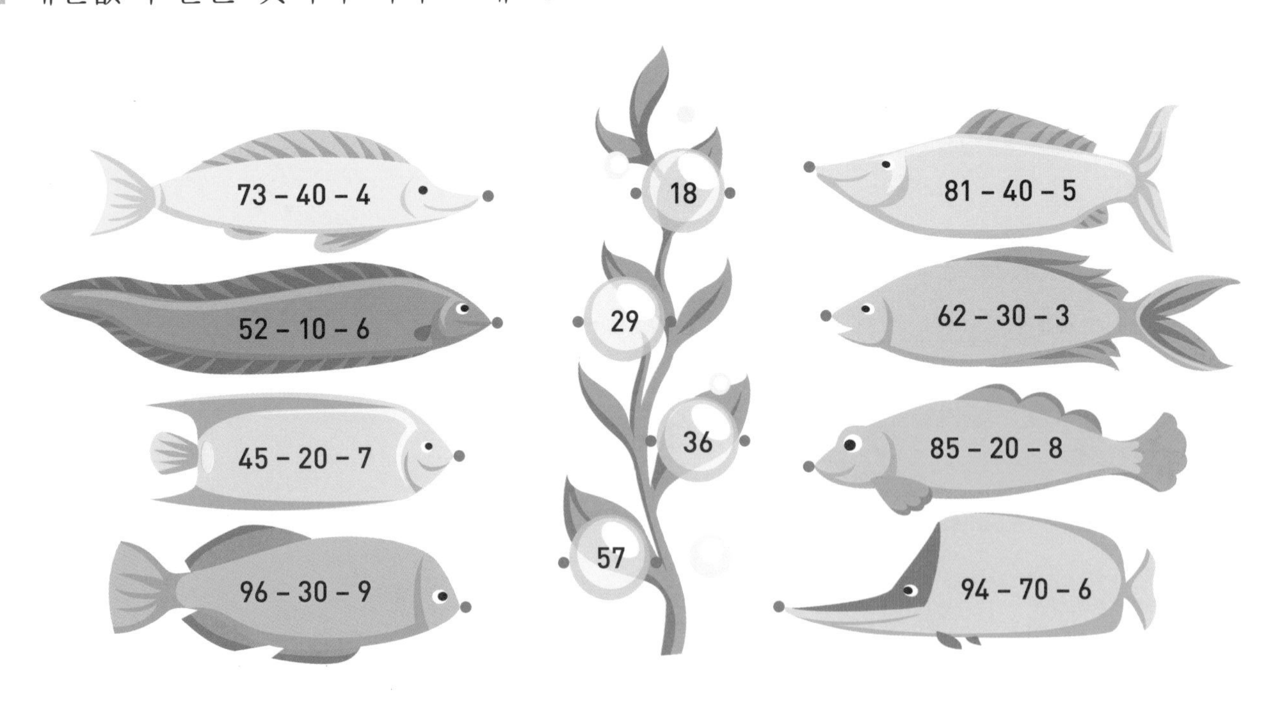

5. 뺄셈 결과가 맞는지 덧셈식을 이용해서 검산해 보세요. 검산 후 맞으면 ○표를, 틀리면 X표 해 보세요.

34 - 18 = 16 [○] 검산 : 16 + 18 = 34	42 - 14 = 26 [ ] 검산 : ___ + ___ = ___	51 - 27 = 24 [ ] 검산 : ___ + ___ = ___
63 - 45 = 28 [ ] 검산 : ___ + ___ = ___	75 - 36 = 37 [ ] 검산 : ___ + ___ = ___	82 - 19 = 63 [ ] 검산 : ___ + ___ = ___

6. 규칙에 따라 수를 써넣어 보세요.

7. ❶ 손목시계의 가격을 구해 보세요.

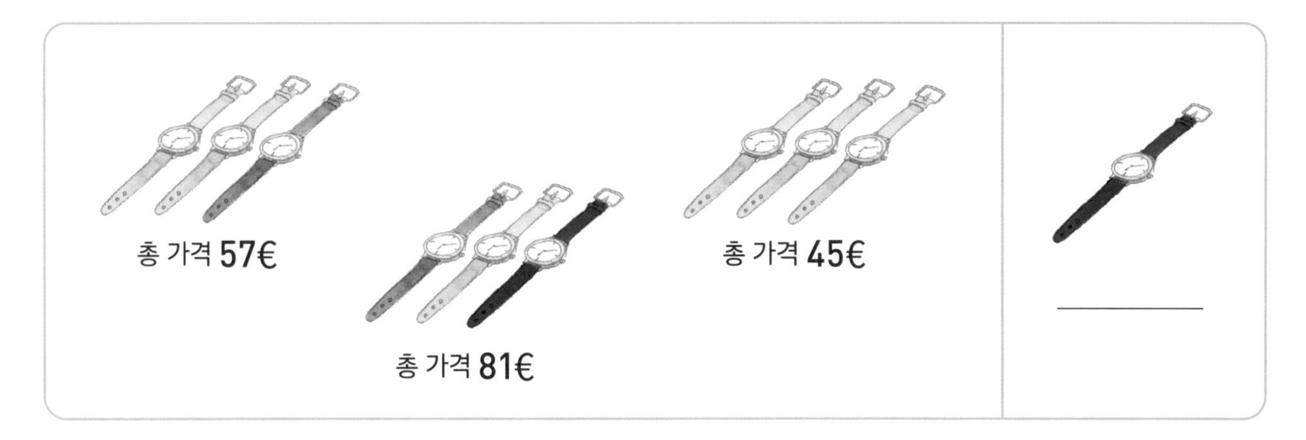

❷ 알람시계의 가격을 구해 보세요.

8. 그림이 들어간 식을 보고 그림의 값을 구해 보세요.

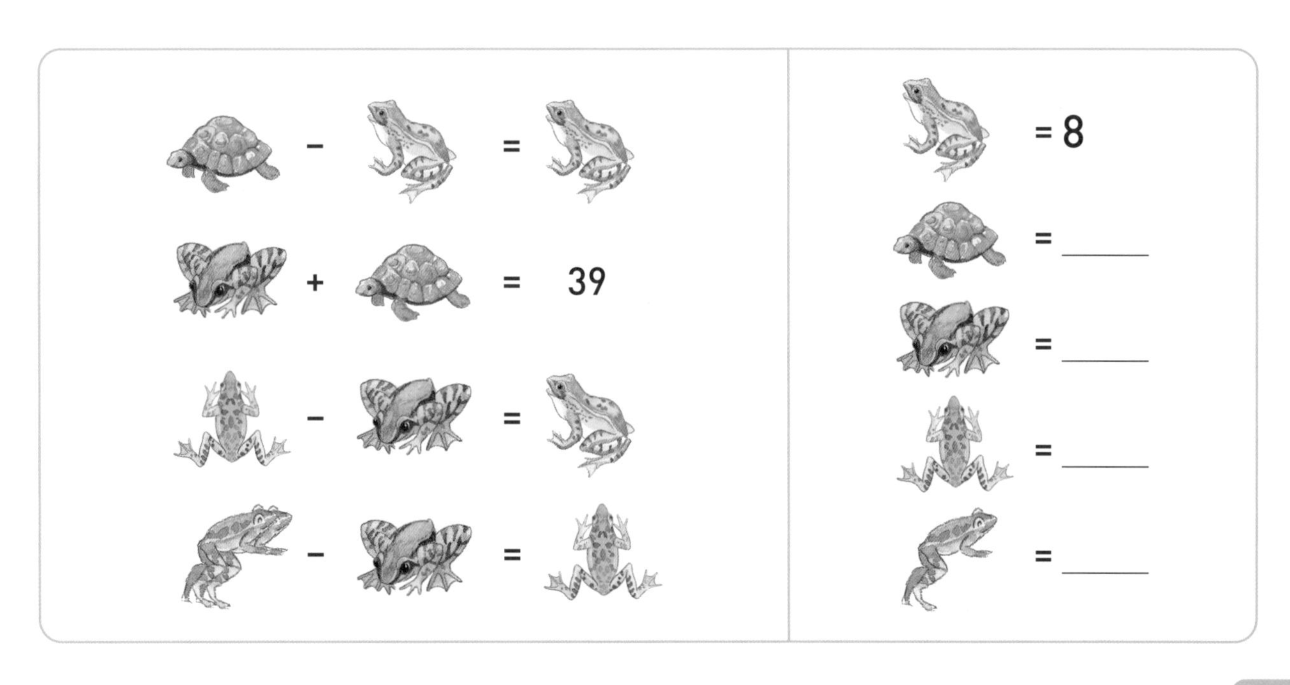

9. 계산값이 같은 것끼리 이어 보세요.

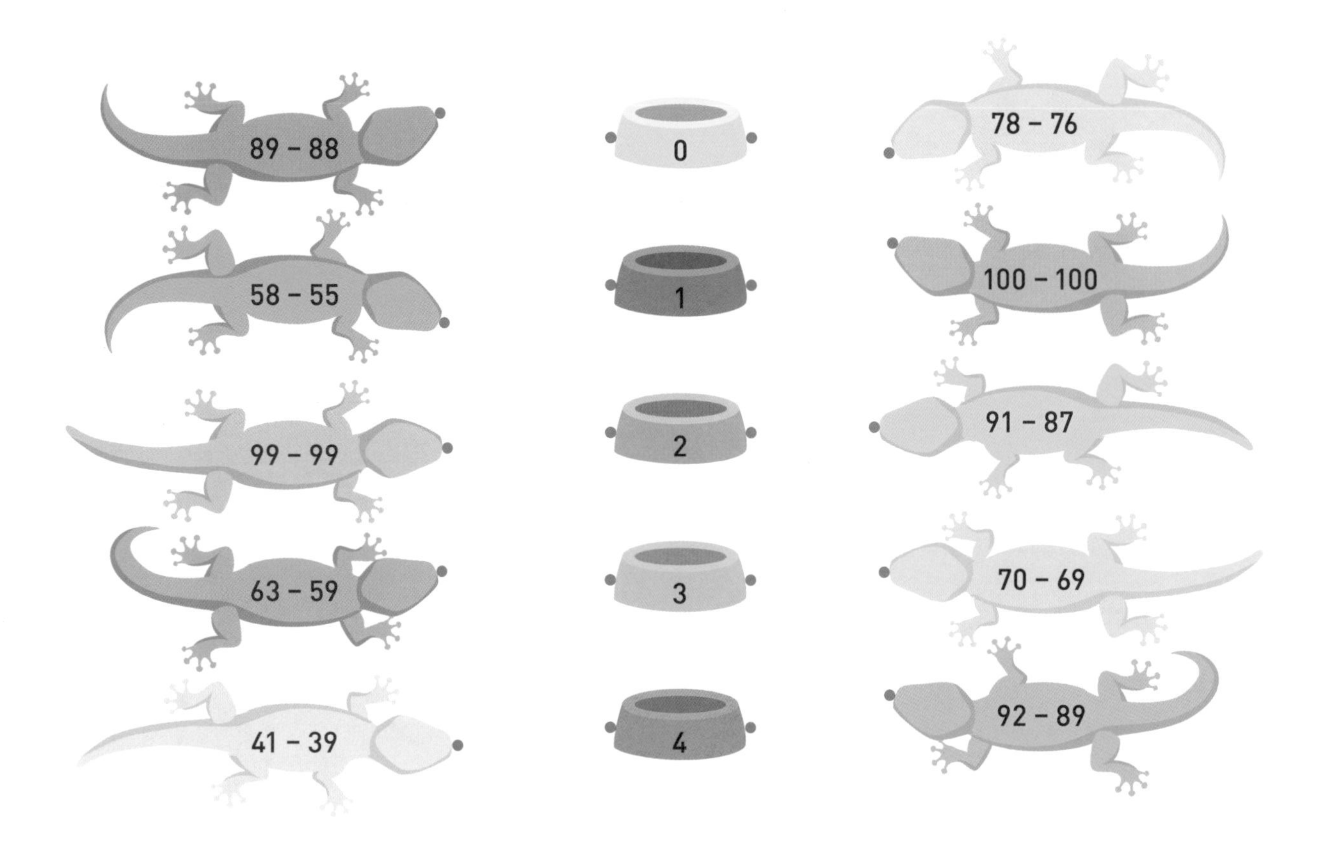

10. 일의 자리 수가 십의 자리 수보다 작은 수를 찾아 색칠해 보세요.

11	12	13	14	15	16	17	18	19
21	22	23	24	25	26	27	28	29
31	32	33	34	35	36	37	38	39
41	42	43	44	45	46	47	48	49
51	52	53	54	55	56	57	58	59
61	62	63	64	65	66	67	68	69
71	72	73	74	75	76	77	78	79
81	82	83	84	85	86	87	88	89
91	92	93	94	95	96	97	98	99

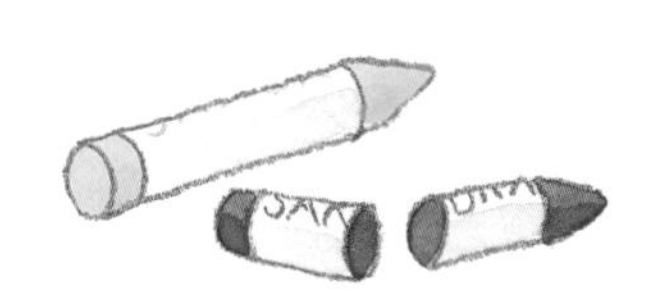

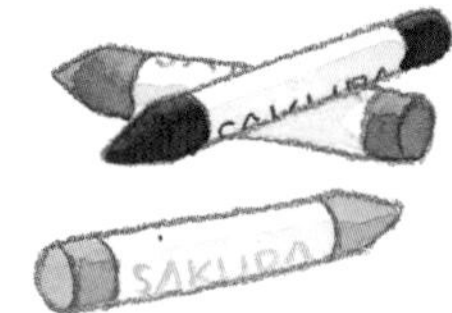

11. 아래 글을 읽고 열쇠 주인을 알아맞혀 보세요.

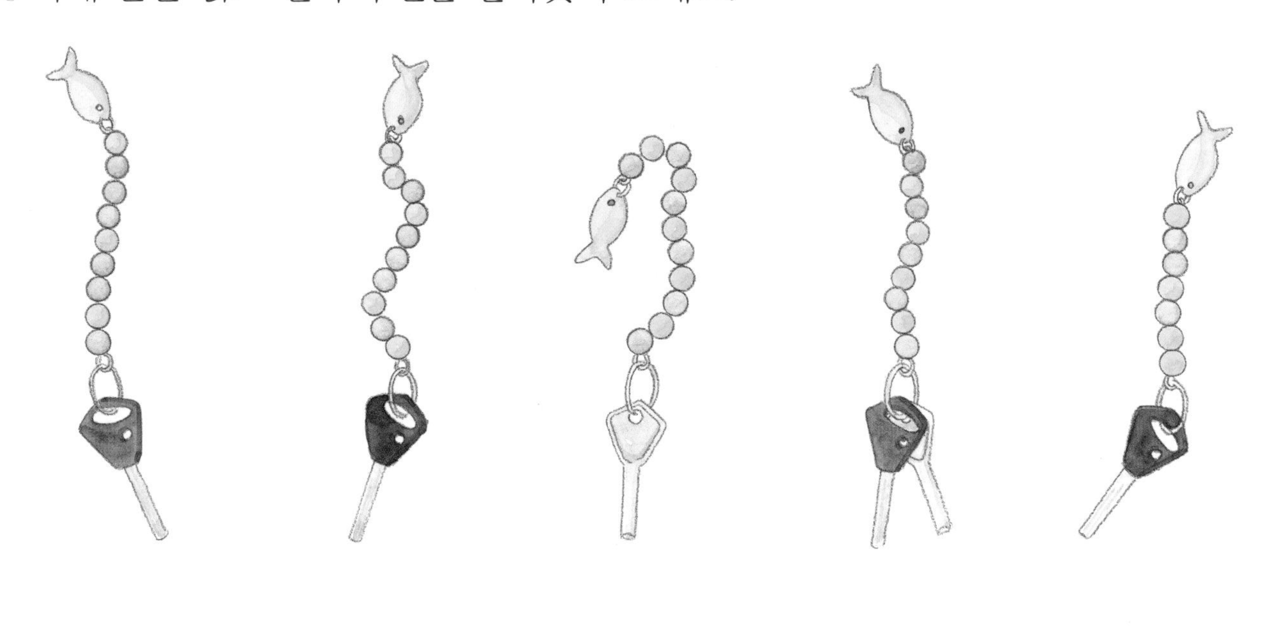

__________ __________ __________ __________ __________

- 토미의 열쇠는 아만다의 열쇠보다 구슬 개수가 2개 더 많아요.
- 미나와 알렉스의 열쇠는 파란색 구슬의 개수가 같아요.
- 아만다와 미나의 열쇠는 노란색 구슬의 개수가 같아요.
- 알렉스의 열쇠는 파란색 구슬과 노란색 구슬의 개수가 같아요.
- 케빈과 토미의 열쇠는 파란색 구슬의 개수가 같아요.

12. 로봇의 작동 원리를 알아낸 후, 알맞은 수를 구해 보세요.

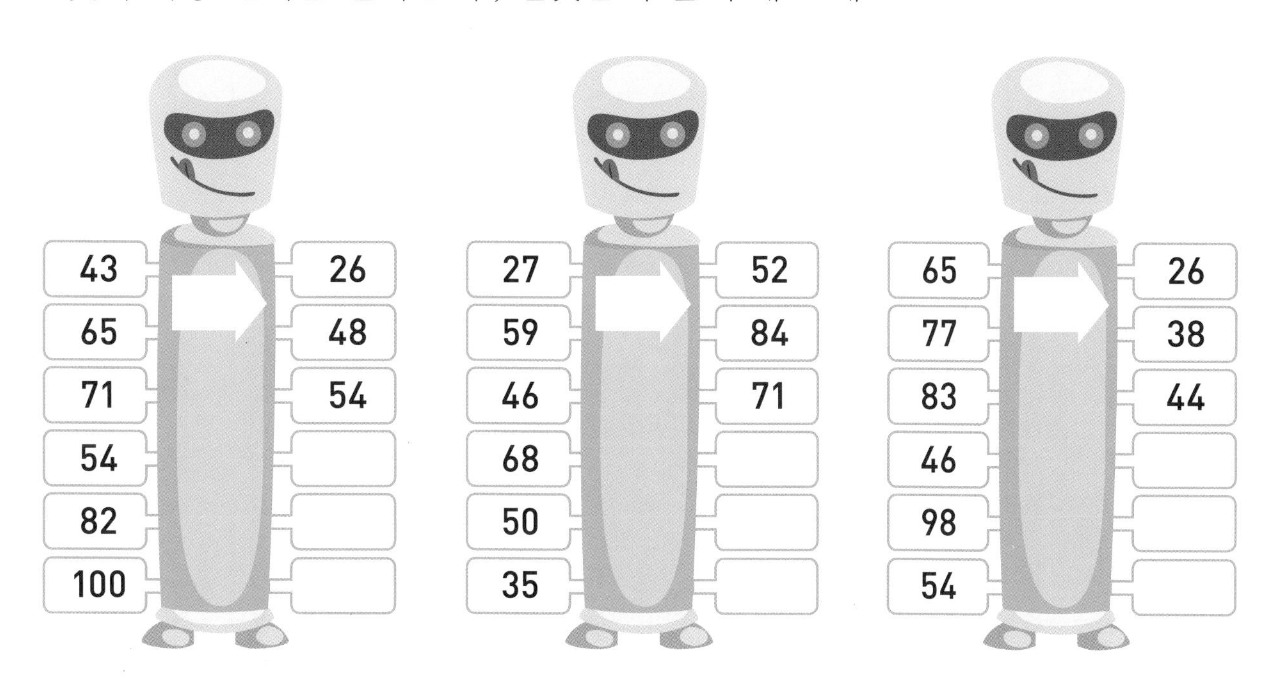

8 세로셈 덧셈

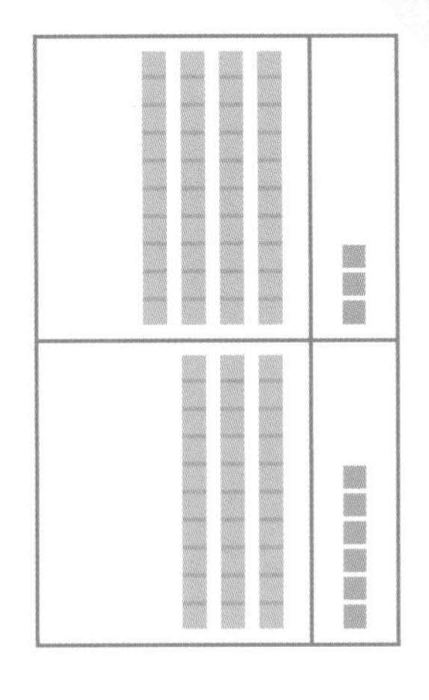

	십의 자리	일의 자리
	4	3
+	3	6
	7	9

세로셈 덧셈에서는 일의 자리부터 더한 후, 십의 자리끼리 더해요.

1. 수 막대를 보고 세로셈을 계산해 보세요.

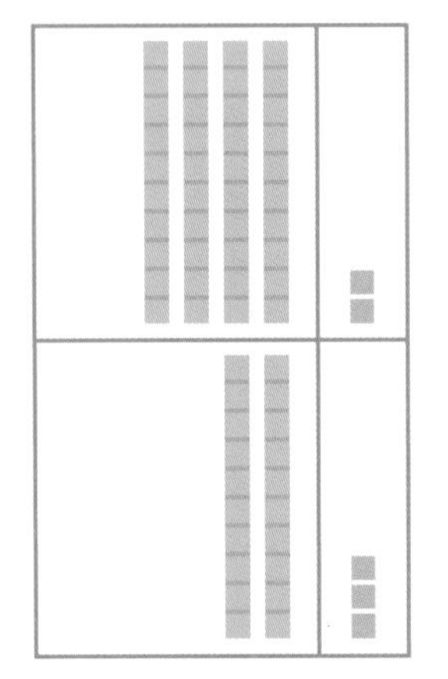

	4	2
+	2	3

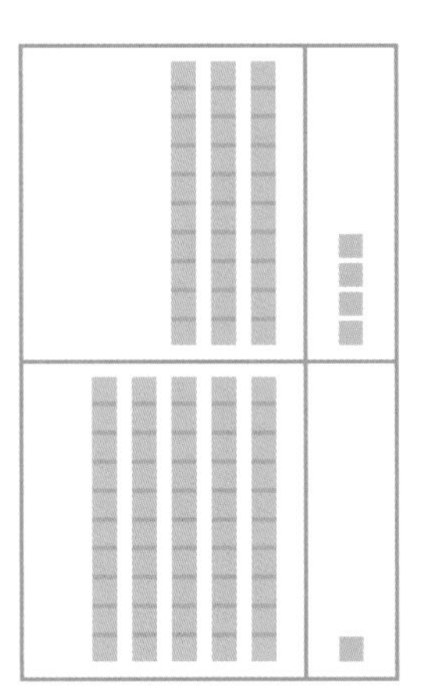

	3	4
+	5	1

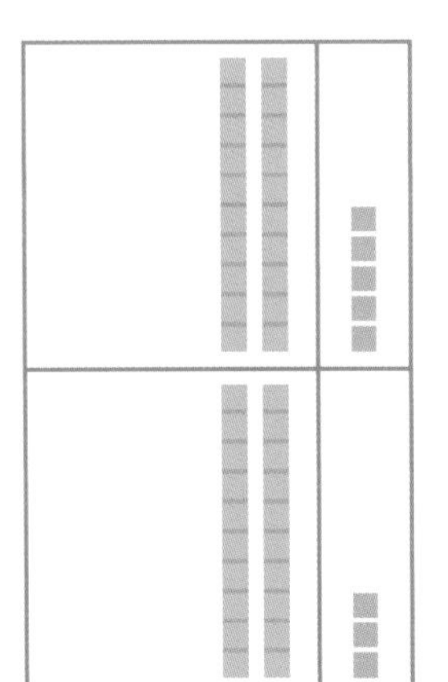

	2	5
+	2	3

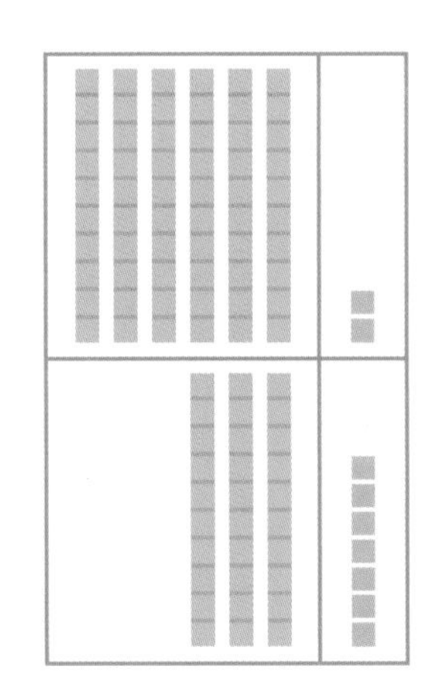

	6	2
+	3	7

2. 세로셈으로 계산한 후, 정답을 찾아 ○표 해 보세요.

31 + 23

	3	1
+	2	3

21 + 42

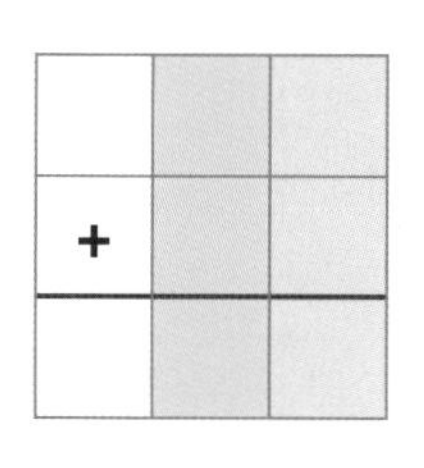

34 + 25

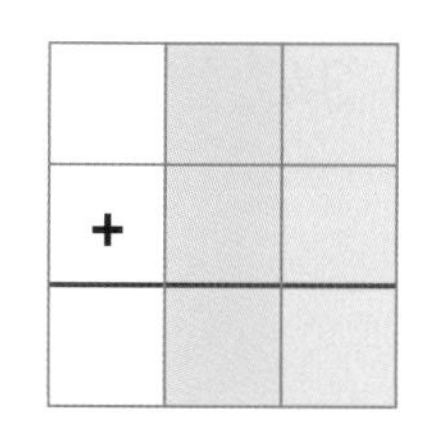

24 + 54

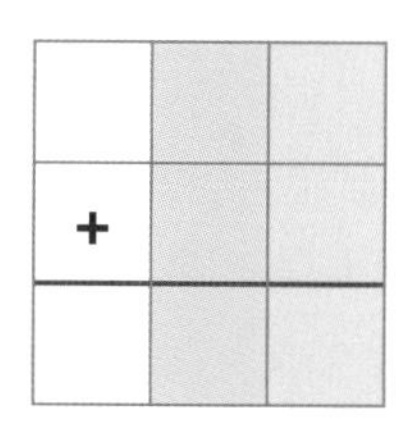

32 + 41

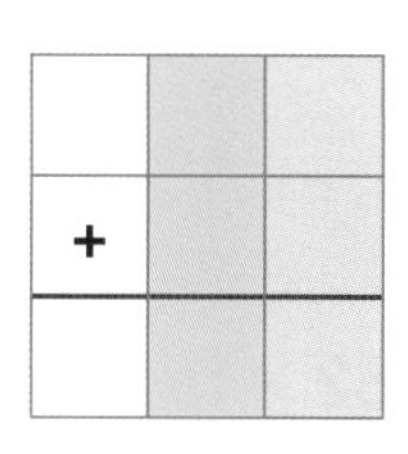

26 + 32

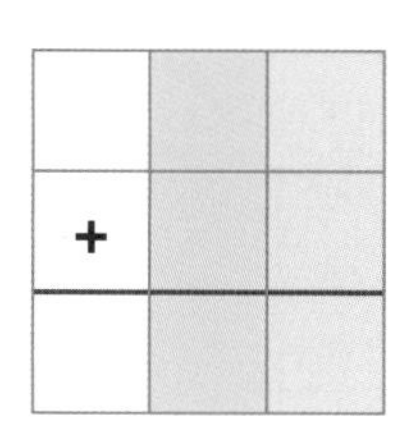

62 + 17

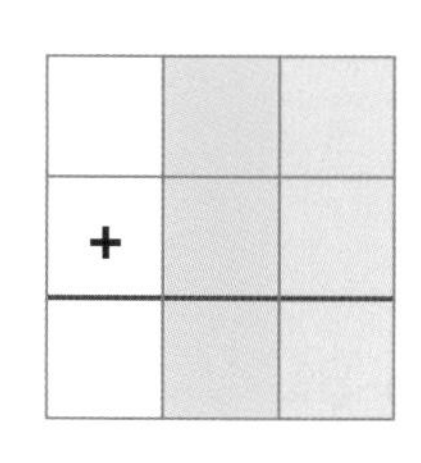

54 58 59 63 68 73 78 79

한 번 더 연습해요!

1. 세로셈으로 계산해 보세요.

	1	2
+	6	3

	6	3
+	3	1

	4	2
+	4	4

	5	1
+	4	7

2. 세로셈으로 계산해 보세요.

43 + 33

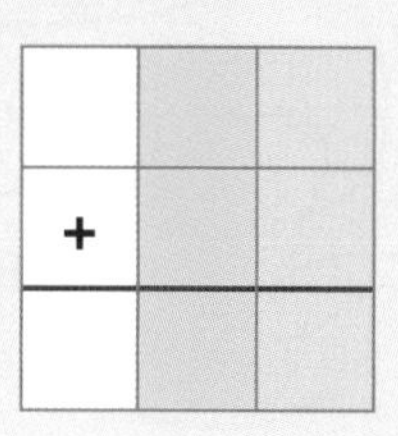

26 + 71

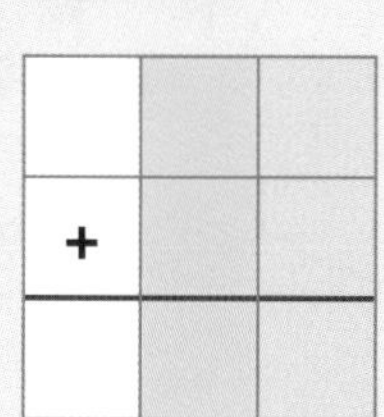

53 + 15

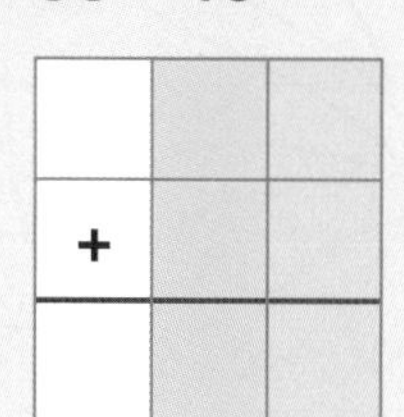

62 + 25

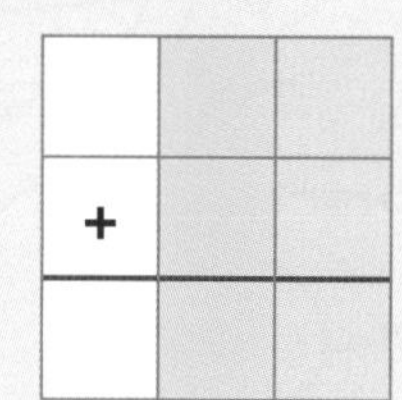

3. 수 막대를 그린 후, 세로셈으로 계산해 보세요.

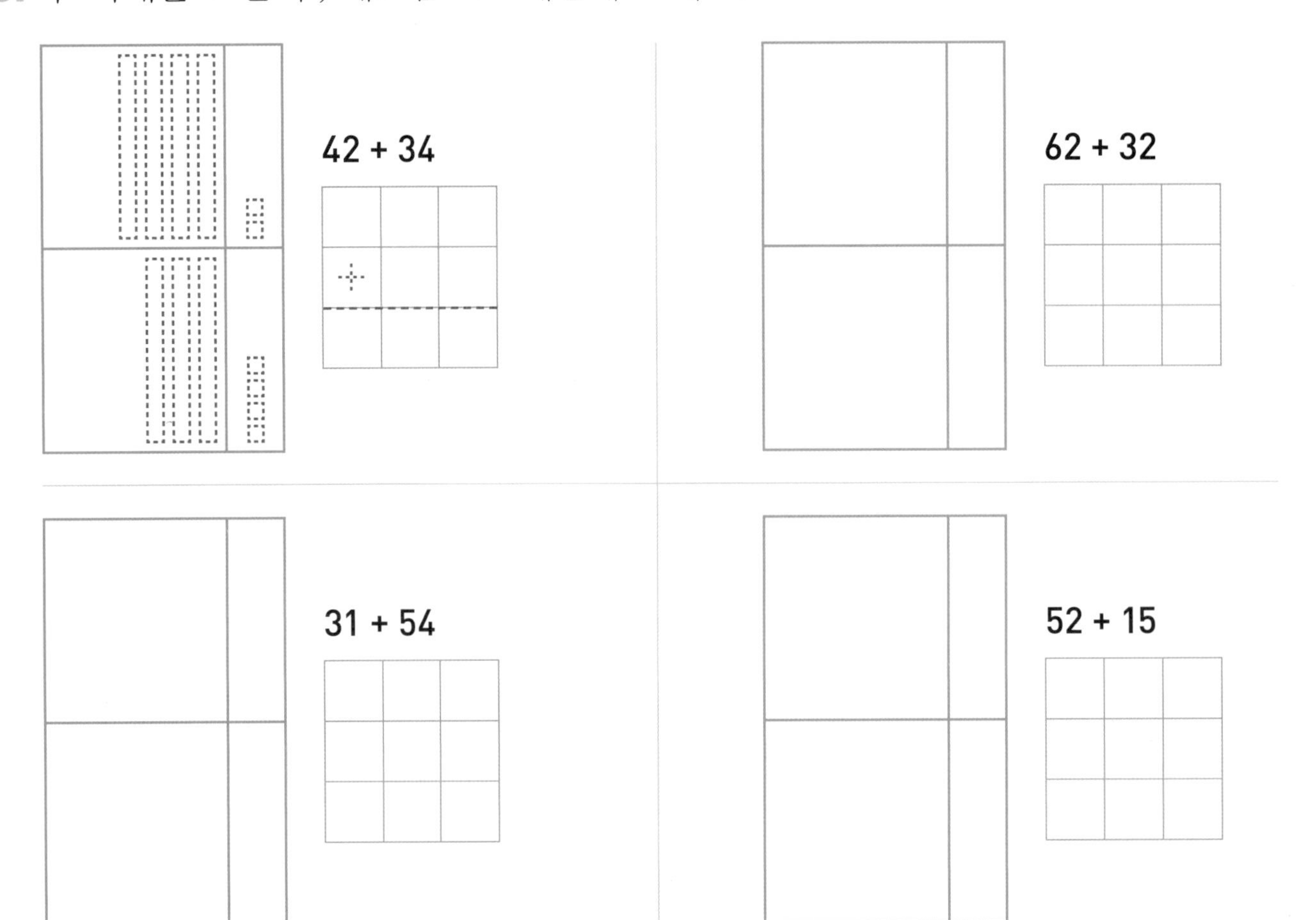

4. 계산값에 맞게 색칠해 보세요.

44 < ● < 54　● = 54　54 < ● < 64

5. □ 안에 알맞은 수를 구해 보세요.

	3	0
+		
	5	3

	1	1
+		
	6	7

	5	0
+		
	8	0

	9	0
+		
	9	8

+	6	3
	9	4

+	7	3
	7	8

+	2	0
	8	9

+	2	4
	7	9

6. 규칙을 알아낸 후, 빈칸에 알맞은 수를 구해 보세요.

11	13	12
15	17	16
26		28

20	16	36
17	16	33
	16	35

16	20	11
10	32	
21	12	16

14	18	29
16		25
30	41	54

26	18	8
35		20
41	20	21

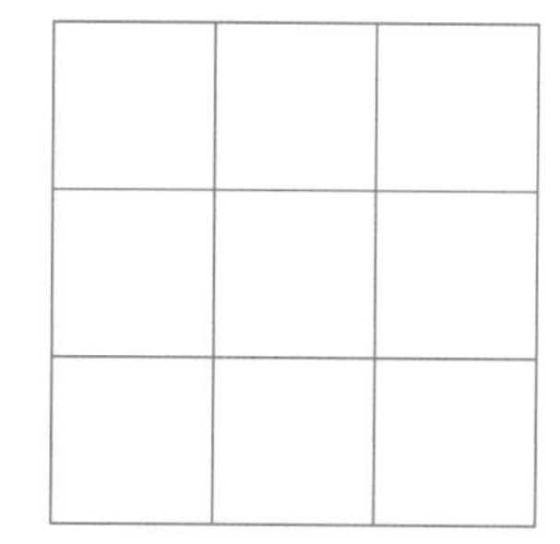

스스로 문제를 만들어 풀어 보세요.

9 세로셈 뺄셈

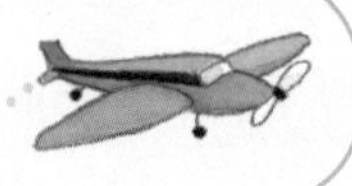

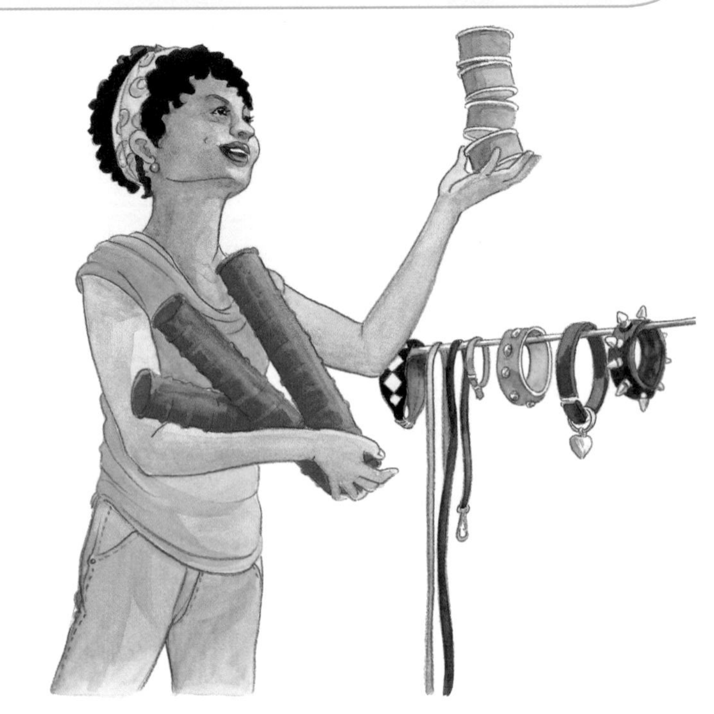

	십의 자리	일의 자리
	5	7
-	3	4
	2	3

세로셈 뺄셈에서는 일의 자리부터 뺀 후, 십의 자리끼리 빼요.

1. 수 막대를 지워 가며 세로셈을 계산해 보세요.

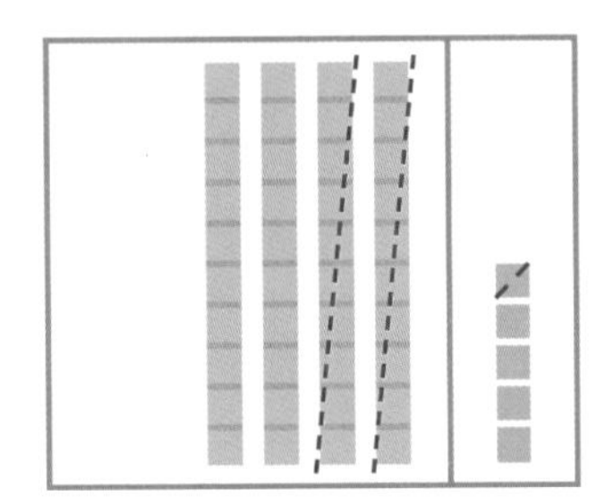

	4	5
-	2	1

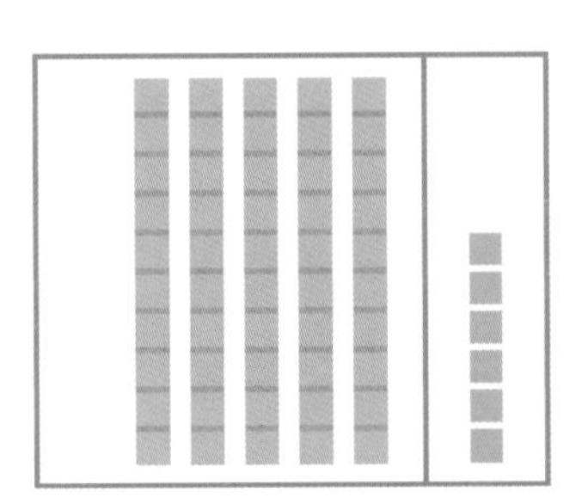

	5	6
-	1	4

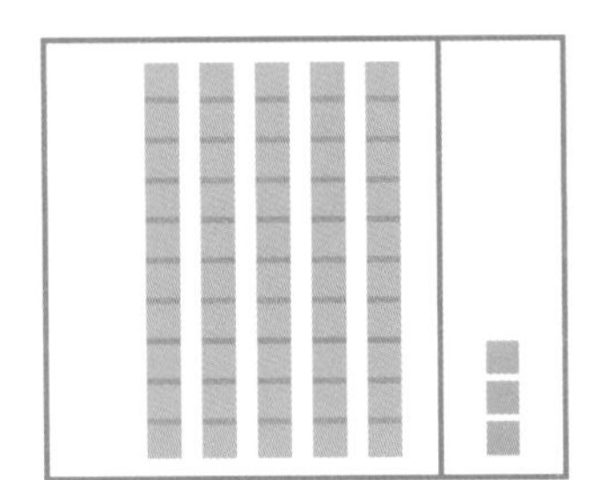

	5	3
-	2	2

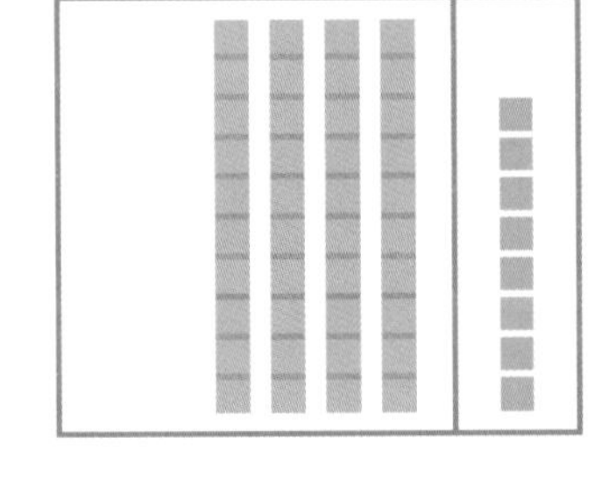

	4	8
-	1	2

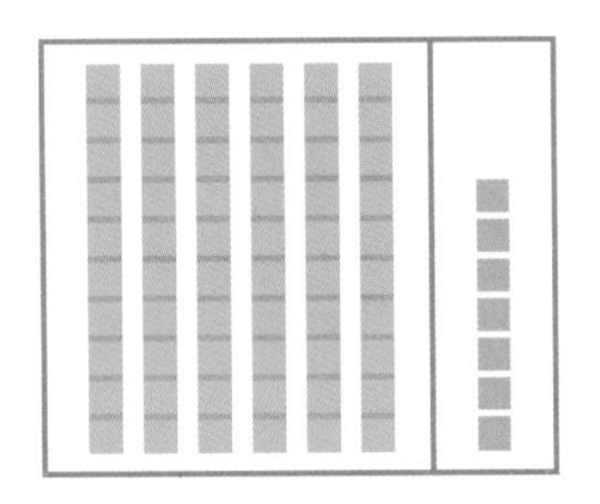

	6	7
-	1	3

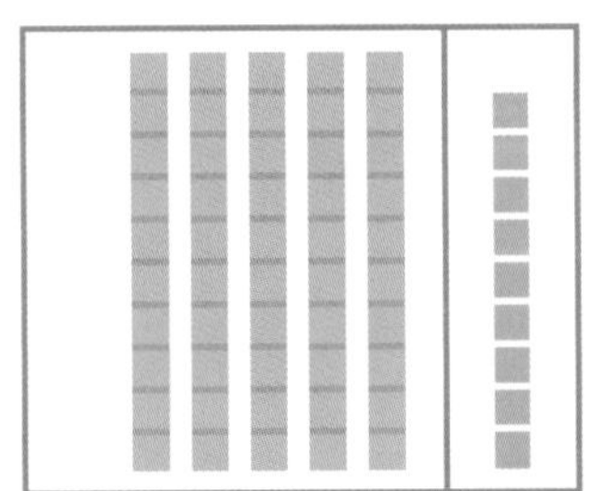

	5	9
-	4	4

2. 세로셈으로 계산한 후, 정답을 찾아 ○표 해 보세요.

36 - 21

	3	6
-	2	1

47 - 24

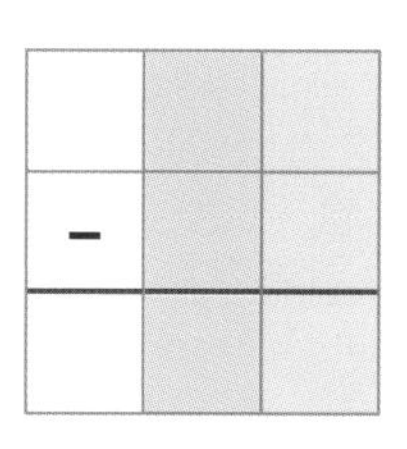

58 - 27

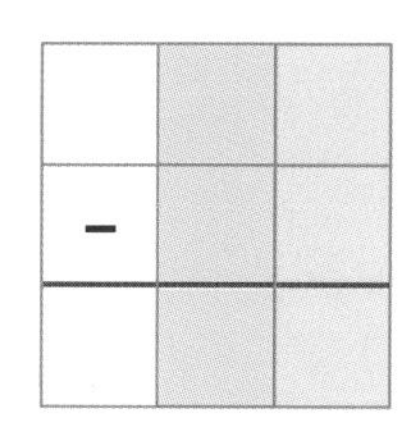

69 - 12

-		

78 - 54

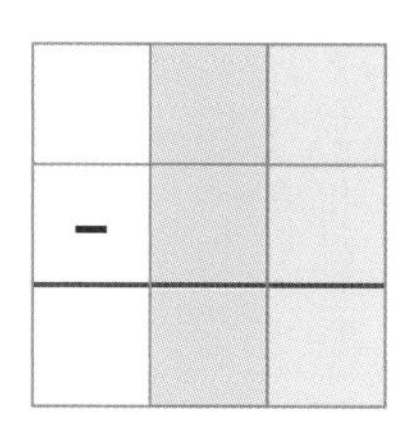

89 - 43

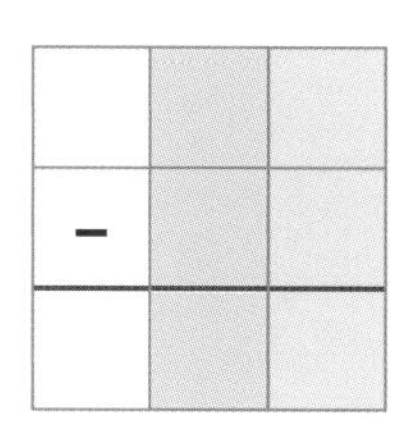

95 - 42

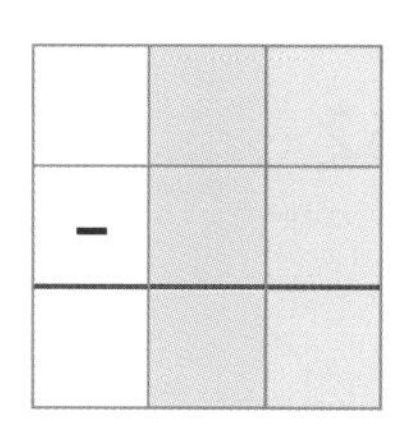

15 23 24 31 46 47 53 57

한 번 더 연습해요!

1. 세로셈으로 계산해 보세요.

	5	8
-	1	4

	9	8
-	2	3

	7	9
-	4	3

	7	9
-	1	5

2. 세로셈으로 계산해 보세요.

78 - 26

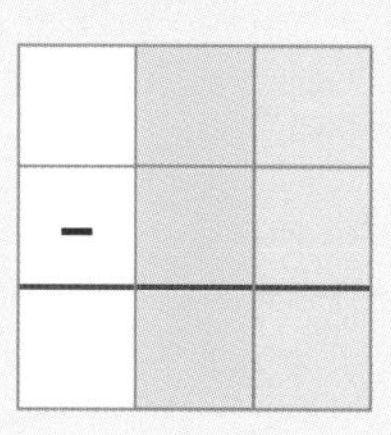

99 - 12

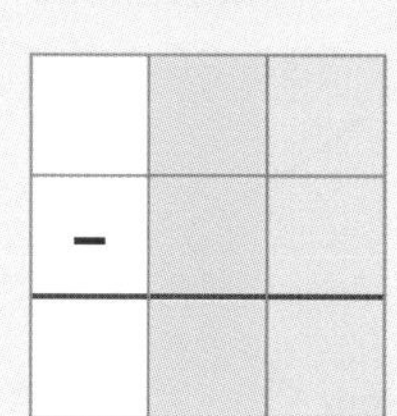

68 - 25

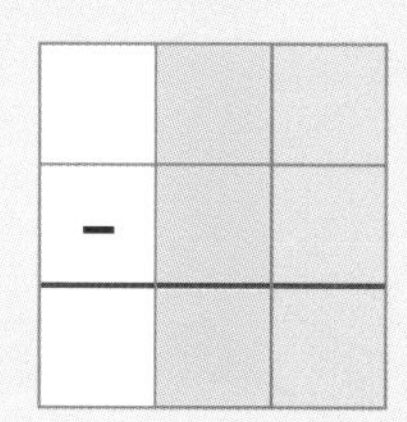

98 - 42

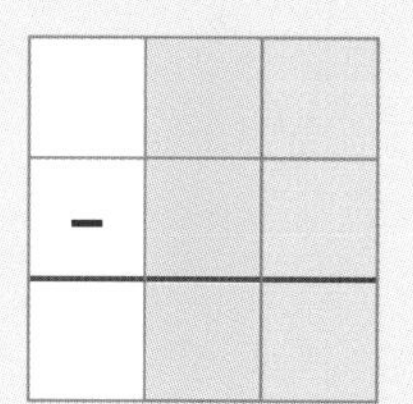

3. 수 막대를 그린 후, 세로셈으로 계산해 보세요.

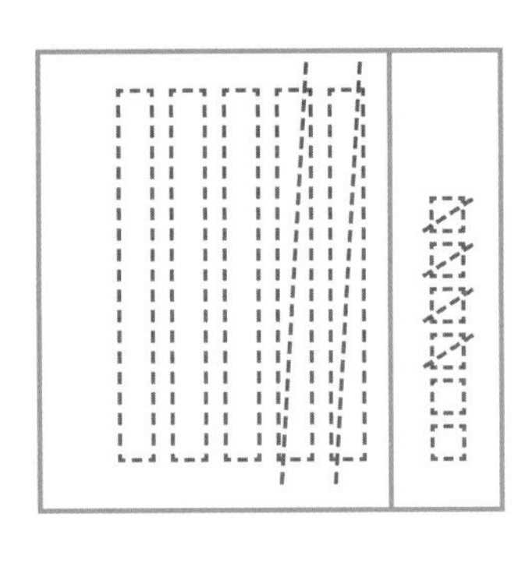

56 − 24

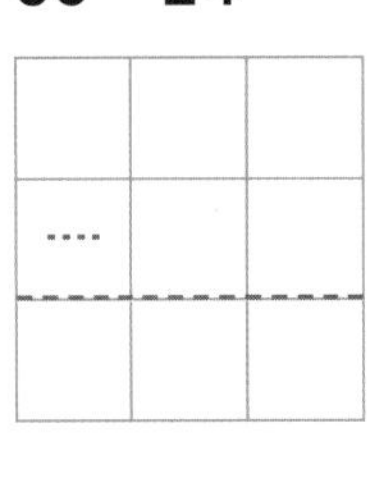

43 − 32

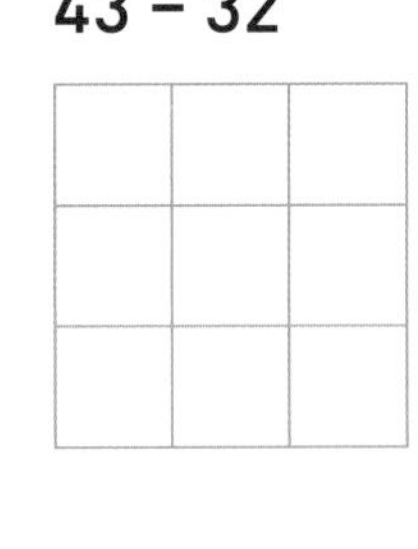

62 − 21

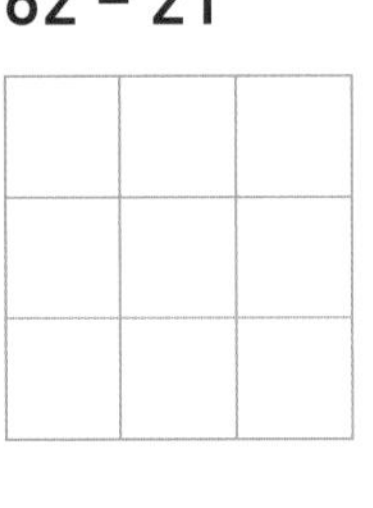

55 − 13

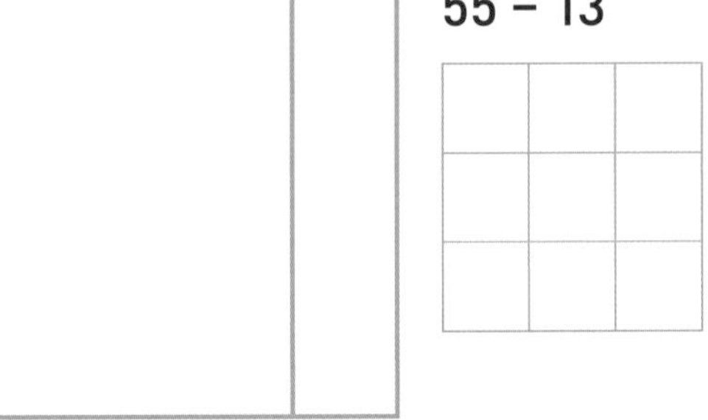

4. 계산값에 맞게 색칠해 보세요.

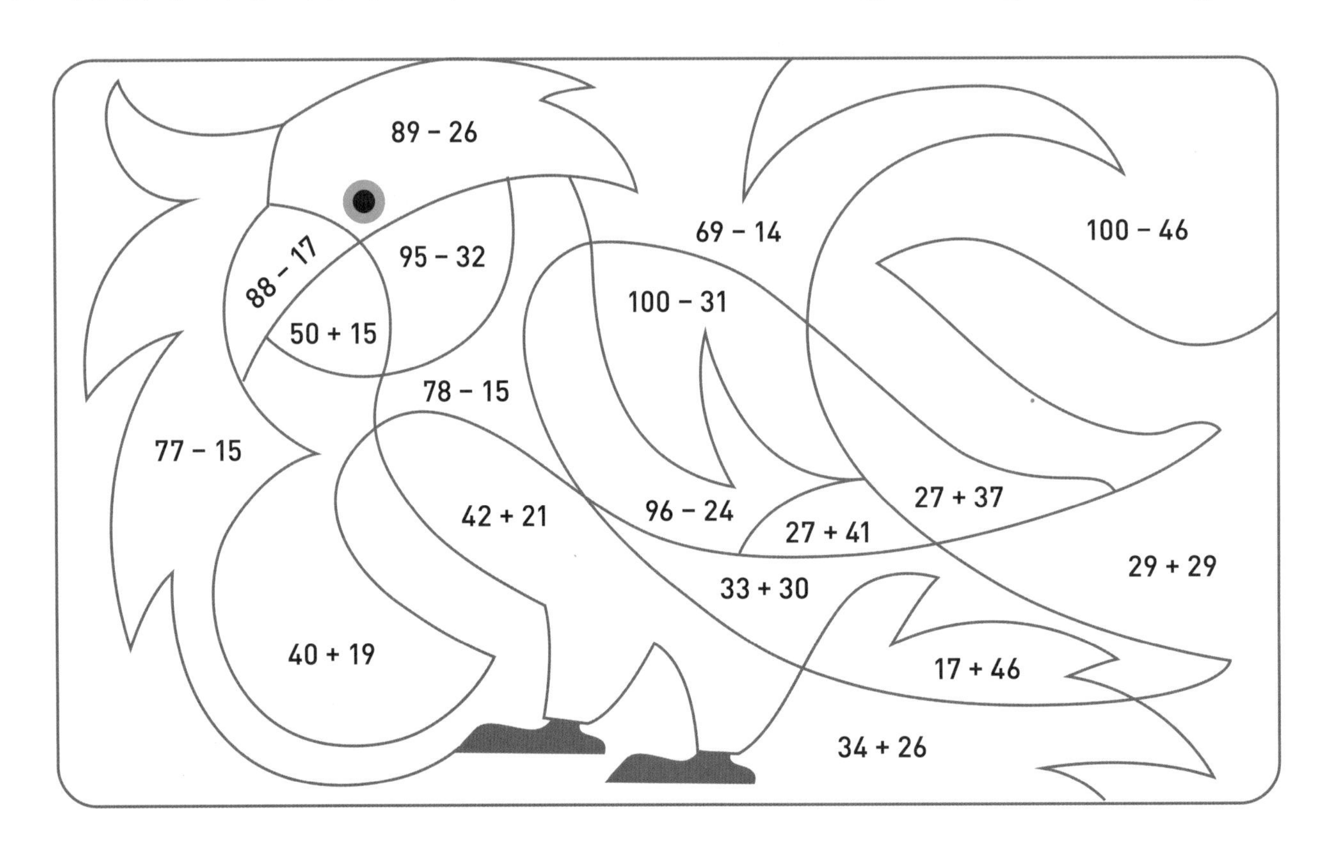

5. □ 안에 알맞은 수를 구해 보세요.

	8	0
-		
	6	0

	4	8
-		
		1

	9	8
-		
	9	8

	7	9
-		
		0

-		7
	3	2

-		0
	6	1

-	1	6
	4	1

-	4	5
	4	0

6. 규칙을 알아낸 후, 빈칸에 알맞은 수를 구해 보세요.

21	16	15
16	14	24
37		39

32	21	
30	18	12
41	15	26

15	14	
9	30	21
8	16	15

30	29	40
19	13	
11	16	15

97	55	42
75		35
84	48	36

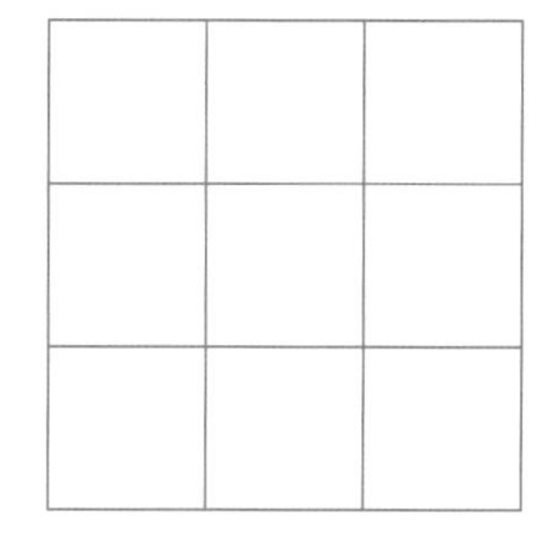

스스로 문제를 만들어 풀어 보세요.

7. 세로셈으로 계산한 후, 정답을 찾아 ○표 해 보세요.

40 + 30

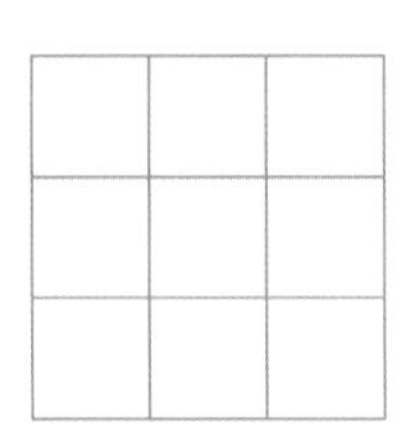

60 + 27

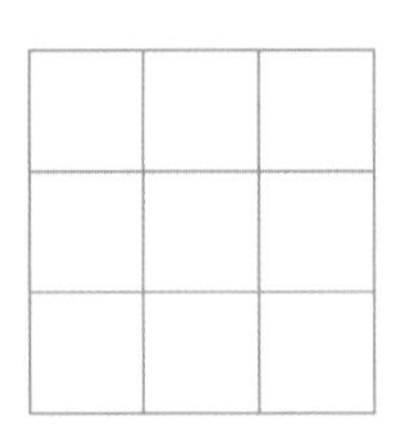

84 + 5

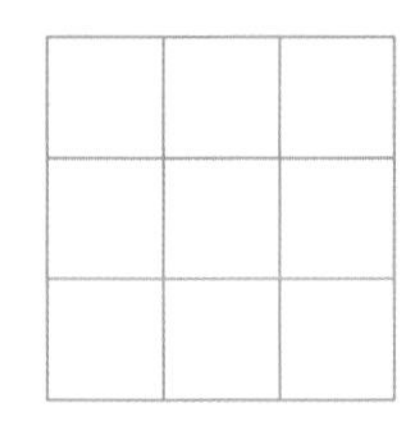

8 + 50

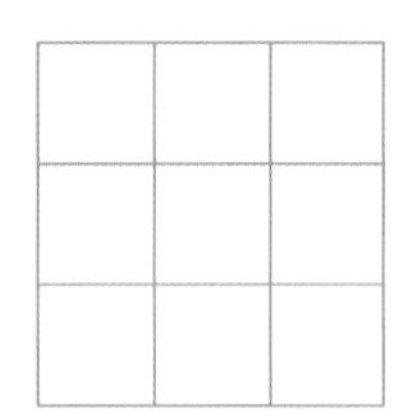

90 − 40

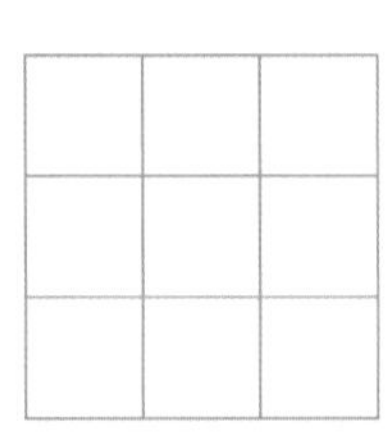

49 − 6

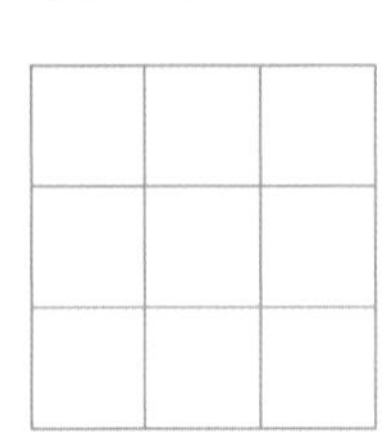

76 − 75

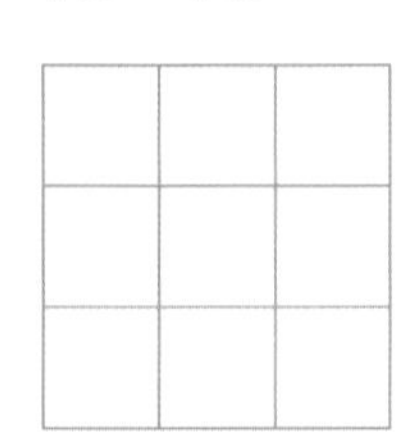

98 − 98

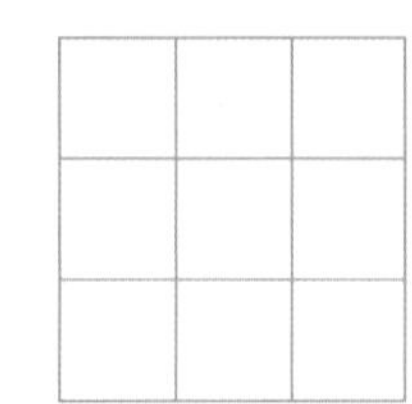

0　1　2　43　50　58　70　87　89

8. □ 안에 +, −를 알맞게 써넣어 보세요.

	5	3
□	3	1
	2	2

	6	7
□	2	0
	8	7

	4	6
□		5
	4	1

	3	5
□	1	5
	2	0

9. □ 안에 알맞은 수를 구해 보세요.

	2	3
+	□	□
	3	7

	4	1
+	□	□
	6	8

	□	□
+	8	4
	8	9

	6	5
−	□	□
	3	1

	7	4
−	□	□
	6	4

	□	□
−	3	4
	2	4

10. 아래 글을 읽고 식을 쓴 후, 세로셈으로 계산해 보세요.

❶ 애견 쇼에 푸들 32마리와 스패니얼 26마리가 나왔어요. 애견 쇼에 나온 개는 모두 몇 마리인가요?

식 : ____________________

정답 : ____________________

❷ 애견 쇼에 테리어 54마리와 닥스훈트 35마리가 나왔어요. 애견 쇼에 나온 개는 모두 몇 마리인가요?

식 : ____________________

정답 : ____________________

❸ 애견 쇼에 슈나우저 49마리가 나왔어요. 퍼그는 슈나우저보다 13마리 적게 나왔어요. 애견 쇼에 나온 퍼그는 몇 마리인가요?

식 : ____________________

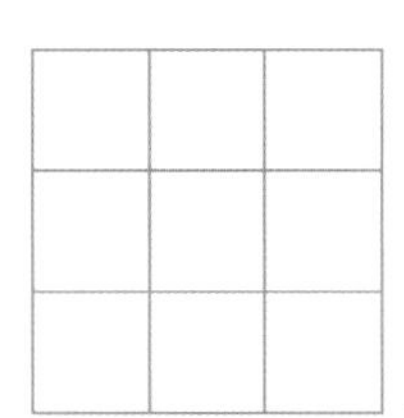

정답 : ____________________

한 번 더 연습해요!

1. 세로셈으로 계산해 보세요.

52 + 7

70 + 19

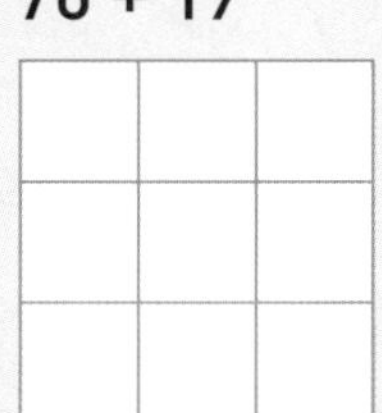

68 − 6

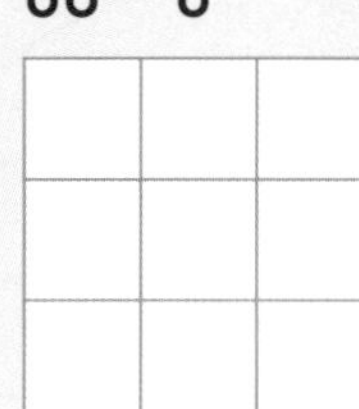

49 − 48

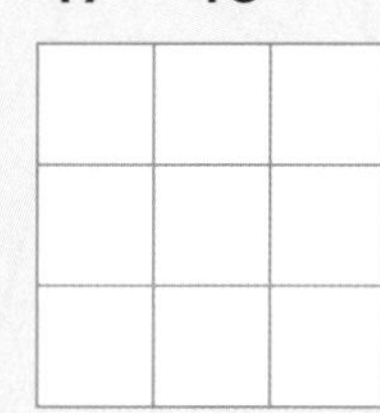

2. □ 안에 알맞은 수를 구해 보세요.

	2	1
+		
	7	9

+	6	3
	9	3

	8	5
−		
	4	3

−	6	4
	1	2

11. 세로셈으로 계산한 후, 아래 그림에서 계산값을 찾아 색칠해 보세요.

53 + 25

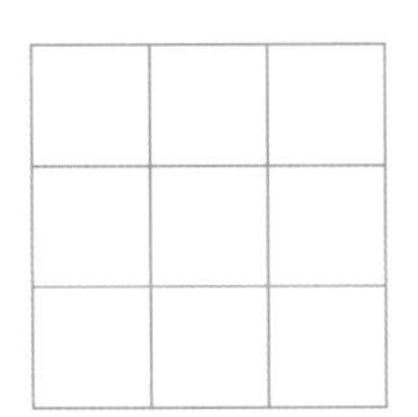

30 + 10

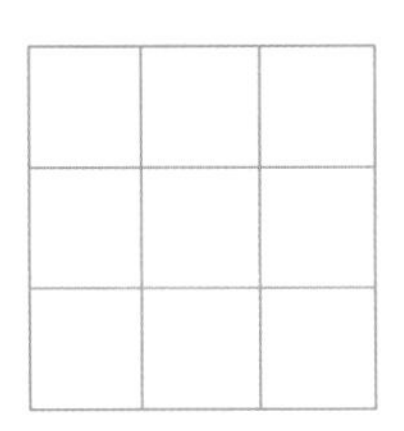

79 − 34

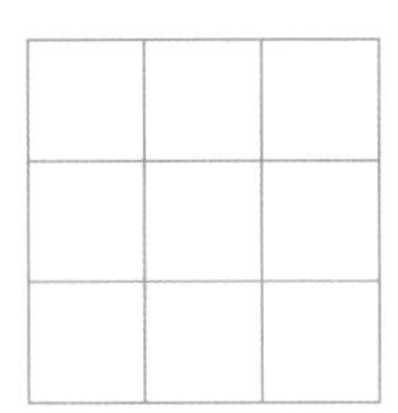

89 − 31

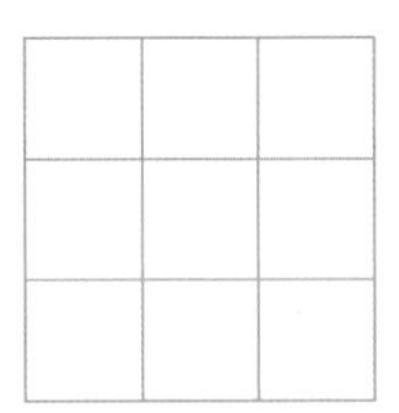

53 + 6

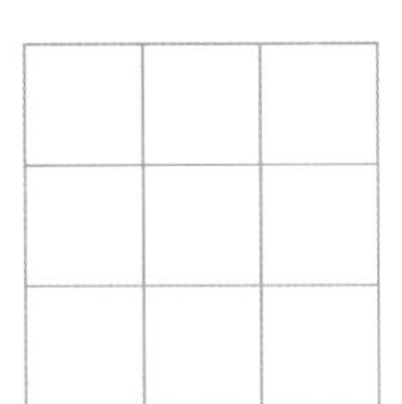

50 + 47

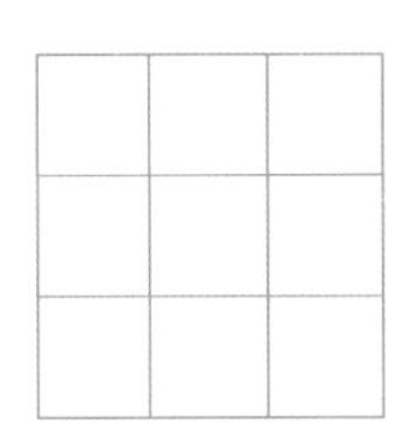

99 − 3

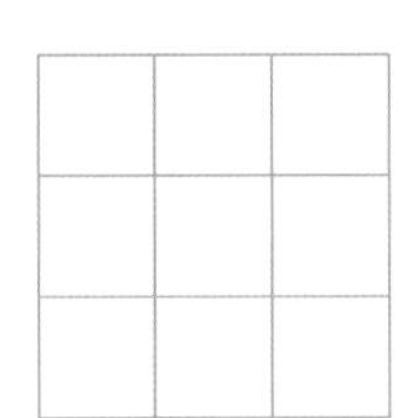

80 − 20

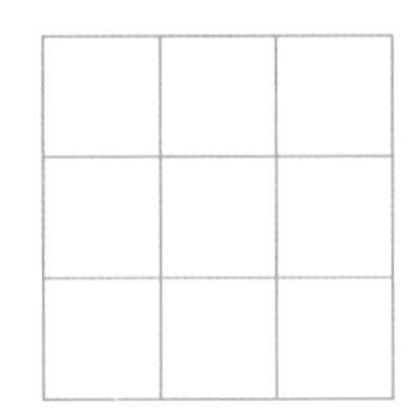

23 + 41

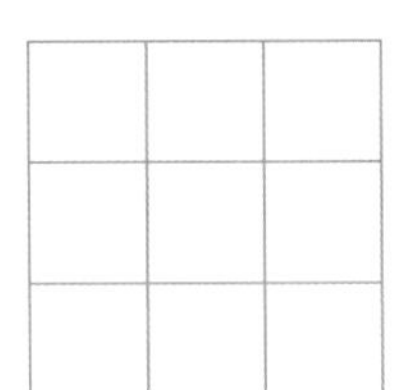

21 + 64

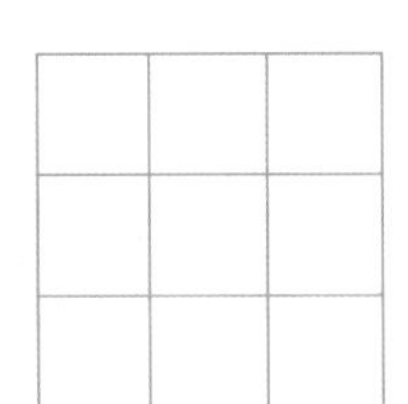

89 − 10

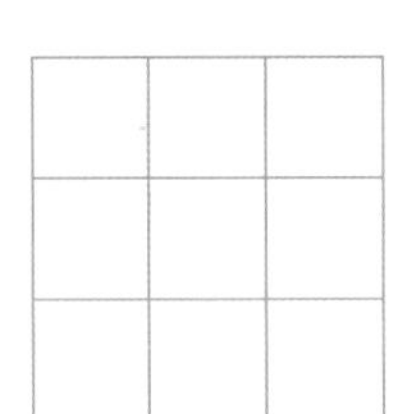

78 − 44

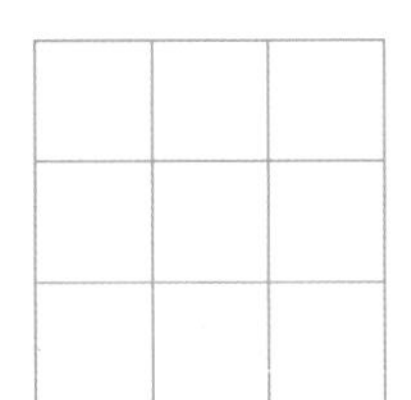

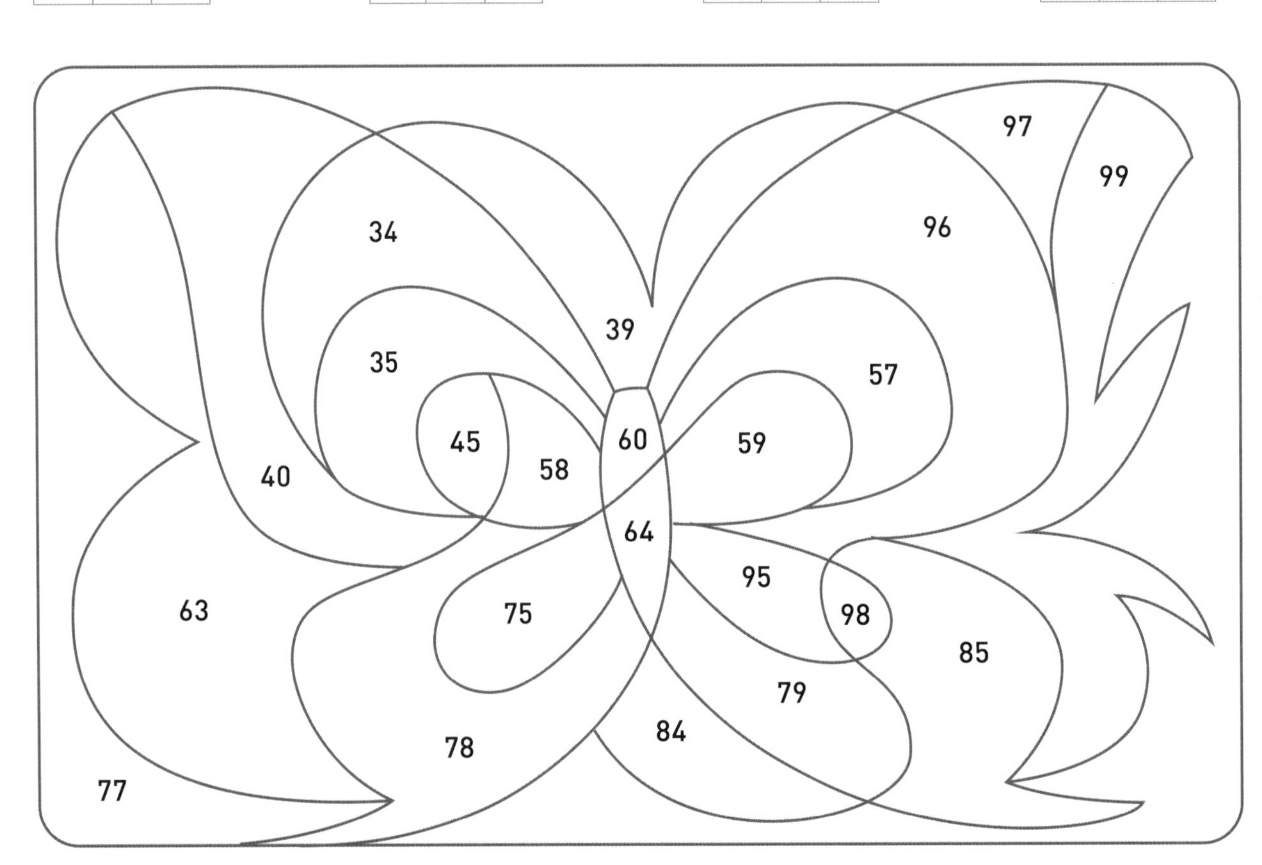

12. 아래 글을 읽고 식을 쓴 후, 세로셈으로 계산해 보세요.

❶ 애견 쇼에 푸들 41마리, 닥스훈트 15마리, 슈나우저 23마리가 나왔어요. 애견 쇼에 나온 개는 모두 몇 마리인가요?

식 : ______________________

정답 : ______________________

	4	1
	1	5
+	2	3

❷ 동물 병원에 햄스터 24마리, 앵무새 32마리, 고양이 12마리가 있어요. 동물 병원에 있는 동물은 모두 몇 마리인가요?

식 : ______________________

정답 : ______________________

❸ 빨간 접시 21개, 파란 접시 20개, 흰 접시 54개가 그릇장에 들어 있어요. 그릇장에 있는 접시는 모두 몇 개인가요?

식 : ______________________

정답 : ______________________

세로셈 계산 놀이

인원 : 2명　준비물 : 0에서 4까지의 수 카드 2세트, +, - 카드

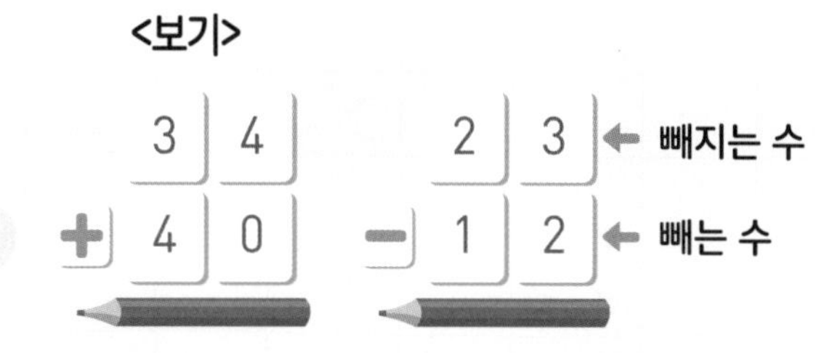

놀이 방법

• 덧셈 세로셈

1. 0에서 4까지의 수 카드 2세트를 섞어서 뒤집어 놓아요.
2. 순서를 정해 교대로 카드를 뽑은 다음 보기처럼 식을 만들어 보세요.
3. 식을 만든 다음 +카드를 놓고 세로셈으로 계산해 보세요.
4. 계산값이 더 큰 사람이 이겨요.

• 뺄셈 세로셈

1. 0에서 4까지의 수 카드 2세트를 섞어서 뒤집어 놓아요.
2. 순서를 정해 교대로 카드를 뽑은 다음 보기처럼 식을 만들어 보세요.
3. 식을 만든 다음 -카드를 놓고 세로셈으로 계산해 보세요. (빼지는 수를 빼는 수보다 더 크게 해서 식을 만들어요.)
4. 계산값이 더 작은 사람이 이겨요.

책 뒤에 있는 놀이 카드를 이용하세요.

13. 주어진 돈에서 물건을 사고 나면 얼마가 남나요? 식을 쓰고 세로셈으로 계산해 보세요.

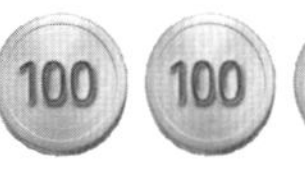
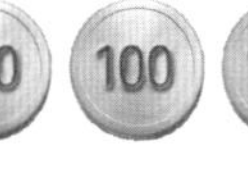

식 :

	5	9	0	0
-	3	3	0	0

정답 :

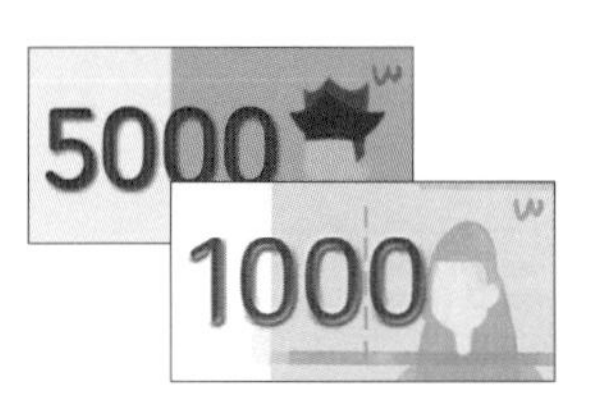

식 :

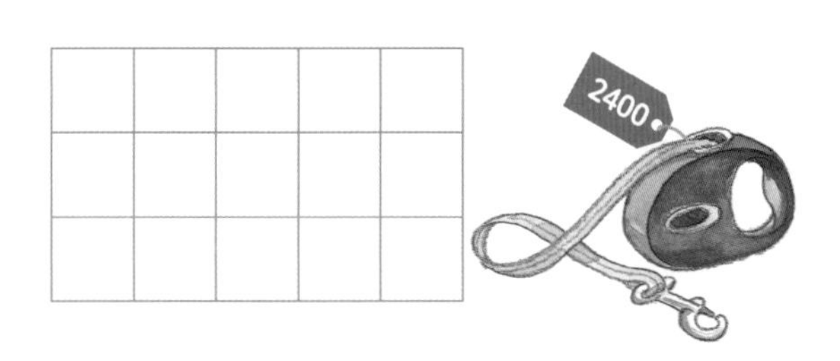

정답 :

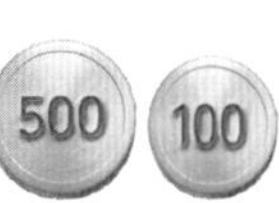
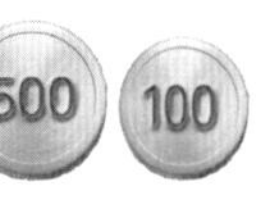
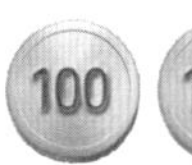

식 :

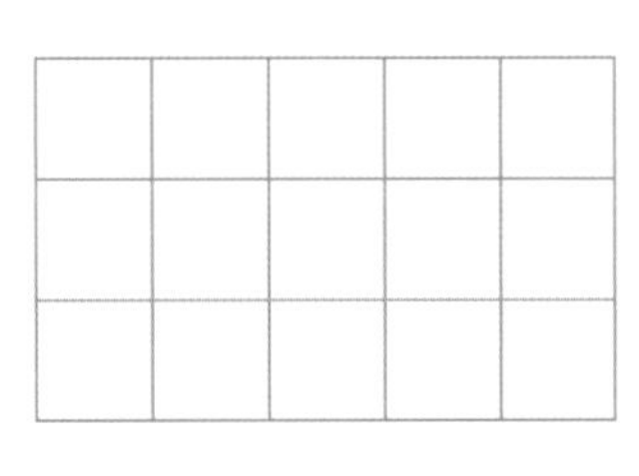

정답 :

식 :

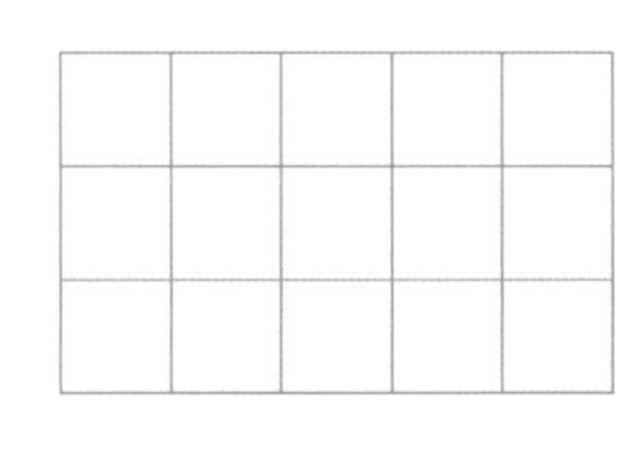

정답 :

책 뒤에 있는 모형 돈을 활용하세요.

14. 식을 쓰고 세로셈으로 계산해 보세요. 필요 없는 조건의 문장은 줄로 그어 보세요.

❶ 검은 단추 37개와 파란 단추 61개가 상자 안에 있어요. 상자 안은 3개의 칸막이로 나뉘어 있어요. 상자 안에 들어 있는 단추는 모두 몇 개인가요?

식 : ____________________

정답 : ____________________

❷ 상자 안에 공이 84개가 있어요. 각각의 공에는 별무늬가 17개씩 있어요. 공이 42개 팔렸다면 상자 안에 남은 공은 몇 개인가요?

식 : ____________________

정답 : ____________________

❸ 곰 인형 68개가 상자 안에 있어요. 토끼 인형은 곰 인형보다 15개 더 적고, 곰 인형의 길이는 35cm와 같아요. 상자 안에 있는 토끼 인형은 몇 개인가요?

식 : ____________________

정답 : ____________________

한 번 더 연습해요!

1. 식을 쓰고 세로셈으로 계산해 보세요.
필요 없는 조건의 문장은 줄로 그어 보세요.

실비아는 수족관에서 금붕어 24마리를 샀어요. 어항의 높이는 50cm예요. 실비아가 사기 전에 수족관 어항에는 금붕어가 56마리 있었어요. 어항에 남은 금붕어는 몇 마리인가요?

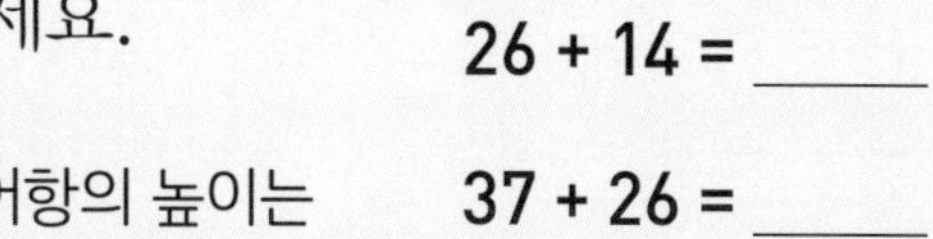

식 : ____________________

정답 : ____________________

2. 계산해 보세요.

26 + 14 = ______

37 + 26 = ______

18 + 78 = ______

13 - 5 = ______

33 - 15 = ______

53 - 25 = ______

15. 계산값이 같은 것끼리 이어 보세요.

16. 세로셈으로 계산한 후, 정답을 찾아 ○표 해 보세요.

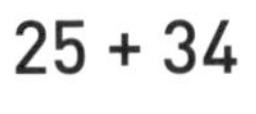
25 + 34

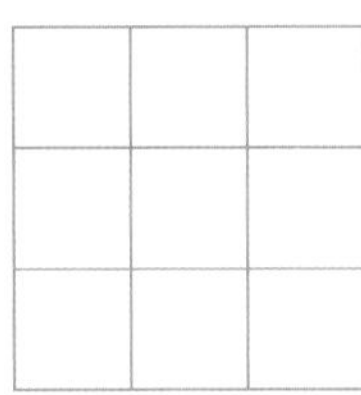

21 + 43

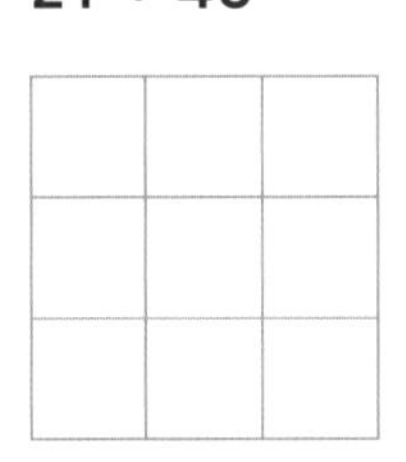

53 + 5

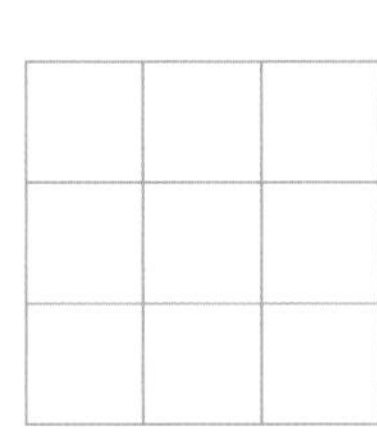

32 + 31

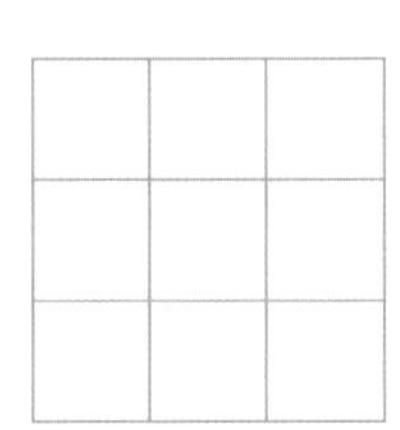

74 − 33

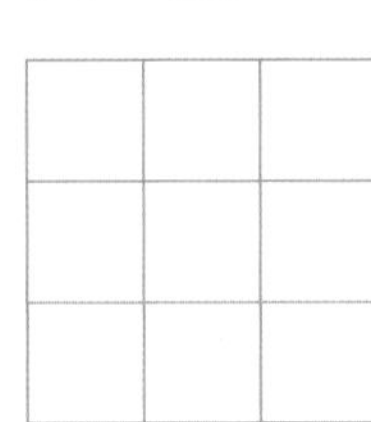

57 − 27

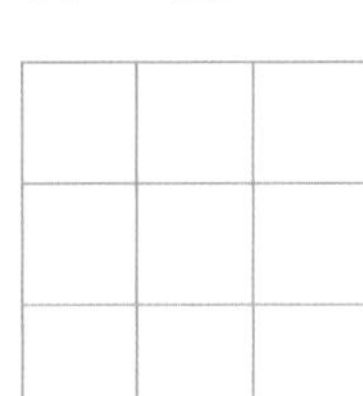

73 − 30

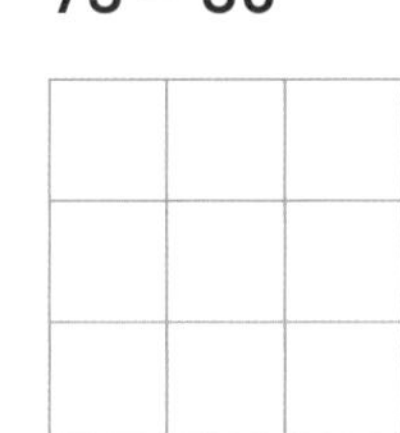

89 − 27

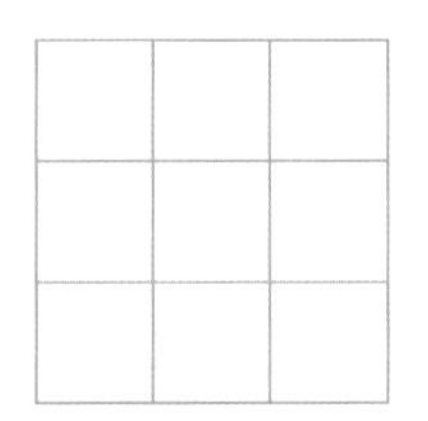

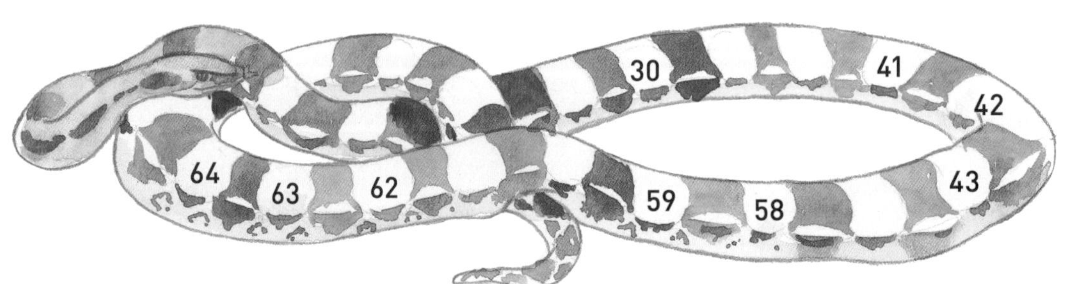

17. 식을 쓴 후, 세 수의 덧셈과 뺄셈을 연속된 세로셈으로 계산해 보세요.

❶ 알렉스 집에 고양이 48마리가 있어요. 월요일에 13마리가 분양되었고, 화요일에는 23마리가 분양될 예정이에요. 알렉스 집에 남는 고양이는 몇 마리인가요?

식 : ______________________

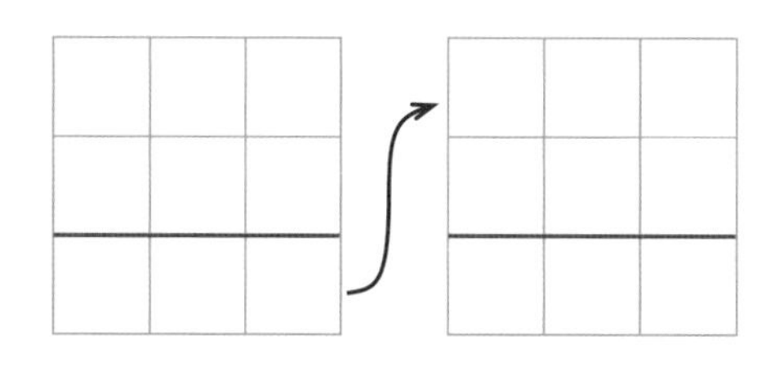

정답 : ______________________

❷ 마트에 통조림이 67개 있어요. 목요일에 통조림 41개가 팔렸고, 금요일에는 통조림이 13개 더 진열됐어요. 마트에 남은 통조림은 몇 개인가요?

식 : ______________________

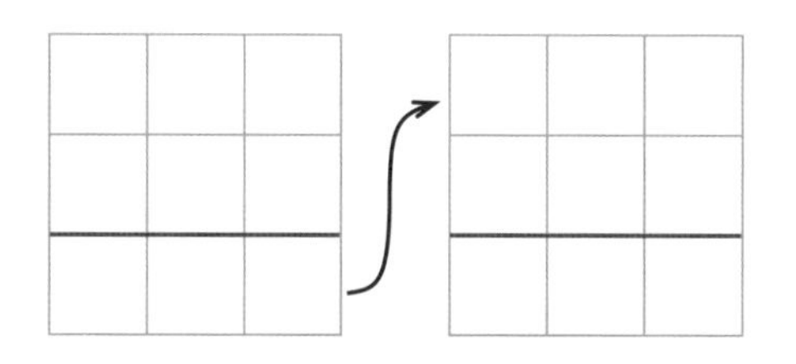

정답 : ______________________

❸ 탁자 위에 귤이 34개 있어요. 할머니가 귤을 15개 더 가져다 놓았고, 그중 할아버지가 24개를 가져갔어요. 탁자 위에 남은 귤은 몇 개인가요?

식 : ______________________

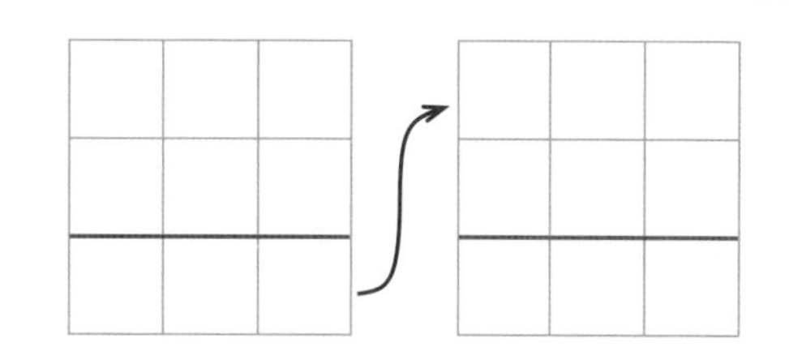

정답 : ______________________

18. 그림이 들어간 식을 보고 그림의 값을 구해 보세요.

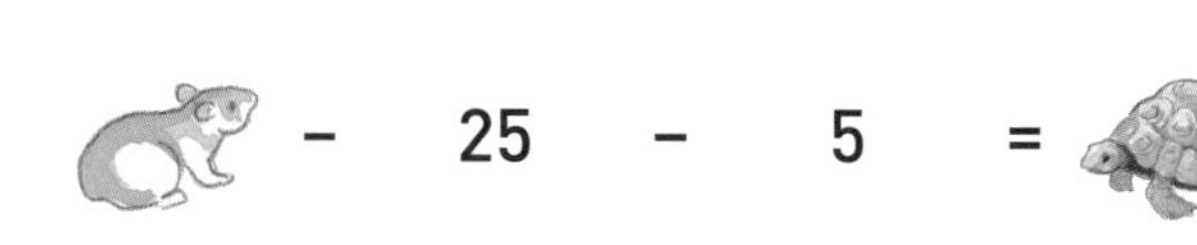

 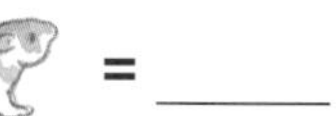 = ______

 +   − 70 = 

 = ______

 3 ×  25 = 

 = ______

 ÷  3 = 

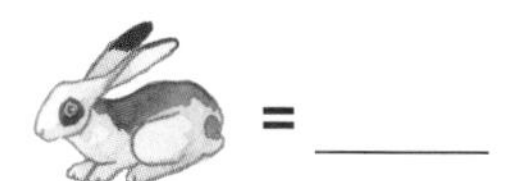 = ______

실력을 평가해 봐요!

____월 ____일 ____요일

1. 규칙에 따라 수를 써넣어 보세요.

54	58	62						86
92	87	82						52

2. 계산해 보세요.

28 + 17 + 2 = ______

36 + 23 + 4 = ______

11 + 34 + 9 = ______

25 + 15 + 32 = ______

17 + 46 + 23 = ______

24 + 26 + 48 = ______

17 + 37 = ______

49 + 15 = ______

46 + 46 = ______

3. 식을 보고 빼지는 수(처음 수)를 구한 후 검산도 해 보세요.

______ − 19 = 33

검산 : 33 + 19 = ______

______ − 28 = 28

검산 : 28 + 28 = ______

______ − 45 = 27

검산 : 27 + 45 = ______

4. 계산해 보세요.

56 − 30 − 9 = ______

43 − 20 − 5 = ______

62 − 10 − 6 = ______

34 − 18 = ______

51 − 24 = ______

75 − 17 = ______

5. 세로셈으로 계산해 보세요.

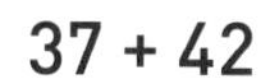

37 + 42

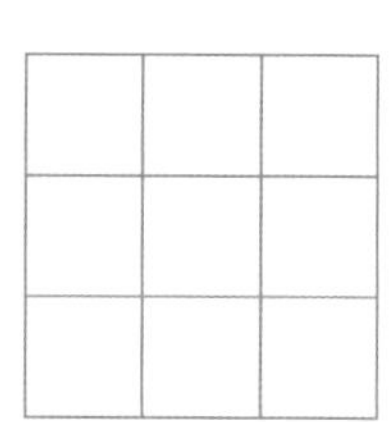

51 + 5

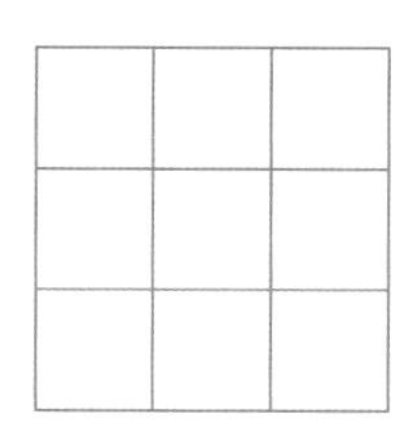

84 − 61

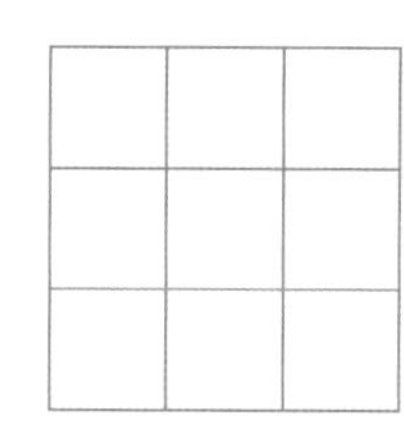

67 − 5

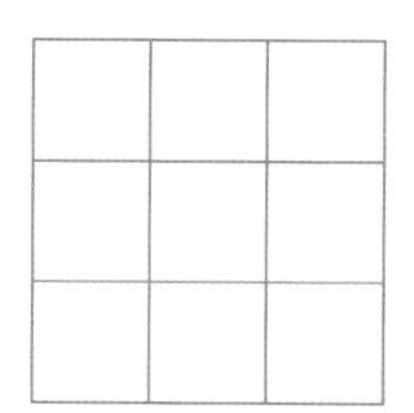

6. □ 안에 알맞은 수를 구해 보세요.

	4	0
+		
	9	6

+	3	1
	8	5

	6	7
−		
	6	1

−	4	2
	3	6

7. 식을 쓰고 세로셈으로 계산해 보세요.

메이의 수족관에는 물고기가 87마리 있고,
노아의 수족관에는 물고기가 63마리 있어요.
메이의 수족관에 있는 물고기는 노아의
수족관에 있는 물고기보다 몇 마리가 더
많은가요?

식 : ______________________

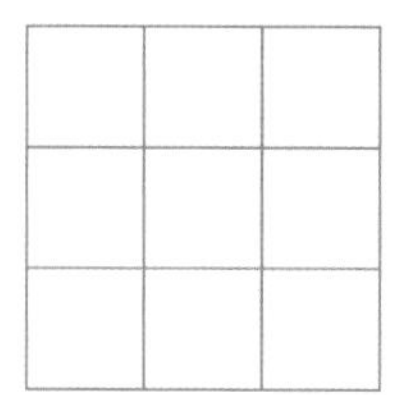

정답 : ______________________

실력이 자란 만큼 별을 색칠하세요.

★★★ 정말 잘했어요.

★★☆ 꽤 잘했어요.

★☆☆ 계속 노력할게요.

단원 평가

1

빈칸에 알맞은 수를 구한 후, 정답에 해당하는 알파벳을 찾아 써넣으세요.

24 + ______ = 90 ☐

12 + ______ = 80 ☐

17 + ______ = 92 ☐

______ − 43 = 32 ☐

______ − 26 = 57 ☐

99 − ______ = 24 ☐

98 − ______ = 18 ☐

80 − ______ = 26 ☐

86 − ______ = 35 ☐

51	54	66	68	75	80	83
M	U	T	E	R	I	A

2

세로셈으로 계산해 보세요.

	5	1
+	3	8

	5	6
−	4	2

3

규칙에 따라 수를 써넣어 보세요.

62, ☐, 68, ☐, 74, ☐, 80

89, ☐, 81, ☐, 73, ☐, 65

4

가로와 세로의 합이 79가 되도록 빈칸에 알맞은 수를 구해 보세요.

		33	28			26				11
21								39		
29		23			20	37		15		37

5 ★★★

아래 글을 읽고 강아지의 이름을 알아맞혀 보세요.

________ ________ ________ ________ ________

- 카포의 옷에는 줄무늬가 없어요.
- 스낵의 옷에는 모자와 줄무늬가 없어요.
- 디에고의 옷에는 줄무늬가 2개가 아니에요.
- 카포는 스낵 옆에 있어요.
- 밤비의 옷에는 디에고의 옷보다 줄무늬가 2개 더 많아요.
- 프로도의 옷에는 모자가 있어요.

도전! 심화 평가

____ 월 ____ 일 ____ 요일

1. 빈칸에 알맞은 수를 넣어 덧셈 계단을 완성해 보세요.

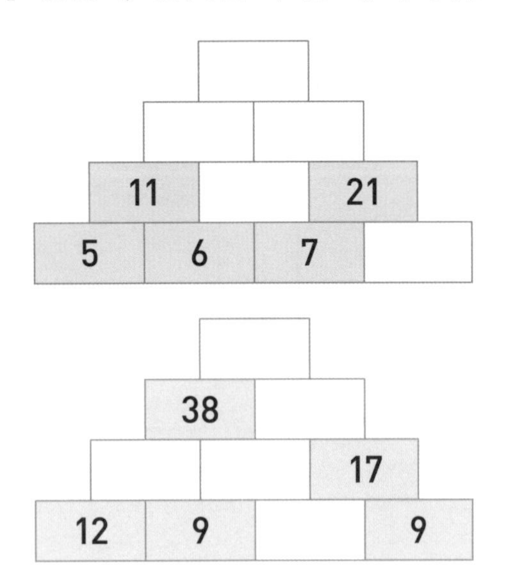

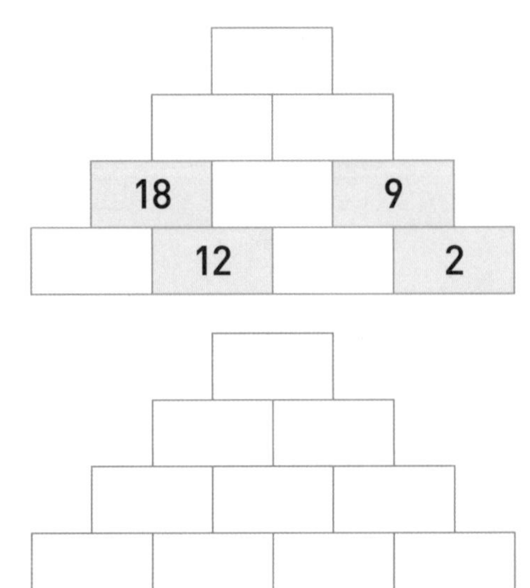

스스로 문제를 만들어 풀어 보세요.

2. 빈칸에 알맞은 수를 구해 보세요.

37 + 26 + ______ = 86

42 + 29 + ______ = 89

92 − ______ − 28 = 23

77 − ______ − 35 = 17

3. 중앙에 있는 수를 더해서 ○ 안에 써넣어 보세요.

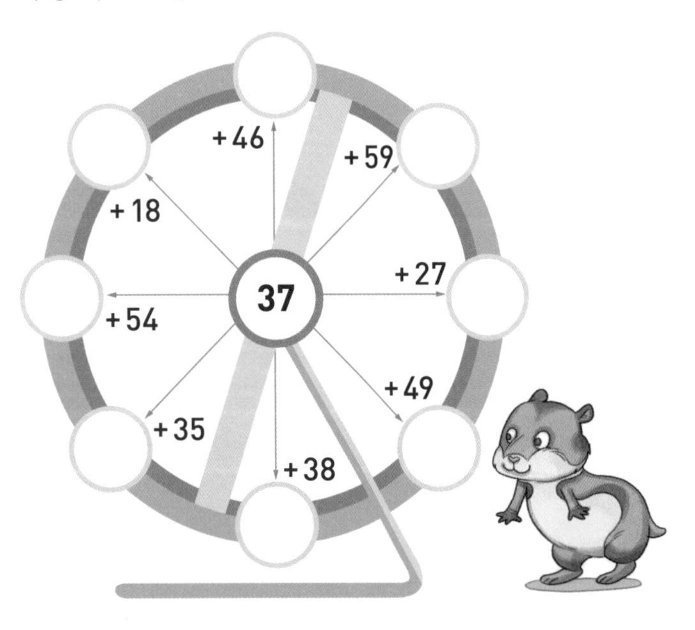

4. 빈칸에 알맞은 수를 구해 보세요.

49 + 25 = ______ + 36

63 + 18 = ______ + 54

48 + 39 = 27 + ______

67 + 28 = 39 + ______

58 + ______ = 65 + 36

25 + ______ = 37 + 36

______ + 78 = 49 + 56

5. 중앙에 있는 수에서 빼서 ○ 안에 써넣어 보세요.

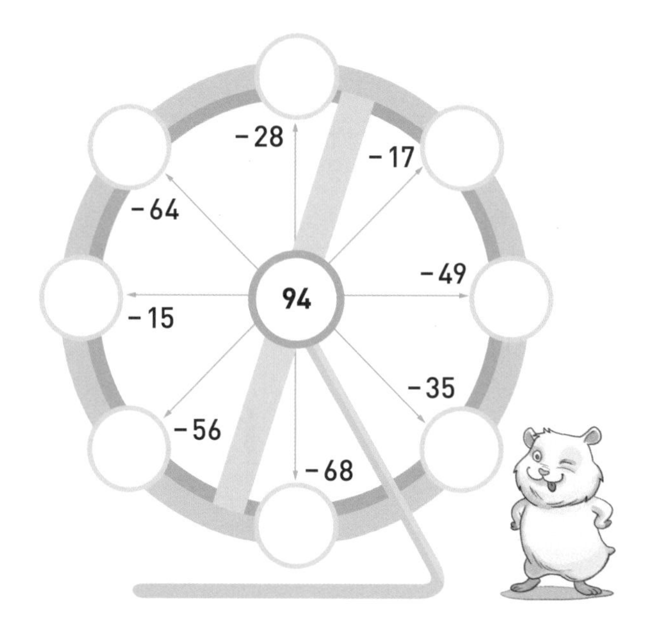

6. 빈칸에 알맞은 수를 구해 보세요.

$45 > \underline{\qquad} - 48 > 43$

$28 > \underline{\qquad} - 56 > 26$

$71 > \underline{\qquad} - 29 > 69$

$64 > \underline{\qquad} - 18 > 62$

$17 < \underline{\qquad} - 57 < 19$

$48 < \underline{\qquad} - 43 < 50$

$34 < \underline{\qquad} - 49 < 36$

7. 그림이 들어간 식을 보고 그림의 값을 구해 보세요.

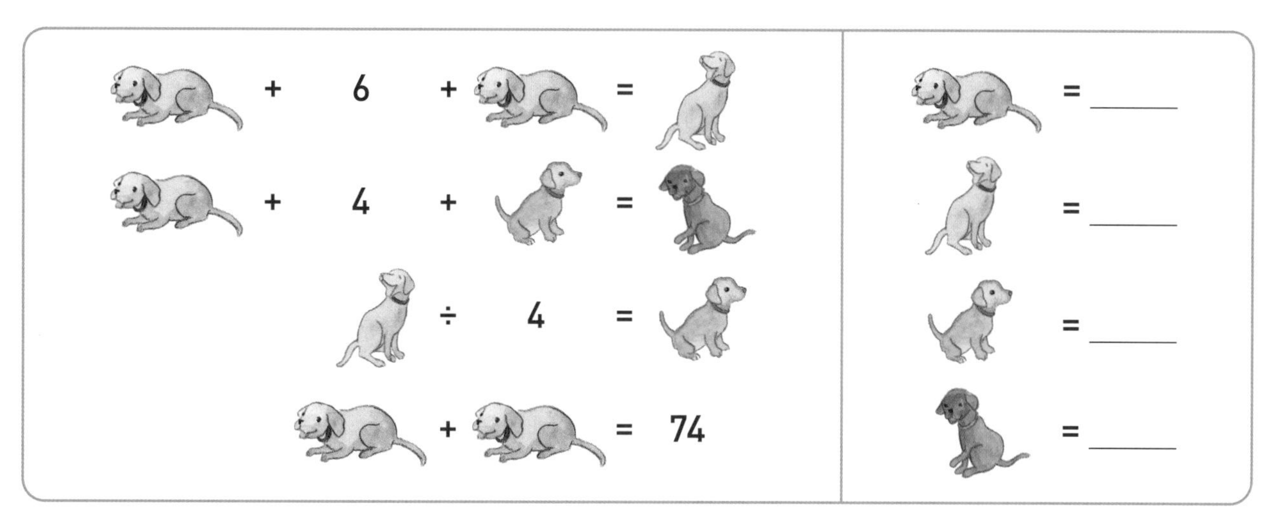

− = 24

+ = 34

− 24 =

= _____

= _____

= _____

_____ 월 _____ 일 _____ 요일

10 센티미터

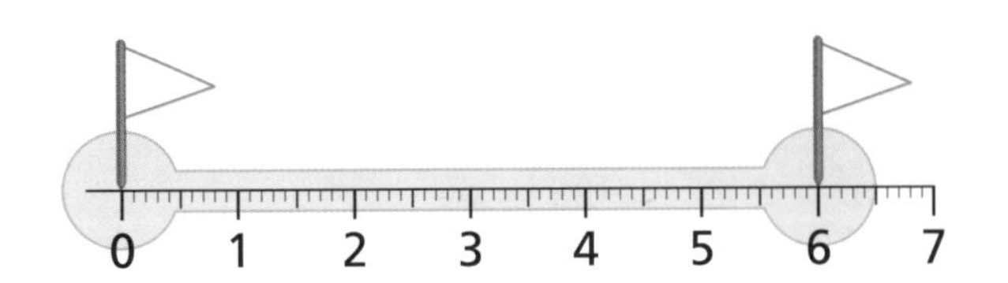

자로 길이를 잴 때는 한쪽 끝을
눈금 0에 맞추어야 해요.
cm는 센티미터라고 읽어요.

1. 자를 이용해서 알파벳의 순서를 따라 선을 그어 보세요. 지도 위에 있는 깃발과 깃발 사이의 길이를 자로 잰 후 빈칸에 써 보세요.

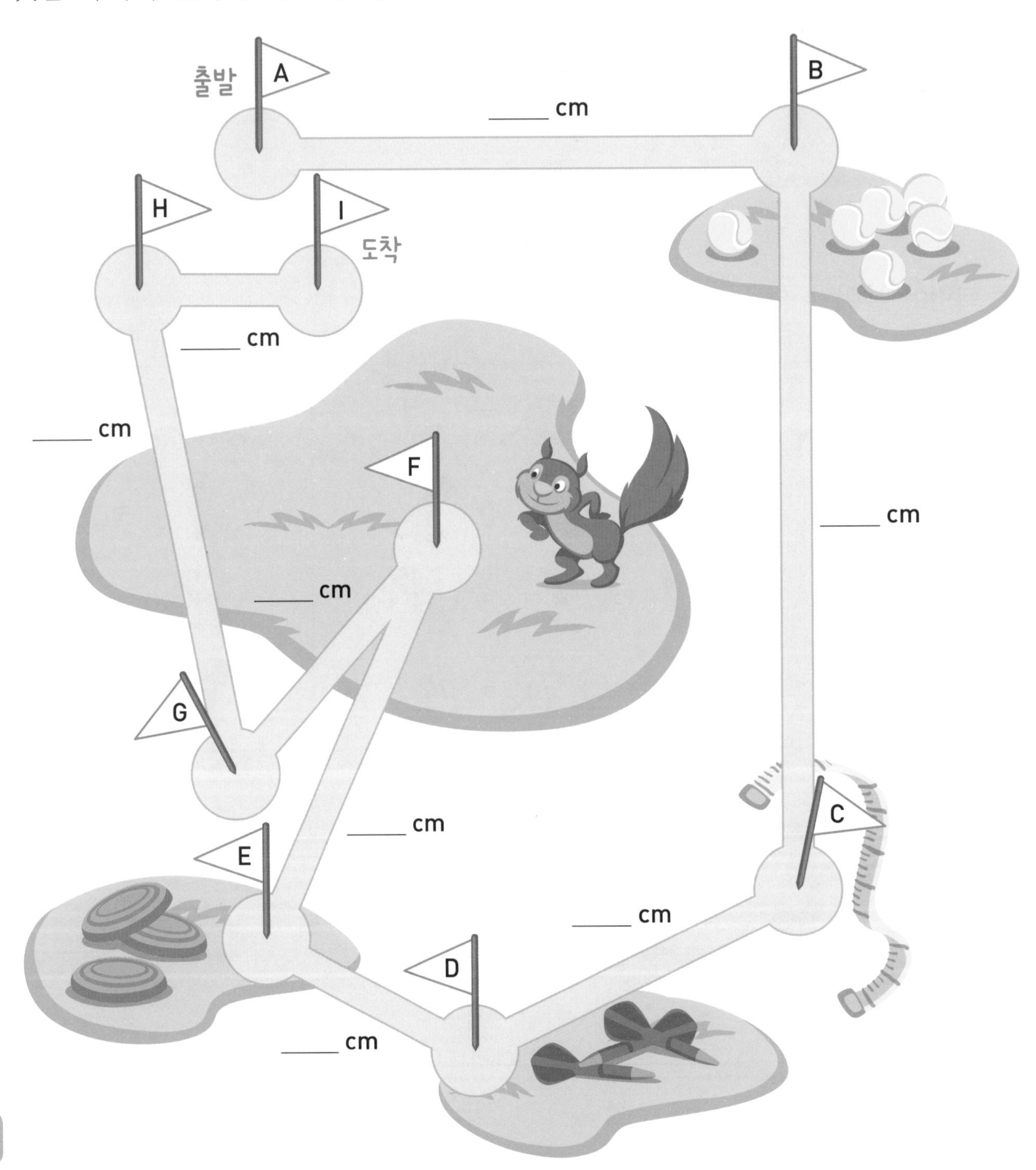

2. 1번에서 나온 길이를 쓴 후 덧셈을 해 보세요.

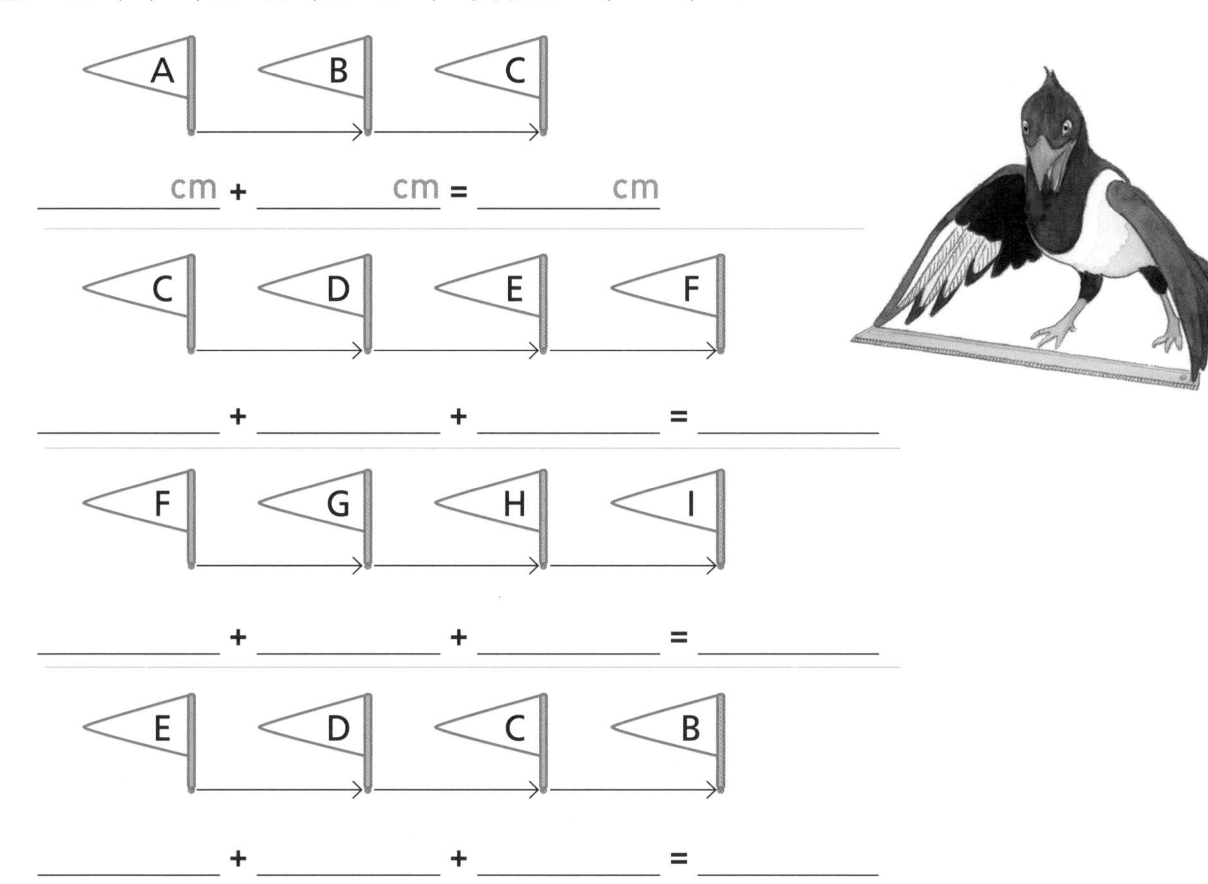

한 번 더 연습해요!

1. 자를 이용해서 수의 순서대로 선을 그어 보세요.

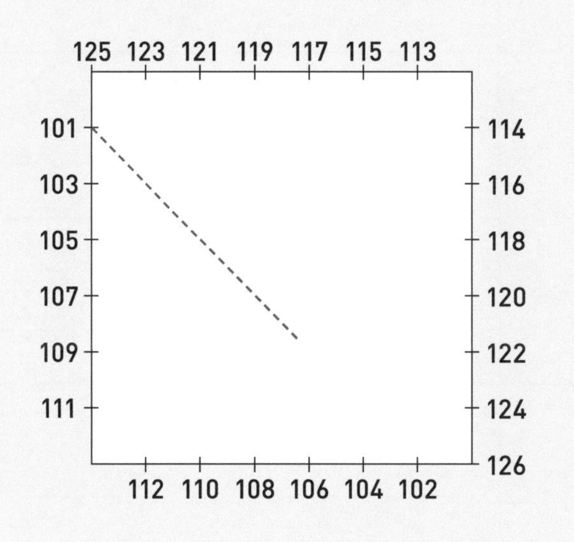

2. 계산해 보세요.

54 cm + 7 cm = ______

64 cm + 7 cm = ______

76 cm + 8 cm = ______

86 cm + 8 cm = ______

15 cm - 9 cm = ______

45 cm - 9 cm = ______

13 cm - 8 cm = ______

3. 자를 이용하여 길이를 재어 보세요.

4. 메뚜기가 뜀뛰기한 길이를 어림해서 쓴 후, 자로 잰 길이를 써 보세요.

뜀뛰기한 길이	어림한 길이	자로 잰 길이
	____ cm	____ cm
	____	____
	____	____
	____	____
	____	____

5. □ 안에 >, =, <를 알맞게 써넣어 보세요.

25 cm + 16 cm □ 14 cm + 27 cm

87 cm − 35 cm □ 26 cm + 26 cm

45 cm + 33 cm □ 16 cm + 63 cm

24 cm + 68 cm □ 54 cm + 38 cm

83 cm − 35 cm □ 32 cm + 19 cm

46 cm + 27 cm □ 15 cm + 58 cm

90 cm − 21 cm □ 33 cm + 37 cm

32 cm + 49 cm □ 96 cm − 17 cm

6. 친구들의 이름과 멀리뛰기한 길이를 알아보세요.

이름				
멀리뛰기한 길이				

- 에디가 뛴 길이는 로라가 뛴 길이보다 9cm 짧아요.
- 미나가 뛴 길이는 에디가 뛴 길이보다 17cm 길어요.
- 리타는 오른쪽에서부터 두 번째이고, 뛴 길이는 133cm예요.
- 로라는 왼쪽 끝에 있어요.
- 리타가 뛴 길이에서 14cm를 빼면 로라가 뛴 길이와 같아요.
- 미나는 왼쪽에서부터 네 번째에 있어요.

11 미터

1m = 100cm
1미터는 100센티미터와 같아요.
m는 미터라고 읽어요.

1. 뜀뛰기한 길이를 cm로 나타내 보세요. 뜀뛰기한 길이는 1m에서 얼마만큼 짧은지 cm로 나타내 보세요.

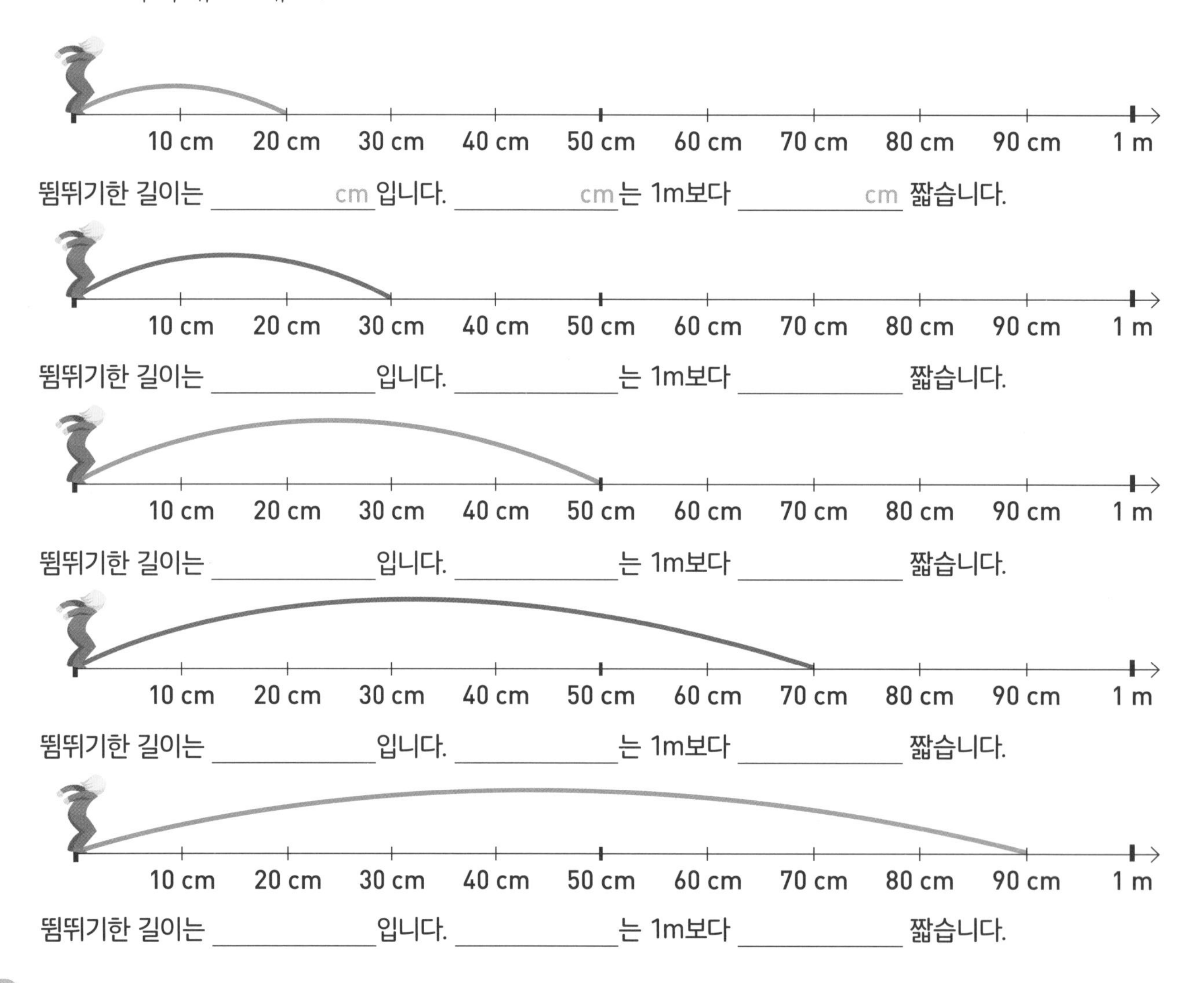

뜀뛰기한 길이는 ______ cm 입니다. ______ cm 는 1m보다 ______ cm 짧습니다.

뜀뛰기한 길이는 ______ 입니다. ______ 는 1m보다 ______ 짧습니다.

뜀뛰기한 길이는 ______ 입니다. ______ 는 1m보다 ______ 짧습니다.

뜀뛰기한 길이는 ______ 입니다. ______ 는 1m보다 ______ 짧습니다.

뜀뛰기한 길이는 ______ 입니다. ______ 는 1m보다 ______ 짧습니다.

2. m를 cm로 나타내 보세요.

2 m = ____________

4 m = ____________

6 m = ____________

8 m = ____________

3. cm를 m로 나타내 보세요.

300 cm = ____________

500 cm = ____________

700 cm = ____________

900 cm = ____________

4. 식을 쓴 후 답을 구해 보세요. 정답은 m와 cm 두 가지 방법으로 쓰세요.

① 초록색 테이프의 길이는 170cm예요. 70cm를 잘라 냈다면 남은 초록색 테이프의 길이는 얼마인가요?

식 : ____________

정답 : ____________

② 노란색 테이프의 길이는 290cm예요. 처음에 60cm를 잘라 내고, 그다음에 30cm를 더 잘라 냈어요. 남은 노란색 테이프의 길이는 얼마인가요?

식 : ____________

정답 : ____________

한 번 더 연습해요!

1. 식과 답을 써 보세요.

길이가 100cm(=1m)인 테이프가 있어요. 이 테이프를 30cm 잘라 냈다면 남은 테이프의 길이는 얼마인가요?

식 : ____________

정답 : ____________

2. cm로 나타내 보세요.

1 m = ____________

3 m = ____________

3. m로 나타내 보세요.

200 cm = ____________

400 cm = ____________

5. 길이에 맞는 단위를 cm 또는 m로 바르게 나타내어 보세요.

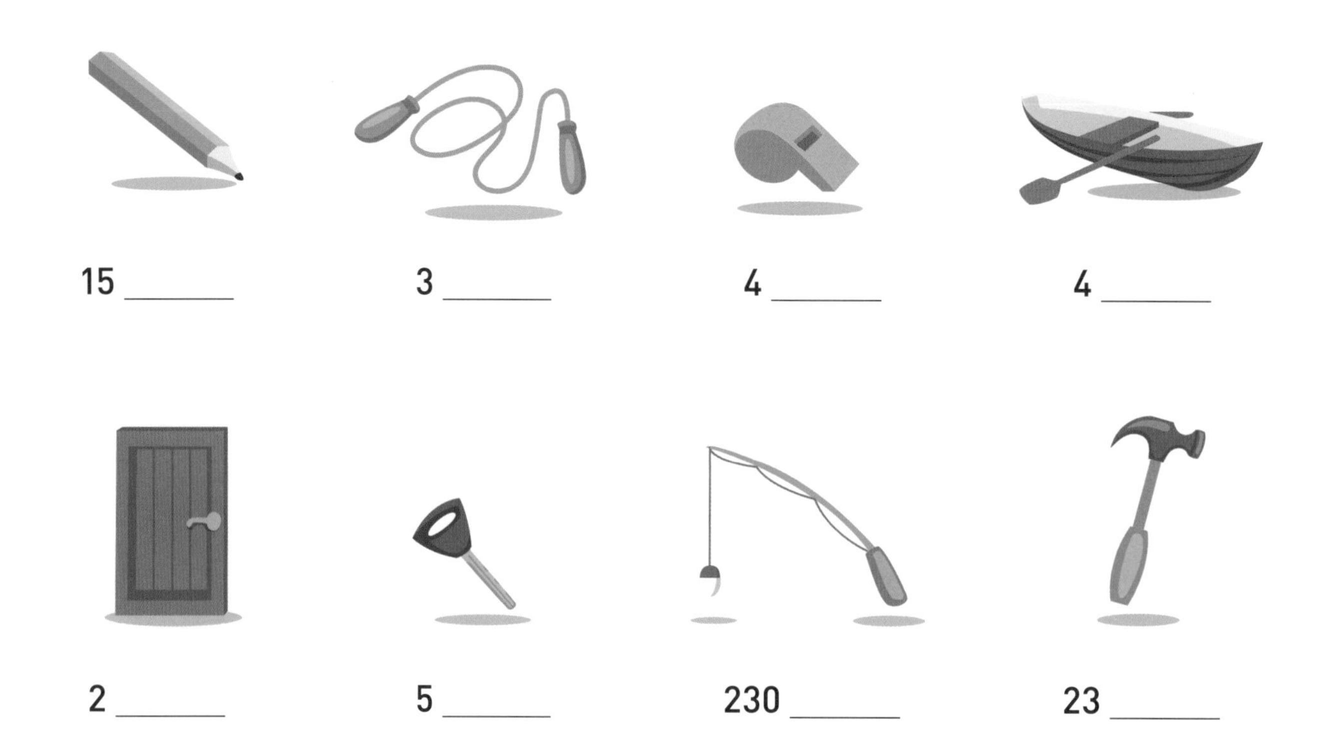

6. 조건에 맞게 색칠해 보세요.

● 1m보다 짧은 길이

● 1m보다 긴 길이

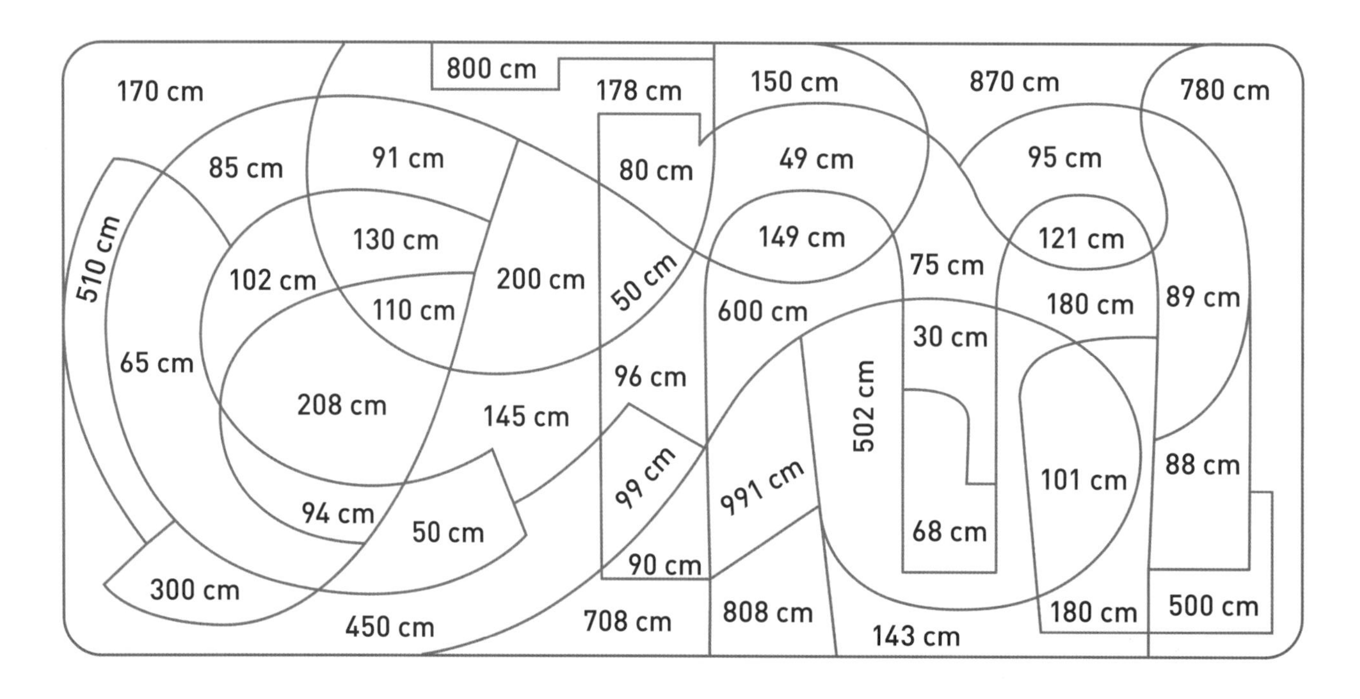

7. □ 안에 >, =, <를 알맞게 써넣어 보세요.

99 cm	□	1 m
190 cm	□	2 m
170 cm	□	1 m 70 cm
301 cm	□	3 m

78 cm + 6 cm	□	83 cm
85 cm + 6 cm	□	92 cm
75 cm + 20 cm	□	1 m
165 cm + 35 cm	□	2 m

8. 식을 쓴 후 답을 구해 보세요. 정답은 미터와 센티미터 두 가지 방법으로 쓰세요.

❶ 머시는 5m 길이의 리본을 두 부분으로 똑같이 잘랐어요. 리본 1개의 길이는 얼마인가요?

정답 : ____________________

❷ 에린은 2m 길이의 리본에서 $\frac{1}{4}$을 잘라 냈어요. 남은 리본의 길이는 얼마인가요?

정답 : ____________________

9. 아래 표를 보고 친구들의 이름을 알아맞혀 보세요.

이름	키
토미	1 m 44 cm
월터	136 cm
프란츠	1 m 25 cm
알렉	148 cm
에밀	116 cm

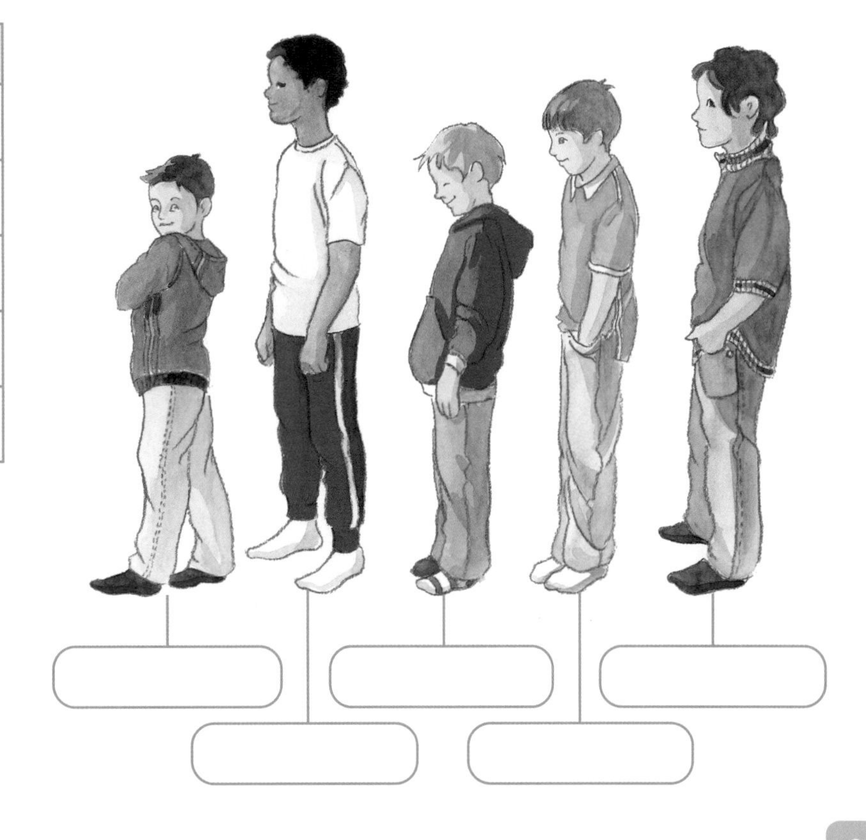

실력을 평가해 봐요!

____ 월 ____ 일 ____ 요일

1. 계산값이 1m가 나오는 길을 따라가 보세요.

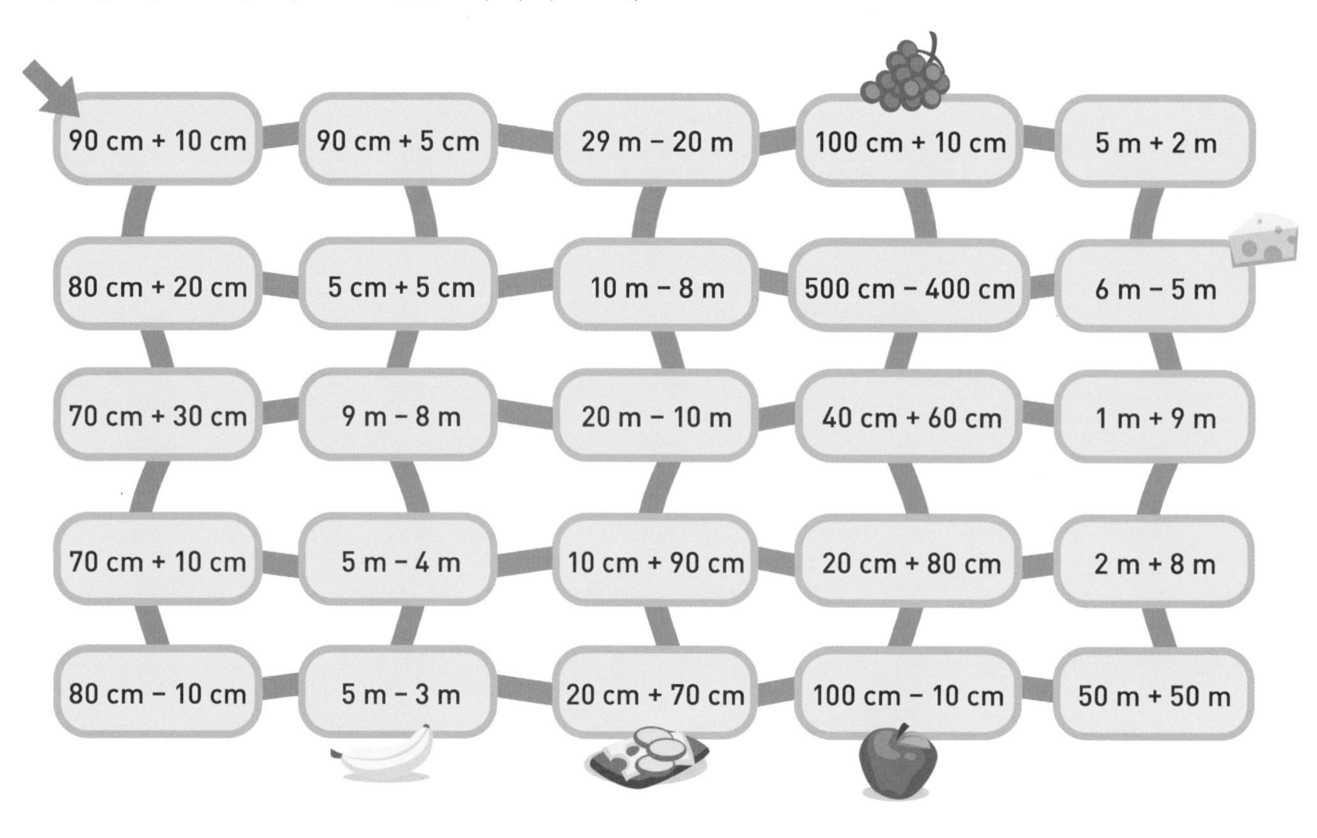

2. 길이에 맞는 단위를 cm 또는 m로 바르게 나타내 보세요.

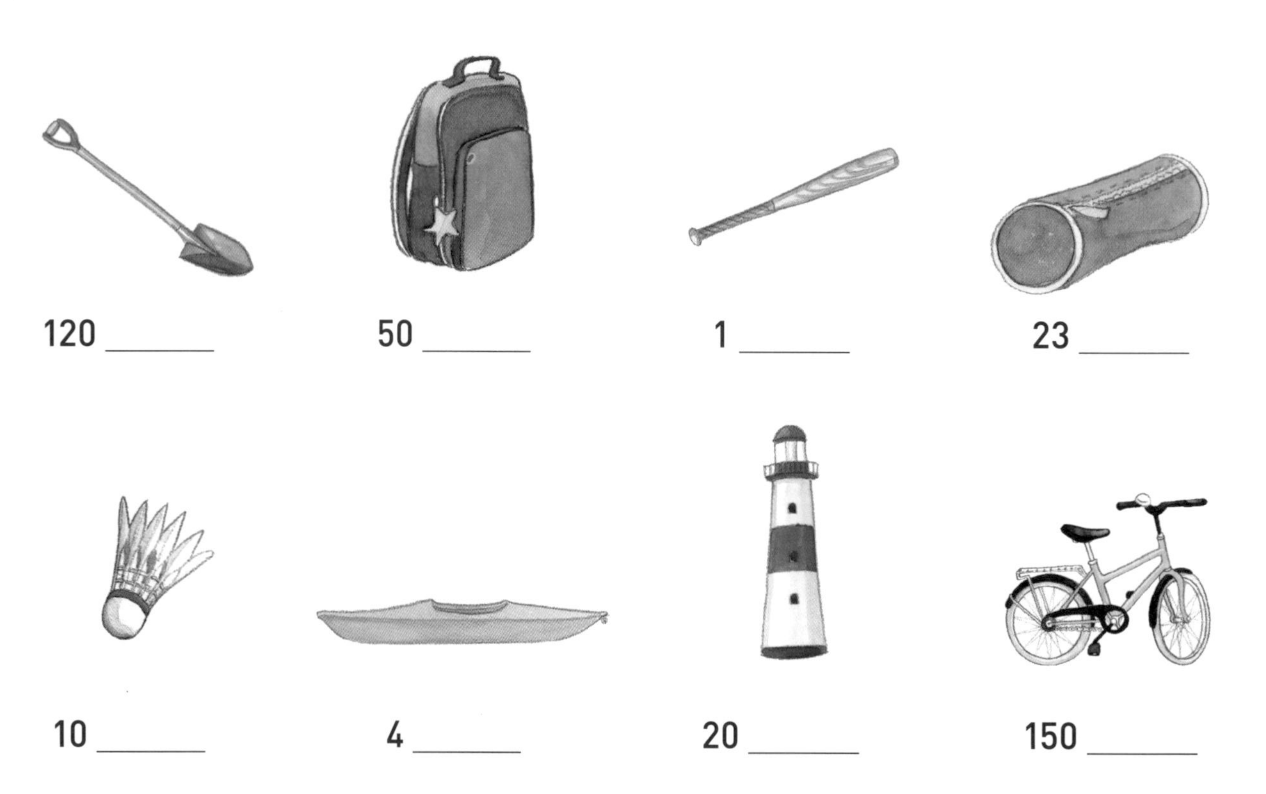

3. 화살표 위의 수를 순서대로 계산하여 □ 안에 써넣어 보세요.

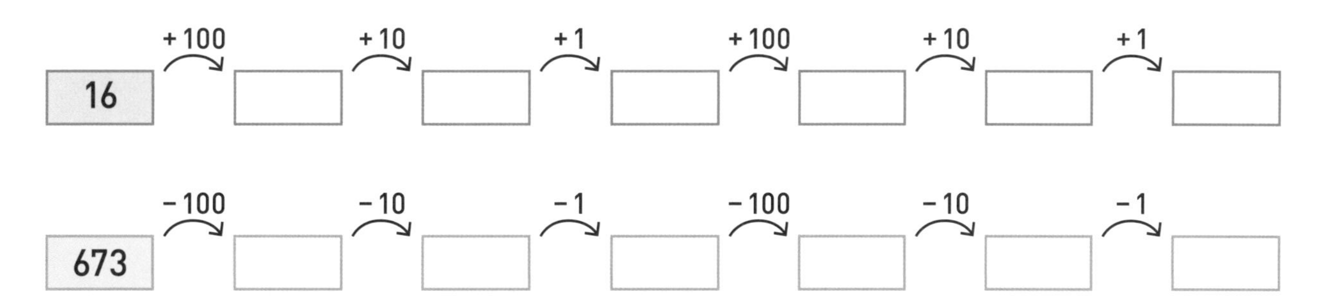

차근차근 계산해 보렴~!

4. 친구들의 이름을 쓰고, 셔츠에 알맞은 색을 칠해 보세요.

이름				
키	134 cm	135 cm	138 cm	142 cm

- 왓슨과 페트릭의 키 각 자리 수를 모두 더한 값은 17이에요.
- 올리버 키의 일의 자리 수는 왓슨 키의 일의 자리 수의 2배예요.
- 헨리 키의 각 자리 수를 모두 더한 값은 가장 작아요.
- 빨간색 셔츠를 입은 선수의 키 각 자리 수를 모두 더한 값은 10보다 작은 짝수예요.
- 초록색 셔츠를 입은 선수의 키에 18cm를 더하면 160cm예요.
- 노란색 셔츠를 입은 선수의 키를 반으로 나눈 값은 69cm예요.
- 파란색 셔츠를 입은 선수는 왓슨과 올리버 사이에 있어요.

확실한 조건부터
먼저 찾으렴~!

놀이 수학

얼음성 빙고

인원 : 2명　준비물 : 주사위, 2가지 색의 색연필

놀이 방법

1. 교재에 있는 얼음성을 하나씩 골라 각자 이름을 써요.
2. 번갈아 가며 주사위를 굴려요. 예를 들어 주사위 눈이 3이 나오면 3×7, 3×9, 3×10 중에서 1개의 식을 골라요. 그리고 계산값을 자신의 얼음성에서 찾아 색칠해요.
3. 답을 찾지 못하거나 답이 틀리면 아무것도 색칠하지 못한 채 순서가 바뀌어요.
4. 가로, 세로, 대각선으로 3개 모두 표시되면 '빙고'라고 외쳐요.

3 × 3	4 × 3	5 × 3
2 × 3	6 × 3	8 × 3
3 × 7	3 × 9	3 × 10
3 × 0	3 × 1	3 × 5
7 × 3	9 × 3	10 × 3
3 × 4	3 × 6	3 × 8

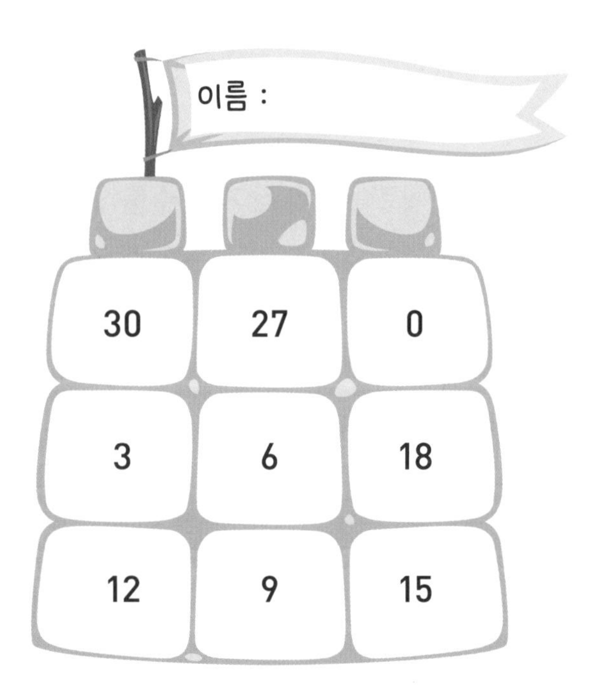

★ 112쪽 활동지로 한 번 더 놀이해요!

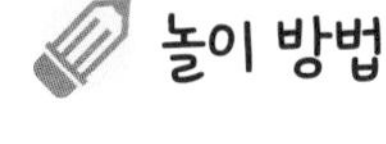

우주 주사위 놀이

인원 : 2명 준비물 : 주사위, 놀이 말 2개

주사위 눈의 수에 0을 곱해요.

주사위 눈의 수에 3을 곱해요.

주사위 눈의 수에 4를 곱해요.

주사위 눈의 수에 5를 곱해요.

놀이 방법

1. 순서를 정해 번갈아 가며 주사위를 굴려요. 시작 방향은 선택할 수 있어요.
2. 주사위 눈의 수만큼 말을 옮긴 후, 도착한 곳의 모양을 확인해요.
3. 모양에 해당되는 내용을 읽고, 곱셈식을 쓴 후 결과값을 써요.
4. 결과값을 3개 다 쓰면 그 합을 구해요. 합이 큰 사람이 이겨요.

놀이 1: ______ + ______ + ______ = ______

놀이 2: ______ + ______ + ______ = ______

놀이 3: ______ + ______ + ______ = ______

어떤 모양이 많이 나와야 결과값이 클까?

한 번 더 연습해요!

1. 규칙에 따라 수를 써넣어 보세요.

30, 27, 24, □, □, □, □, □, □, □, 0

0, 4, 8, □, □, □, □, □, □, □, 40

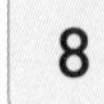

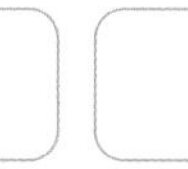

수 막대 계산기

인원 : 2명　준비물 : 주사위 2개, 수 막대

십의 자리	일의 자리

십의 자리	일의 자리

주사위 코드

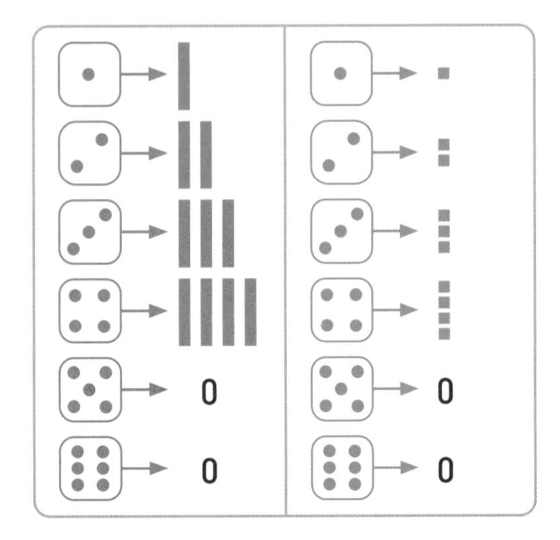

놀이 방법

1. 주사위 코드를 보고 주사위 눈의 값을 정해요.
2. 순서를 정한 후, 주사위 2개를 굴려요. 첫 번째 주사위는 십의 자리, 두 번째 주사위는 일의 자리를 나타내요. 주사위 눈에 맞게 주사위 코드를 확인한 후 교재 위쪽 칸에 수 막대를 올려놓아요. 상대방 역시 주사위를 굴려 같은 식으로 해서 수 막대를 놓아요.
3. 2번과 같은 방식으로 이번에는 교재 아래쪽 칸에 수 막대를 올려놓아요. 상대방 역시 주사위를 굴려 같은 식으로 해서 수 막대를 놓아요.
4. 표의 위 칸과 아래 칸 수의 합을 수 막대로 계산해요.
5. 계산값이 더 큰 사람이 1점을 얻어요.
6. 6회까지 해서 점수를 더 많이 얻은 사람이 이겨요.

책 뒤에 있는 놀이 카드를 이용하세요.

그래프 놀이

인원 : 2명 준비물 : 주사위 1개, 색연필, 0~9까지의 수 카드

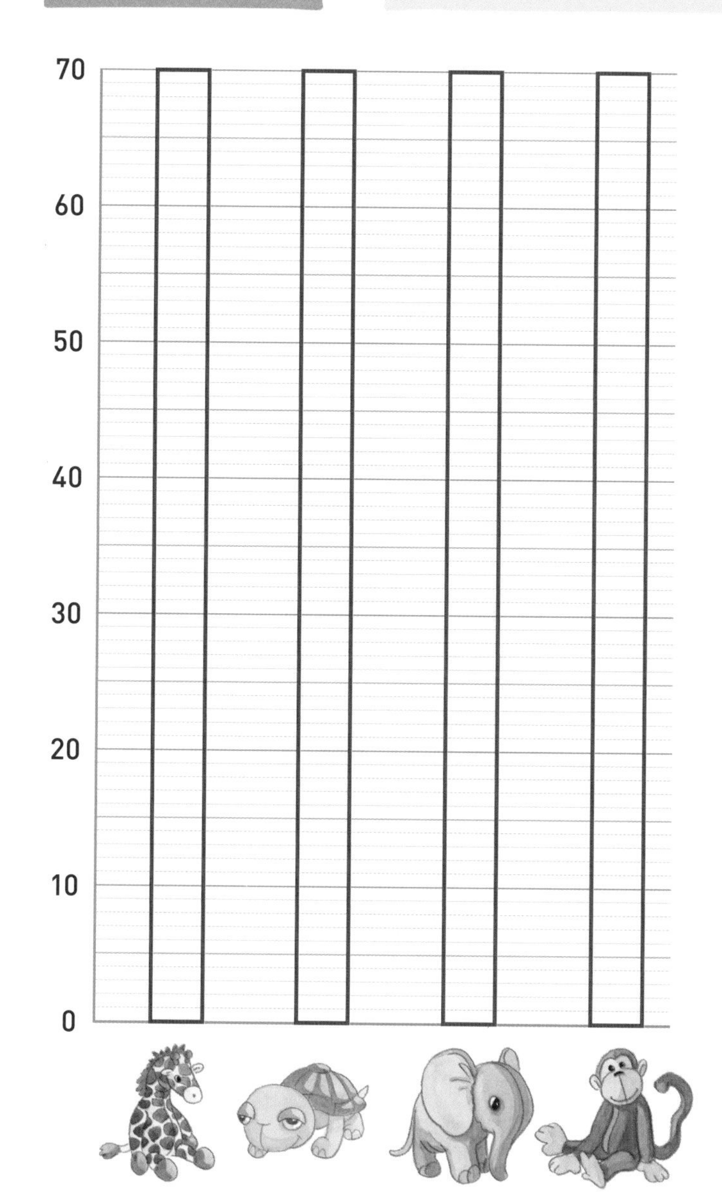

놀이 방법

1. 0에서 9까지의 수 카드를 뒤집어서 책상에 펼쳐 놔요.
2. 순서를 정해 주사위를 굴린 다음 수 카드 중 1개를 뒤집어요. 주사위 눈은 십의 자리를 나타내고, 수 카드는 일의 자리를 나타내요.
3. 2번에서 나온 수를 그래프에 색칠해요. 예를 들어 주사위 눈은 3, 수 카드가 9라면 39를 색칠해요.
4. 뽑은 수 카드는 숫자를 확인한 다음 다시 뒤집어 놓고 다른 카드와 함께 섞어요.
5. 번갈아 가며 주사위와 수 카드를 이용해 그래프를 완성해요.
6. 그래프를 완성한 후 덧셈식이나 뺄셈식 문제를 만들어 정답을 확인하며 놀아요.

★ 112쪽 활동지로 한 번 더 놀이해요!

한 번 더 연습해요!

1. 계산해 보세요.

39 + 28 + 11 = _____

52 + 13 + 17 = _____

24 + 26 + 29 = _____

36 + 26 = _____

49 + 15 = _____

55 + 26 = _____

83 − 30 − 4 = _____

71 − 50 − 6 = _____

94 − 20 − 7 = _____

놀이 수학

길이 재기 놀이

준비물 : 줄자

길이를 어림해서 쓴 다음, 자를 이용해서 직접 잰 후 표를 완성해 보세요.

길이를 잴 물건	어림한 값	자로 잰 값
핀란드 수학 교과서의 너비		
연필의 길이		
책상의 너비		
(바닥에서부터) 의자의 높이		
방의 길이		
방문의 너비		
길이를 재고 싶은 물건을 적어 보세요.		

너비는 가로 길이를 말해~.

종이비행기 날리기

인원 : 2명 준비물 : A4 종이

놀이 방법

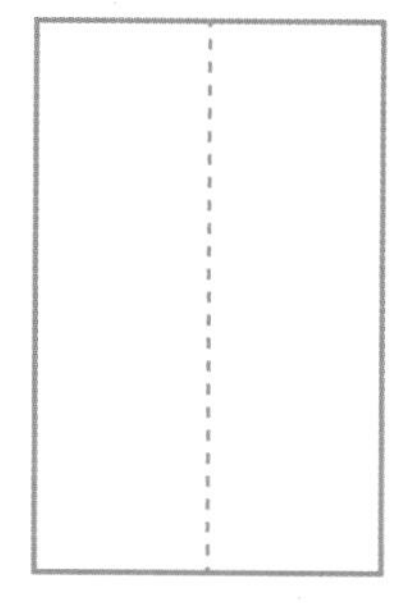

① 종이를 세로로 반 접은 다음 다시 펼쳐요.

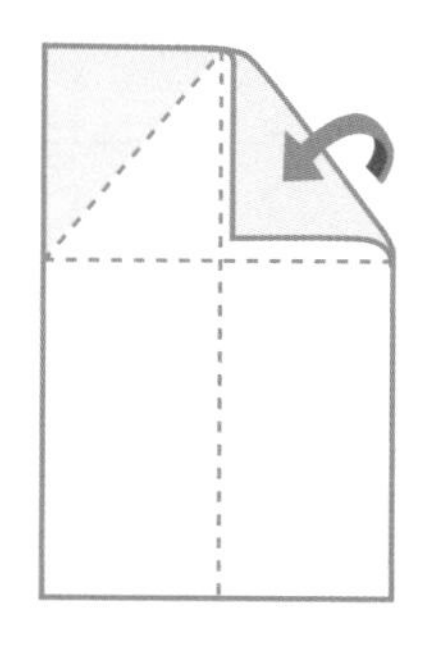

② 가운데 선을 중심으로 양쪽 끝 부분이 만나도록 접어요.

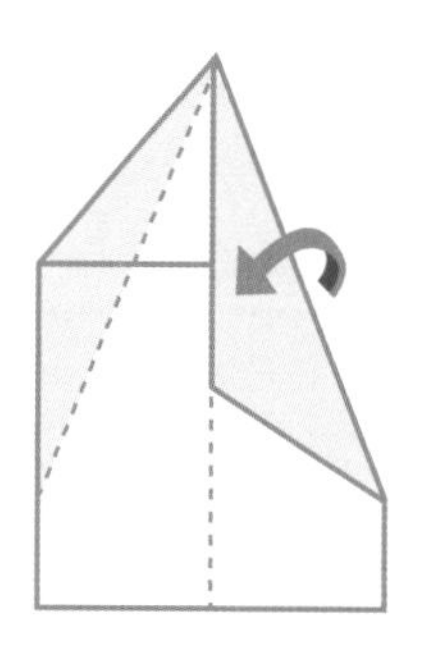

③ 2번의 모양에서 다시 가운데 선을 중심으로 양쪽 끝 부분이 만나도록 접어요.

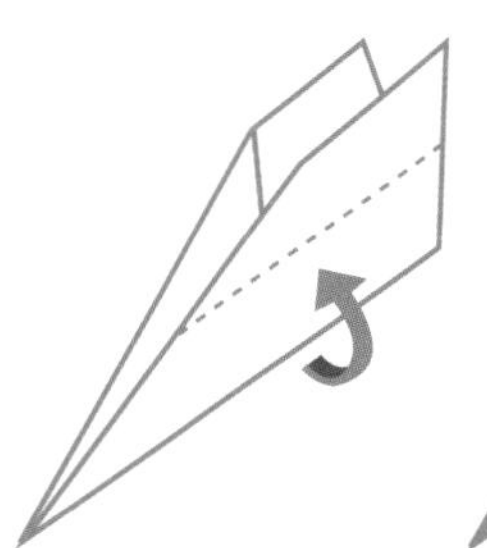

④ 접은 부분이 안으로 들어가도록 반으로 접은 다음 그림처럼 양 날개 끝을 바깥으로 접어요.

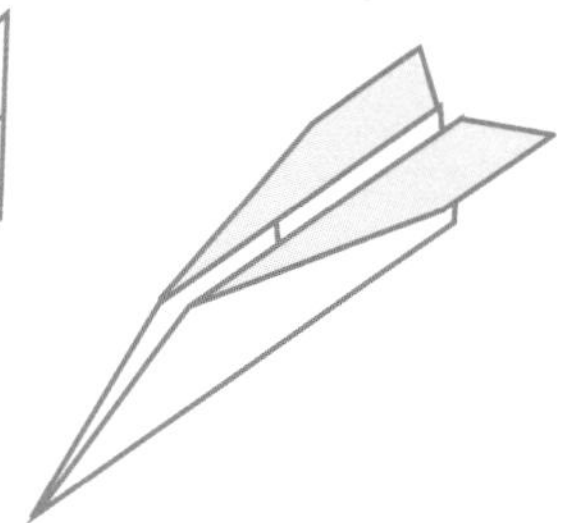

⑤ 양쪽 날개를 잘 펴요.

종이비행기 날리기 시합을 해 볼까요? 날아간 거리를 재어 보세요.

이름	첫 번째 날린 거리	두 번째 날린 거리	세 번째 날린 거리

한 번 더 연습해요!

1. 식과 답을 써 보세요.

종이비행기를 날렸어요. 첫 번째는 620cm를 날아갔고, 두 번째는 처음보다 300cm 더 짧게 날아갔어요. 두 번째 때 날아간 거리는 얼마인가요?

식 : ______________________

정답 : ______________________

2. 계산해 보세요.

120 cm + 60 cm = ________

205 cm + 40 cm = ________

100 cm − 50 cm = ________

300 cm − 50 cm = ________

360 cm + 400 cm = ________

____ 월 ____ 일 ____ 요일

그래프

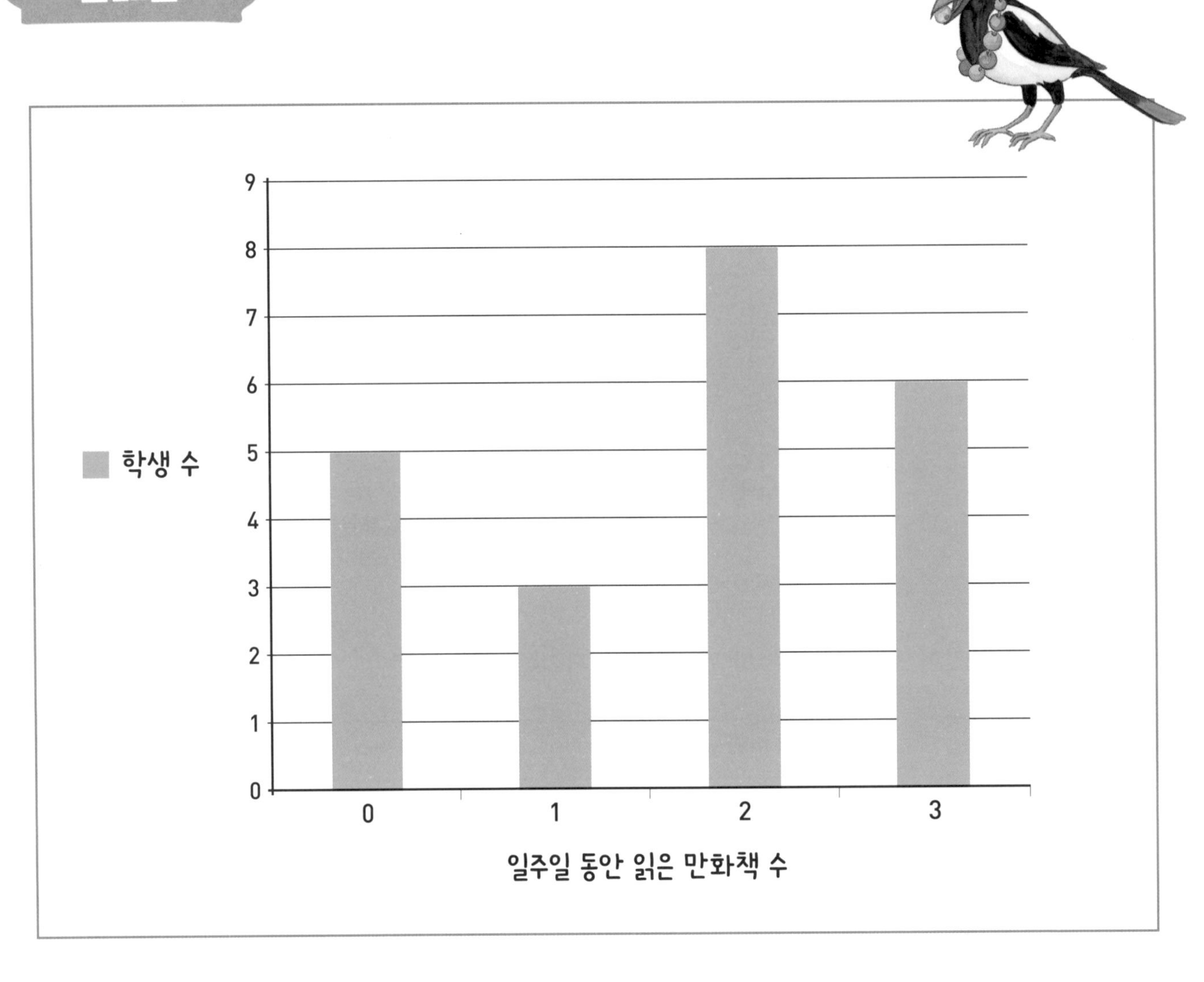

1. 그래프를 보고 답해 보세요.

❶ 학급의 학생 수는 모두 몇 명인가요? ____________

❷ 일주일 동안 읽은 만화책이 2권인 학생은 몇 명인가요? ____________

❸ 일주일 동안 읽은 만화책이 0권인 학생은 몇 명인가요? ____________

❹ 일주일 동안 읽은 만화책이 2권보다 많은 학생은 몇 명인가요? ____________

❺ 일주일 동안 읽은 만화책이 1권보다 많은 학생은 몇 명인가요? ____________

❻ 일주일 동안 읽은 만화책이 2권보다 적은 학생은 몇 명인가요? ____________

내가 만든 그래프

학급 친구들이 즐겨하는 취미 4가지를 조사해 보세요.

❶ 아래 표에 취미 종류를 쓰세요.
❷ 친구들에게 어떤 취미를 좋아하는지 조사해 보세요.
❸ 같은 취미를 좋아하는 친구의 수를 보기처럼 5명 단위로 표시하세요.
❹ 조사가 끝나면 표를 보고 그래프를 만들어 보세요.

취미	학생 수

<보기>

취미	학생 수
축구	卌 ǁ

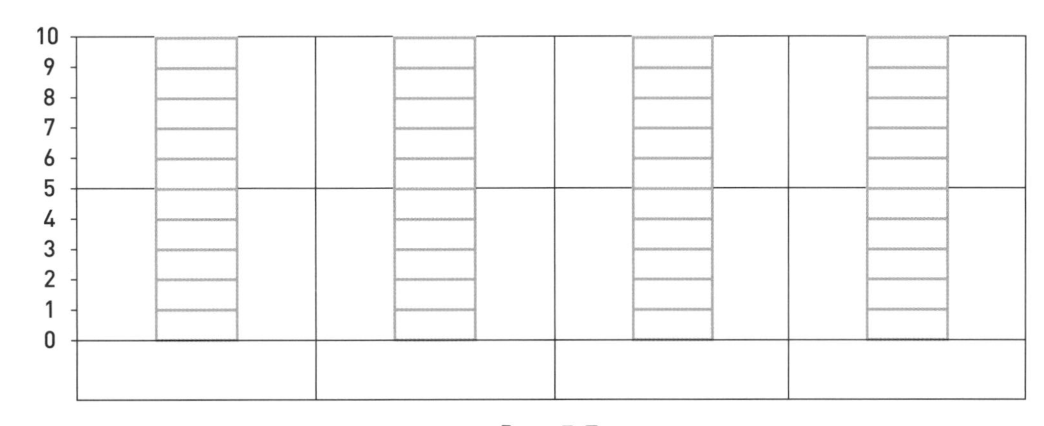

위 그래프를 보고 104쪽처럼 스스로 질문을 만들어 써 보세요.

❶

❷

_____ 월 _____ 일 _____ 요일

우주 여행 게임

인원 : 2명　준비물 : 주사위, 놀이 말

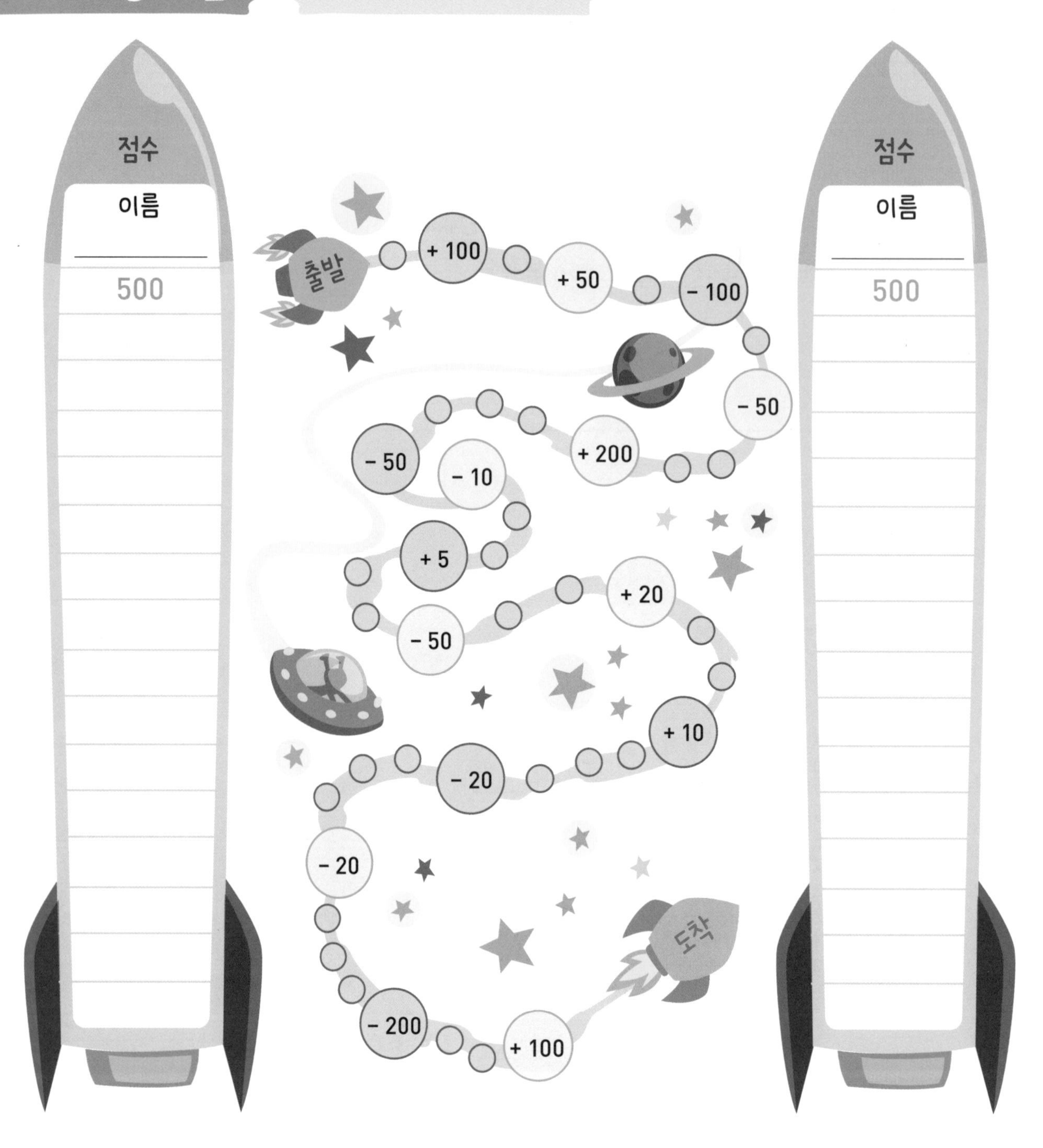

놀이 방법

1. 각각 500점부터 시작해요.

2. 가위바위보로 순서를 정해요. 주사위를 굴려서 나온 수만큼 말을 움직여요. 말이 움직일 때마다 나온 점수를 더하거나 빼서 계산한 결과값을 점수판에 써요.

3. 가장 많은 점수를 얻은 사람이 이겨요.

나만의 게임 만들기

게임 이름 :

이름

이름

놀이 방법

1. 나만의 게임 이름을 적어 보세요.
2. 처음 점수를 얼마로 할지 정하세요.
3. 자유롭게 게임 판을 만들어 보세요.
4. 게임 판 끝까지 가게 되면 얼마의 점수를 잃게 될지 생각해 보세요.
5. 게임 판을 수정하며 완성해 보세요.

어떤 게임을
만들었는지 궁금해~!

____월 ____일 ____요일

받아 올림이 있는 세로셈

십의 자리	일의 자리
3	7

\+

십의 자리	일의 자리
2	5

	1	
	3	7
+	2	5
	6	2

❶ 우선, 일의 자리끼리 더해요.

❷ 더한 수가 10을 넘는 수는 십의 자리에 1이라고 쓴 후 받아 올림을 해요.

❸ 십의 자리 수끼리 더할 때 받아 올림해서 쓴 수까지 더해서 계산해요.

1. 세로셈으로 계산해 보세요.

	1	
	2	8
+	2	6

	2	9
+	4	4

	1	8
+	2	8

	3	6
+	4	5

	1	6
+	5	7

	5	7
+	3	8

	1	9
+	1	6

	3	7
+	1	7

받아 올림이 있는 세로셈 문제 만들기

1. 받아 올림이 있는 세로셈 문제를 만들어 풀어 보세요.

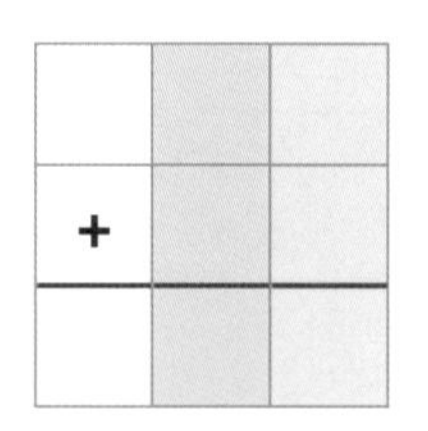
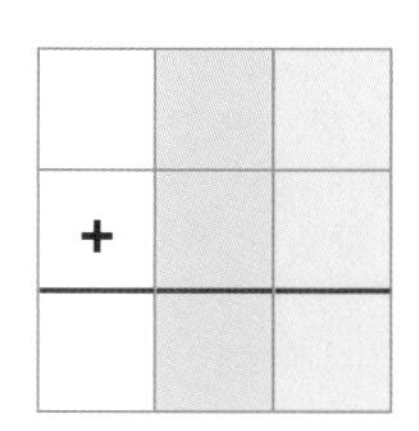
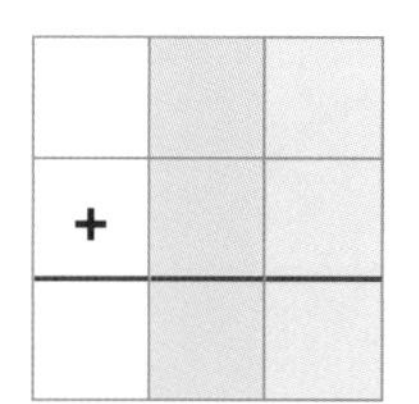
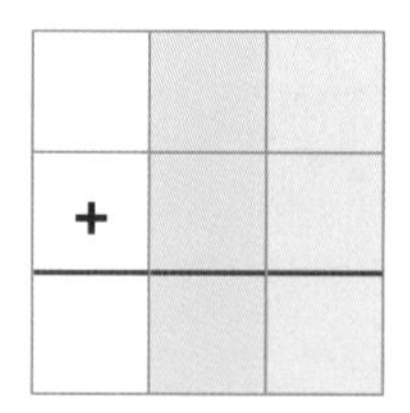

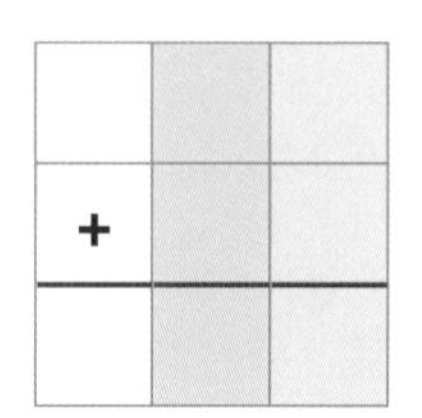
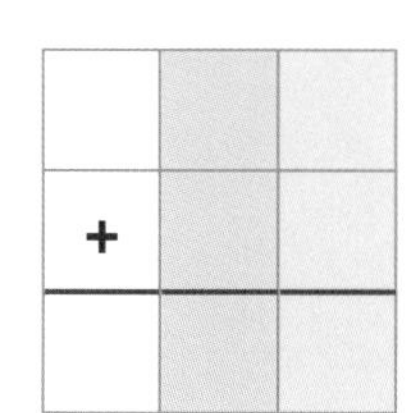

우선 일의 자리끼리 더한 후
십의 자리를 더해요.

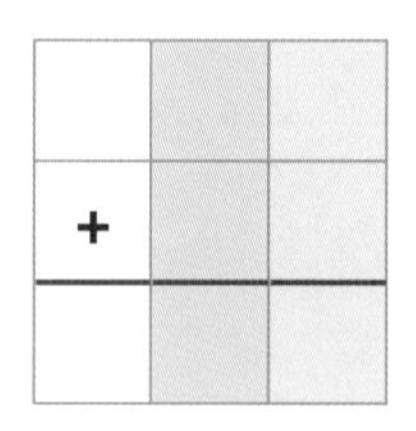
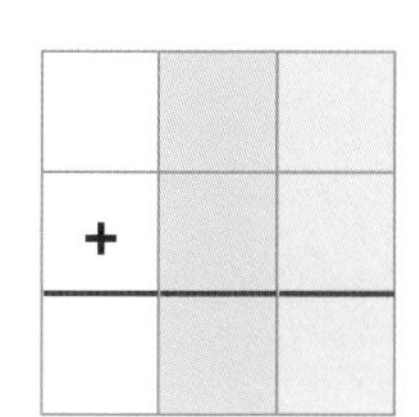

받아 올림한 수를
더하는 걸 잊으면 안 돼~!

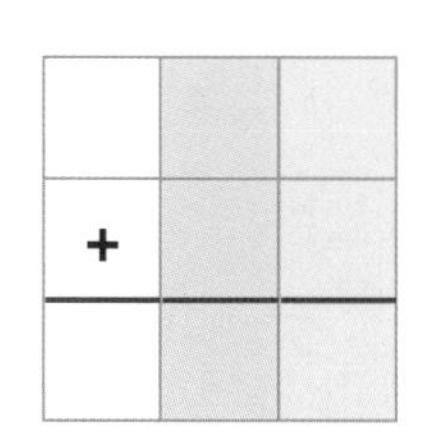
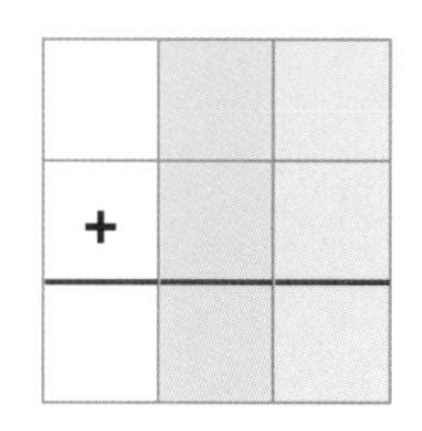

놀이 카드는 반복되어 사용될
준비물이니 잃어버리지 않도록
잘 보관해 주세요.

29쪽 놀이 수학 <곱셈 놀이>에 활용하세요.

1	2	3	4	5	6
2	4	6	8	10	12
3	6	9	12	15	18
4	8	12	16	20	24
5	10	15	20	25	30
6	12	18	24	30	36

1	2	3	4	5	6
2	4	6	8	10	12
3	6	9	12	15	18
4	8	12	16	20	24
5	10	15	20	25	30
6	12	18	24	30	36

98쪽 놀이 수학 <얼음성 빙고>에 활용하세요.

0	3	6
18	21	24
15	12	9

이름 :

30	27	0
3	6	18
12	9	15

101쪽 놀이 수학 <그래프 놀이>에 활용하세요.

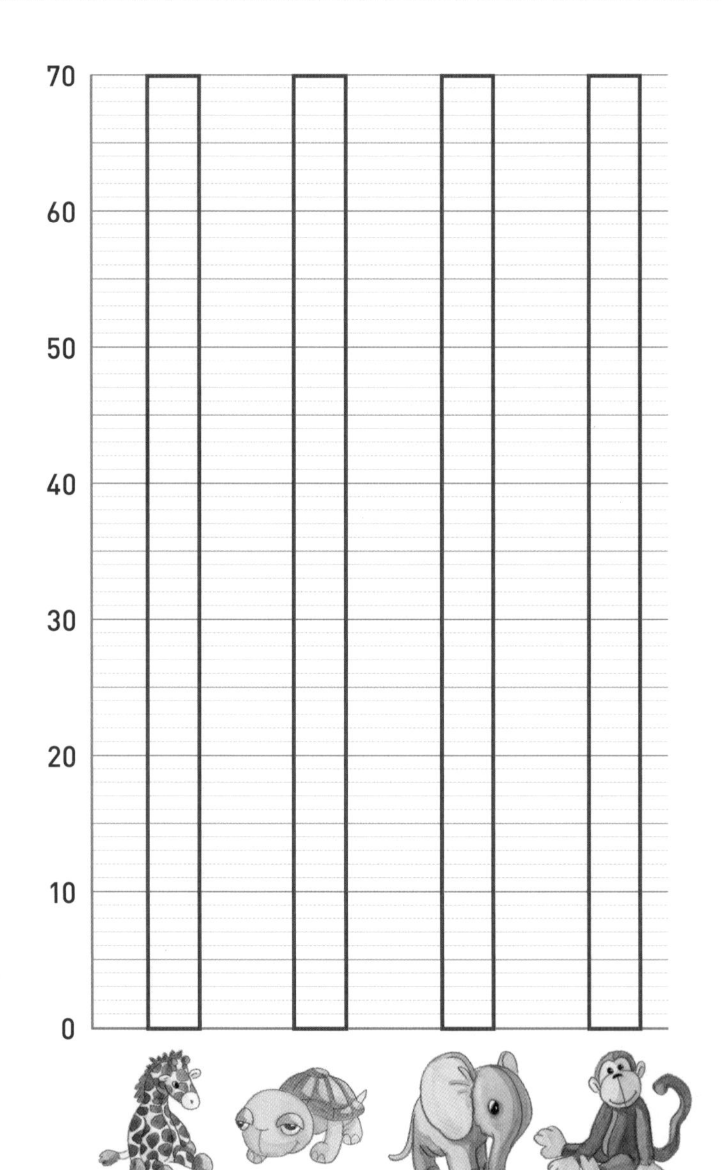

2-2 놀이 수학 1권 77쪽, 101쪽 / 2권 109쪽에 활용하세요.

0	1	2	3
4	5	6	7
8	9	10	
=	>	+	−

0 1 2 3

4 5 6 7

8 9 10

Th H T O

Thousands
(천의 자리)

Hundreds
(백의 자리)

Tens
(십의 자리)

Ones
(일의 자리)

2-2 놀이 수학 1권 100쪽 / 2권 66쪽 <세 자리 수>에 활용하세요.

백 모형

일 모형

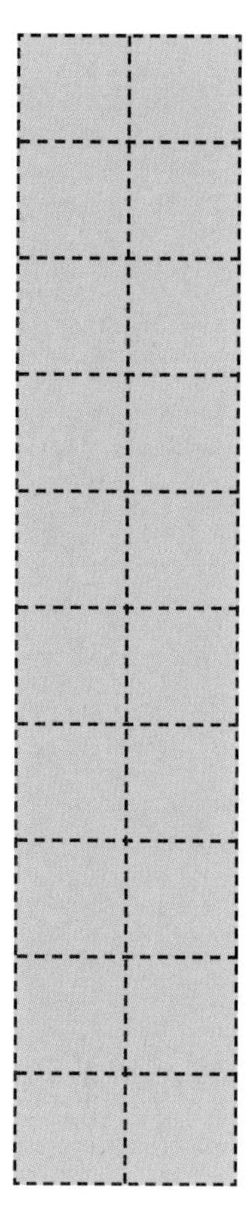

십 모형

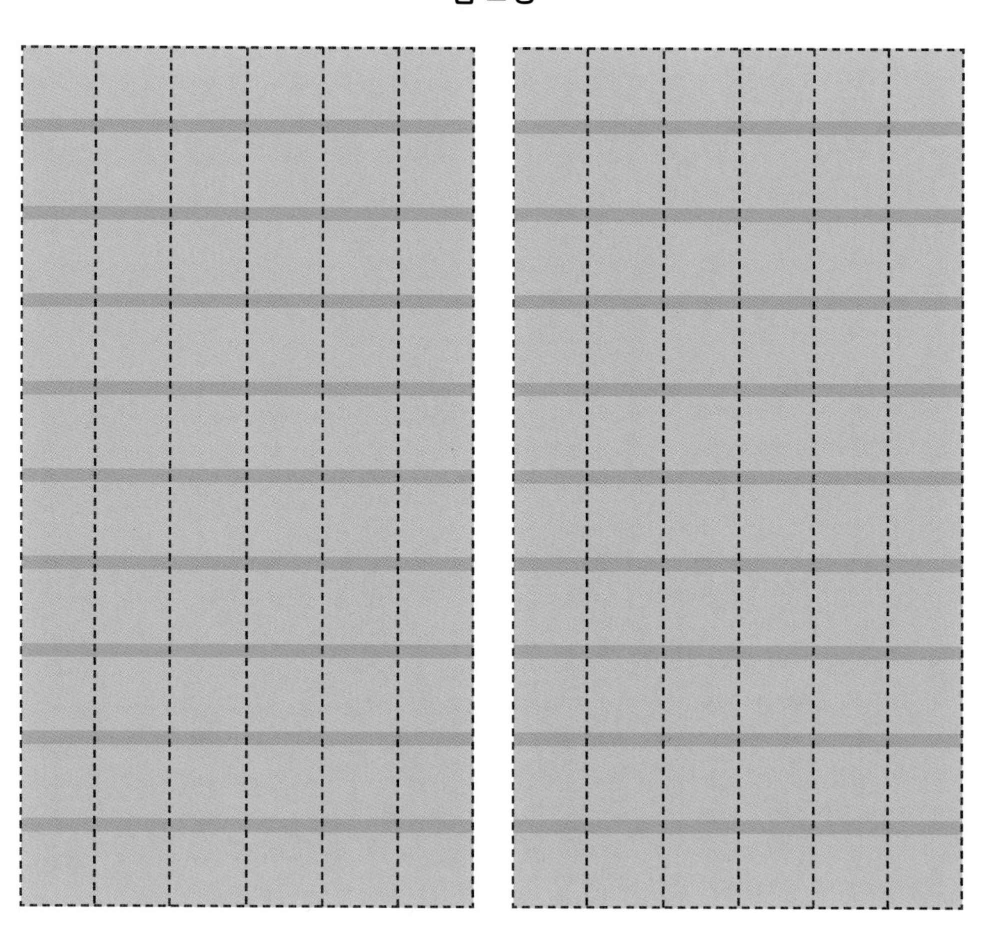

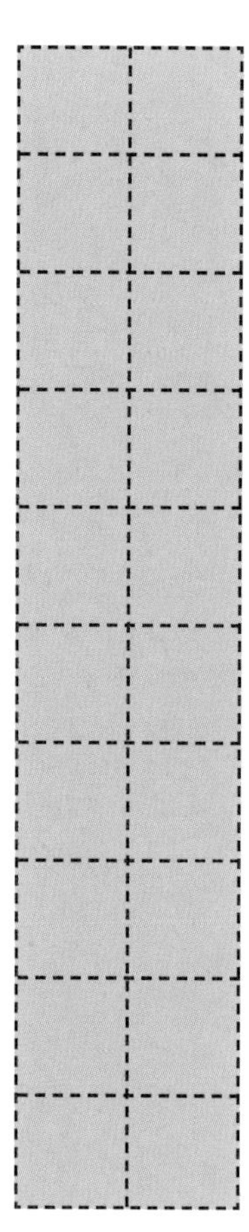

2-2 놀이 수학 1권 59쪽, 78쪽 / 2권 78쪽에 활용하세요.

10	20	30	40	50	60	70	80	90	100
110	120	130	140	150	160	170	180	190	200
210	220	230	240	250	260	270	280	290	300
310	320	330	340	350	360	370	380	390	400
410	420	430	440	450	460	470	480	490	500
510	520	530	540	550	560	570	580	590	600
610	620	630	640	650	660	670	680	690	700
710	720	730	740	750	760	770	780	790	800
810	820	830	840	850	860	870	880	890	900
910	920	930	940	950	960	970	980	990	1000

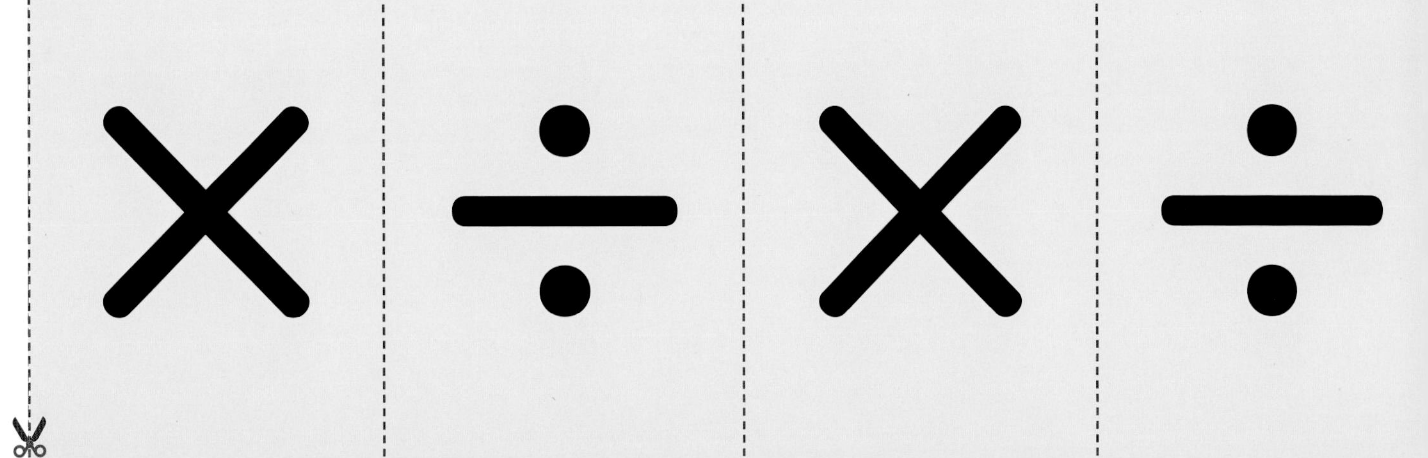

2-2 2권 시계 보기 / 놀이 수학 2권 110쪽에 활용하세요.

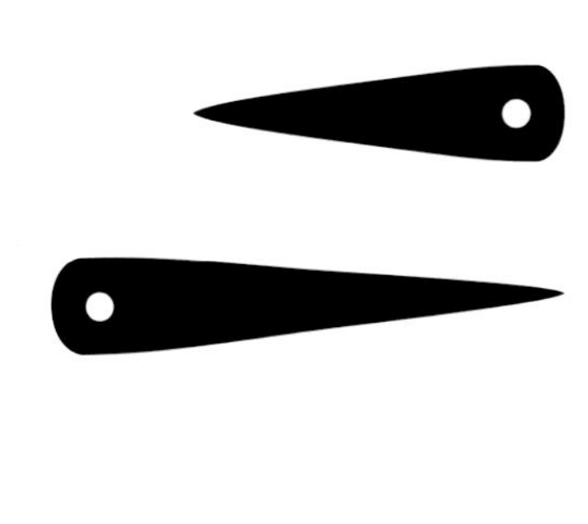

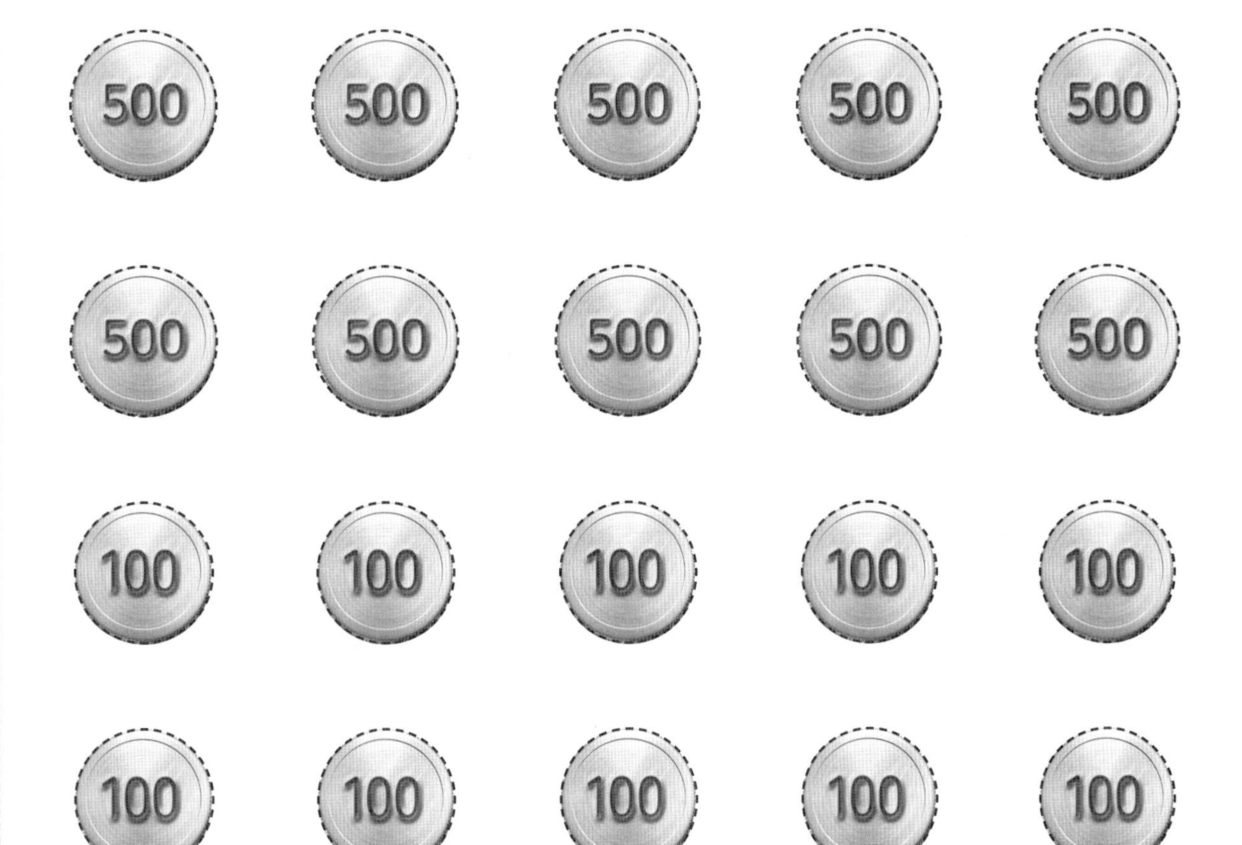

핀란드 2학년 수학 교과서 2-2

2권

글 마아리트 포슈박, 안네 칼리올라,
아르토 티카넨, 미이아-리이사 바네우스
그림 마이사 라야마키-쿠코넨
옮김 이경희(전 수학 교과서 집필진)

마음이음

아이들이 수학을 공부해야 하는 이유는 수학 지식을 위한 단순 암기도 아니며, 많은 문제를 빠르게 푸는 것도 아닙니다. 시행착오를 통해 정답을 유추해 가면서 스스로 사고하는 힘을 키우기 위함입니다.
핀란드의 수학 교육은 다양한 수학적 활동을 통하여 수학 개념을 자연스럽게 깨닫게 하고, 논리적 사고를 유도하는 문제들로 학생들이 수학에 흥미를 갖도록 하는 데 성공했습니다. 이러한 자기 주도적인 수학 교과서가 우리나라에 번역되어 출판하게 된 것을 두 팔 벌려 환영하며, 학생들이 수학을 즐겁게 공부하게 될 것이라 생각하여 감히 추천하는 바입니다.

하동우(민족사관고등학교 수학 교사)

수학은 언어, 그림, 색깔, 그래프, 방정식 등으로 다양하게 표현하는 의사소통의 한 형태입니다. 이들 사이의 관계를 파악하면서 수학적 사고력도 높아지는데, 안타깝게도 우리나라 교육 환경에서는 수학이 의사소통임을 인지하기 어렵습니다. 수학 교육 과정이 수직적으로 배열되어 있기 때문입니다. 그런데 『핀란드 수학 교과서』는 배운 개념이 거미줄처럼 수평으로 확장, 반복되고, 아이들은 넓고 깊게 스며들 듯이 개념을 이해할 수 있습니다.

정유숙(쑥샘TV 운영자)

『핀란드 수학 교과서』를 보는 순간 다양한 문제들을 보고 놀랐습니다. 다양한 형태의 문제를 풀면서 생각의 폭을 넓히고, 생각의 힘을 기르고, 수학 실력을 보다 안정적으로 만들 수 있습니다. 또한 놀이와 탐구로 학습하면서 수학에 대한 흥미가 높아져 문제를 스스로 이해하고 터득하는 데 도움이 됩니다.
숫자가 바탕이 되는 수학은 세계적인 유일한 공통 과목입니다. 21세기를 이끌어 갈 아이들에게 4차산업혁명을 넘어 인공지능 시대에 맞는 창의적인 사고를 길러 주는 바람직한 수학 교육이 이 책을 통해 이루어지길 바랍니다.

김재련(사월이네 공부방 원장)

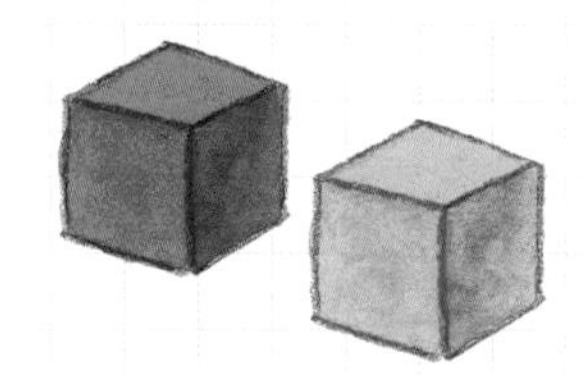

한국의 학생들에게

「핀란드 수학 교과서(Star Maths)」 시리즈를 펴낸 오타바(Otava) 출판사는 교재 전문 출판사로 120년이 넘는 역사를 지닌 명실상부한 핀란드의 대표 출판사입니다. 특히 「Star Maths」 시리즈는 핀란드 학교 현장의 수학 전문가들이 최신 핀란드 국립교육과정을 반영하여 함께 개발한 핀란드의 대표 수학 교과서입니다.

수 개념과 십진법을 이해하기 위한 탄탄한 기반을 제공하여 연산 능력을 키우고, 기본, 응용, 심화 문제 등 학생 개개인의 학습 차이를 다각도에서 고려하여 다양한 평가 문제를 실었습니다. 또한 친구 또는 부모님과 함께 놀이를 통해 문제 해결을 하며 수학적 즐거움을 발견하여 수학에 대한 긍정적인 태도를 갖도록 합니다.

한국의 학생들이 이 책과 함께 즐거운 수학 세계로 여행을 떠나길 바랍니다.

마아리트 포슈박, 안네 칼리올라, 아르토 티카넨,
미이아-리이사 바네우스(STAR MATHS 공동 저자)

차례

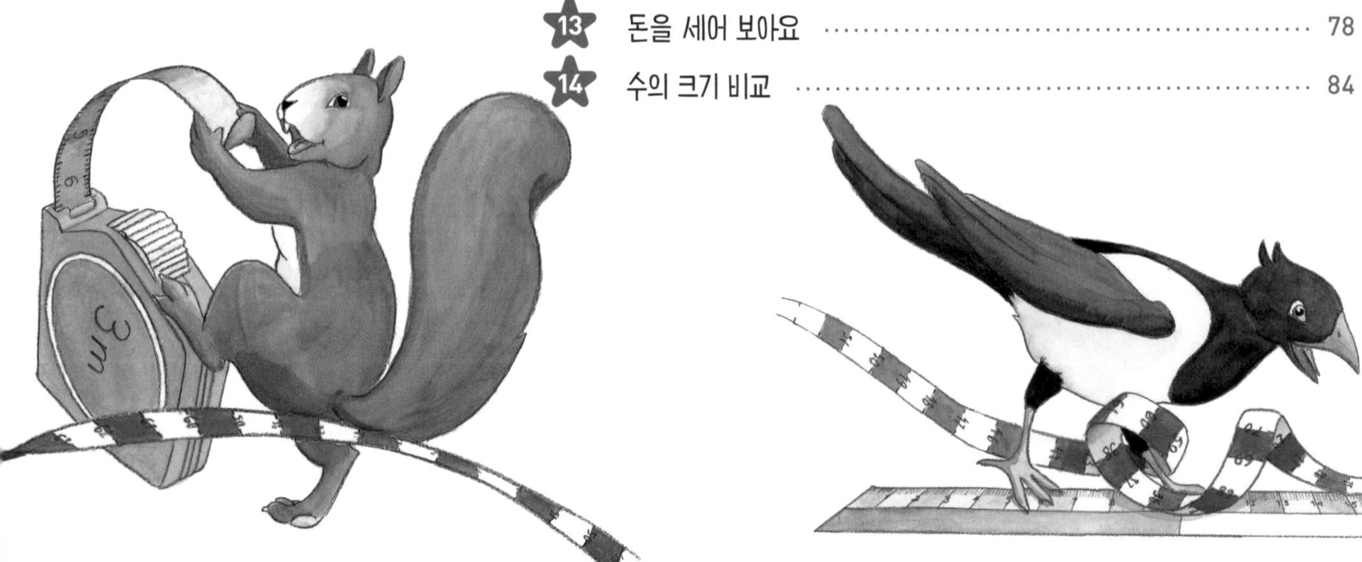

1 킬로미터

1km = 1000m
1킬로미터는 1000미터와 같아요.
km는 킬로미터라고 읽어요.

1. 엠마의 집에서 학교까지의 거리는 1km예요. 자전거로 간 거리는 얼마이고, 남은 거리는 얼마인지 m로 나타내 보세요.

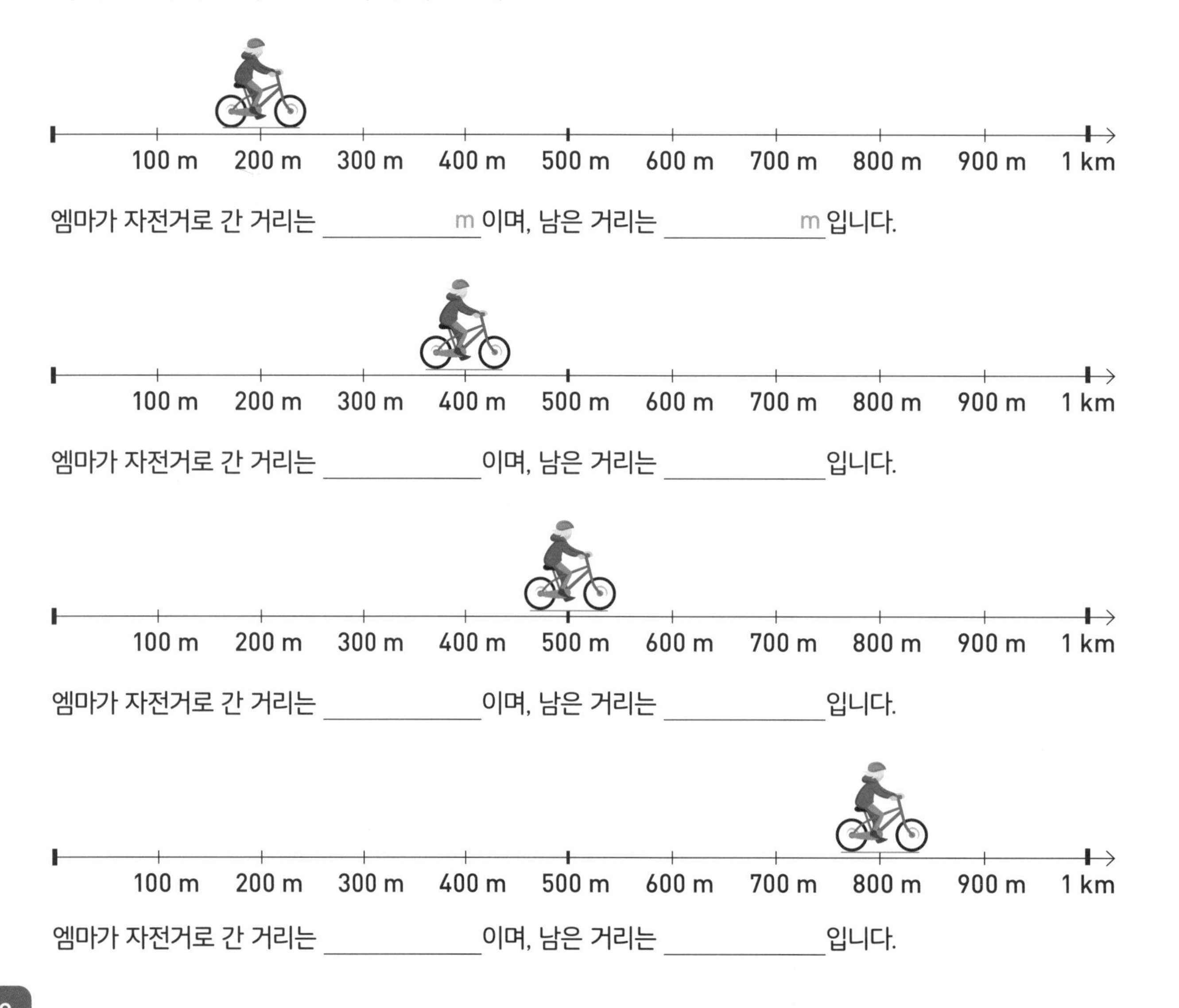

엠마가 자전거로 간 거리는 ________ m 이며, 남은 거리는 ________ m 입니다.

엠마가 자전거로 간 거리는 ________ 이며, 남은 거리는 ________ 입니다.

엠마가 자전거로 간 거리는 ________ 이며, 남은 거리는 ________ 입니다.

엠마가 자전거로 간 거리는 ________ 이며, 남은 거리는 ________ 입니다.

2. □ 안에 >, =, <를 알맞게 써넣어 보세요.

460 m	□	500 m	520 m + 200 m	□	620 m
350 m	□	300 m	830 m + 160 m	□	1000 m
780 m	□	770 m	300 m + 700 m	□	1 km
1000 m	□	1 km	760 m + 340 m	□	1 km

3. 점과 점 사이의 거리가 100m일 때, 주어진 거리를 구해 보세요.

공원
학교
100m
도서관
집
아이스크림 자판기
가게
체육관

- 학교에서 공원까지의 거리 ______m
- 도서관에서 집까지의 거리 ______m
- 아이스크림 자판기에서 가게까지의 거리 ______m
- 체육관에서 학교까지의 거리 ______m
- 집에서 도서관까지 왕복 거리 ______m

한 번 더 연습해요!

1. 식을 쓴 후 정답을 구해 보세요.

알렉은 자전거를 타고 950m를 갔다가 이후에 50m를 더 갔어요. 알렉이 자전거를 타고 간 거리는 모두 얼마인가요?

식 : ______________________

정답 : ______________________

2. □ 안에 >, =, <를 알맞게 써넣어 보세요.

1000 m − 400 m	□	500 m
1000 m − 100 m	□	1 km
1000 m − 800 m	□	100 m
500 m + 490 m	□	1 km
200 m + 700 m	□	900 m

4. 계산값이 1km가 나오는 길을 따라가 보세요.

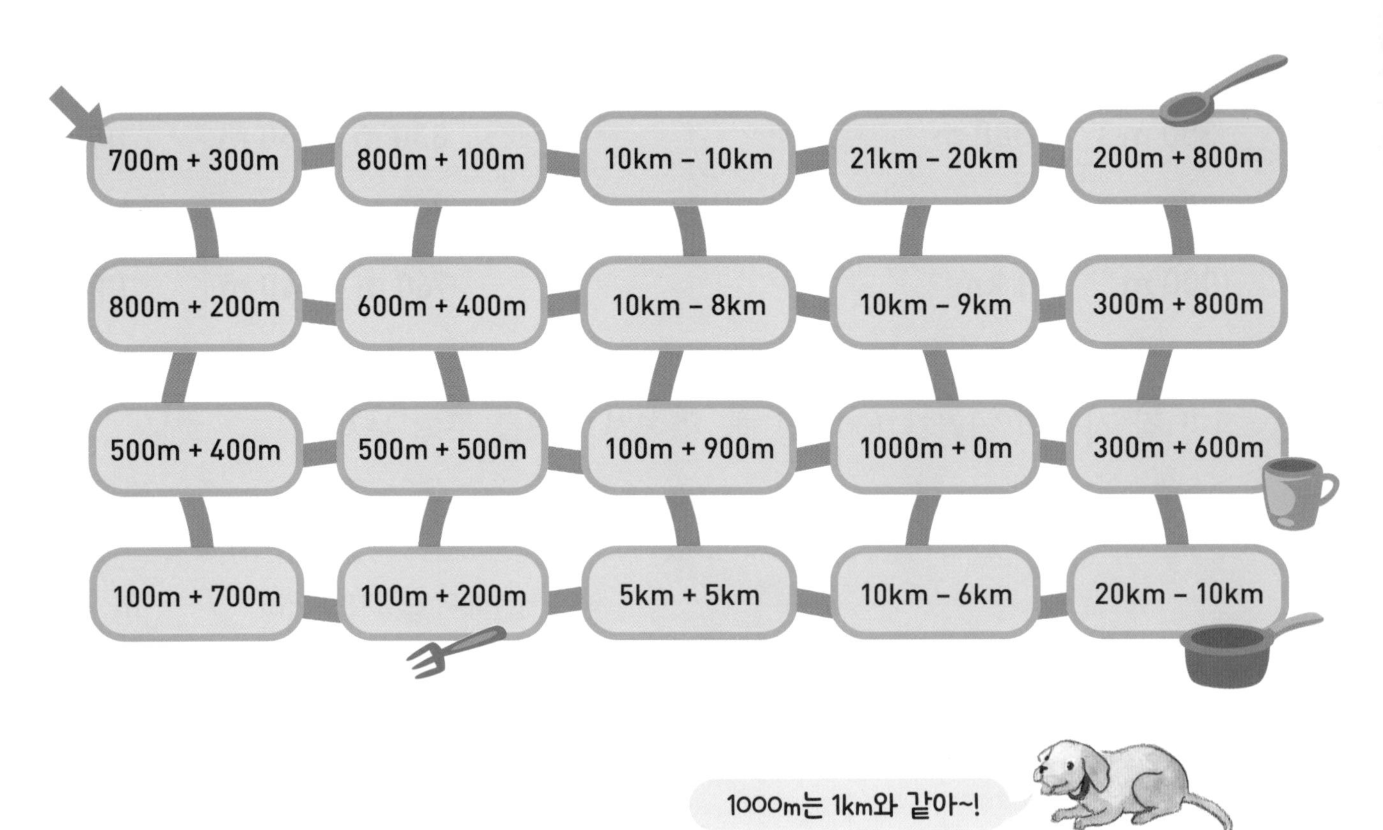

5. 왼쪽 그림과 다른 점 10가지를 찾아 오른쪽 그림에 표시해 보세요.

6. 아래 글을 읽고 문제를 푼 다음 정답을 찾아 ○표 해 보세요.

❶ 에밀이 자전거로 처음 간 거리는 560m이고, 440m를 더 갔어요. 에밀이 자전거로 간 거리는 모두 얼마인가요?

정답 : ____________________

❷ 줄리아가 자전거로 처음 간 거리는 495m이고, 245m를 더 갔어요. 줄리아가 자전거로 간 거리는 모두 얼마인가요?

정답 : ____________________

❸ 애니는 자전거를 타고 집에서 학교까지 왕복해서 다녀왔어요. 총 900m를 왕복했다면 집에서 학교까지의 거리는 얼마인가요?

정답 : ____________________

❹ 아놀드는 자전거를 타고 집에서 축구장까지 왕복해서 다녀왔어요. 집에서 축구장까지의 거리가 425m일 때, 왕복한 거리는 얼마인가요?

정답 : ____________________

❺ 헬레나는 자전거로 480m를 가야 해요. 그러나 가야 할 거리의 $\frac{1}{4}$만큼만 자전거를 탔다면 남은 거리는 얼마인가요?

정답 : ____________________

❻ 에이브는 자전거로 990m를 가야 해요. 그러나 가야 할 거리의 $\frac{1}{3}$만큼만 자전거를 탔다면 남은 거리는 얼마인가요?

정답 : ____________________

360 m 450 m 535 m 660 m 740 m 850 m 1000 m

7. 그림이 들어간 식을 보고 그림의 값을 구해 보세요.

  ▲ = 1 km

 −   = 350 m

   = 300 m

 + ♥ = 970 m

  = ____________

  = ____________

  = ____________

 = ____________

8. 그림이 들어간 식을 보고 그림의 값을 구해 보세요.

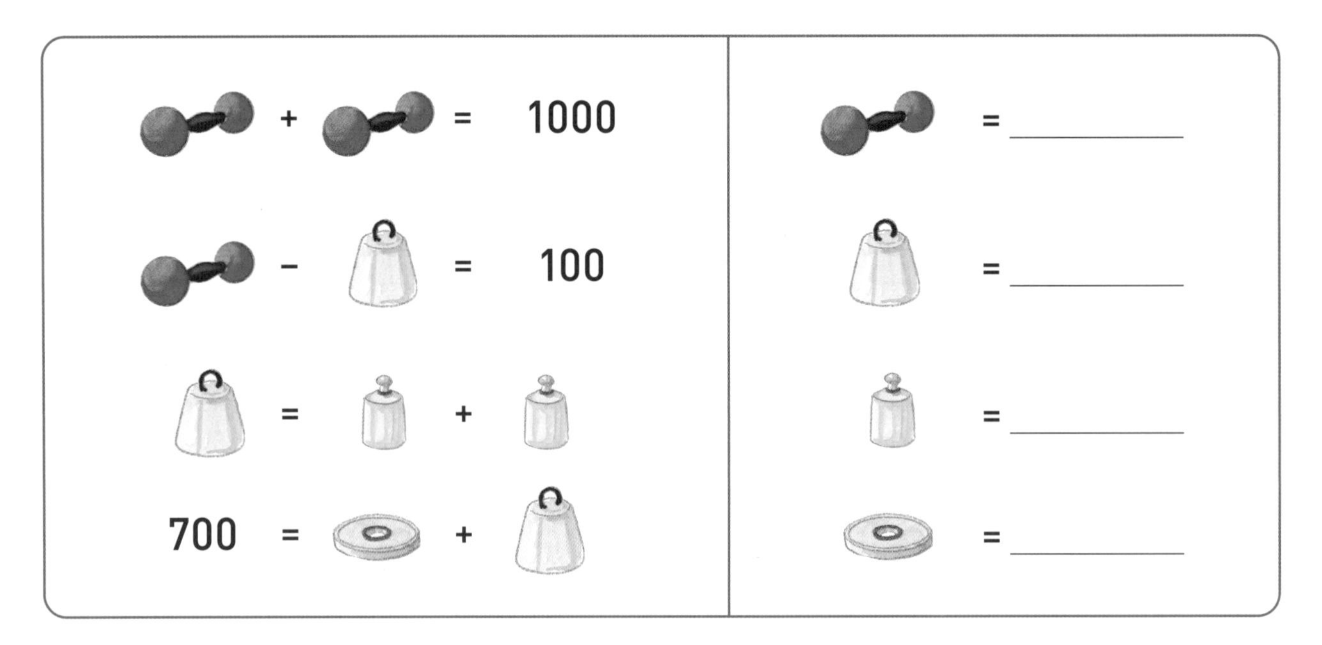

9. 주어진 수를 작은 수부터 순서대로 쓴 다음, 주어진 수의 알파벳을 □ 안에 써넣어 보세요.

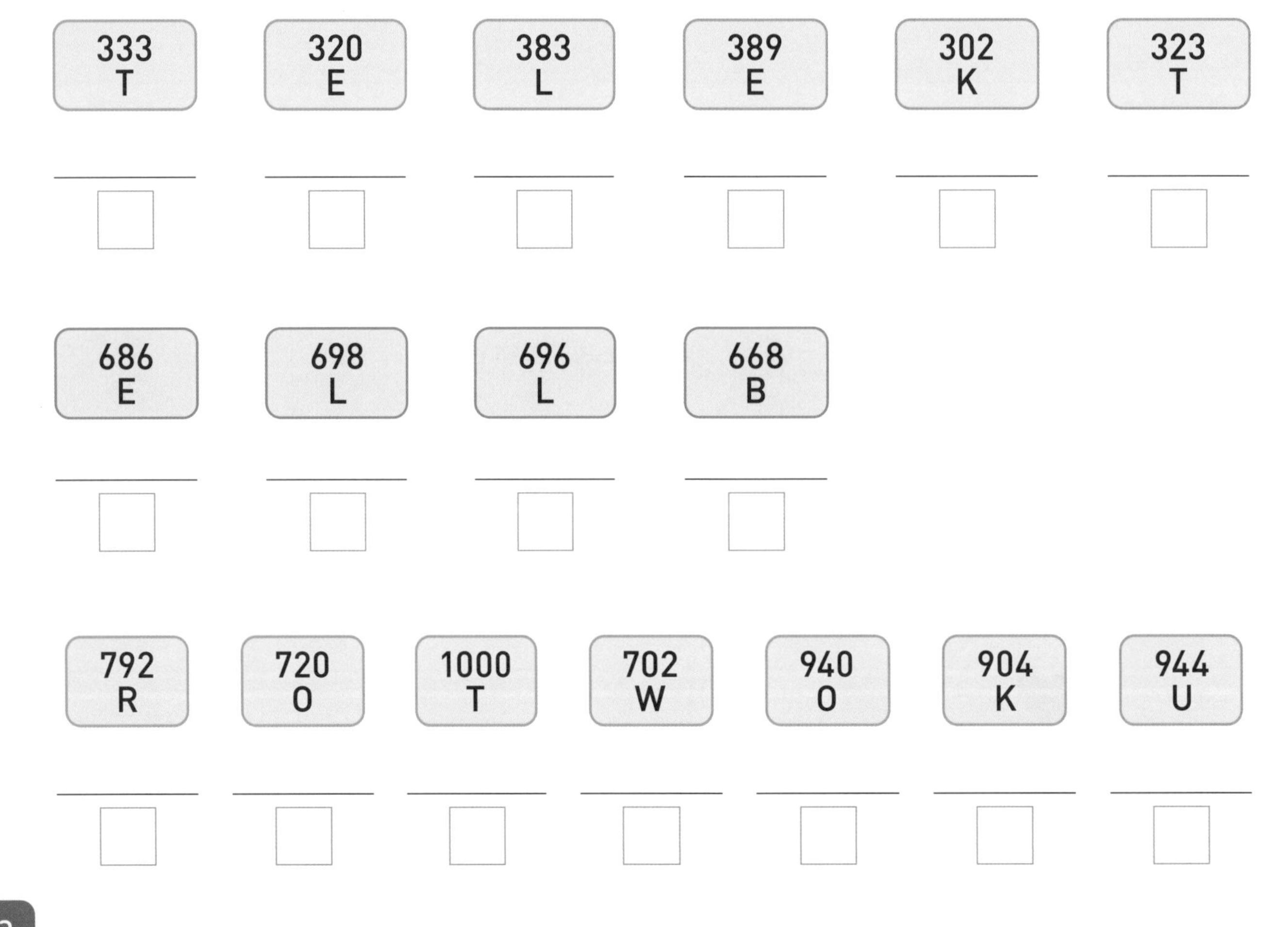

10. 빈칸에 알맞은 수를 구해 보세요.

150 + 30 = 110 + ______

120 + 70 = ______ + 150

170 − 20 = 190 − ______

360 − 50 = ______ − 10

195 + ______ = 560 + 30

490 − ______ = 400 − 15

______ + 125 = 520 − 200

______ − 400 = 620 − 305

11. 그림을 보고 가장 무거운 것에 빨간색을, 가장 가벼운 것에 노란색을 칠해 보세요.

❶

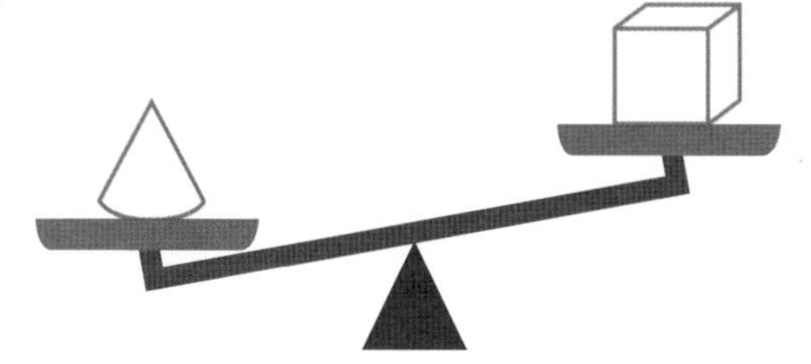

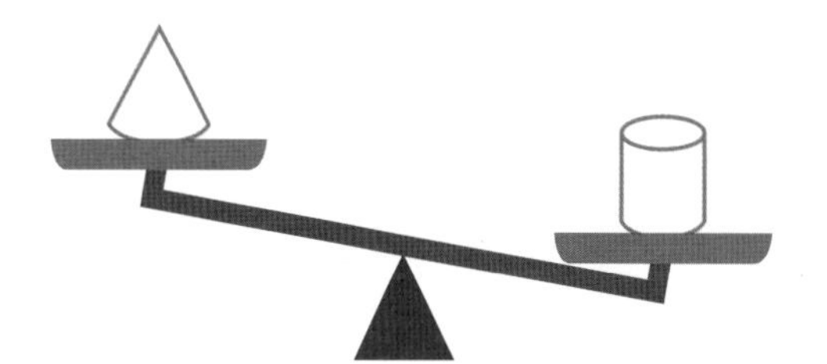

❷

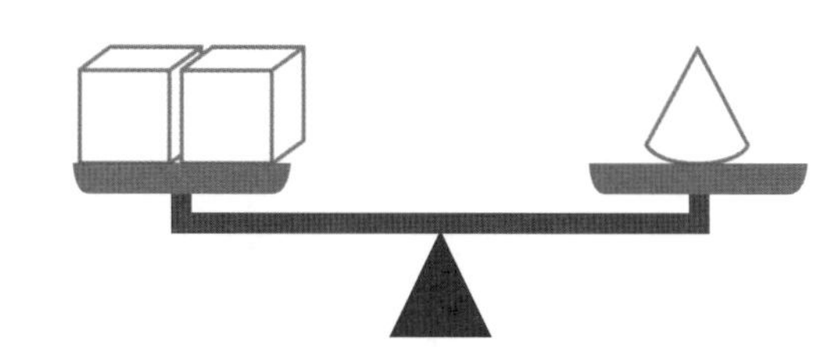

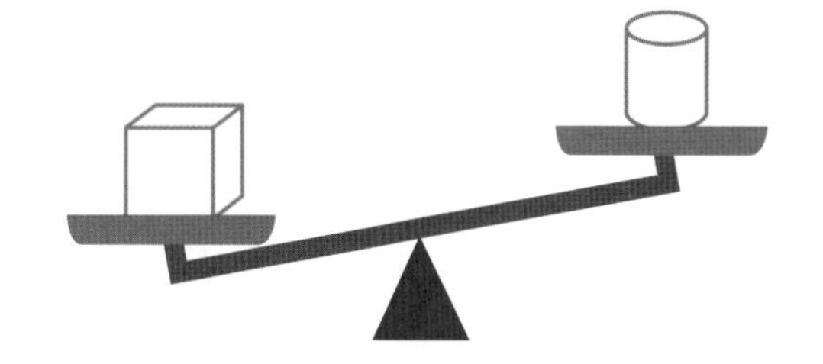

❸

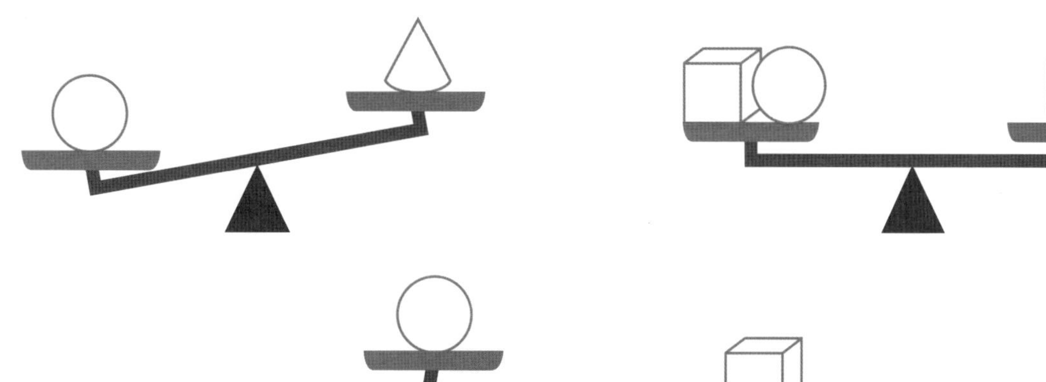

2 킬로그램과 그램

1kg = 1000g
1킬로그램은 1000g과 같아요.
kg은 킬로그램, g은 그램이라고 읽어요.

1. 물건의 무게가 얼마인지 써 보세요.

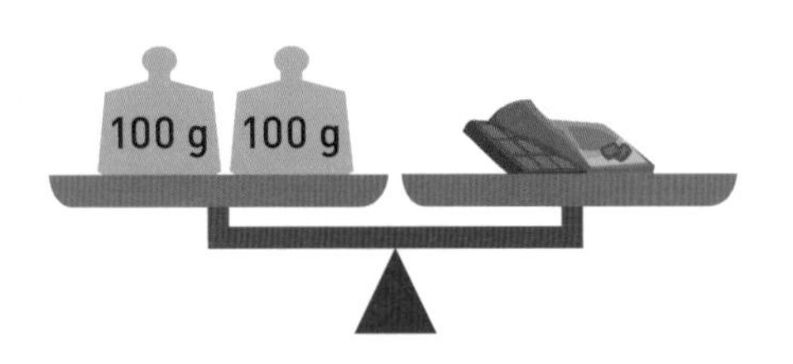

초콜릿 1개의 무게 : ________

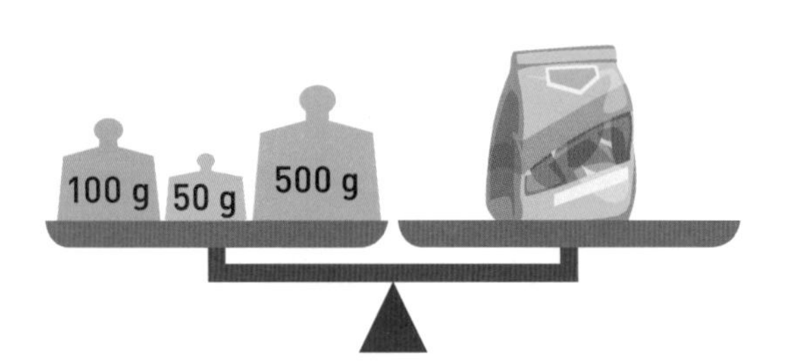

과자 1봉지의 무게 : ________

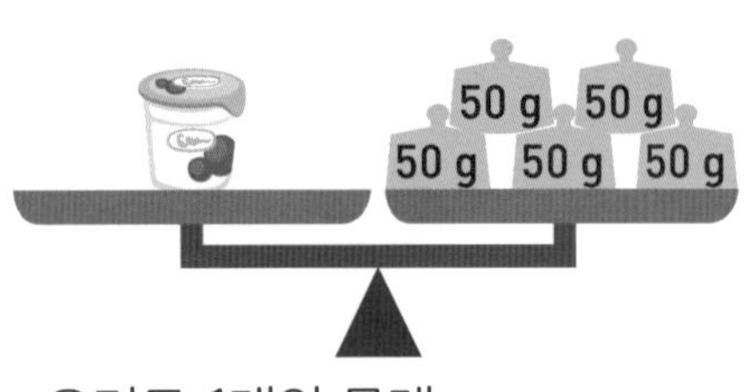

요거트 1개의 무게 : ________

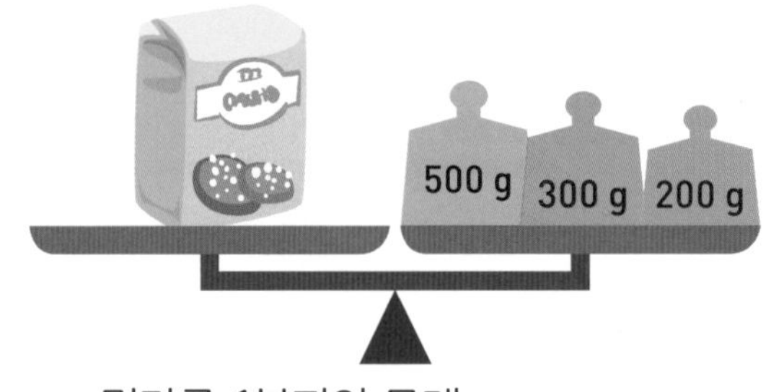

밀가루 1봉지의 무게 : ________

2. 계산한 후 정답을 찾아 ○표 해 보세요.

310 g + 500 g = __________

300 g + 100 g = __________

400 g + 600 g = __________

690 g − 100 g = __________

780 g − 300 g = __________

1000 g − 200 g = __________

400 g　480 g　490 g　590 g　800 g　810 g　1000 g

3. 더해서 1kg이 되는 무게에 ○표 해 보세요.

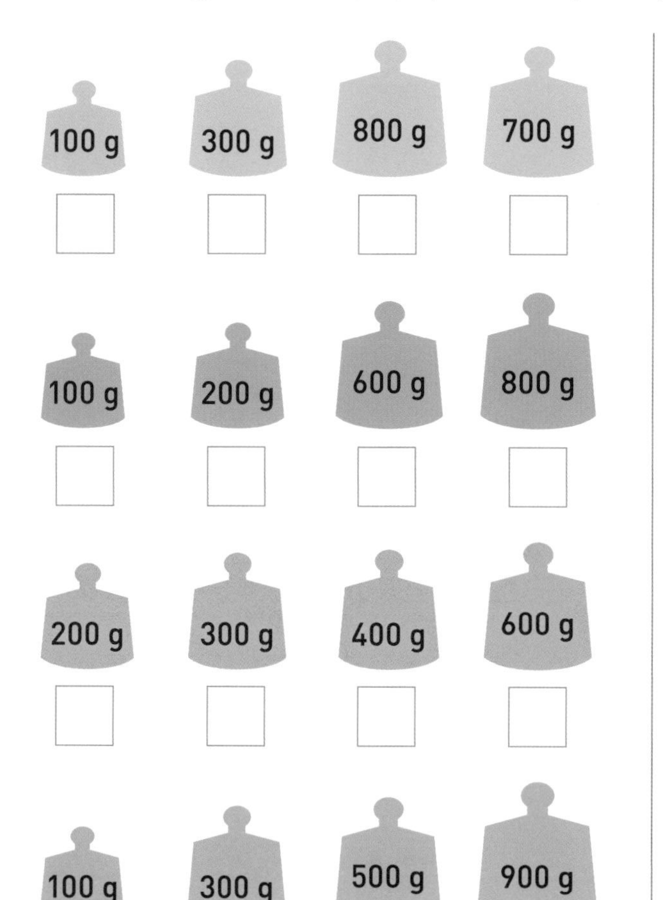

50 g　50 g　750 g　900 g

100 g　200 g　700 g　850 g

250 g　300 g　400 g　450 g

50 g　450 g　500 g　600 g

한 번 더 연습해요!

1. 식을 쓴 후 정답을 구해 보세요.

요거트 한 컵의 무게는 총 800g이에요. 엠마가 200g을 먹고, 엄마가 300g을 먹었어요. 컵에 남은 요거트의 양은 얼마인가요?

식 : ______________________

정답 : ______________________

2. 계산해 보세요.

300 g + 40 g = ________

240 g + 50 g = ________

360 g + 400 g = ________

870 g − 50 g = ________

910 g − 500 g = ________

4. 무게에 맞는 단위를 g 또는 kg으로 바르게 나타내 보세요.

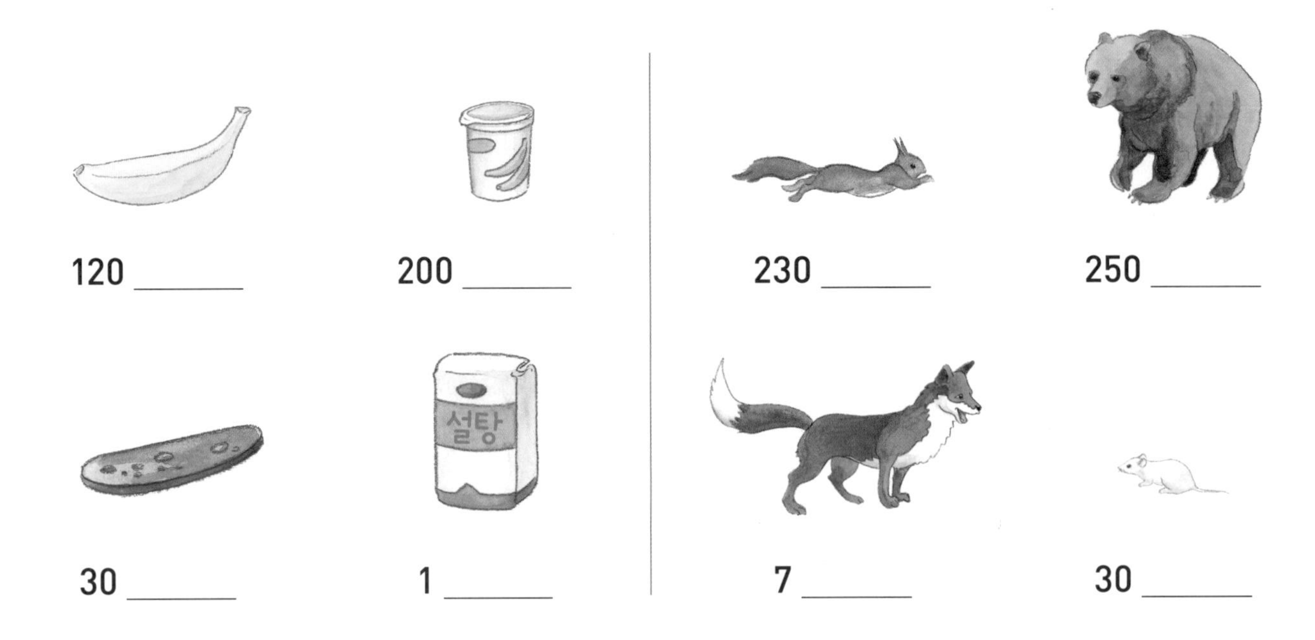

5. 조건에 맞게 색칠해 보세요.

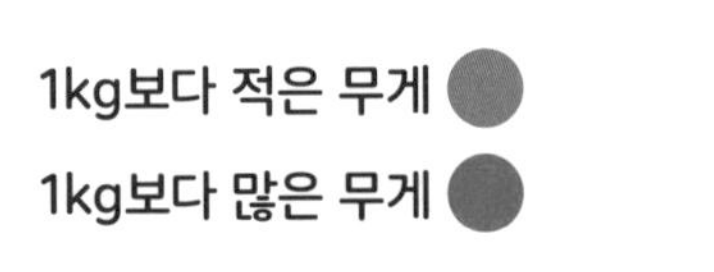

어떤 글자가 보이니?

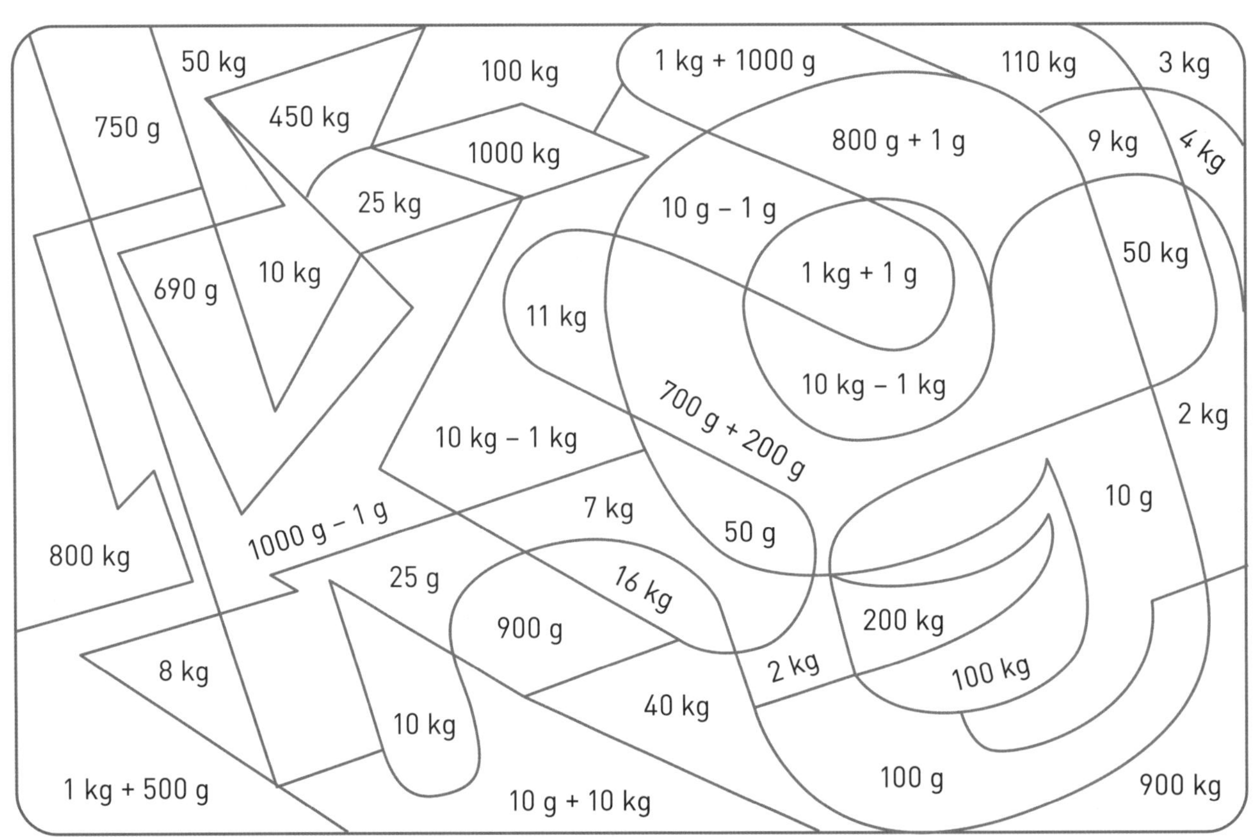

6. 저울이 수평이 되도록 오른쪽에 알맞은 무게값을 적어 보세요. 50g, 100g, 200g, 500g 중에서 원하는 만큼 골라 쓸 수 있어요.

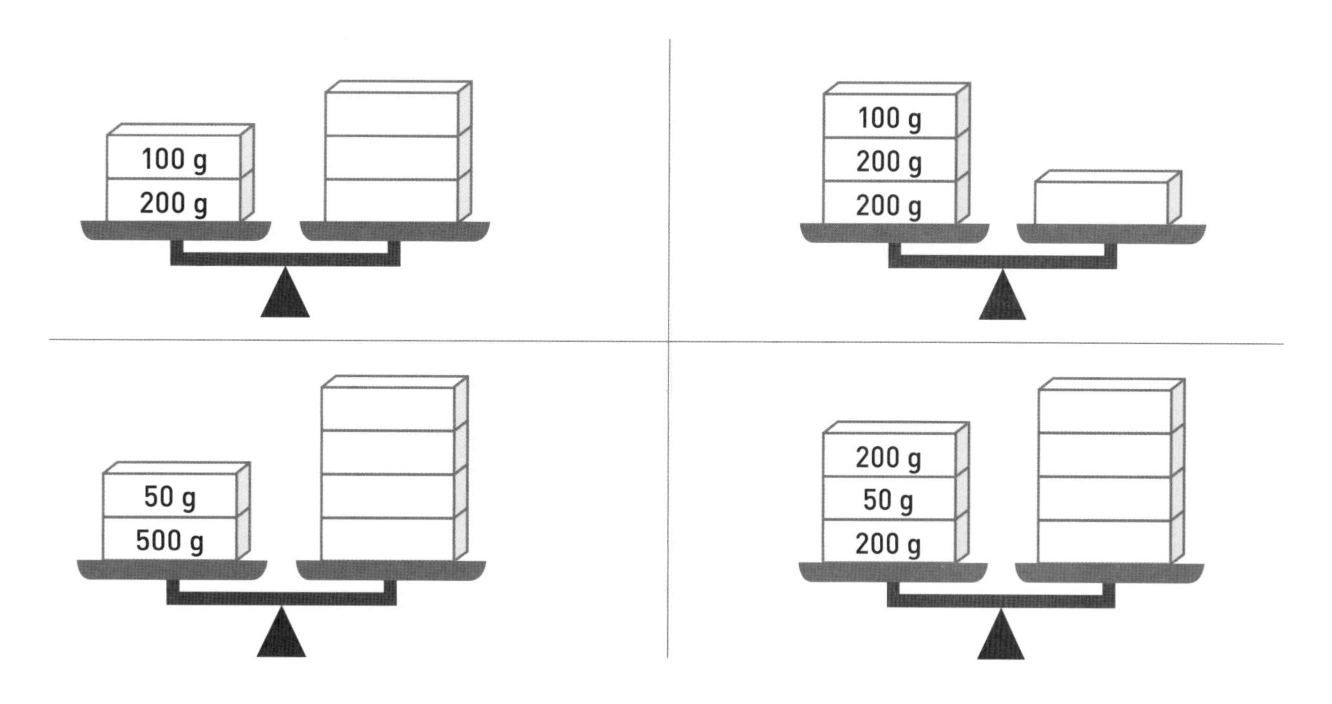

7. 그림을 보고 가장 가벼운 공과 가장 무거운 공을 찾아 색칠해 보세요.

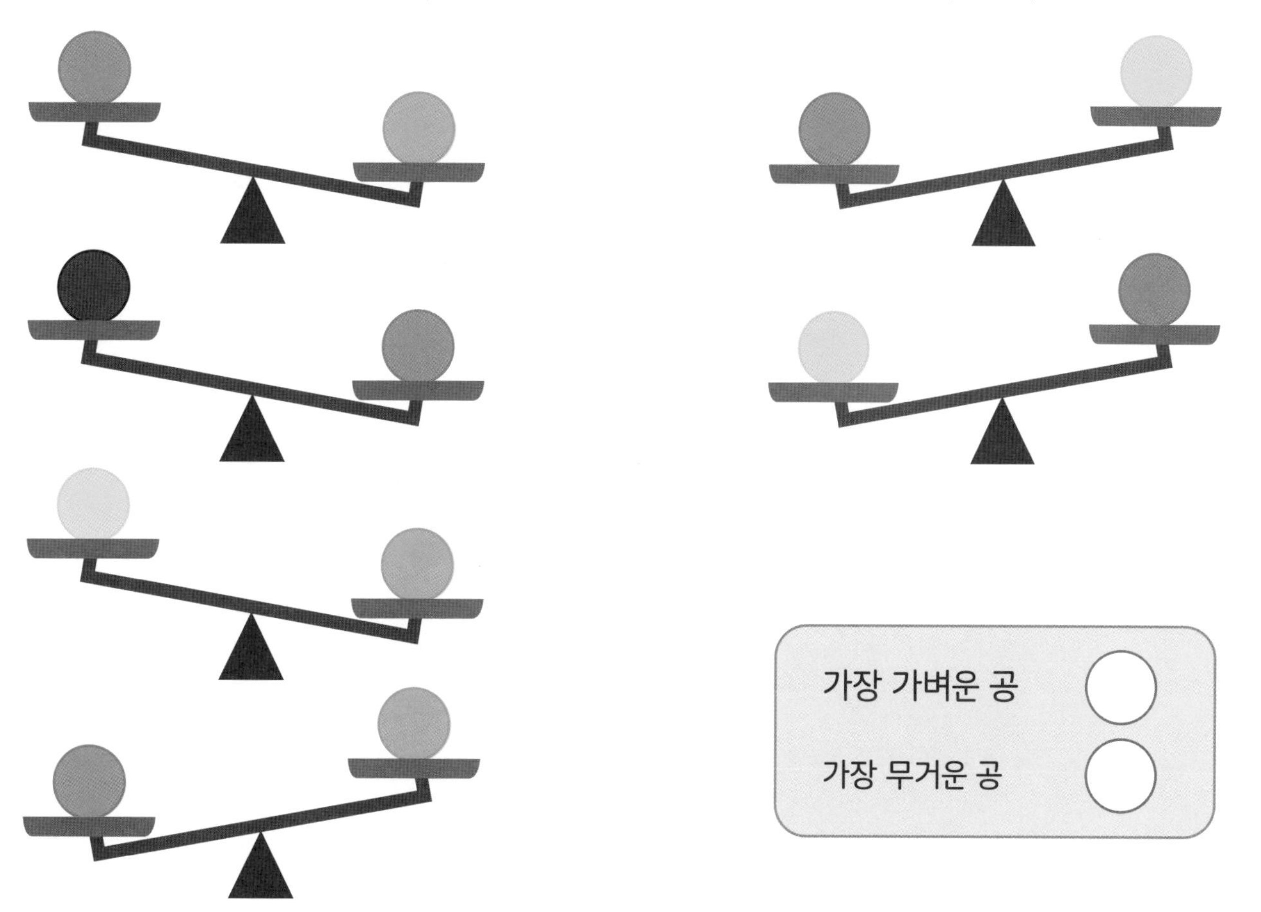

8. 3개의 수를 골라 주어진 수를 만들어 보세요.

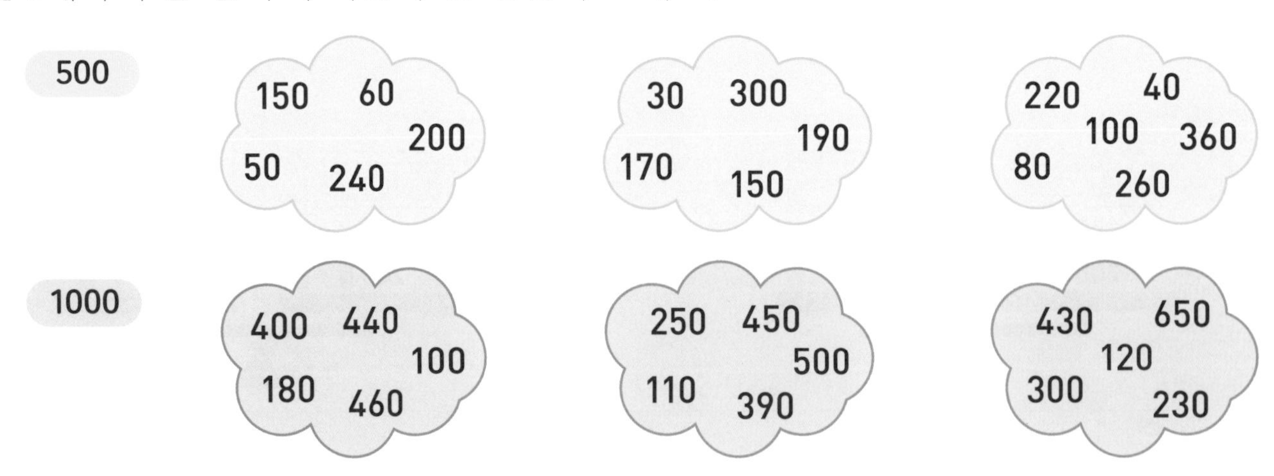

9. 규칙을 알아내어 주어진 수에 해당하는 알파벳 값을 써 보세요.

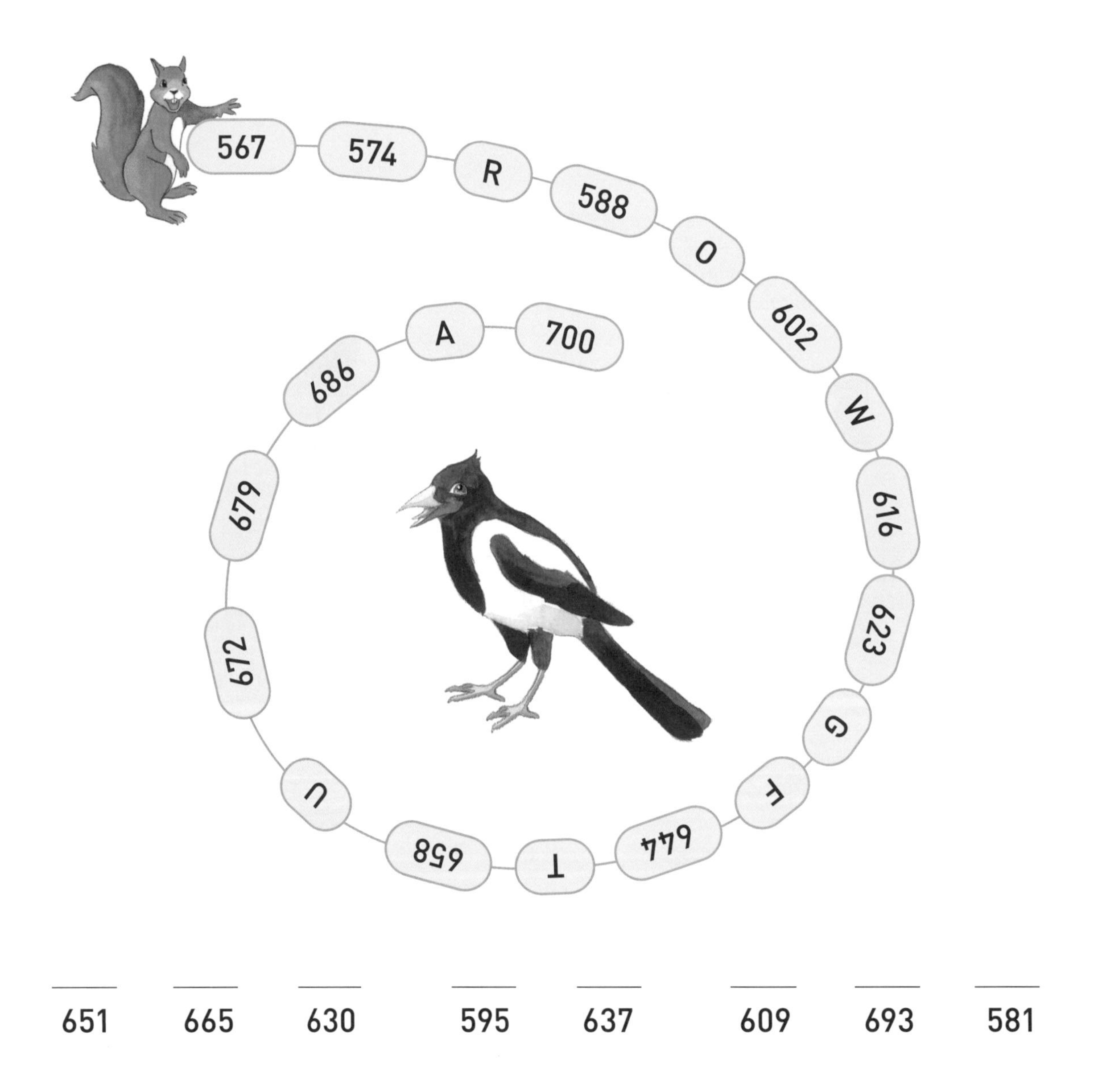

___	___	___	___	___	___	___	___
651	665	630	595	637	609	693	581

10. 계산한 후 정답을 찾아 ○표 해 보세요.

	1	5	3
+			
	2	7	3

	2	0	4
+			
	2	8	5

	3	7	0
+			
	5	9	1

	6	8	0
−			
	2	3	0

	6	0	8
−			
			5

	7	4	1
−			
	7	0	1

40 81 120 123 221 450 603

11. 로봇의 작동 원리를 알아낸 후, 알맞은 수를 구해 보세요.

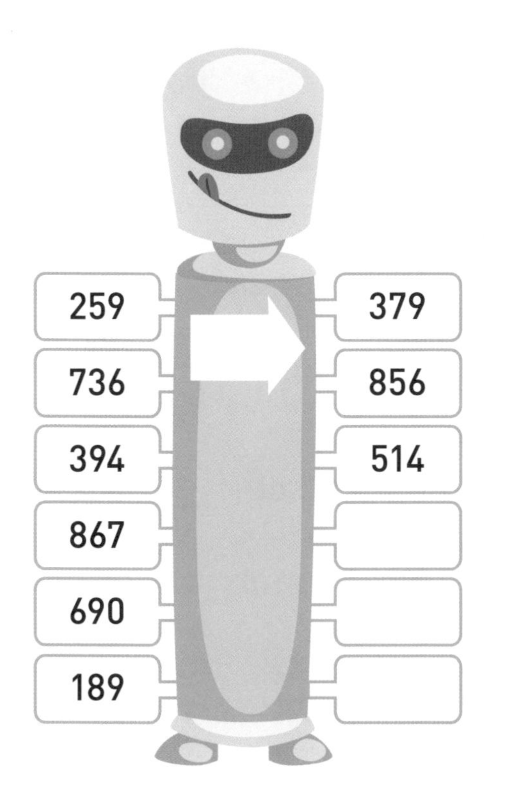

왼쪽	오른쪽
259	379
736	856
394	514
867	
690	
189	

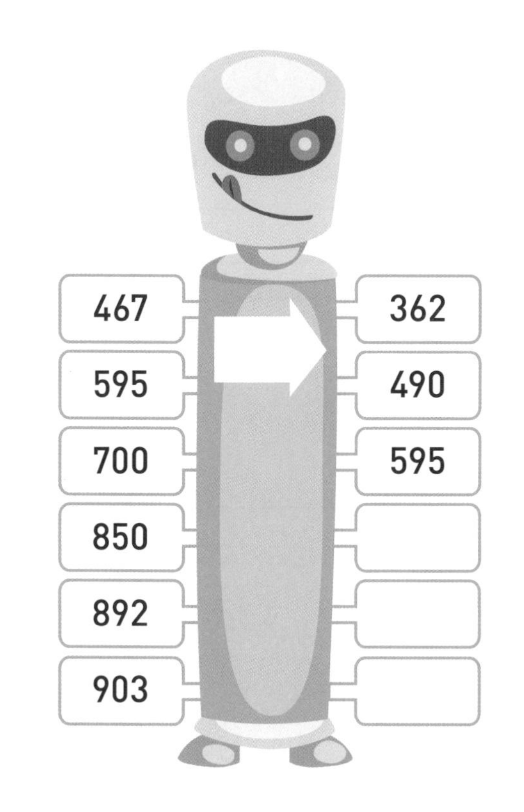

왼쪽	오른쪽
467	362
595	490
700	595
850	
892	
903	

왼쪽과 오른쪽 수의 관계를 잘 살펴보렴~!

리터와 데시리터

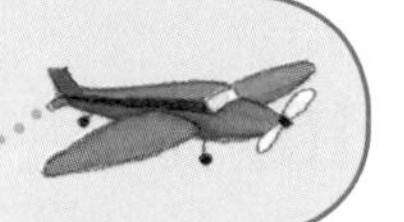

1l = 10dl
1리터는 10데시리터와 같아요.
l는 리터, dl는 데시리터라고 읽어요.

1. 1l가 되려면 필요한 양을 색칠한 후 빈칸에 써 보세요.

4 dl + 6 dl = 1 l

7 dl + ________ = 1 l

2 dl + ________ = 1 l

3 dl + ________ = 1 l

6 dl + ________ = 1 l

5 dl + ________ = 1 l

2. 1l가 되려면 필요한 양을 빈칸에 써 보세요.

5 dl + 2 dl + ________ = 1 l

7 dl + 1 dl + ________ = 1 l

4 dl + ________ + 4 dl = 1 l

8 dl + ________ + 1 dl = 1 l

2 dl + ________ + 2 dl = 1 l

1 dl + ________ + 4 dl = 1 l

________ + 3 dl + 3 dl = 1 l

________ + 2 dl + 1 dl = 1 l

3. 주어진 컵에 주스를 따르면 남는 양은 얼마인지 식과 답을 구해 보세요.

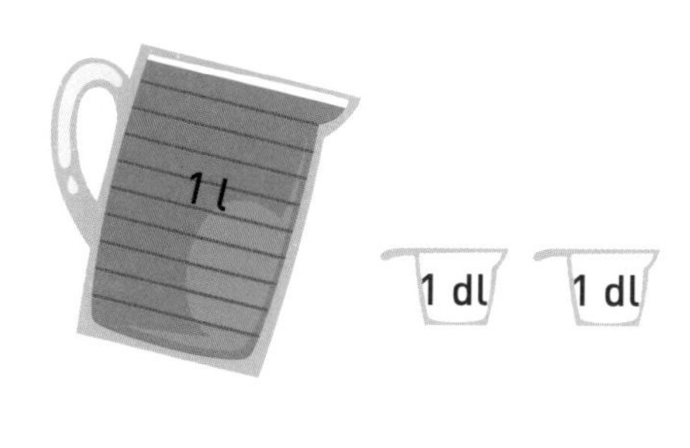

10 dl − 1 dl − 1 dl = ________

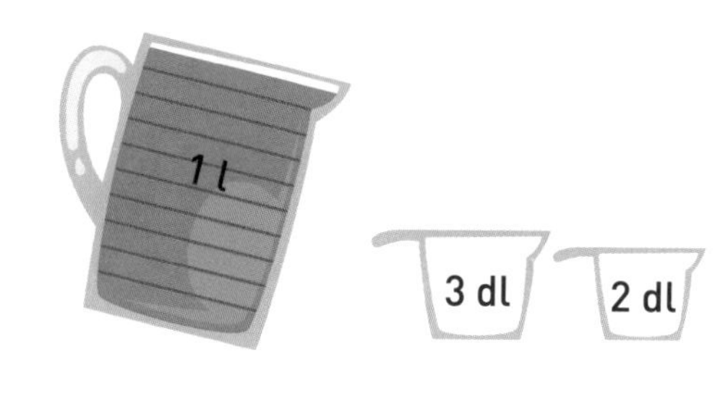

____

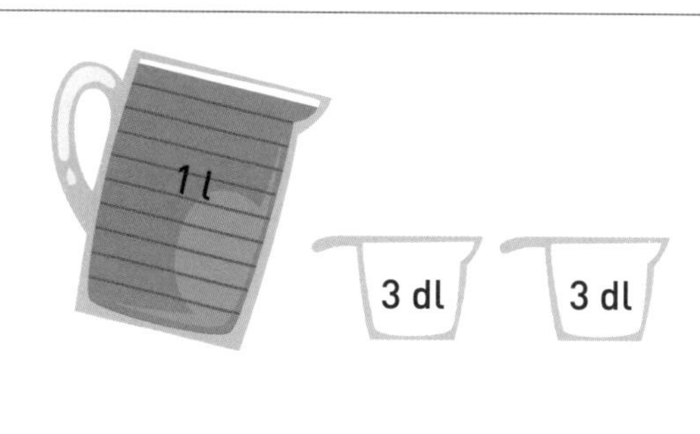

____

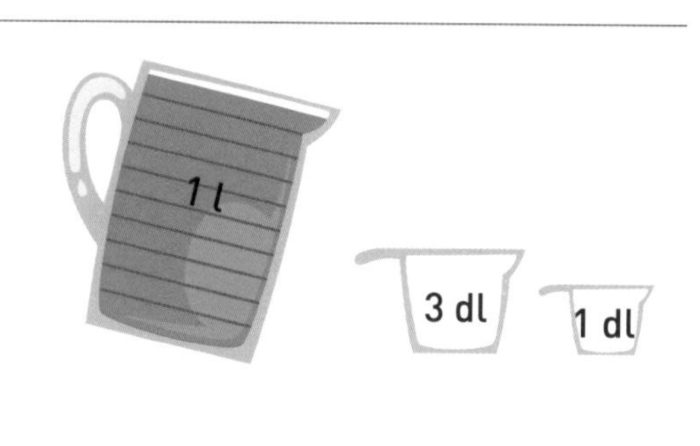

____

4. 계산해 보세요.

1 l − 1 dl = ________

1 l − 5 dl = ________

1 l − 9 dl = ________

1 l − 4 dl = ________

1 l − 4 dl − 1 dl = ________

1 l − 6 dl − 2 dl = ________

1 l − 5 dl − 4 dl = ________

1 l − 3 dl − 3 dl = ________

1 l = 10 dl

한 번 더 연습해요!

1. 계산해 보세요.

2 dl + 7 dl = ________

5 dl + 3 dl = ________

1 l − 8 dl = ________

2. 계산해 보세요.

2 dl + 3 dl + 2 dl = ________

1 l − 4 dl − 5 dl = ________

1 l − 2 dl − 8 dl = ________

5. 부피에 맞는 단위를 dl 또는 l로 바르게 나타내 보세요.

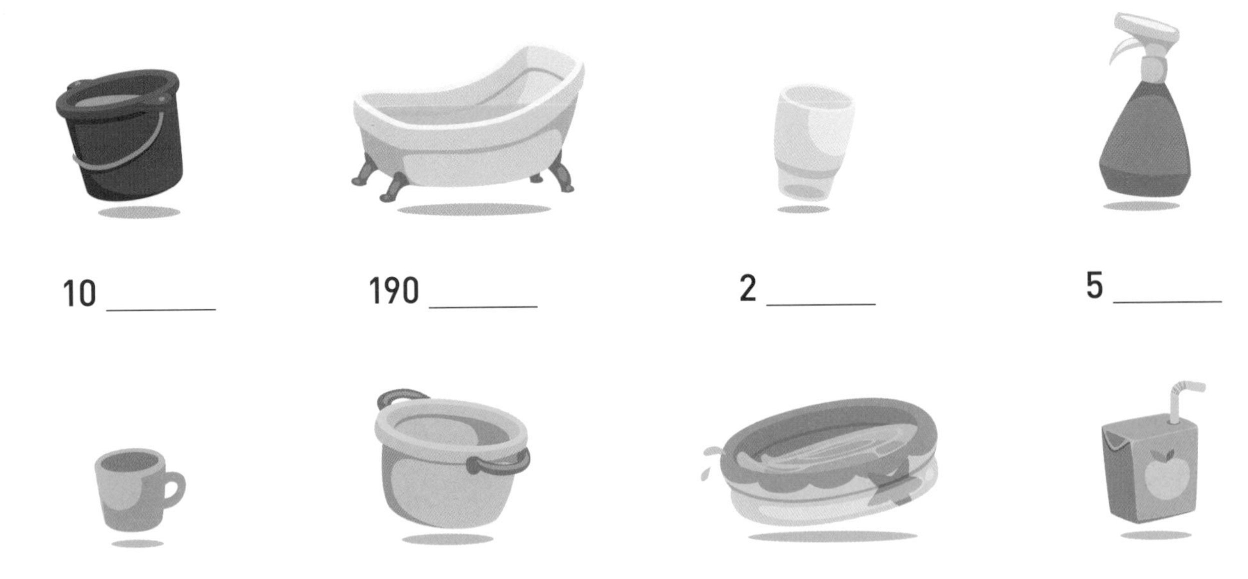

10 ______ 190 ______ 2 ______ 5 ______

1 ______ 3 ______ 1000 ______ 2 ______

6. 아래 글을 읽고 정답을 구해 보세요.

❶ 물병에 물이 1l 있어요. 물을 4dl만큼 컵에 따랐다면 물병에 남은 물의 양은 얼마인가요?

정답 : ______________________

❷ 물병에 물이 1l 있어요. 물을 8dl만큼 컵에 따랐다면 물병에 남은 물의 양은 얼마인가요?

정답 : ______________________

❸ 물병에 물이 1l 있어요. 물을 2dl만큼 컵에 따른 후, 또 다른 컵에 3dl만큼 더 따랐다면 물병에 남은 물의 양은 얼마인가요?

정답 : ______________________

❹ 물병에 물이 1l 있어요. 물을 3dl만큼 컵에 따른 후, 또 다른 컵에 6dl만큼 더 따랐다면 물병에 남은 물의 양은 얼마인가요?

정답 : ______________________

❺ 사과 주스를 1l 만들어야 해요. 먼저 사과 주스를 1dl만큼 만들었어요. 더 만들 주스의 양은 얼마인가요?

정답 : ______________________

❻ 포도 주스를 1l 만들어야 해요. 먼저 포도 주스를 3dl만큼 만들었어요. 더 만들 주스의 양은 얼마인가요?

정답 : ______________________

7. 주스의 양을 계산한 후, 양을 비교하여 >, =, <를 알맞게 써넣어 보세요.

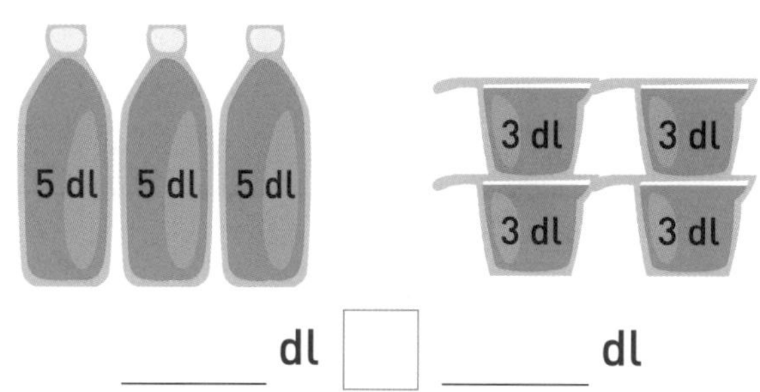

______ dl ☐ ______ dl

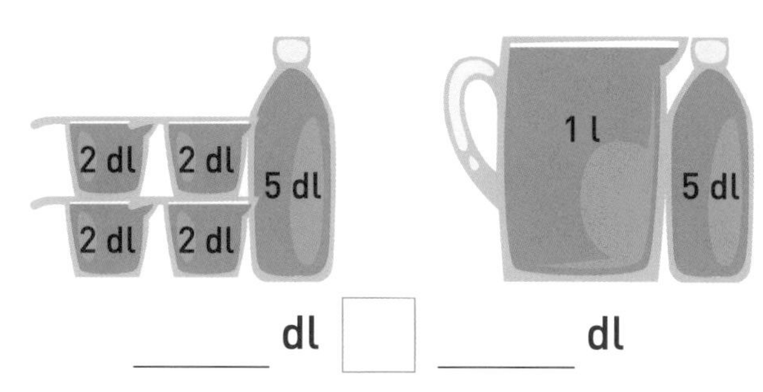

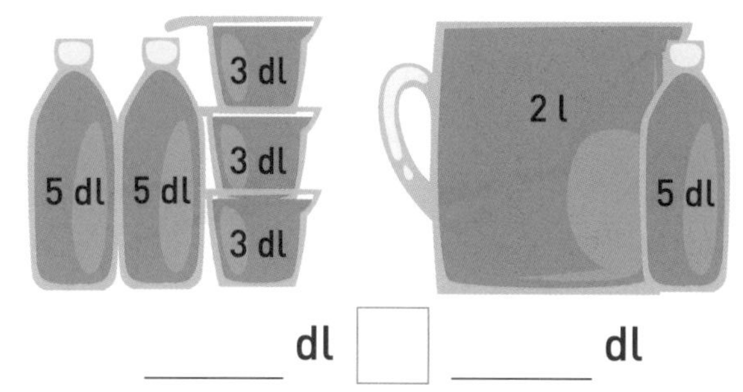

______ dl ☐ ______ dl

______ dl ☐ ______ dl

8. ☐ 안에 >, =, <를 알맞게 써넣어 보세요.

6 × 2 dl + 8 dl ☐ 4 × 4 dl + 4 dl

6 × 5 dl − 15 dl ☐ 5 × 5 dl − 10 dl

7 × 4 dl + 13 dl ☐ 4 × 6 dl + 16 dl

9 × 4 dl − 15 dl ☐ 5 × 7 dl − 13 dl

9. 아래 글을 읽고 정답을 구해 보세요.

❶ 주스가 2l 필요해요. 5dl짜리 주스 몇 병이 필요한가요?

정답 : ______

❷ 물 1dl와 크림 2dl를 그릇에 넣고 섞었어요. 여기에 우유를 부어 소스를 2l 만든다고 할 때, 필요한 우유의 양은 얼마인가요?

정답 : ______

❸ 할아버지는 10l짜리 양동이에 물을 5dl만큼 부었어요. 양동이를 가득 채우려면 물이 얼마나 더 필요한가요?

정답 : ______

실력을 평가해 봐요!

____월 ____일 ____요일

1. 주어진 조건에 맞게 색칠해 보세요.

1m

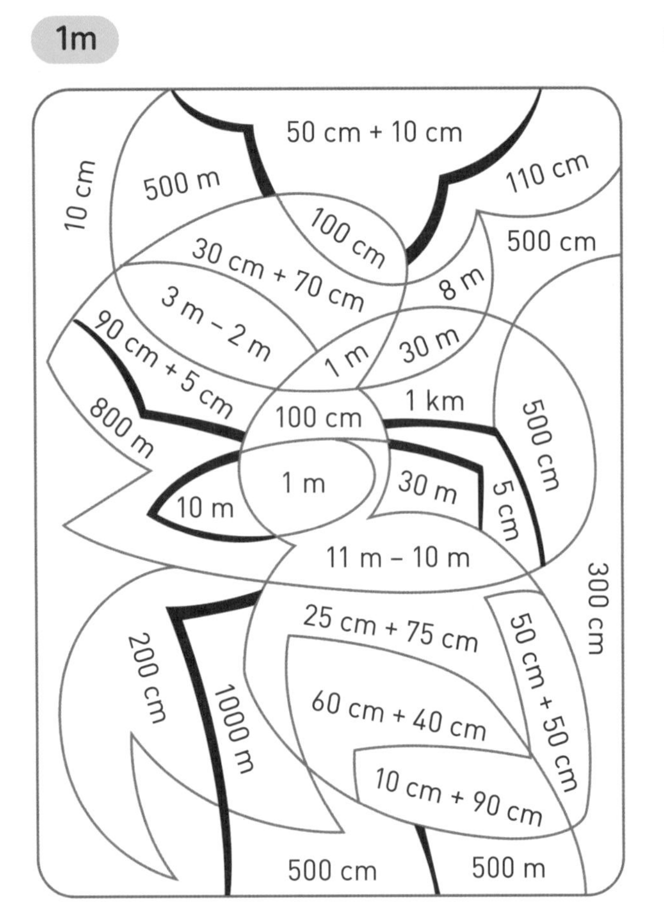

1km

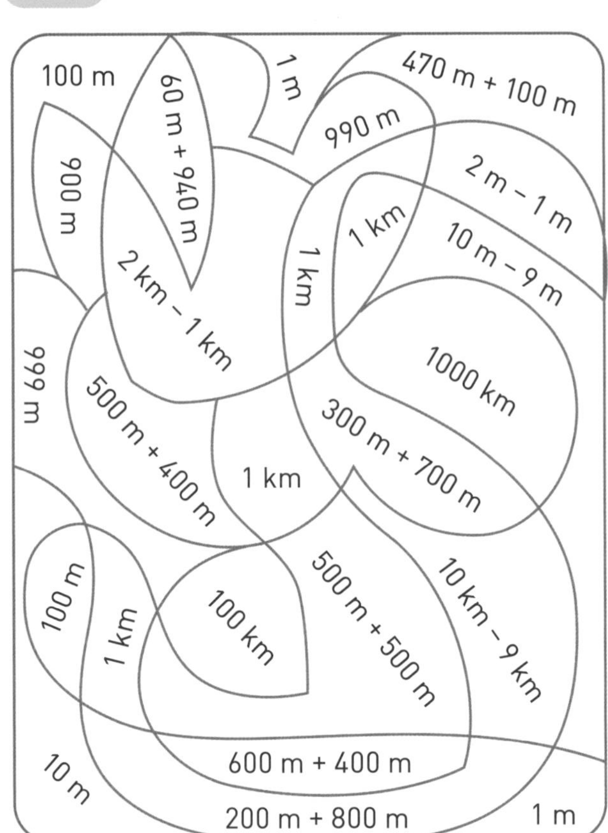

2. 더해서 1kg이 되는 무게를 골라 ○표 해 보세요.

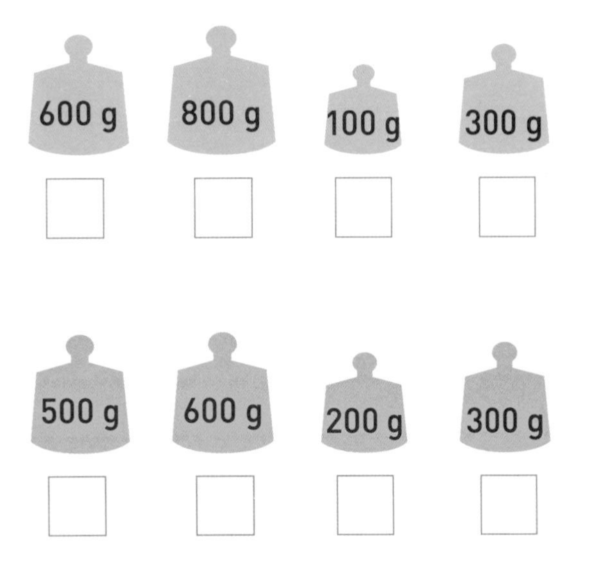

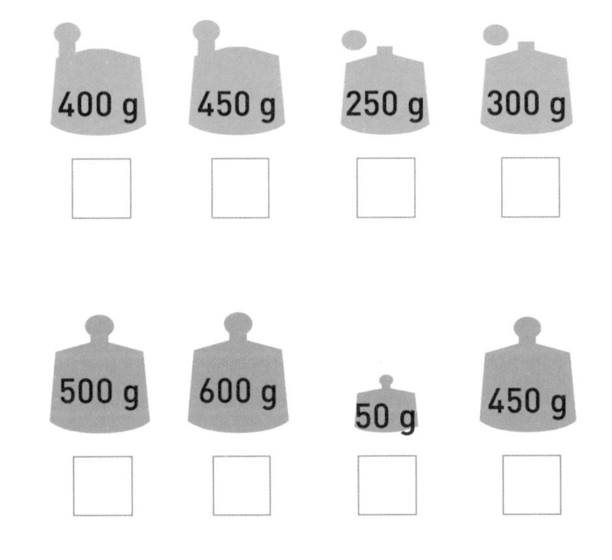

3. 계산해 보세요.

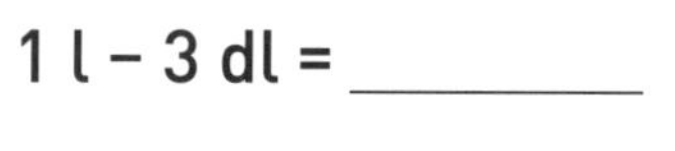

7 dl + 2 dl = ________

4 dl + 4 dl = ________

5 dl + 5 dl = ________

3 dl + 6 dl = ________

1 l − 3 dl = ________

1 l − 6 dl = ________

1 l − 2 dl − 1 dl = ________

1 l − 4 dl − 5 dl = ________

4. 빈칸에 알맞은 값을 구해 보세요.

3 dl + 3 dl + ____ dl = 1 l

____ dl + 5 dl + 4 dl = 1 l

2 dl + ____ dl + 2 dl = 1 l

____ dl + 2 dl + 3 dl = 1 l

5. 아래 글을 읽고 정답을 구해 보세요.

① 50cm 길이의 노란 리본이 있어요. 20cm를 잘라내면 남은 리본의 길이는 얼마인가요?

정답 : ____________________

② 시리얼 통에 시리얼이 700g 있어요. 아침에 시리얼을 300g 먹었다면 남은 시리얼의 무게는 얼마인가요?

정답 : ____________________

③ 주스가 1l 필요해요. 2dl가 들어 있는 주스 몇 병이 필요한가요?

정답 : ____________________

실력이 자란 만큼 별을 색칠하세요.

★★★ 정말 잘했어요.

★★☆ 꽤 잘했어요.

★☆☆ 계속 노력할게요.

단원 평가

1

8dl의 주스를 2dl의 주스 잔에 따른다면 몇 개의 컵이 필요한지 색칠해 보세요.

2

1kg이 나오는 길을 따라가 보세요.

3

그림을 보고 블록 1개의 무게를 구해 보세요.

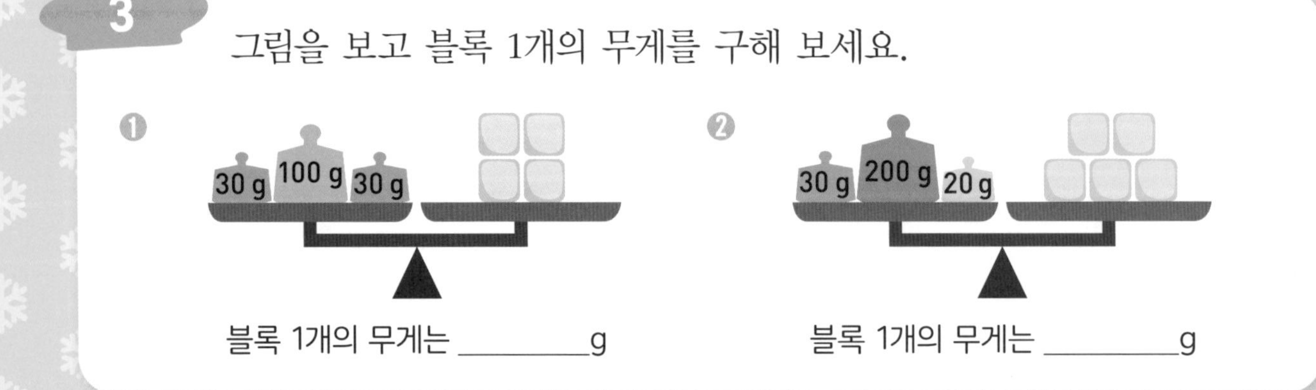

❶ 블록 1개의 무게는 ________g

❷ 블록 1개의 무게는 ________g

4

계산해 보세요.

100 cm − 90 cm = ________ 400 m + 120 m = ________

100 cm − 25 cm = ________ 150 m + 300 m = ________

100 cm − 5 cm = ________ 500 m + 500 m = ________

1 km − 300 m = ________

1 km − 800 m = ________

1 km − 650 m = ________

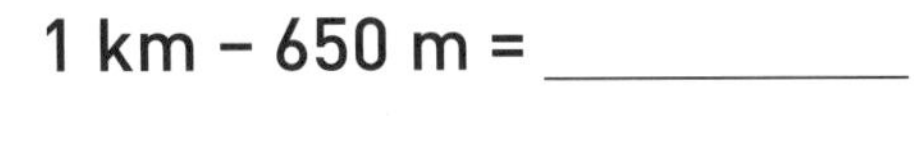

5 ★★★

표를 보고 그림의 값을 구해 보세요.

			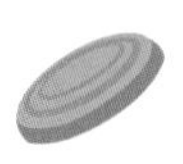	670
				360
				260
				560
510	420	390	530	

 = ________

 = ________

= ________

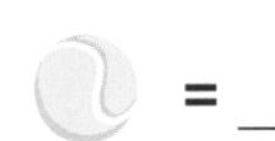 = ________

= ________

= ________

도전! 심화 평가

_____월 _____일 _____요일

1. 길이를 더한 합이 1km가 되도록 이어 보세요.

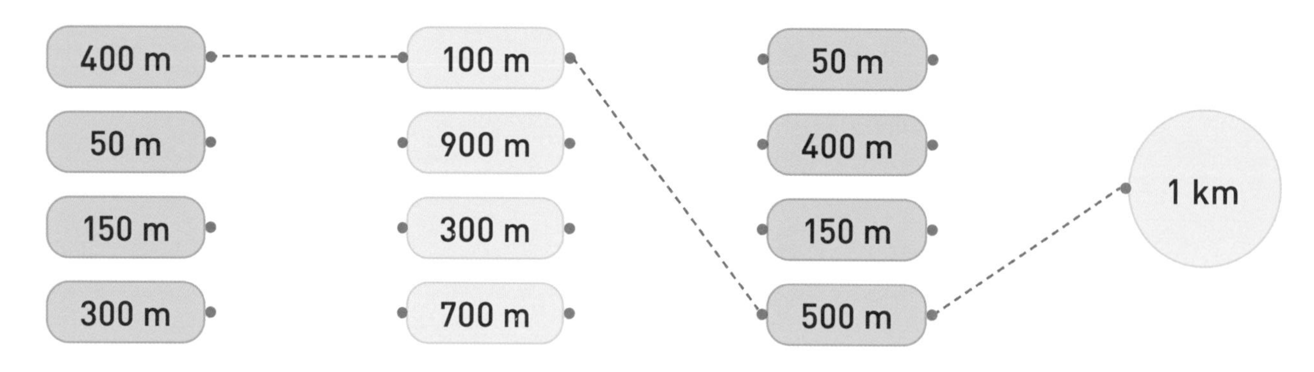

2. 길이를 더한 합이 2km가 되도록 이어 보세요.

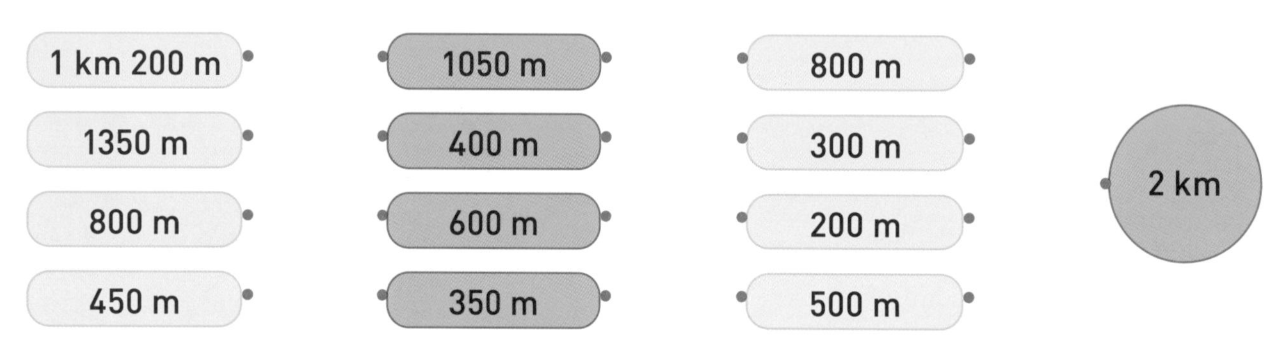

3. 규칙을 알아내어 빈칸에 알맞은 수를 구해 보세요.

A	C	E	H	I	L	M	N
0	10	30			150		280

O	Q	R	S	T	U	'	!
360		550				1050	1200

150은 L을 써야 해~!

수에 해당하는 알파벳을 써넣어 암호를 풀어 보세요.

150	30	780	1050	660

10	360	280	450	910	30	550

780	60	30

210	360	910	280	780	0	100	280	1200

4. 식이 맞으면 ○, 틀리면 X라고 써넣어 보세요.

14 l 7 dl + 9 l 8 dl > 25 l ☐

27 l 9 dl + 8 l 5 dl > 36 l ☐

35 l 6 dl + 7 l 6 dl < 44 l ☐

30 l - 17 l 8 dl < 12 l 6 dl ☐

23 l - 15 l 5 dl < 6 l 5 dl ☐

56 l - 19 l 7 dl > 37 l 7 dl ☐

5. 빈칸에 들어갈 알맞은 수를 구해 보세요.

480 g + _______ g = 730 g

370 g + _______ g = 450 g

828 g + _______ g = 950 g

604 g + _______ g = 1000 g

850 m - _______ m = 785 m

659 m - _______ m = 549 m

437 m - _______ m = 150 m

1000 m - _______ m = 639 m

6. 아래 글을 읽고 정답을 구해 보세요.

① 조엘은 애니보다 2cm가 작아요. 애니는 요나보다 2cm가 작아요. 세 아이의 키를 모두 더하면 390cm예요. 조엘의 키는 얼마인가요?

정답 : _______________

② 개미가 3m를 갈 동안 무당벌레는 4m를 갈 수 있어요. 개미가 18m를 갔다면 무당벌레가 간 거리는 얼마인가요?

정답 : _______________

③ 토미는 에이미보다 8cm가 크고 샘보다 5cm 작아요. 빅터는 샘보다 16cm 더 작지만, 마이클보다 6cm가 더 커요. 에이미의 키가 128cm일 때 각 친구들의 키를 표에 써넣어 보세요.

이름	토미	에이미	샘	빅터	마이클
키					

4 몇 시 30분

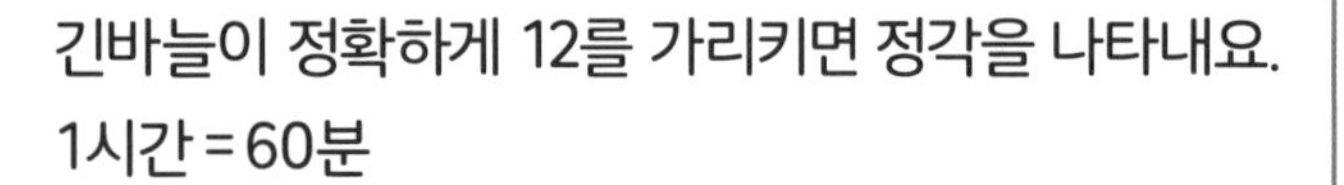

긴바늘이 정확하게 12를 가리키면 정각을 나타내요.
1시간 = 60분

긴바늘이 정확하게 6을 가리키면 30분을 나타내요.
1시간의 반 = 30분

1. 몇 시인가요?

_______시 _______시

_______시 _______시

_______시 _______시

_______시 _______분 _______시 _______분

_______시 _______분 _______시 _______분

_______시 _______분 _______시 _______분

2. 시각에 맞게 시곗바늘을 그려 넣어 보세요.

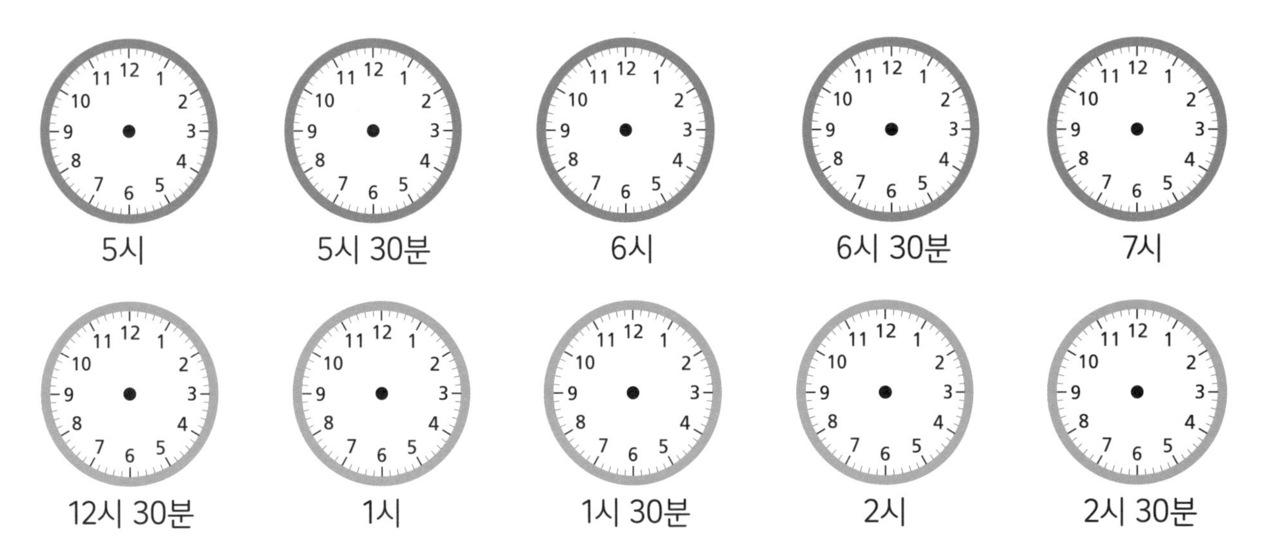

3. 시각에 맞게 시곗바늘을 그려 넣어 보세요.

8시
알렉은 아침을 먹어요.

9시
알렉은 반려견과 산책해요.

한 번 더 연습해요!

1. 몇 시인가요?

_______시

_______시 30분

2. 계산해 보세요.

23 + 4 = _______

46 + 2 = _______

71 + 5 = _______

28 + 3 = _______

4. 몇 시인가요?

5. 30분씩 늘어나는 시각이 나오는 길을 따라가 보세요.

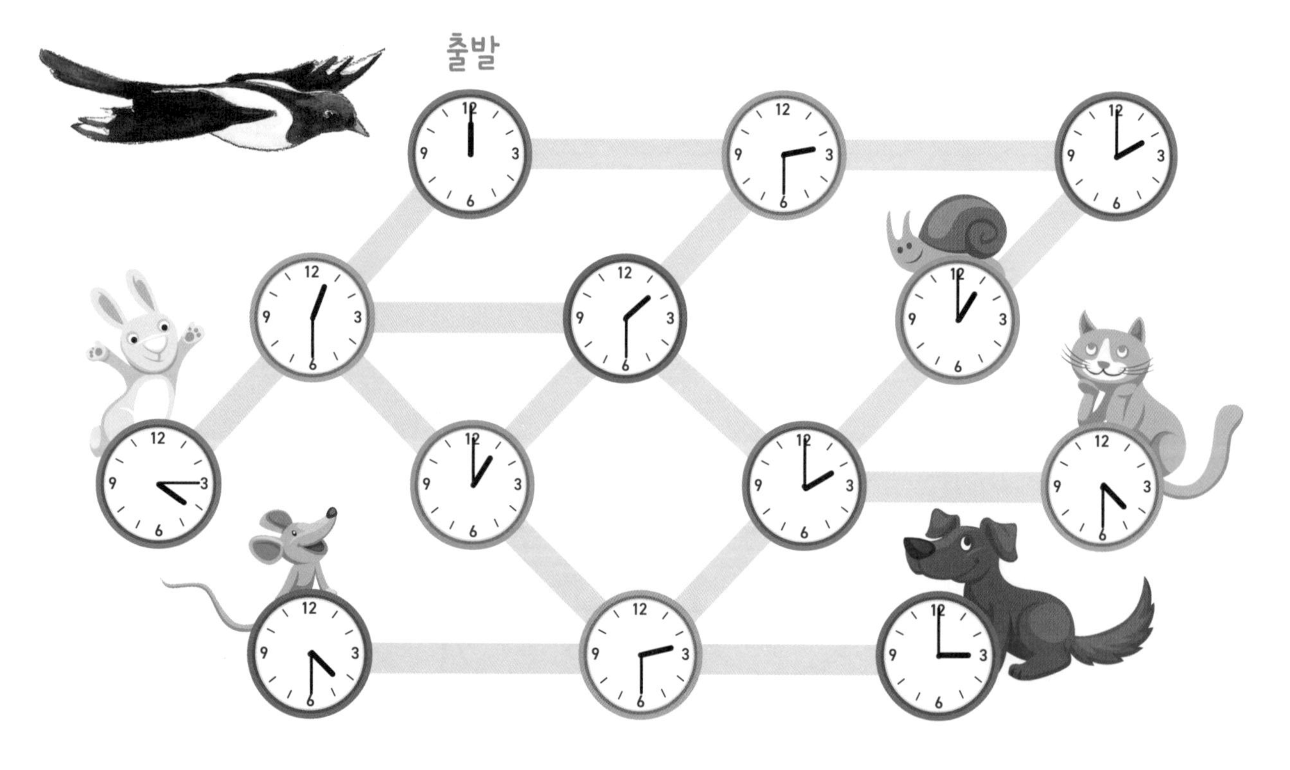

새가 만난 동물은 누구인가요? ________

6. 계산한 후 정답을 찾아 ○표 해 보세요.

15 + 45 = ____	60 − 10 = ____
10 + 25 = ____	50 − 25 = ____
35 + 10 = ____	30 − 25 = ____
40 + 15 = ____	60 − 45 = ____

5 15 25 35 40 45 50 55 60

7. 규칙에 따라 빈칸에 알맞은 시곗바늘을 그려 보세요.

8. 알렉과 엠마의 시계를 찾아 바르게 이어 보세요.

알렉의 시계
- 전자시계는 아니에요.
- 시계가 둥근 모양이에요.
- 정각을 가리키고 있어요.

엠마의 시계
- 시계가 둥근 모양이에요.
- 정각이 아니에요.
- 알렉의 시계보다 30분 전을 가리키고 있어요.

5 곱셈

1. 시계는 5씩 늘어나는 5단과 같아요. 5씩 뛰어 세며 □ 안을 채워 보세요.

2. 그림을 보고 식을 쓴 후 답을 구해 보세요.

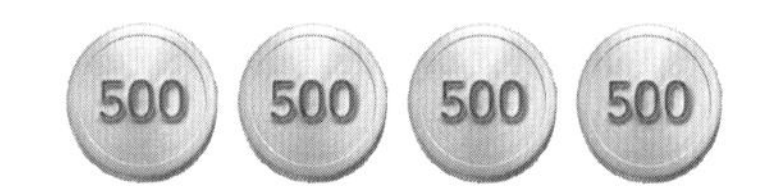

500원 × 4 = ________________

____

____

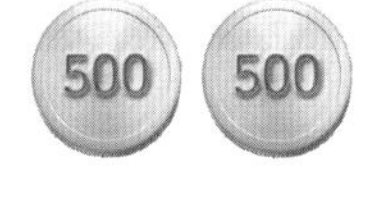

____

____

3. 규칙에 따라 수를 써넣어 보세요.

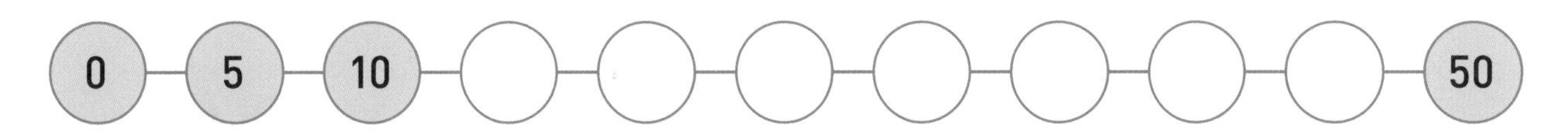

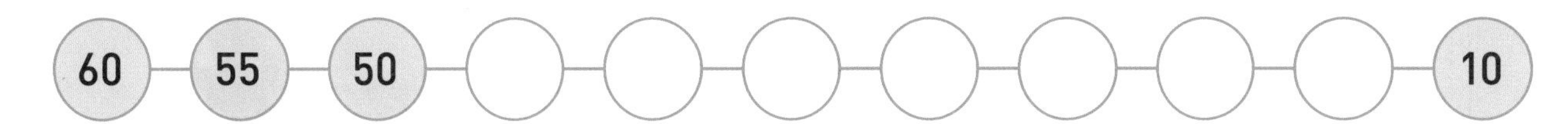

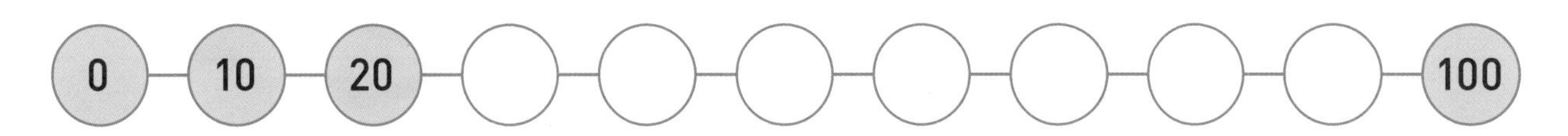

100 — 95 — 90 — ( ) — ( ) — ( ) — ( ) — ( ) — ( ) — ( ) — 50

4. 계산해 보세요.

5 × 3 = ______	10 × 4 = ______	5 × ______ = 20
5 × 5 = ______	10 × 0 = ______	5 × ______ = 45
5 × 7 = ______	10 × 7 = ______	10 × ______ = 80

한 번 더 연습해요!

1. 식을 쓴 후 정답을 구해 보세요.

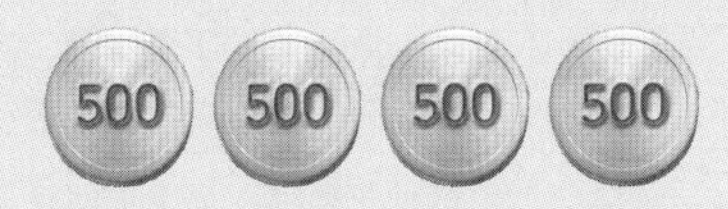

____

____

2. 계산해 보세요.

5 × 2 = ______

5 × 0 = ______

5 × 6 = ______

5 × 10 = ______

10 × 2 = ______

10 × 5 = ______

5. 곱셈식을 완성해 보세요.

×	2	5	10
1			
2		10	
5			50
10			

6. 계산값에 맞게 색칠해 보세요.

6 12 14 15 16 35 40

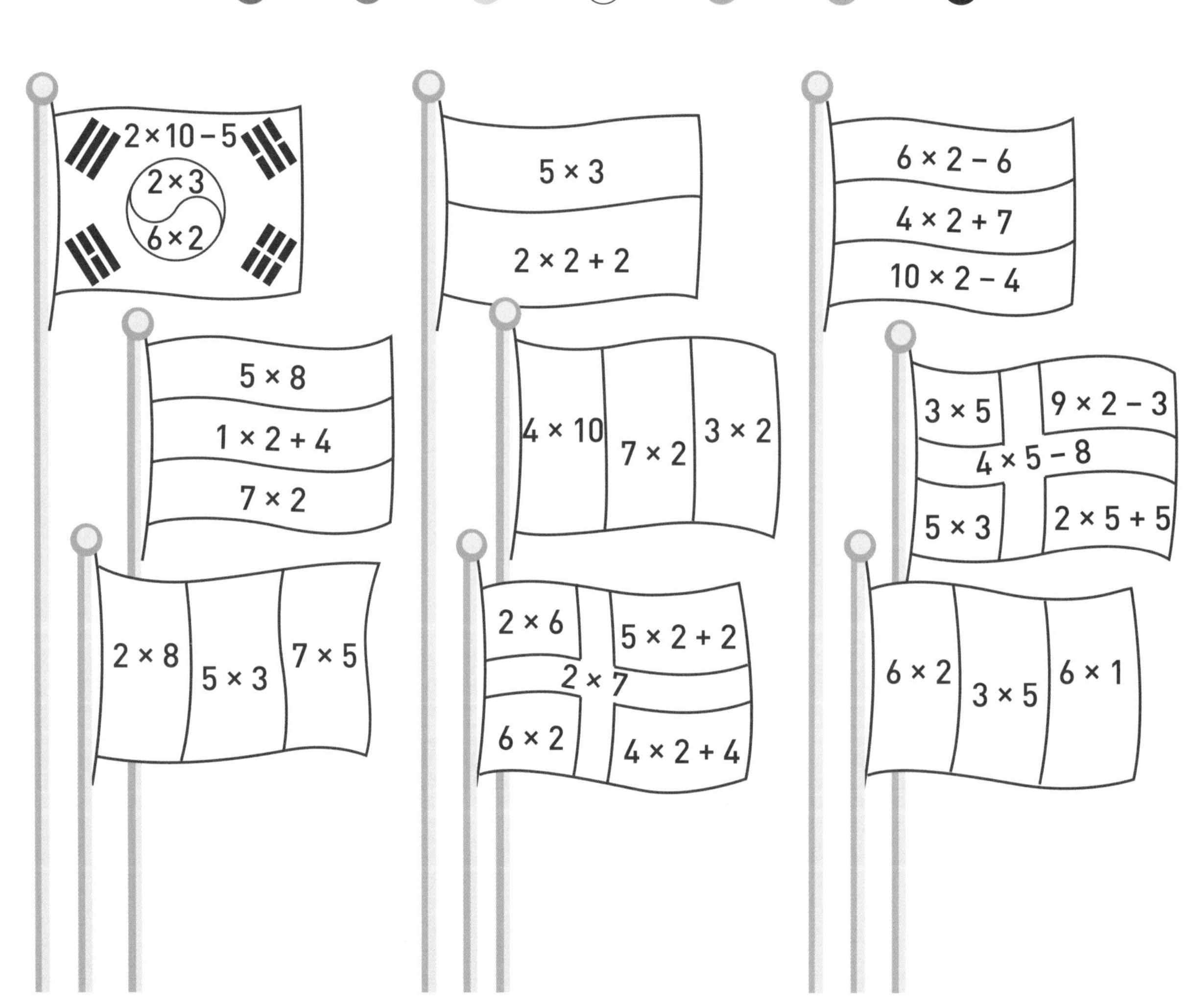

7. □ 안에 >, =, <를 알맞게 써넣어 보세요.

15	□	2 × 7	5 × 6	□	35	10 × 2	□	17 + 5
18	□	9 × 2	5 × 8	□	30	6 × 5	□	26 + 4
14	□	6 × 2	7 × 5	□	40	4 × 5	□	30 − 10
20	□	8 × 2	9 × 5	□	45	9 × 2	□	28 − 10

8. 빈칸에 알맞은 수를 구한 후, 정답을 찾아 ○표 해 보세요.

2 × 8 + ______ = 24	5 × ______ + 7 = 37	5 × ______ + 10 = 25
9 × 2 + ______ = 22	5 × ______ + 5 = 30	9 × ______ + 10 = 100
2 × 6 − ______ = 3	5 × ______ + 9 = 44	5 × ______ − 10 = 0

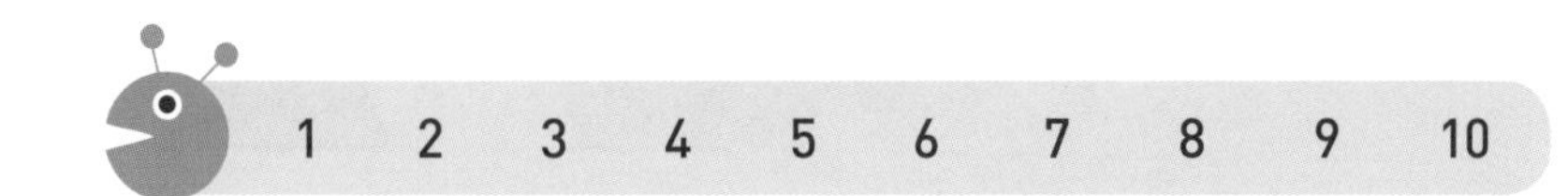

9. 아래 글을 읽고 책의 주인을 알아맞혀 보세요.

- 시에나의 책 번호는 2, 5, 10단에 나오는 수와 같아요.
- 로라의 책 번호는 2단에 나오는 수와 같아요.
- 토니의 책 번호는 5단에 나오는 수와 같아요.
- 마벨의 책 번호에서 4를 뺀 값은 5단에 나오는 수와 같아요.
- 헨리의 책 번호에 4를 더하면 2단과 10단에 나오는 수와 같아요.
- 콜린의 책 번호에 3을 더하면 2단과 10단에 나오는 수와 같아요.

______ ______ ______ ______ ______ ______

6 몇 시 몇 분

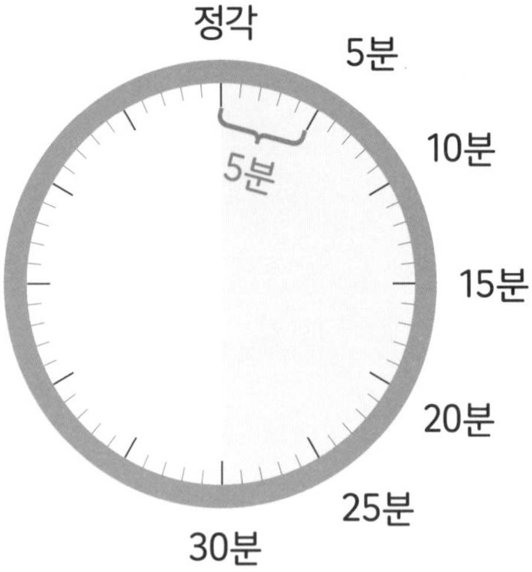

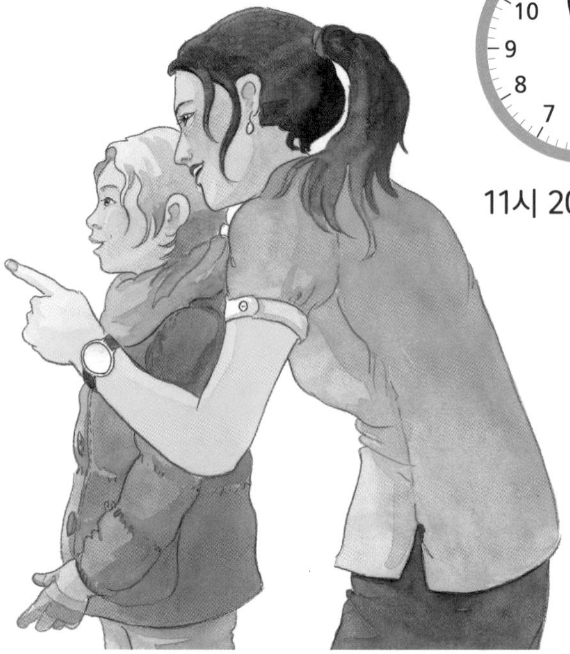

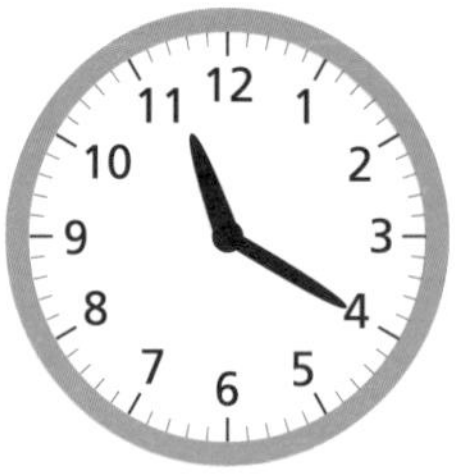

11시 20분입니다.

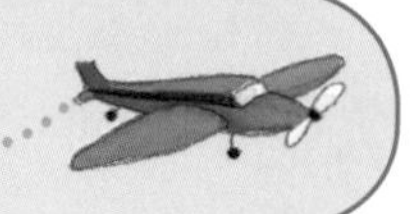

1. 몇 시인가요?

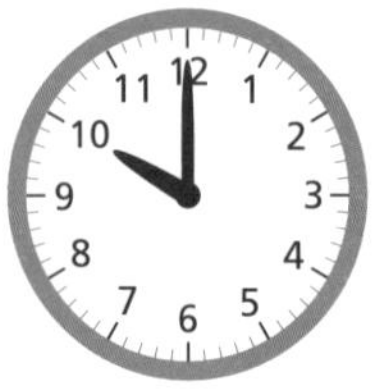

_______시 정각

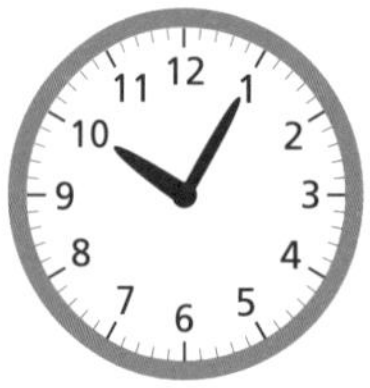

_______시 _______분

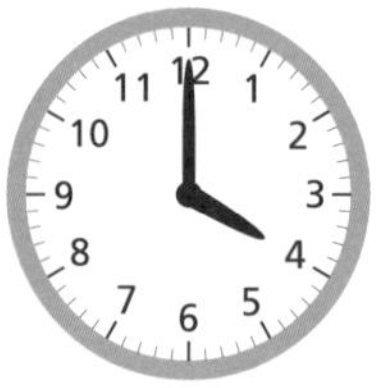

_______시 정각

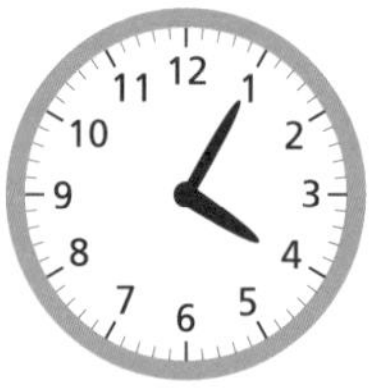

_______시 _______분

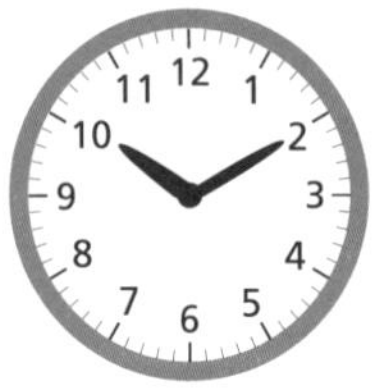

_______시 _______분

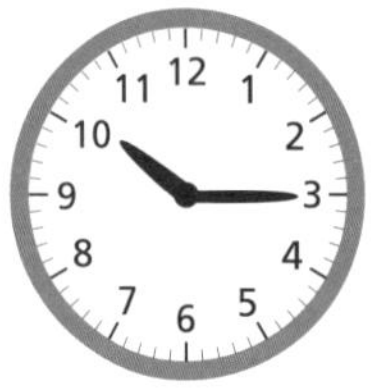

_______시 _______분

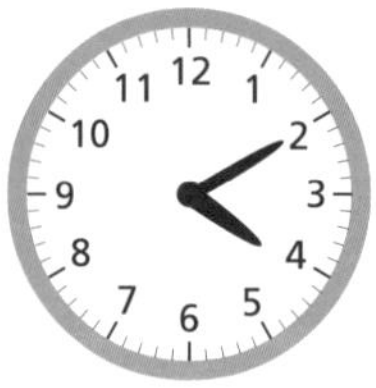

_______시 _______분

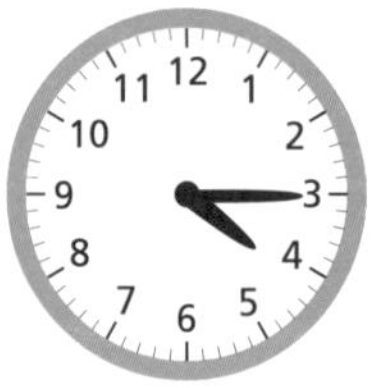

_______시 _______분

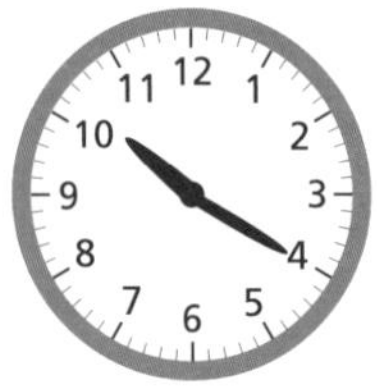

_______시 _______분

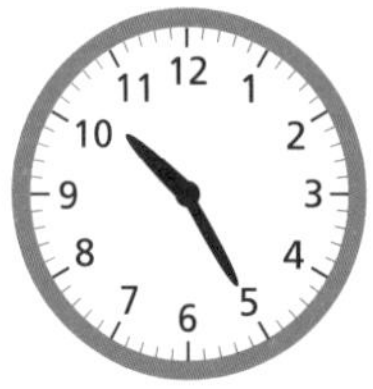

_______시 _______분

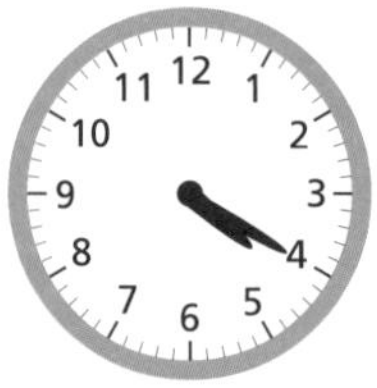

_______시 _______분

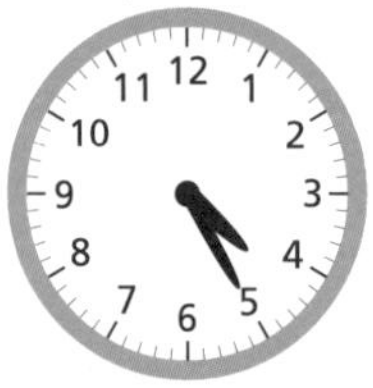

_______시 _______분

2. 시각에 맞게 시곗바늘을 그려 넣어 보세요.

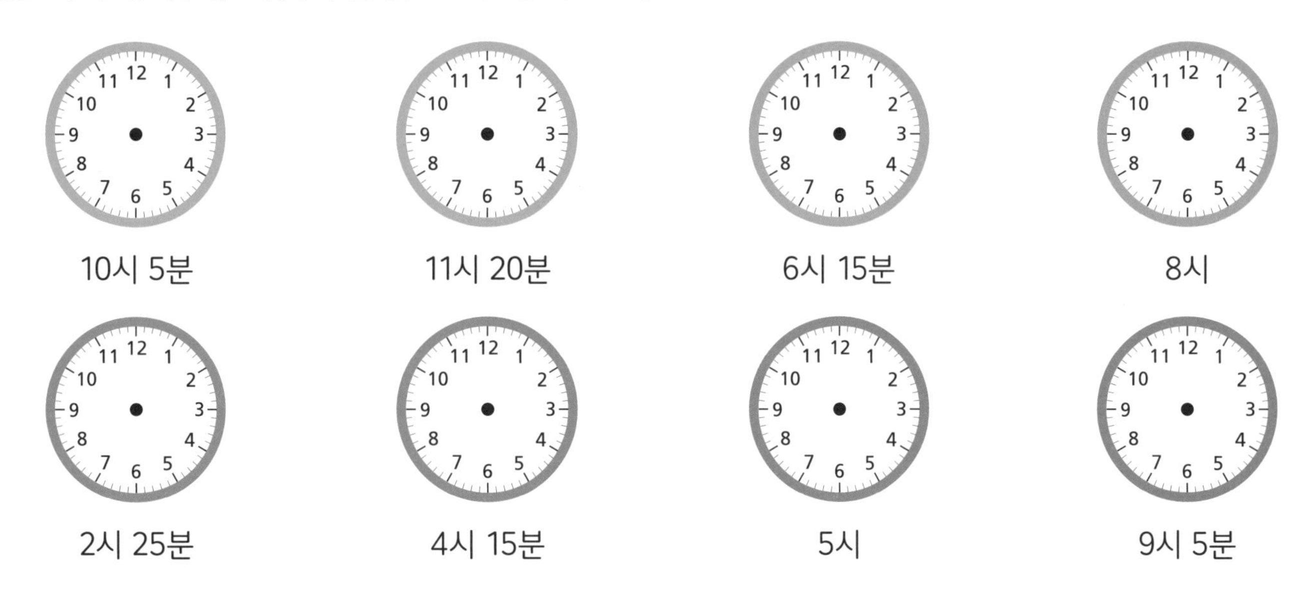

3. 시각에 맞게 시곗바늘을 그려 넣어 보세요.

2시 5분
알렉은 집에 와요.
2시 15분
알렉은 책을 읽어요.
2시 25분
알렉은 간식을 먹어요.
3시 15분
알렉은 스케이트를 타러 가요.

한 번 더 연습해요!

1. 몇 시인가요?

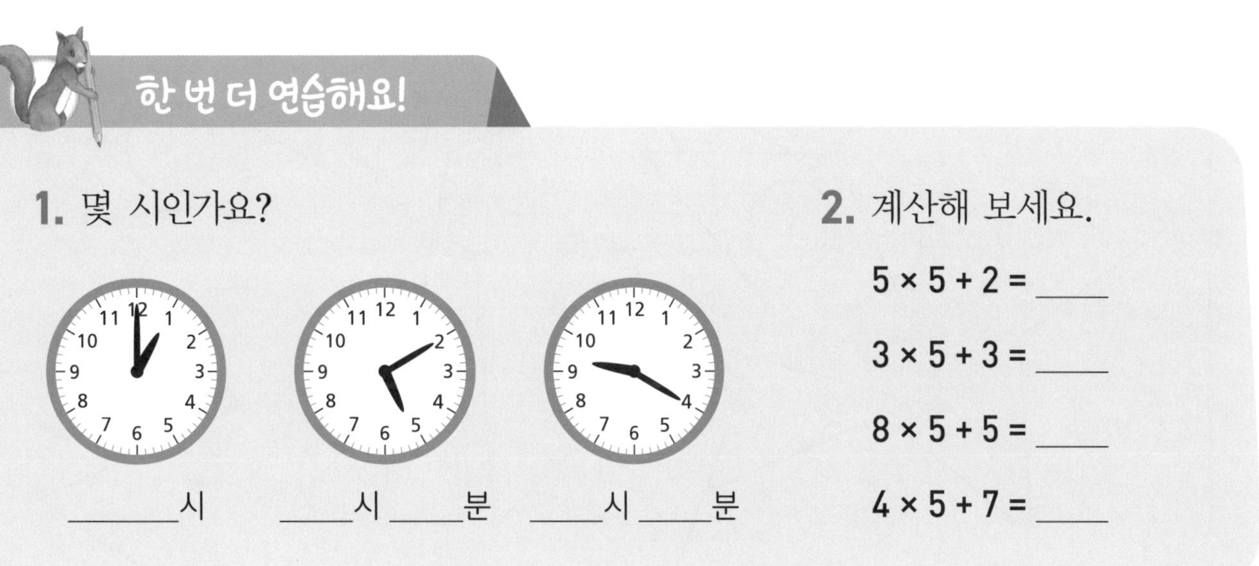

2. 계산해 보세요.

$5 \times 5 + 2 =$ ____

$3 \times 5 + 3 =$ ____

$8 \times 5 + 5 =$ ____

$4 \times 5 + 7 =$ ____

4. 같은 시각끼리 이어 보세요.

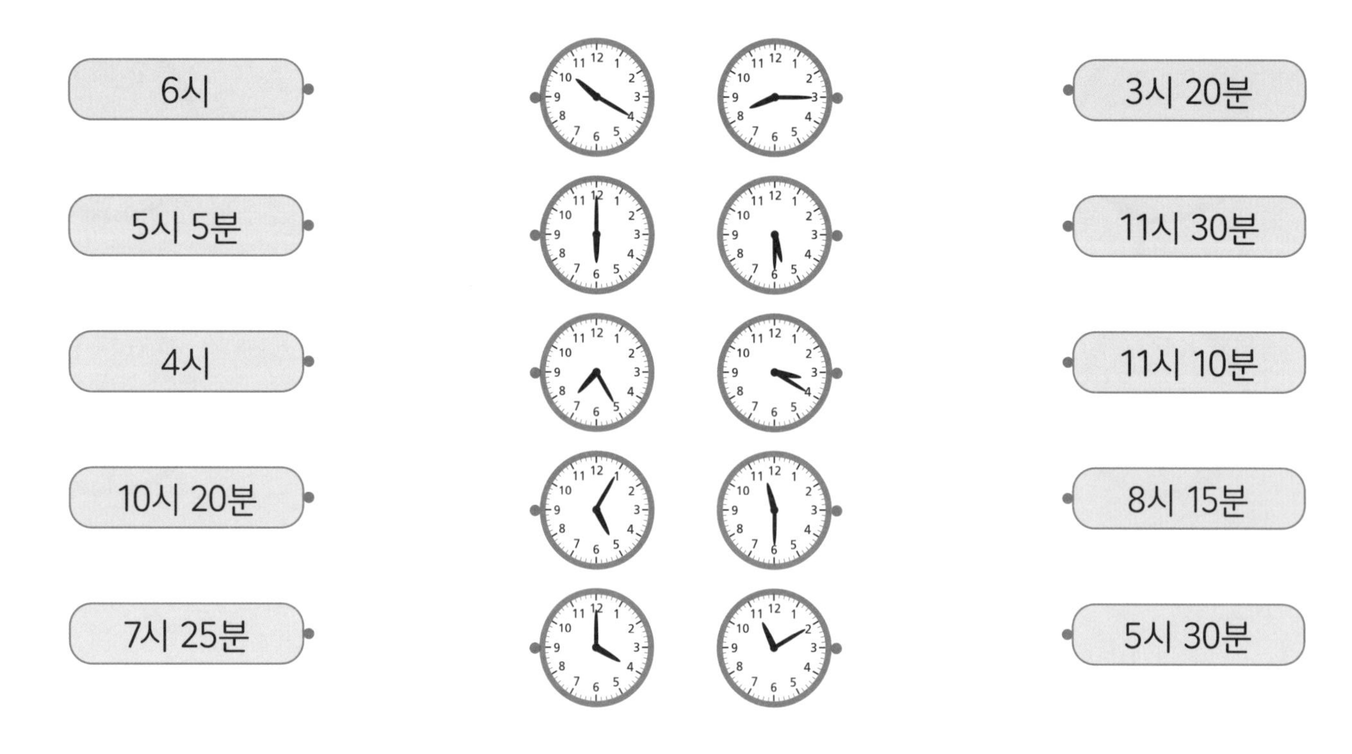

5. 조건에 맞게 색칠해 보세요.

정각 30분 그 외의 시각

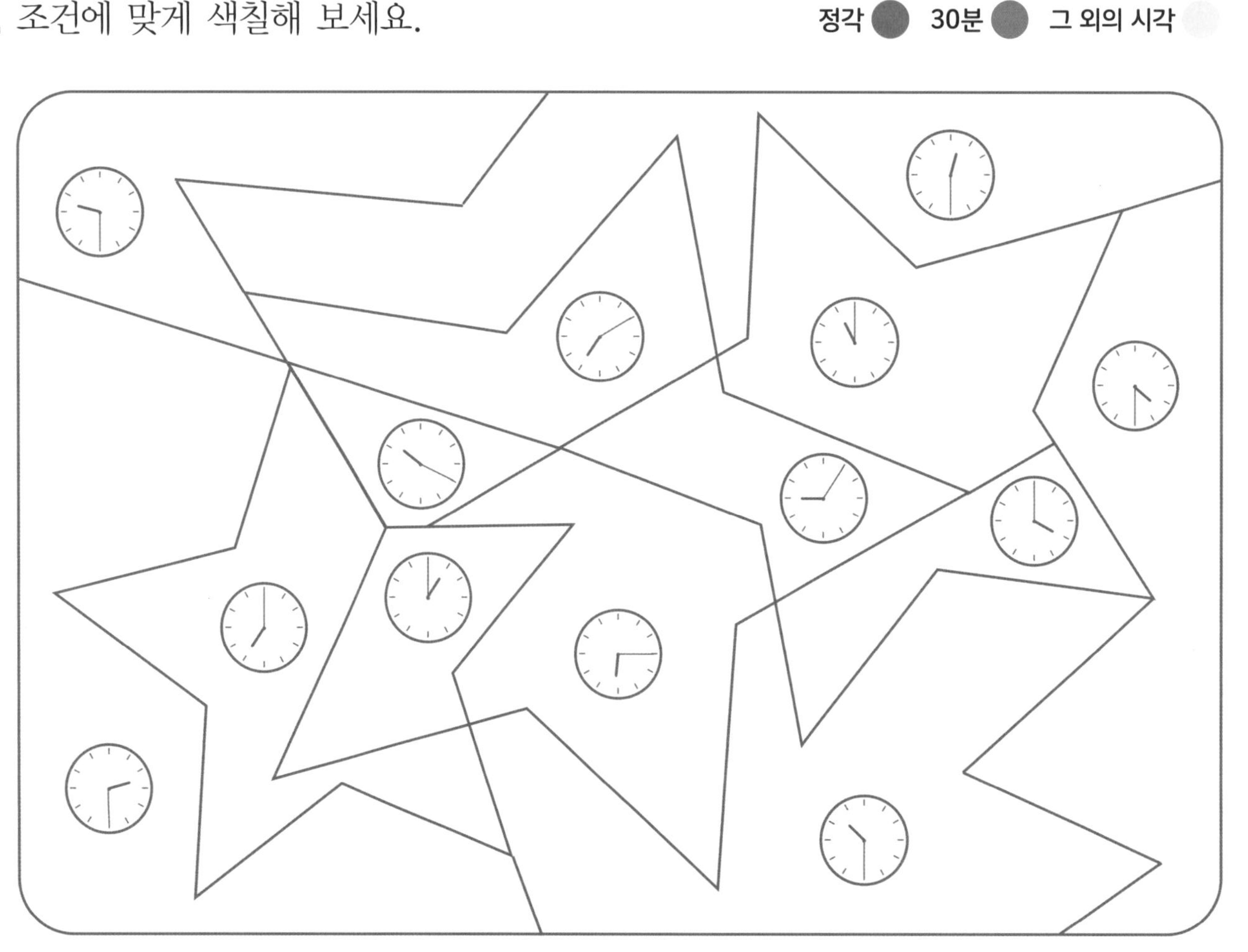

6. 몇 분이 지났나요?

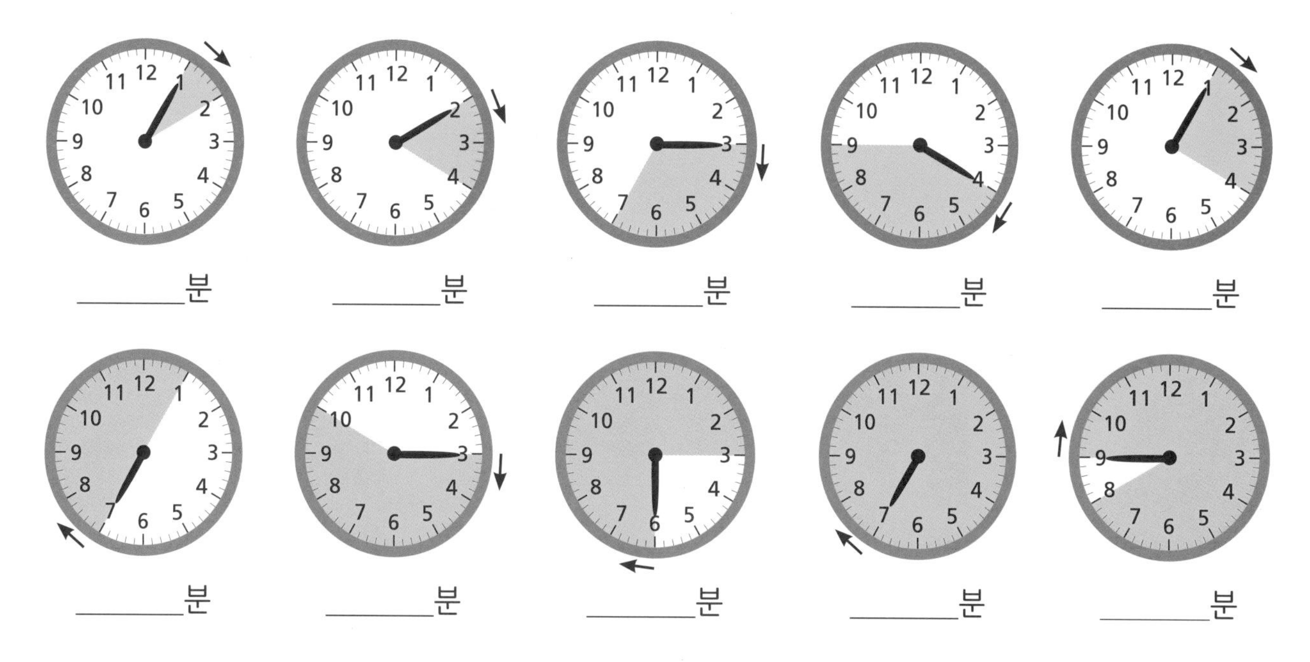

_____분 _____분 _____분 _____분 _____분

_____분 _____분 _____분 _____분 _____분

7. 규칙에 따라 빈칸에 알맞은 시곗바늘을 그려 넣어 보세요.

____ 월 ____ 일 ____ 요일

7 30분 전과 몇 분 전

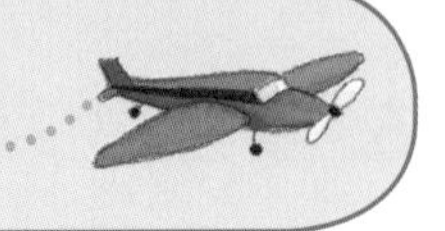

12시 25분 전

1. 몇 시인가요?

____시 30분

____시 ____분 전

____시 30분

____시 ____분 전

____시 ____분 전

____시 ____분 전

____시 ____분 전

____시 ____분 전

____시 ____분 전

____시 ____분 전

____시 ____분 전

____시 ____분 전

2. 시각에 맞게 시곗바늘을 그려 넣어 보세요.

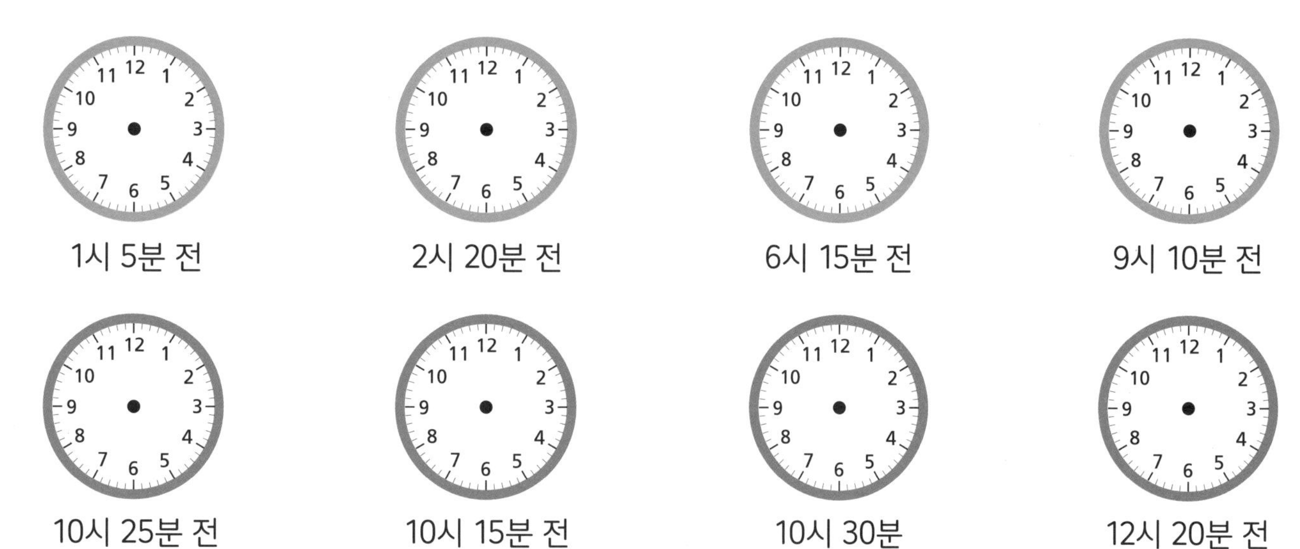

1시 5분 전 | 2시 20분 전 | 6시 15분 전 | 9시 10분 전

10시 25분 전 | 10시 15분 전 | 10시 30분 | 12시 20분 전

3. 시각에 맞게 시곗바늘을 그려 넣어 보세요.

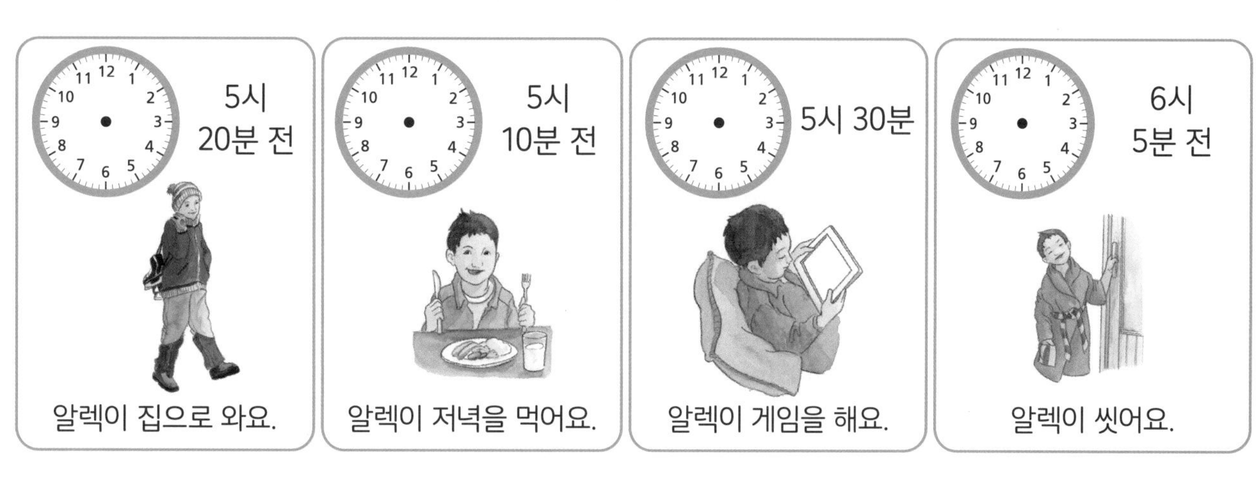

5시 20분 전 — 알렉이 집으로 와요.

5시 10분 전 — 알렉이 저녁을 먹어요.

5시 30분 — 알렉이 게임을 해요.

6시 5분 전 — 알렉이 씻어요.

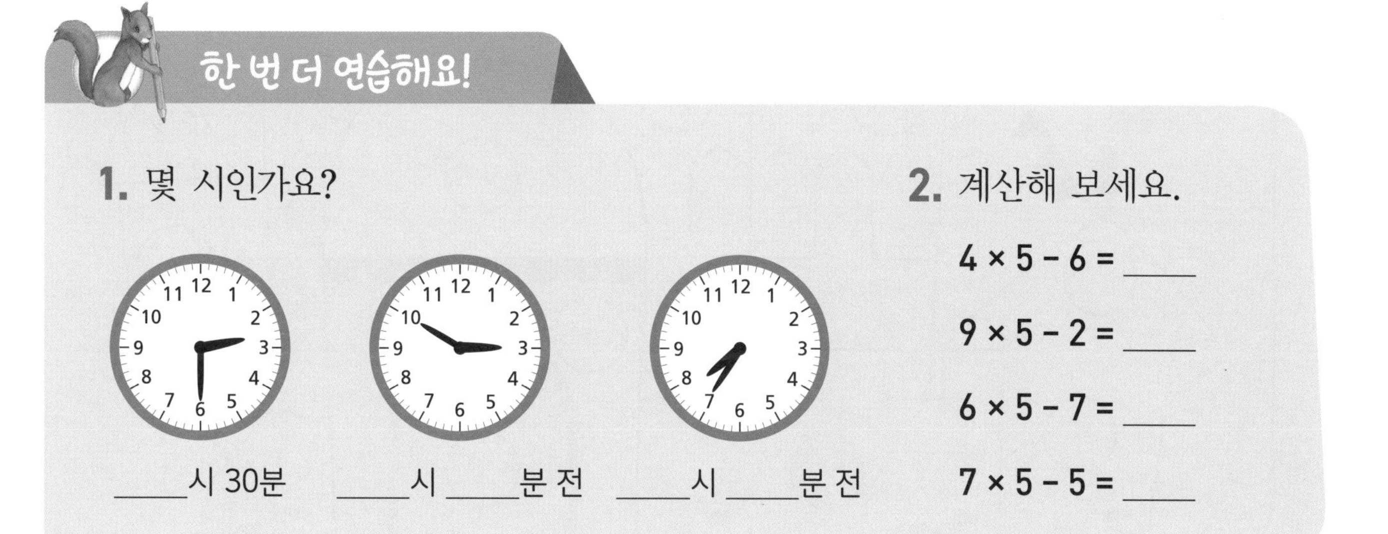

한 번 더 연습해요!

1. 몇 시인가요?

____시 30분　　____시 ____분 전　　____시 ____분 전

2. 계산해 보세요.

4 × 5 − 6 = ____

9 × 5 − 2 = ____

6 × 5 − 7 = ____

7 × 5 − 5 = ____

4. 같은 시각끼리 이어 보세요.

9시 5분 전		3시 20분
8시 10분		11시 25분
1시 25분		5시 5분 전
8시 10분 전		12시 15분 전
7시 20분 전		5시 5분

5. 조건에 맞게 색칠해 보세요.

정각 30분 몇 분 전 분

6. 시간이 얼마나 걸렸나요? 정답을 찾아 ○표 해 보세요.

엠마의 학교 일과는 ______시간 걸려요.

점심 먹는 시간은 ______분 걸려요.

숙제하는 데 ______분 걸려요.

친구와 노는 데 ______시간 걸려요.

체육관까지 가는 데 ______분 걸려요.

플로어볼 연습 시간은 ______시간 ______분 걸려요.

저녁에 책을 읽는 데 ______분 걸려요.

엠마는 ______시간 자요.

15분　20분　25분　30분　1시간 5분　2시간　2시간 10분　4시간　10시간

_____월 _____일 _____요일

8 시간

1. 알렉이 체육관으로 출발한 시각은 9시 15분이고, 도착한 시각은 9시 40분이에요. 걸린 시간을 구해 보세요.

9시 15분

_____분

_____분

_____분

2. 알렉은 10시 5분 전에 체육관에 들어갔어요. 운동하는 데 걸린 시간을 구해 보세요.

10시 5분 전

_____분

_____분

_____분

3. 알렉은 5시 10분에 하키장으로 출발했어요. 하키장까지 가는 데 걸린 시간을 구해 보세요.

5시 10분

_____분

_____분

_____분

4. 알렉은 6시 15분 전에 하키 경기를 시작했어요. 경기하는 데 걸린 시간을 구해 보세요.

6시 15분 전

_____분

_____분

_____분

5. 알렉은 7시 5분 전에 샤워를 시작했어요. 샤워하는 데 걸린 시간을 구해 보세요.

7시 5분 전

_____분

_____분

_____분

한 번 더 연습해요!

1. 6시 20분 전에 운동을 시작했어요.
운동하는 데 걸린 시간을 구해 보세요.

6시 20분 전

_____분

2. 계산해 보세요.

$4 \times 5 + 6 =$ _____

$9 \times 5 + 2 =$ _____

$3 \times 5 + 7 =$ _____

$7 \times 5 - 4 =$ _____

$6 \times 5 - 8 =$ _____

6. 그림을 보고 걸린 시간을 구해 보세요.

학교까지 가는 데 걸린 시간

_____분

수업하는 데 걸린 시간

_____분

점심 먹는 데 걸린 시간

_____분

숙제하는 데 걸린 시간

_____분

밖에서 노는 데 걸린 시간

_____분

독서하는 데 걸린 시간

_____분

7. 15분씩 차이 나는 시각을 따라가 보세요.

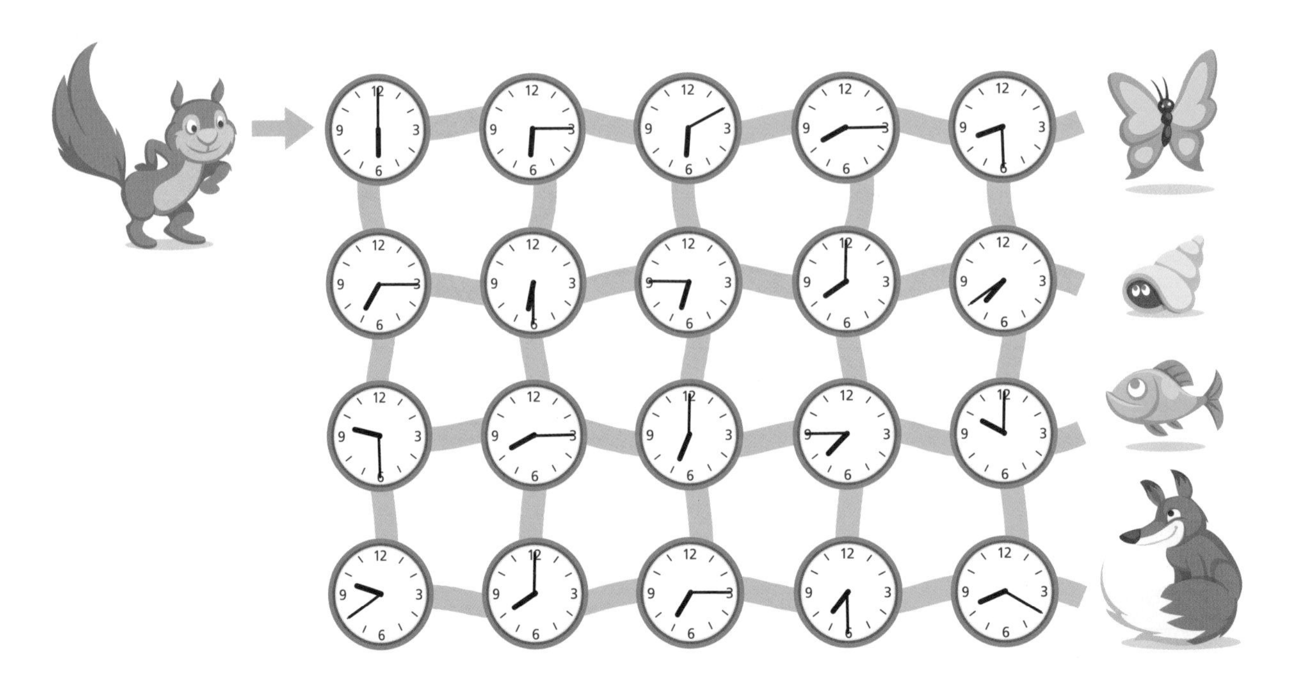

8. 아래 글을 읽고 알맞은 시각을 써 보세요.

❶ 로라는 피아노 레슨을 3시 30분에 시작해서 40분 동안 받아요. 몇 시에 피아노 레슨이 끝나나요?

정답 :

❷ 미셸은 드럼 레슨을 5시에 마쳐요. 드럼 레슨은 50분 동안 받아요. 드럼 레슨은 몇 시에 시작되나요?

정답 :

❸ 윌슨은 바이올린 레슨을 7시 15분 전에 마쳐요. 바이올린 레슨은 35분 동안 받아요. 바이올린 레슨은 몇 시에 시작되나요?

정답 :

9. 시계와 시계 주인을 바르게 이어 보세요. 지금 시각은 3시예요.

내 시계는 40분 전을 가리키고 있어.

내 시계는 20분이 지났어.

내 시계는 30분이 느려.

놀이 수학

시계 놀이

인원 : 2명 준비물 : 123쪽 활동지, 주사위 2개

놀이 방법

1. 각자 활동지 시계에 정각 12시를 그려요.
2. 번갈아 가며 주사위 2개를 굴려요. 주사위 1개가 5가 나오면 5분을, 2개 모두 5가 나오면 10분을 갈 수 있어요. 그 외의 수가 나오면 시곗바늘을 움직일 수 없고, 순서를 바꿔요.
3. 활동지 시계에 시곗바늘을 그려 가며 한 바퀴를 먼저 도는 사람이 이겨요.

10. 시각에 맞게 시곗바늘을 그려 넣어 보세요.

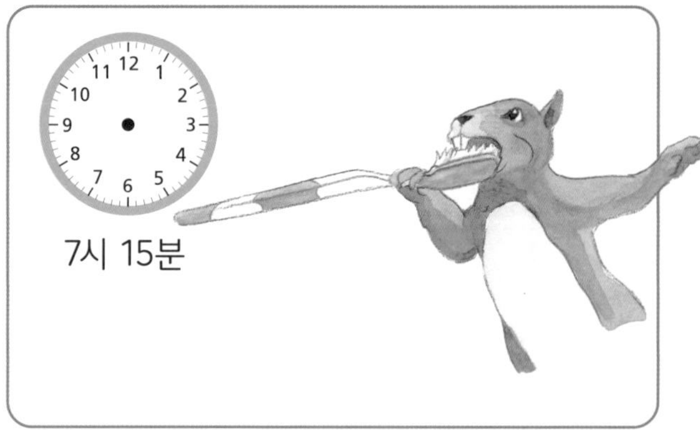

11. 규칙에 따라 버스 시간표를 채워 보세요.

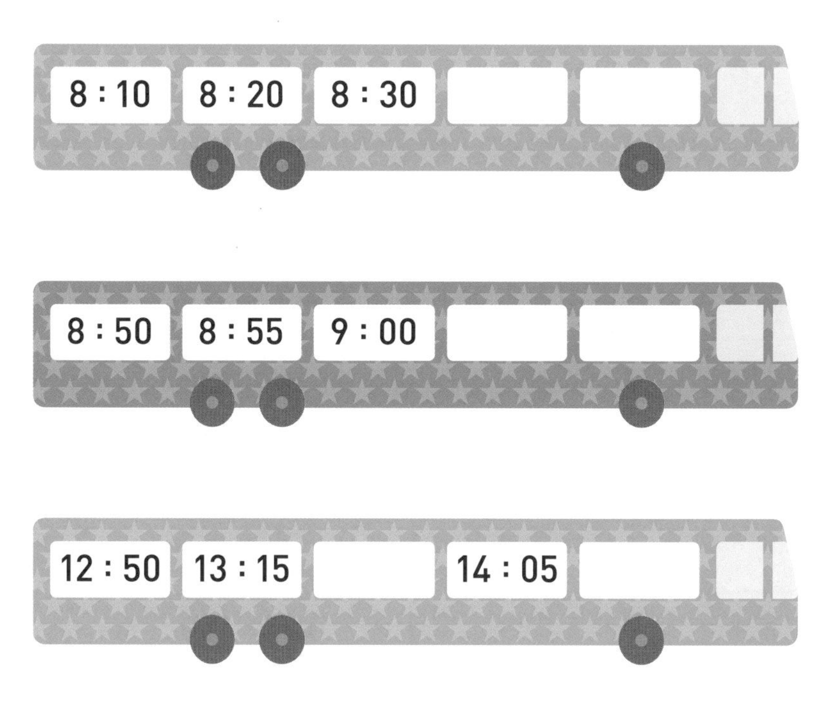

12. 인형이 시계를 가렸어요. 몇 시인지 알아맞혀 보세요.

지금 시각은
8시 20분 전에서
20분이 흘렀어요.

지금은 ______________ 입니다.

지금 시각은
9시 25분 전에서
35분이 흘렀어요.

지금은 ______________ 입니다.

지금 시각은
7시 20분에서
20분이 흘렀어요.

지금은 ______________ 입니다.

지금 시각은
6시 15분에서
50분이 흘렀어요.

지금은 ______________ 입니다.

9 프로그래밍

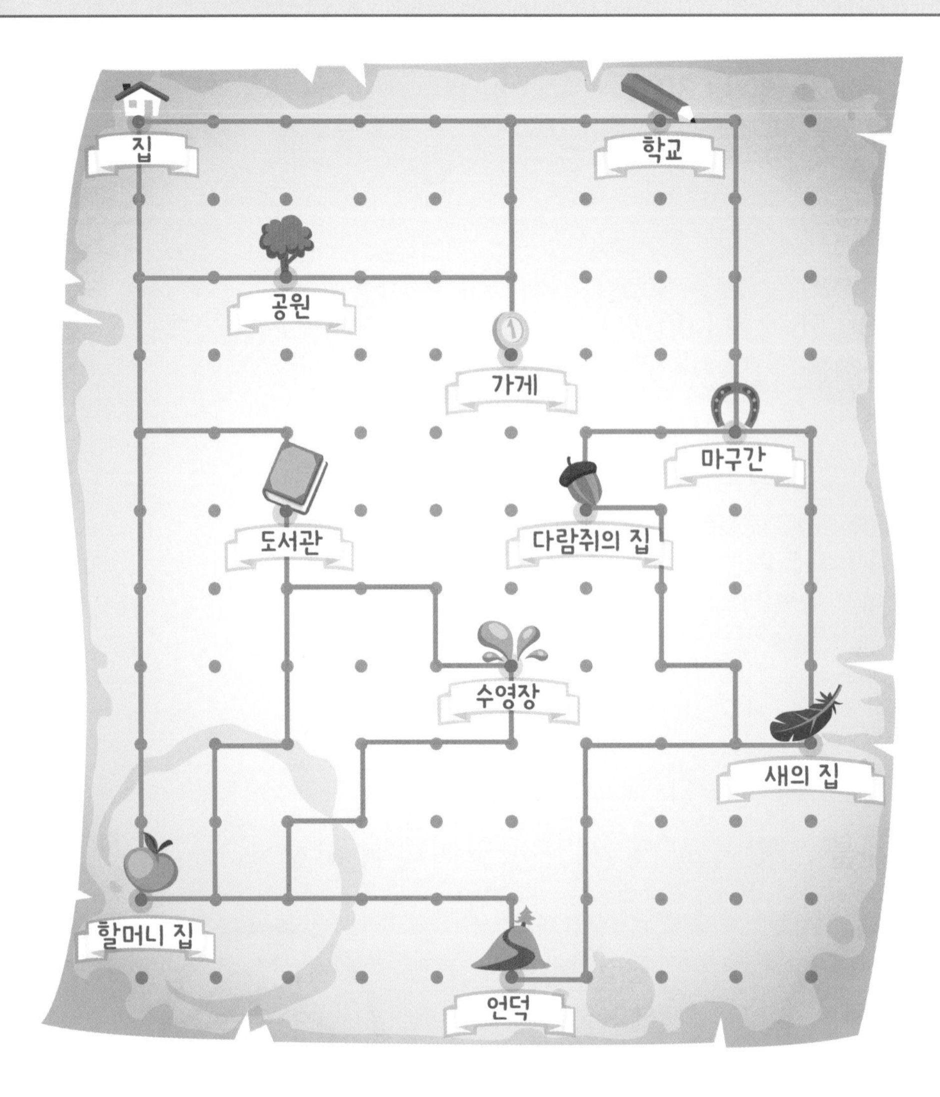

1. 점과 점 사이를 가는 데 5분이 걸려요. 가장 짧은 길을 따라갈 때 걸리는 시간을 구해 보세요.

집-학교	35분	할머니 집-도서관	
집-공원		가게-공원	
집-가게		도서관-수영장	
집-도서관		공원-할머니 집	
집-할머니 집		새의 집-다람쥐의 집	
집-수영장		다람쥐의 집-언덕	

2. 아래 지시에 따라 움직여 보세요. 지나간 길은 □ 안에 X표 해 보세요.

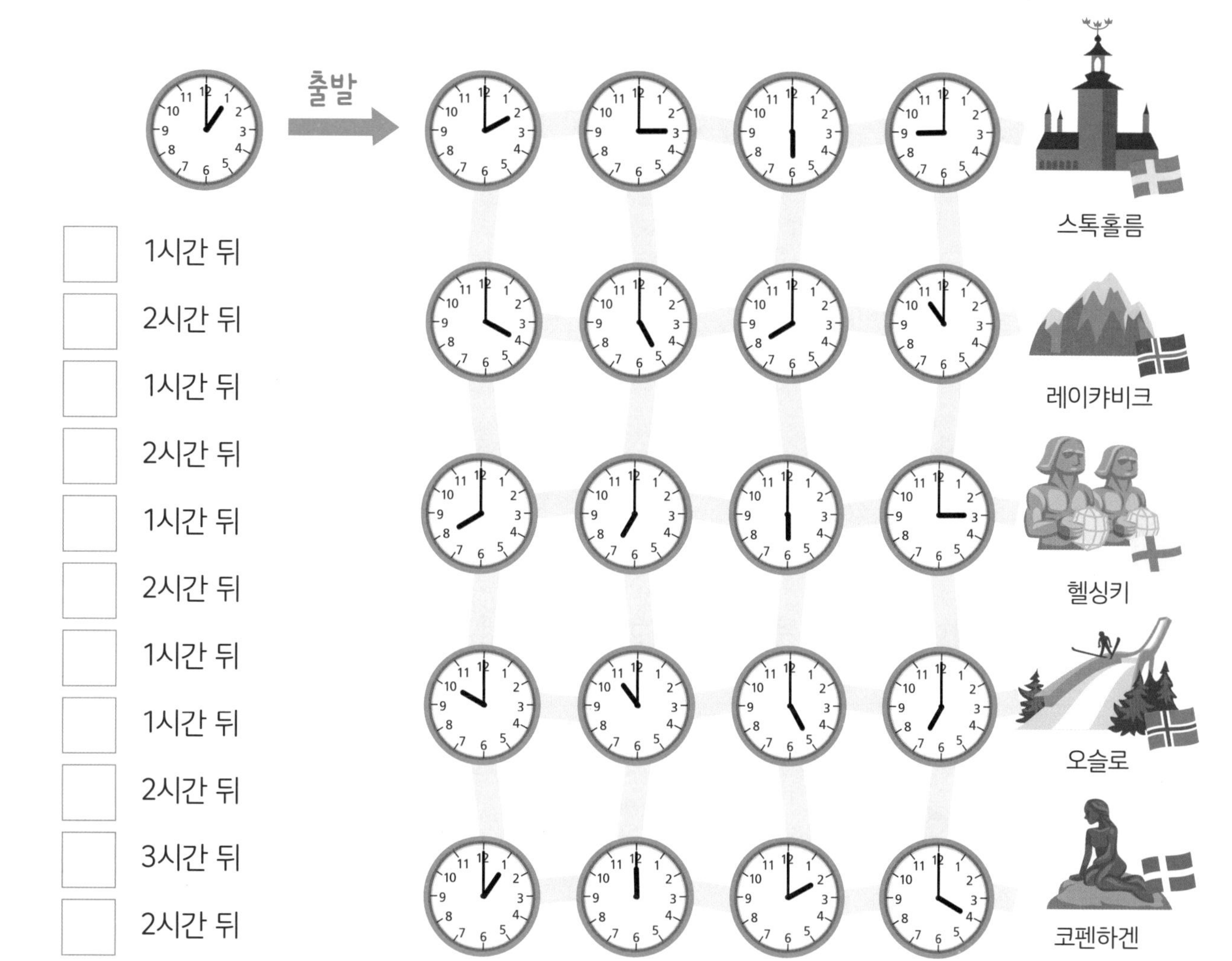

한 번 더 연습해요!

1. 52쪽에 있는 그림을 보고 문제를 풀어 보세요.

점과 점 사이를 가는 데 5분이 걸려요. 가장 짧은 길을 따라갈 때 걸리는 시간을 구해 보세요.

새의 집 - 마구간 ____________

학교 - 다람쥐의 집 ____________

가게 - 마구간 ____________

2. 계산해 보세요.

23 + 9 = ____

43 + 8 = ____

37 + 7 = ____

54 + 6 = ____

77 + 5 = ____

3. 계산한 후 정답에 해당하는 알파벳을 찾아 써넣으세요.

28 + 17 = ____ □	5 × 6 = ____ □	3 × 5 – 5 = ____ □
60 – 10 = ____ □	7 × 5 = ____ □	4 × 5 – 4 = ____ □
26 + 9 = ____ □	9 × 2 = ____ □	10 × 2 – 2 = ____ □
43 – 25 = ____ □	10 × 4 = ____ □	2 × 7 + 4 = ____ □
32 – 12 = ____ □	4 × 5 = ____ □	5 × 3 + 5 = ____ □

10	16	18	20	30	35	40	45	50
S	U	N	Y	W	I	D	R	A

4. 표를 보고 시각에 맞게 시곗바늘을 그려 넣어 보세요.

	4시	7시	9시
정각			
30분			
15분			
20분 전			

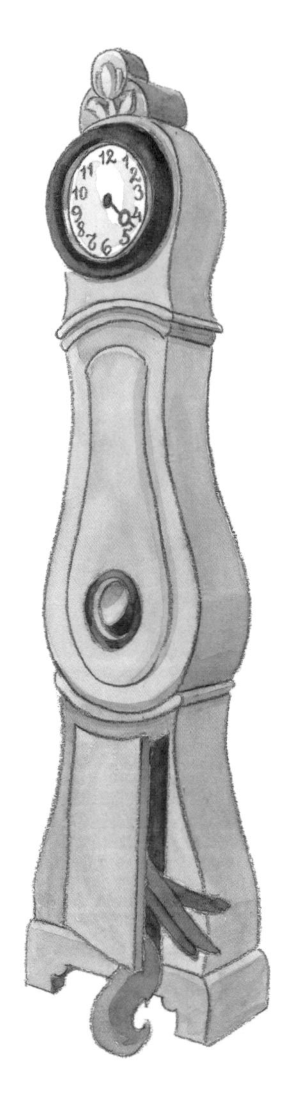

5. □ 안에 ＞, ＝, ＜를 알맞게 써넣어 보세요.

6 × 5	□	23 + 8	5 × 8	□	74 − 35	9 × 5 − 17	□	13 + 14
7 × 5	□	18 + 17	2 × 9	□	36 −18	2 × 9 + 24	□	63 − 21

6. 아래 글을 읽고 집 주인과 취미를 알아맞혀 보세요.

집주인 : ____________ 집주인 : ____________ 집주인 : ____________ 집주인 : ____________

취미 : ____________ 취미 : ____________ 취미 : ____________ 취미 : ____________

- 토마스는 플로어볼을 즐겨 해요.
- 스키를 타는 사람과 춤추는 사람은 이웃이 아니에요.
- 레이의 집 번호는 5단에 있어요.
- 에밀리는 춤추는 걸 좋아하는 사람의 옆집에 살아요.
- 믹의 집 번호는 7의 3배예요.
- 토마스의 집 번호는 54를 절반으로 나눈 값이에요.
- 수영하는 사람은 레이의 옆집에 살아요.
- 믹의 취미는 춤이에요.

스스로 문제를 만들어
풀어 보세요.

7. 로봇의 작동 원리를 알아낸 후, 알맞은 수를 구해 보세요.

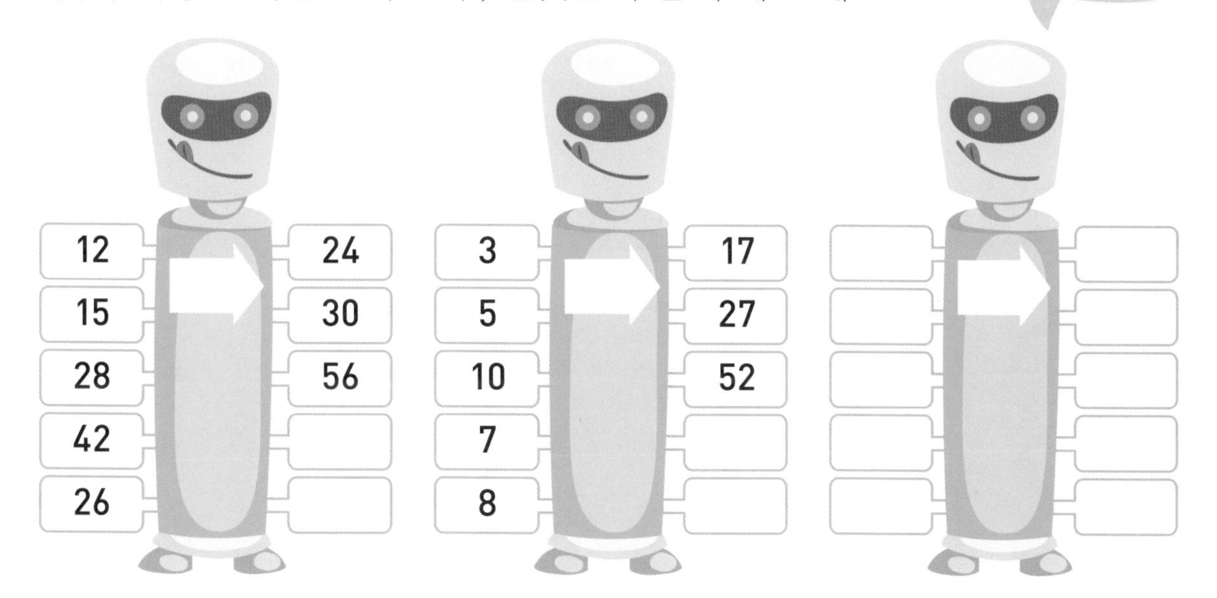

8. 몇 시인가요?

9. 시각에 맞게 시곗바늘을 그려 넣어 보세요.

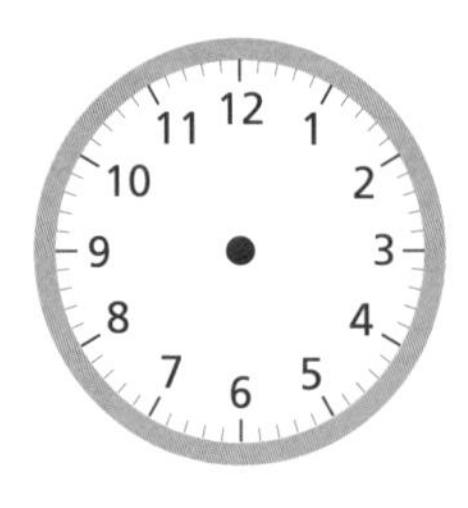

12시 10분

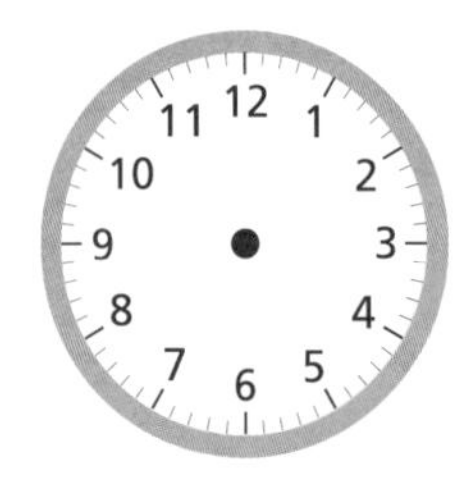

6시 30분

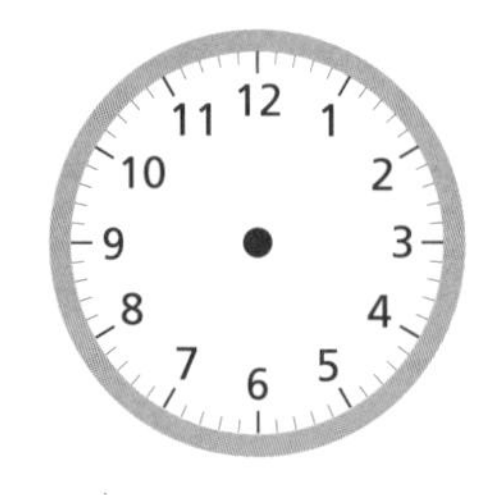

8시 15분 전

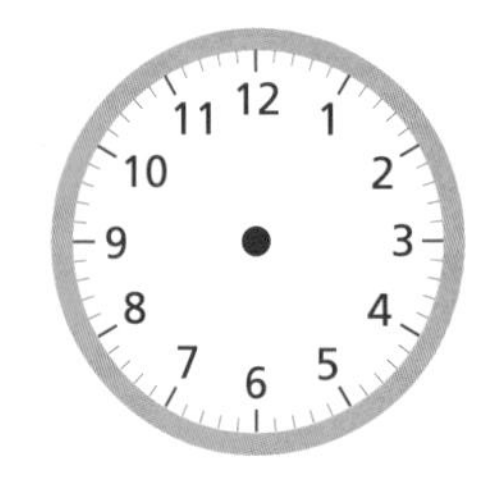

11시 25분

10. 엠마는 7시 15분에 집에서 출발했어요. 출발한 때부터 얼마의 시간이 지났나요?

7시 15분

______분

______분

______분

11. 시각에 맞게 시곗바늘을 그려 넣어 보세요.

10시 10분
알렉은 수영장으로
출발했어요.

11시 15분 전
수영장에
도착했어요.

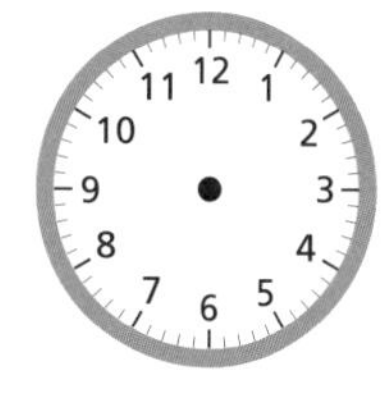

11시 15분
샤워실에
들어갔어요.

11시 20분
샤워실에서
나왔어요.

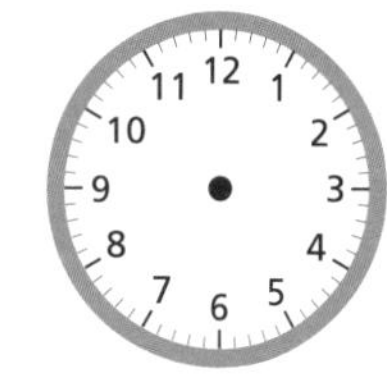

11시 30분
수영장에
들어갔어요.

12시 5분
수영장에서
나왔어요.

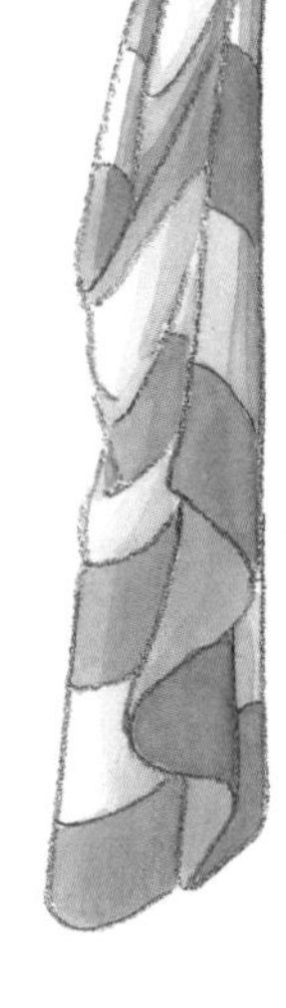

한 번 더 연습해요!

1. 몇 시인가요?

____

____

____

2. 계산해 보세요.

25 – 6 = ____

34 – 8 = ____

53 – 4 = ____

47 – 9 = ____

62 – 7 = ____

12. 같은 시각끼리 이어 보세요.

13. 몇 시인가요?

14. 같은 시각끼리 이어 보세요.

6 : 55

8 : 35

7 : 30

6 : 05

2 : 50

2 : 15

15. 규칙에 따라 시간표를 채워 보세요.

7 : 20 | 7 : 30 | 7 : 40   

19 : 02 | 19 : 04 | 19 : 06 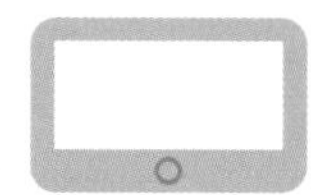  

16. 고양이가 언제 잠에서 깼는지 알아맞혀 보세요.

6:35 | 6:15 | 6:20 | 6:40

- 슈가는 셀리보다 15분 전에 깼어요.
- 신디는 스팟보다 25분 후에 깼어요.

실력을 평가해 봐요!

_____ 월 _____ 일 _____ 요일

1. 몇 시인가요?

2. 시각에 맞게 시곗바늘을 그려 넣어 보세요.

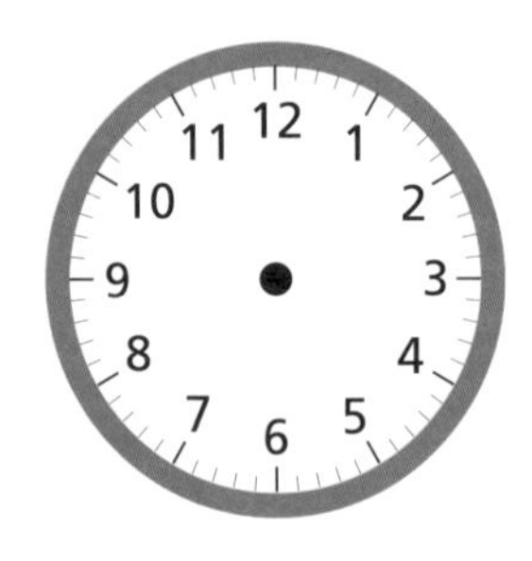

8시 15분

6시

7시 10분 전

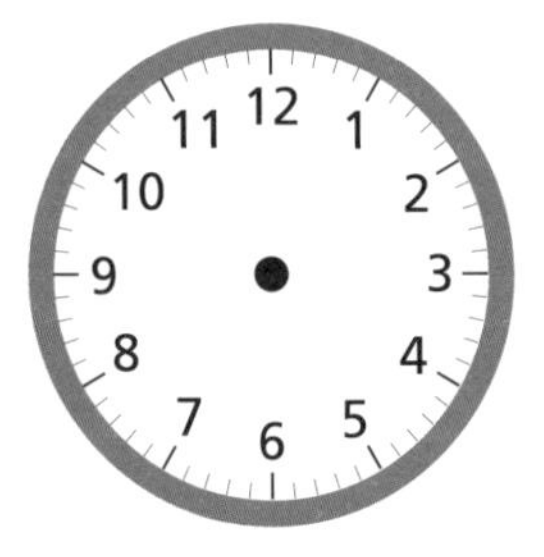

3시 25분 전

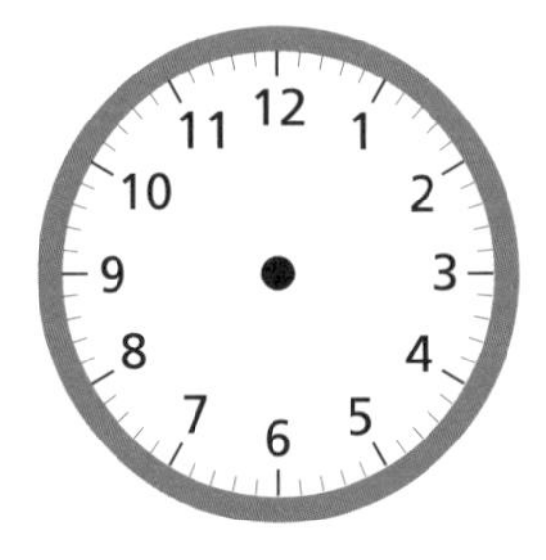

9시 30분

11시 15분 전

3. 같은 시각끼리 이어 보세요.

4. 시각에 맞게 시곗바늘을 그려 넣어 보세요.

알렉은 11시 15분에
집에서 출발했어요.

알렉은 12시 10분 전에
도서관에 도착했어요.

걸린 시간은
_______분이에요.

5. 몇 시인지 알아맞혀 보세요.

❶ 엘라의 피아노 레슨은 4시 30분에 시작해서
30분 동안 해요. 피아노 레슨이 끝나는
시각은 몇 시인가요?

____

❷ 레오의 바이올린 레슨은 6시에 끝나요.
45분간 했다면 바이올린 레슨은
몇 시에 시작했나요?

____

실력이 자란 만큼 별을 색칠하세요.

★★★ 정말 잘했어요.
★★☆ 꽤 잘했어요.
★☆☆ 계속 노력할게요.

1 시각에 맞게 시곗바늘을 그려 넣어 보세요.

2시 15분 전

7시

9시 25분

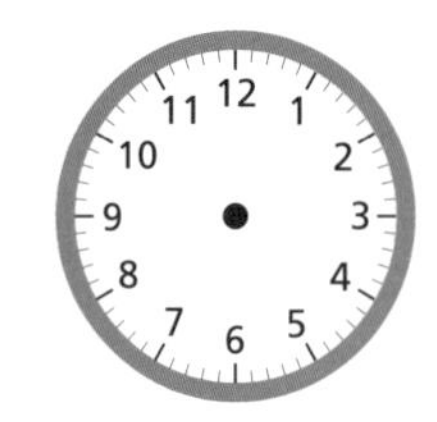
2시 30분

2 규칙에 따라 수를 써넣어 보세요.

10 – 15 – 20 – ◯ – ◯ – ◯ – ◯ – ◯ – ◯ – ◯ – 60

95 – 85 – 75 – ◯ – ◯ – ◯ – ◯ – ◯ – ◯ – 5

3 1분이 안 걸리는 것에 ◯표 해 보세요.

가게에 다녀올 수 있어요.	
내 방을 청소할 수 있어요.	
공을 20번 칠 수 있어요.	
내 손을 닦을 수 있어요.	
어린이 TV 프로그램을 볼 수 있어요.	
만화책을 볼 수 있어요.	
내 이름을 쓸 수 있어요.	
연필을 깎을 수 있어요.	

4

규칙에 따라 시곗바늘을 그려 넣어 보세요.

5 ★★★

□ 안에 알맞은 시각을 써 보세요.

출발

6 : 10 → + 10분 → 6 : 20 → + 20분 → □ → + 15분 → □ → + 5분 → □ → + 25분 → □ → + 30분 → 7 : 55

도전! 심화 평가

____ 월 ____ 일 ____ 요일

1. 규칙에 따라 시곗바늘을 그려 넣어 보세요.

2. 언제 수영장에 도착했는지 시곗바늘을 그려 넣어 보세요.

- 케빈은 2시 15분 전에 수영장에 도착했어요.
- 닐스는 케빈보다 30분 전에 도착했어요.
- 알렉은 케빈보다 75분 후에 도착했어요.

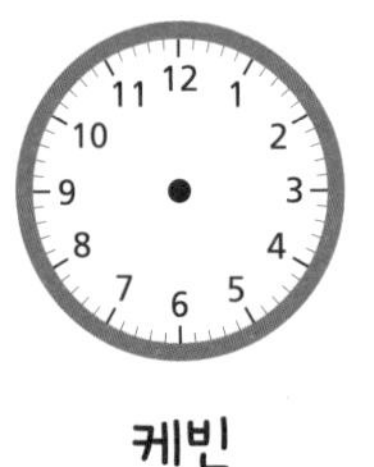
케빈

닐스

알렉

- 진은 11시 15분에 수영장에 도착했어요.
- 조이는 진보다 25분 전에 도착했어요.
- 토미는 조이보다 80분 후에 도착했어요.

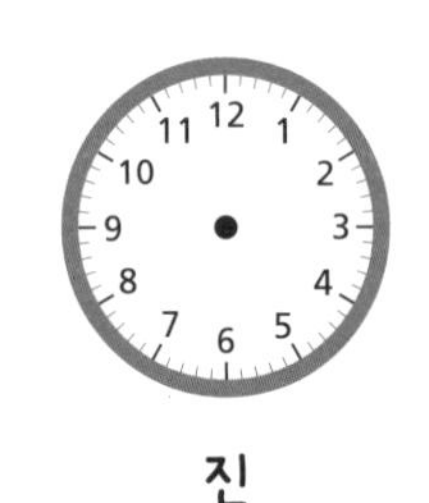
진

조이

토미

3. 규칙에 따라 알맞은 시각을 써넣어 보세요.

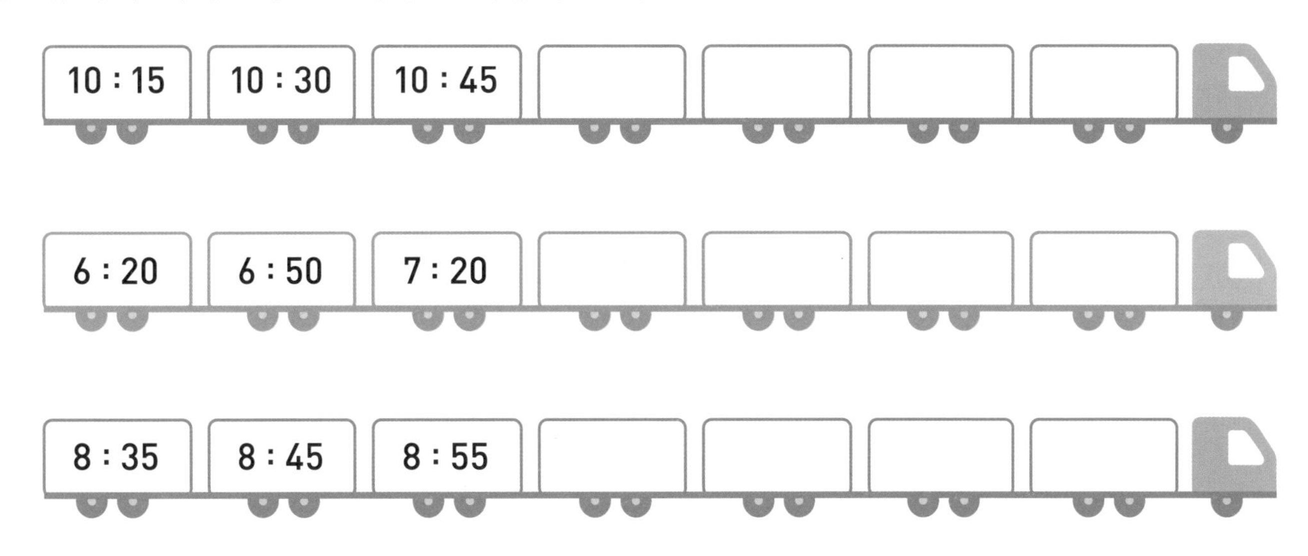

4. 표를 보고 빈칸을 채워 보세요.

출발	도착	걸린 시간
8 : 00	8 : 20	분
9 : 10	9 : 20	
10 : 25	10 : 55	
11 : 05	12 : 00	

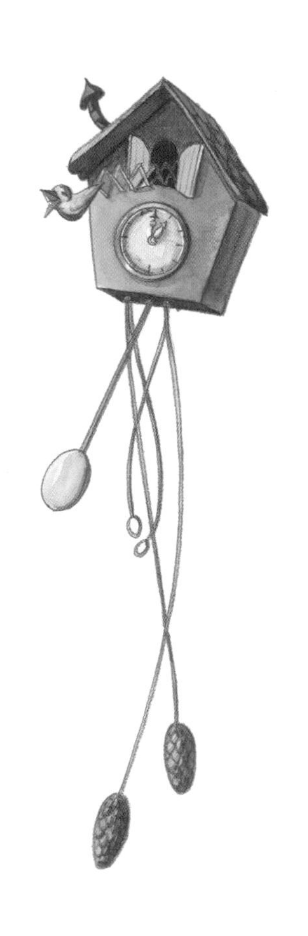

출발	도착	걸린 시간
	6 : 20	10분
	7 : 50	20분
	8 : 20	25분
	9 : 25	35분

문제를 풀기 어려우면 모형 시계를 이용하렴~!

10 세 자리 수

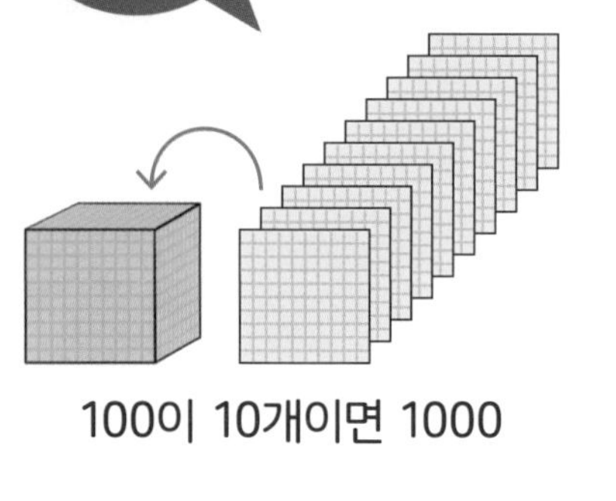

100이 10개이면 1000

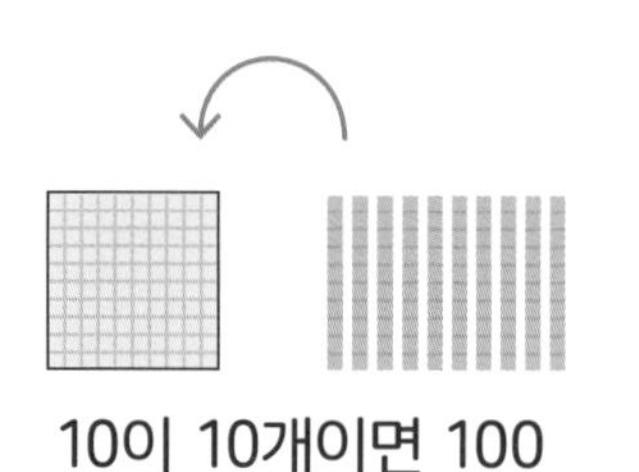

10이 10개이면 100

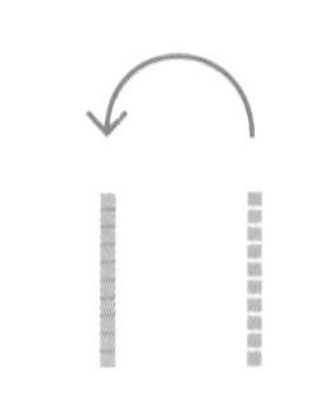

1이 10개이면 10

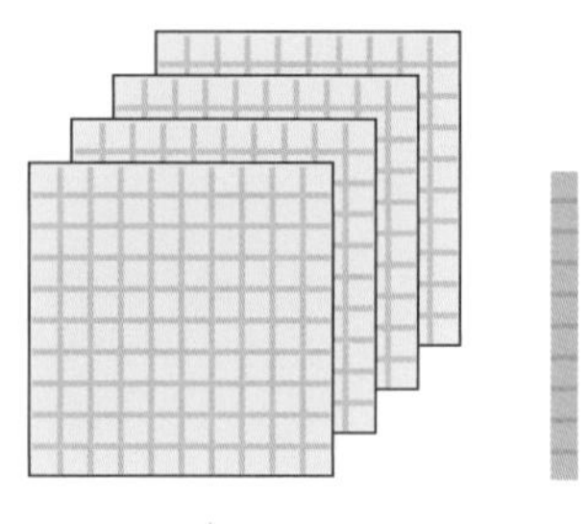

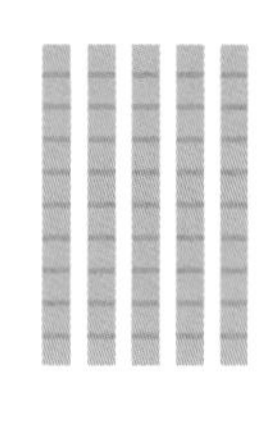

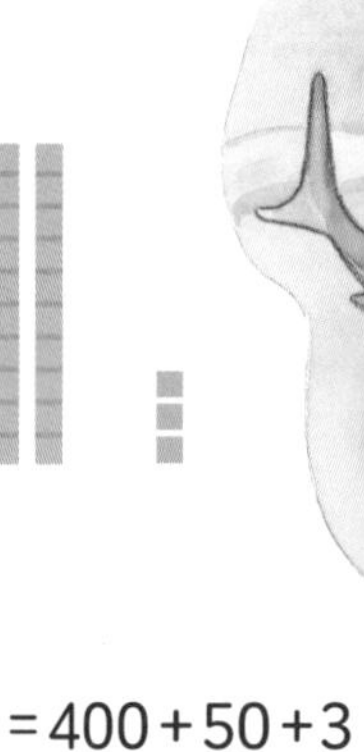

백의 자리	십의 자리	일의 자리
4	5	3

=400+50+3
사백오십삼이라고 읽어요.

1. 수 막대를 보고 자릿값에 맞게 수를 나타내 보세요.

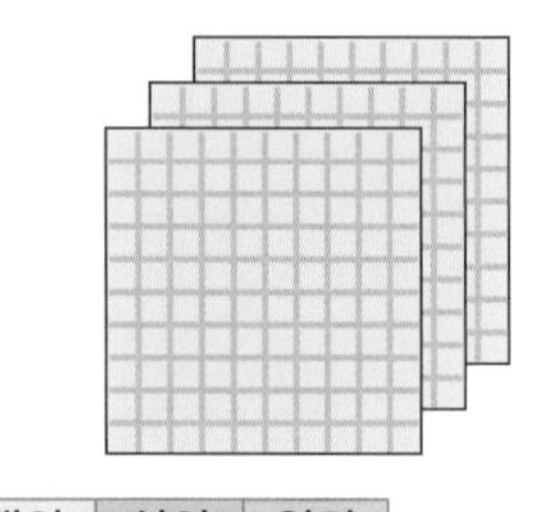

백의 자리	십의 자리	일의 자리
3	6	9

= 300 + 60 + 9

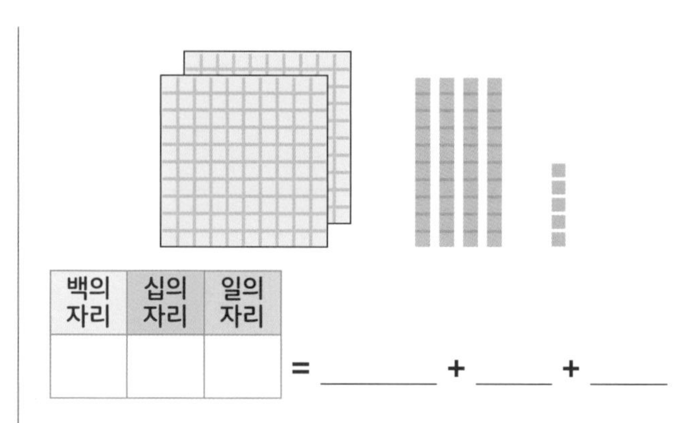

백의 자리	십의 자리	일의 자리

= ____ + ____ + ____

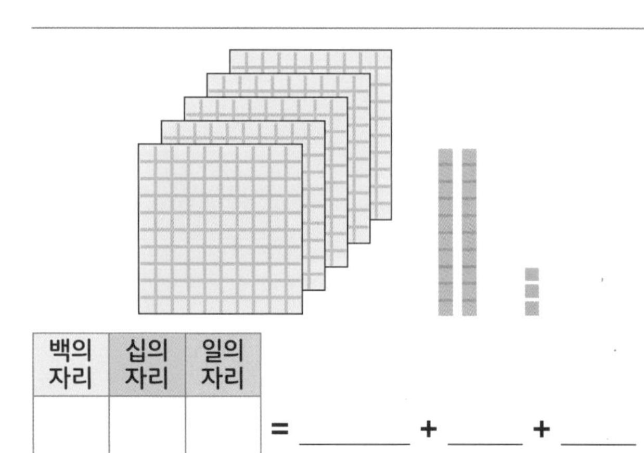

백의 자리	십의 자리	일의 자리

= ____ + ____ + ____

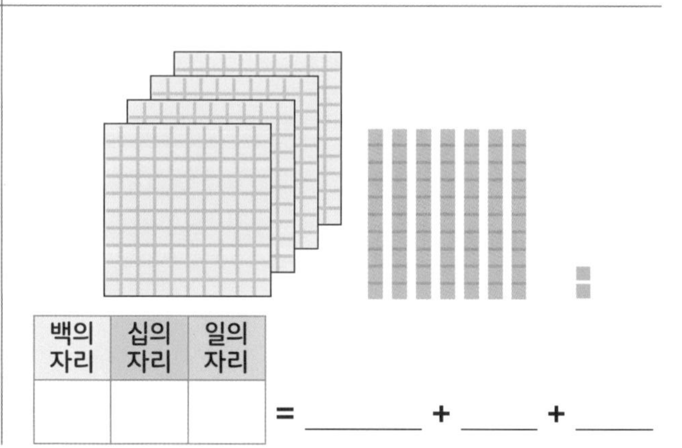

백의 자리	십의 자리	일의 자리

= ____ + ____ + ____

2. 값이 같은 것끼리 이어 보세요.

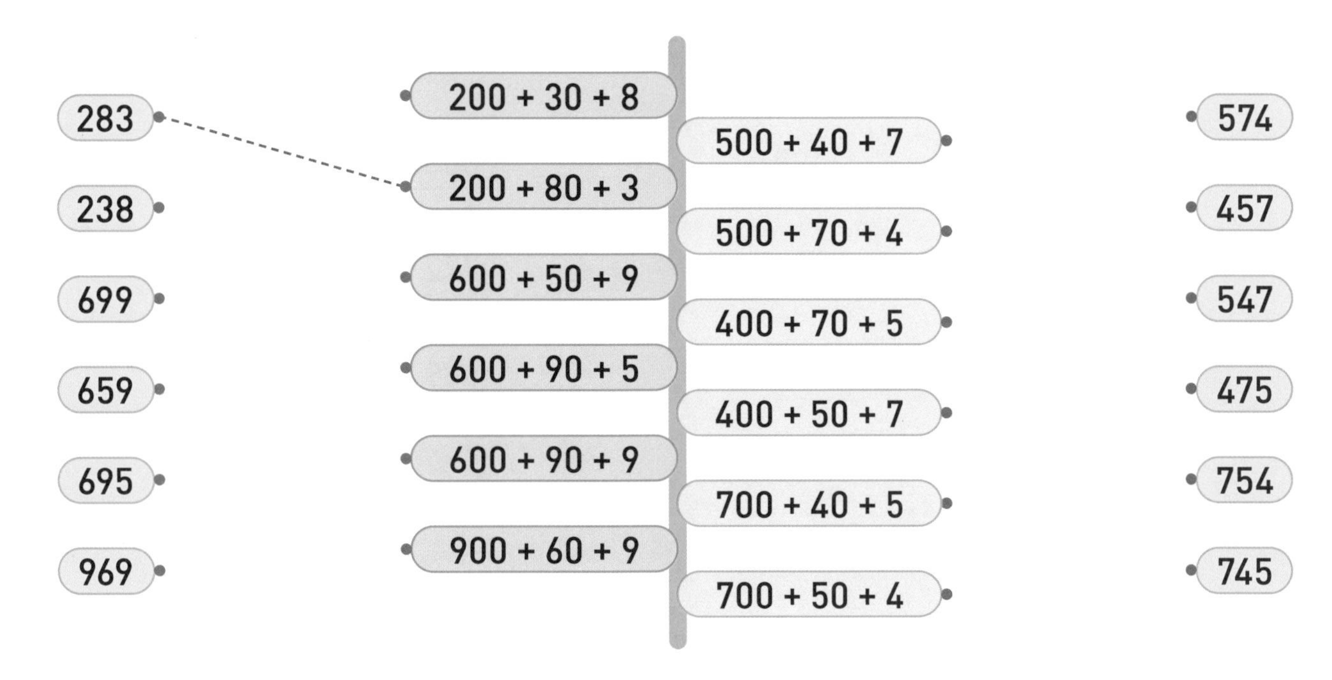

3. 자릿값에 맞게 수를 나타내 보세요.

248 = 200 + 40 + 8

317 = ______________

485 = ______________

938 = ______________

한 번 더 연습해요!

1. 수 막대를 보고 자릿값에 맞게 수를 나타내 보세요.

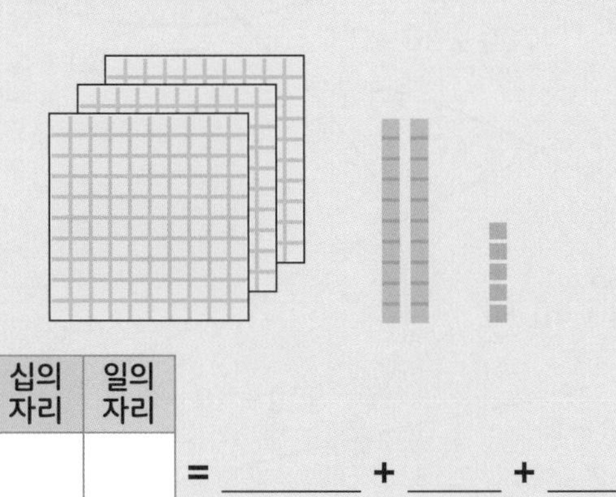

백의 자리	십의 자리	일의 자리

= ______ + ______ + ______

2. 자릿값에 맞게 수를 나타내 보세요.

154 = ______________

763 = ______________

272 = ______________

491 = ______________

636 = ______________

4. 규칙에 따라 수를 써넣어 보세요.

98			101	
202	201			198
	398			401
510			507	

	498			501
888		886		884
772			769	
889		891		

5. 조건에 맞게 색칠해 보세요.

0 < ● < 200　200 < ● < 500　500 < ● < 700　700 < ● < 1000

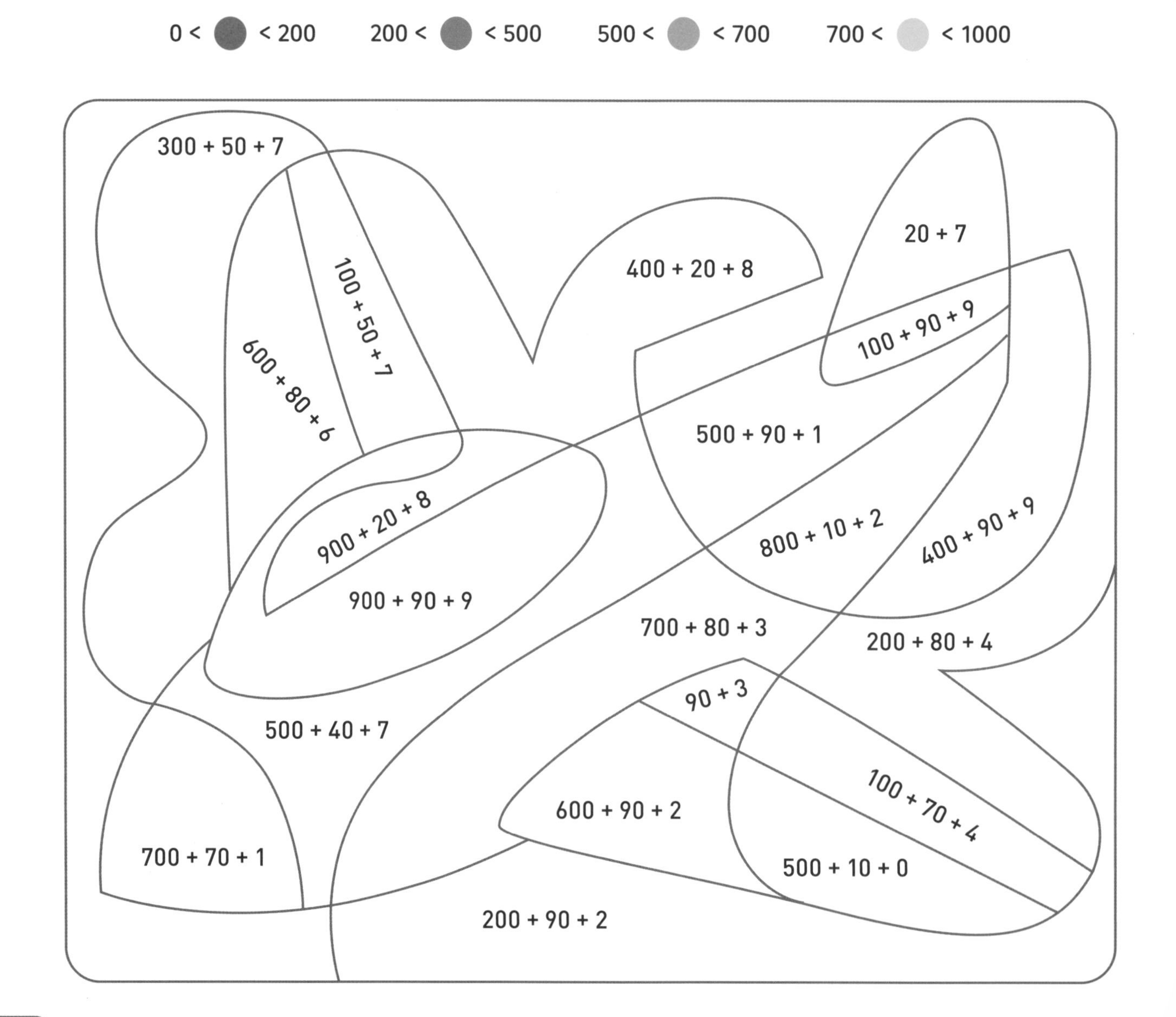

6. 일의 자리 수가 백의 자리 수보다 큰 수에만 색칠해 보세요.

203	583	718	691	245	607	174	830	549	129	889
648	817	356	231	196	231	321	333	264	744	644
204	653	809	694	132	765	521	662	125	868	773
677	908	538	483	496	819	752	742	608	479	869
642	374	674	391	455	675	853	865	554	800	447
535	182	513	939	384	342	999	767	331	662	236
785	199	818	121	193	356	419	342	748	345	334

7. 아래 글을 읽고 지갑의 주인을 알아맞혀 보세요.

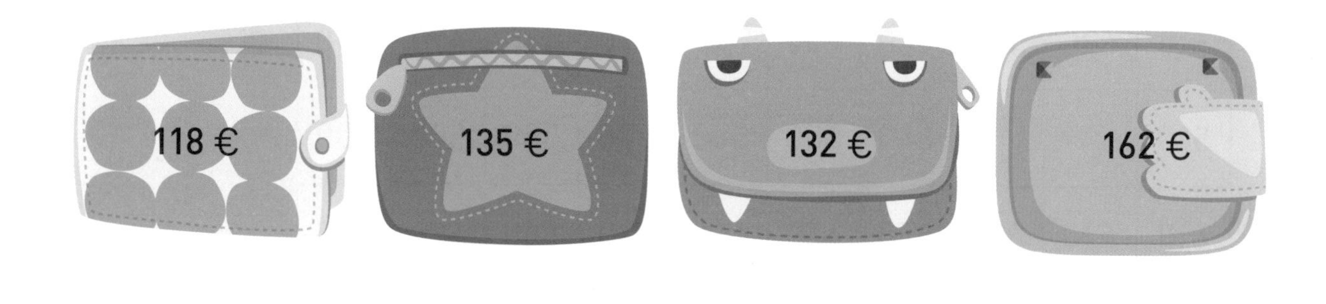

__________ __________ __________ __________

- 앤이 가진 돈에 30유로를 더하면 맥스보다 돈이 더 많아져요.
- 맥스가 가진 돈에 27유로를 더하면 올리가 가진 돈과 같아요.
- 메이가 앤에게 7유로를 주면 둘은 가진 돈이 같아져요.

11 1000

천의 자리	백의 자리	십의 자리	일의 자리
1	0	0	0

100이 10개이면 1000

1. 수 배열표를 보고 가려진 수의 값을 구해 보세요.

10	20	30	40	50	60	70	80	90	100
110	120	130	140	150	160	170	180	190	200
210	220		240	250		270	280	290	300
310	320	330	340	350	360	370		390	400
410	420	430	440	450		470	480	490	500
510			540	550	560	570	580	590	600
610	620	630	640	650	660	670	680	690	700
710	720		740	750		770	780	790	800
810		830	840	850	860	870	880	890	900
910		930	940	950		970	980		1000

= ____

= ____

= ____

= ____

= ____

= ____

= ____

= ____

2. 빈칸에 알맞은 수를 구해 보세요.

10	100	1000
6 + ____	80 + ____	200 + ____
8 + ____	30 + ____	700 + ____
2 + ____	10 + ____	100 + ____
1 + ____	50 + ____	0 + ____
5 + ____	90 + ____	400 + ____
0 + ____	60 + ____	900 + ____
4 + ____	40 + ____	800 + ____
7 + ____	20 + ____	1000 + ____
3 + ____	70 + ____	600 + ____
9 + ____	0 + ____	300 + ____
10 + ____	100 + ____	500 + ____

3. 규칙에 따라 수를 써넣어 보세요.

300	400				800		

20	120			420			720

한 번 더 연습해요!

1. 빈칸에 알맞은 수를 구해 보세요.

100 + ________ = 1000

800 + ________ = 1000

400 + ________ = 1000

500 + ________ = 1000

1000 = 600 + ________

1000 = 300 + ________

1000 = 1000 + ________

1000 = 900 + ________

4. 수 배열표를 생각하며 빈칸에 알맞은 수를 구해 보세요.

230	240	
	340	

560			
	670		
		780	

800
900

390	

450		470			

5. 세 자리 수를 써 보세요.

백오십삼 ____________________

오백이십사 ____________________

삼백십이 ____________________

팔백삼십 ____________________

6. 조건에 맞게 색칠해 보세요.

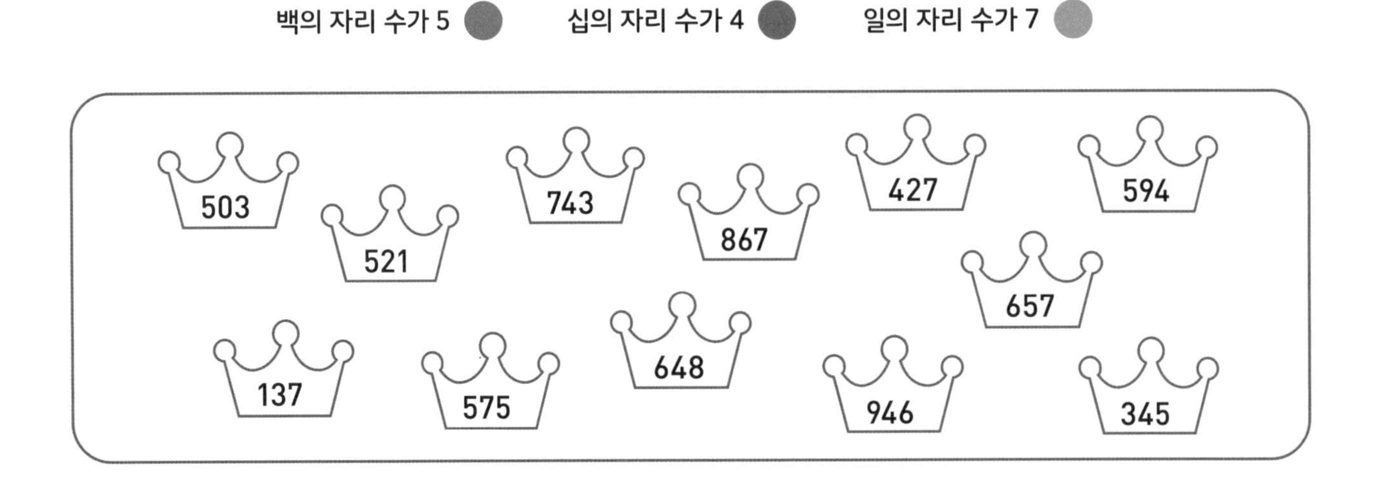

7. 더해서 주어진 수를 만들 수 있는 3개의 수를 찾아 ○표 해 보세요.

10

1 2 (3) (4) (3)

5 4 2 3 6

3 8 1 7 2

100

10 70 40 20 30

60 50 40 20 70 30

40 30 20 60 10

1000

400 800 100 600 200 500

200 900 100 0 300 400

100 600 800 700 200 400

8. 설명하는 수를 구름 속에서 찾아 써넣으세요.

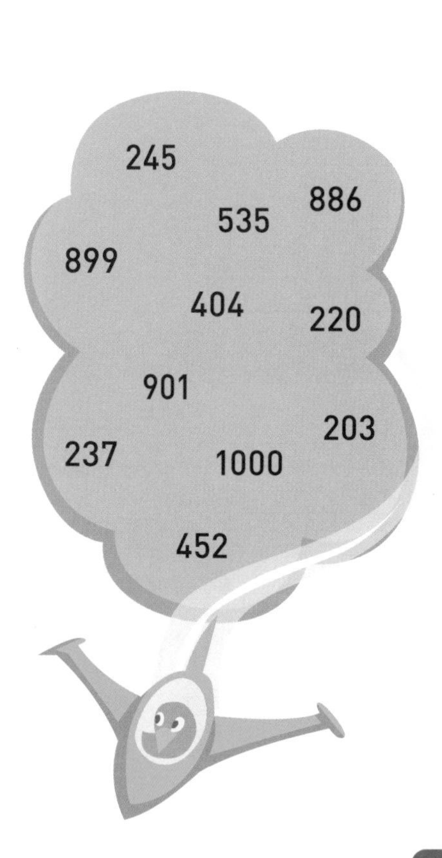

- 세 자리 수 중에서 가장 큰 수는? ____________
- 세 자리 수 중에서 가장 작은 수는? ____________
- 790보다 크고 890보다 작은 수는? ____________
- 세 자리 수가 아닌 수는? ____________
- 차가 48인 두 수는? ____________
- 합이 1000이 되는 세 수는? ____________

____ 월 ____ 일 ____ 요일

12 일의 자리 또는 십의 자리 수가 0일 때

일의 자리가 0일 때

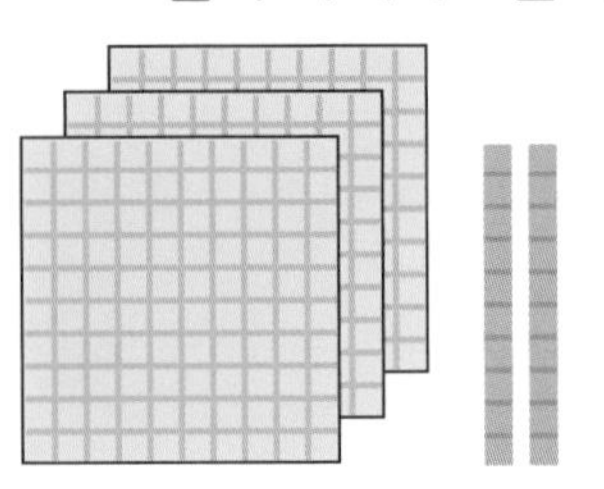

백의 자리	십의 자리	일의 자리
3	2	0

삼백이십

십의 자리가 0일 때

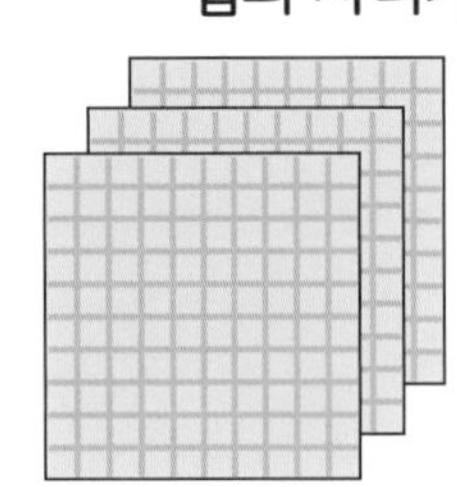

백의 자리	십의 자리	일의 자리
3	0	2

삼백이

1. 수 막대를 보고 자릿값에 맞게 수를 나타내 보세요.

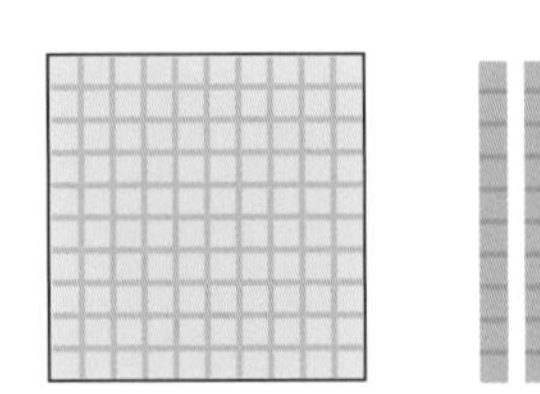

백의 자리	십의 자리	일의 자리

= _______ + _____

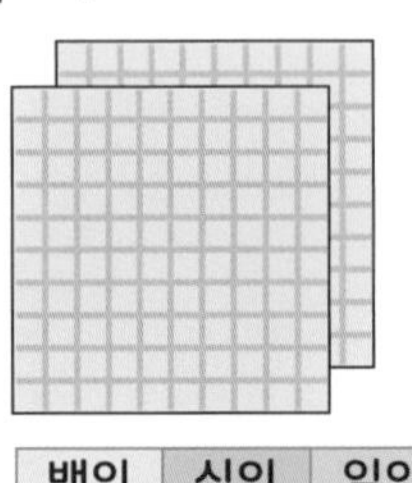

백의 자리	십의 자리	일의 자리

= _______ + _____

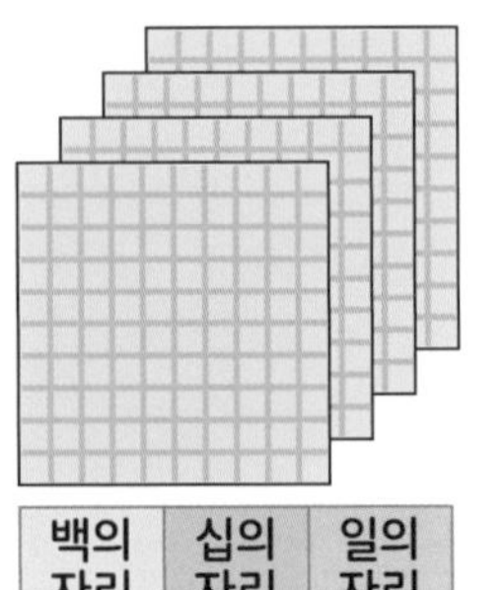

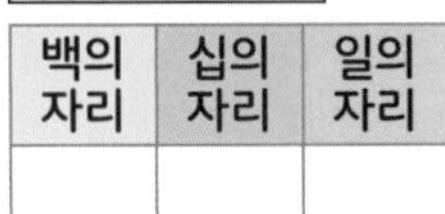

백의 자리	십의 자리	일의 자리

= _______ + _____

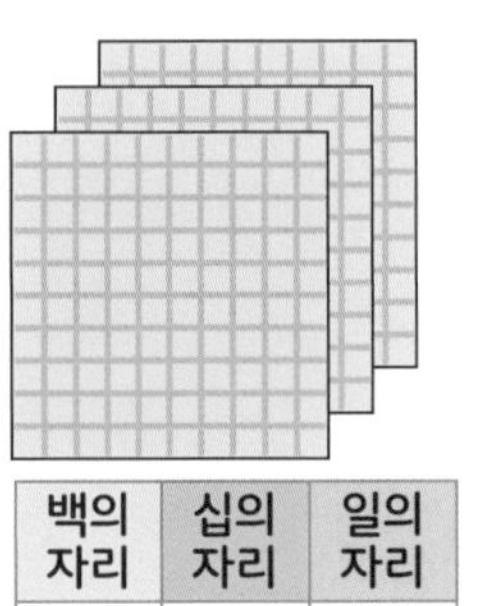

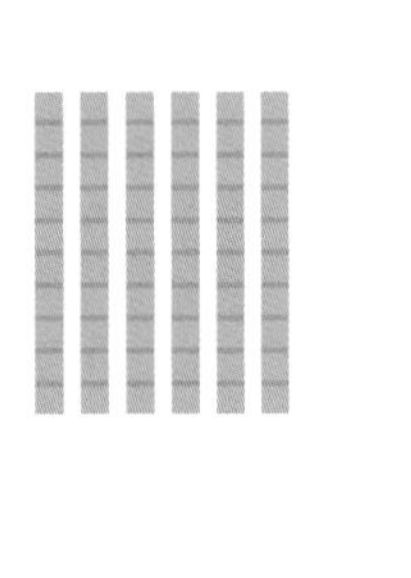

백의 자리	십의 자리	일의 자리

= _______ + _____

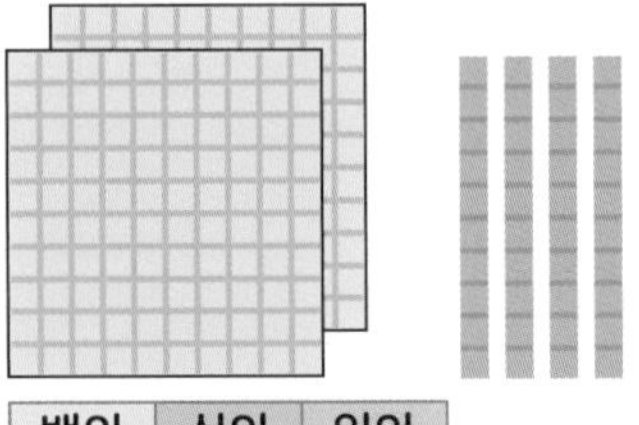

백의 자리	십의 자리	일의 자리

= _______ + _____

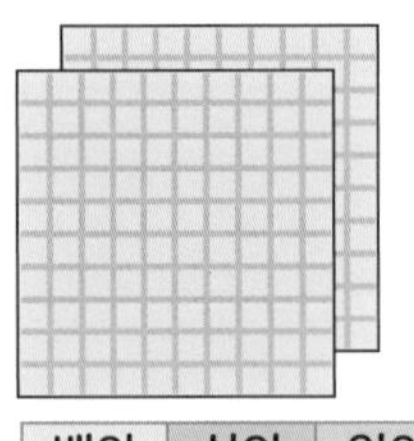

백의 자리	십의 자리	일의 자리

= _______ + _____

2. 자릿값에 맞게 수를 나타내 보세요.

305 = 300 + 5

108 = ______

649 = ______

990 = ______

210 = ______

470 = ______

503 = ______

909 = ______

3. 세 자리 수를 써 보세요.

삼백육십 360

사백구 ______

오백팔 ______

칠백사십 ______

팔백팔 ______

구백오십 ______

한 번 더 연습해요!

1. 수 막대를 보고 자릿값에 맞게 수를 나타내 보세요.

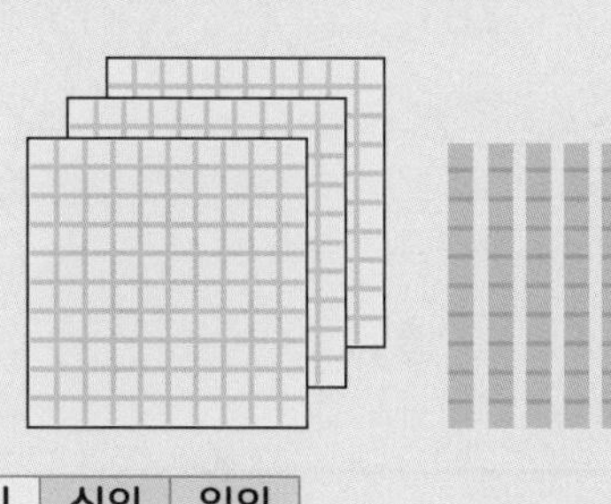

백의 자리	십의 자리	일의 자리

= ______ + ______

2. 자릿값에 맞게 수를 나타내 보세요.

720 = ______

106 = ______

802 = ______

609 = ______

241 = ______

4. 규칙에 따라 수를 써넣어 보세요.

126		128				132	
496		498					503
599					604		
	758			761			764
800	799			796		794	
811		809					804
852	851			848		846	
1000			997		995		

5. 조건에 맞게 색칠해 보세요.

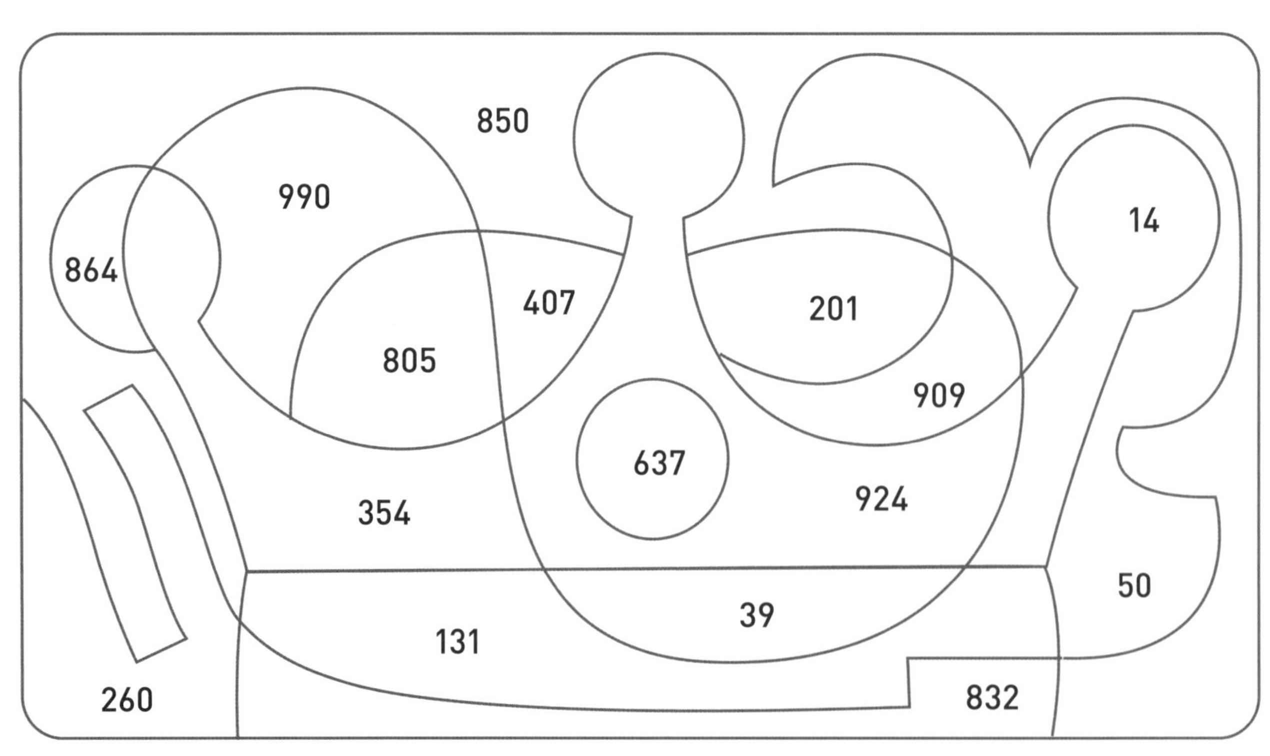

6. 빈칸에 알맞은 수를 넣어 덧셈 계단을 완성해 보세요.

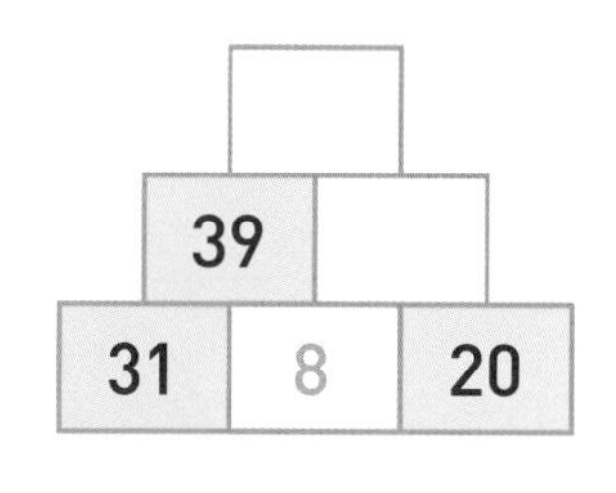

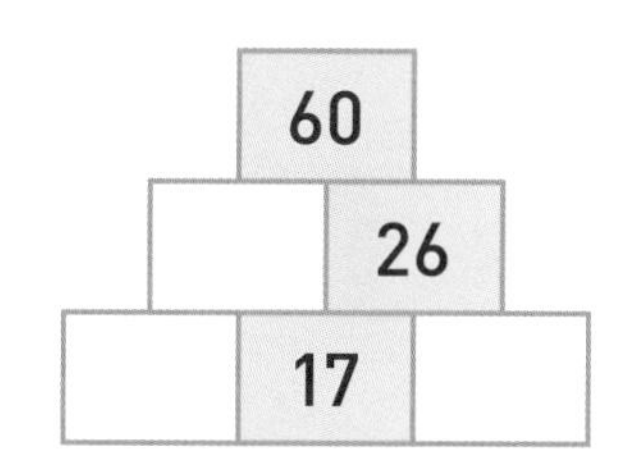

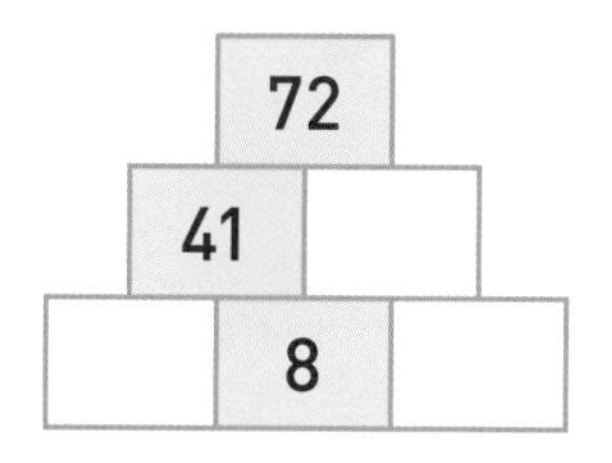

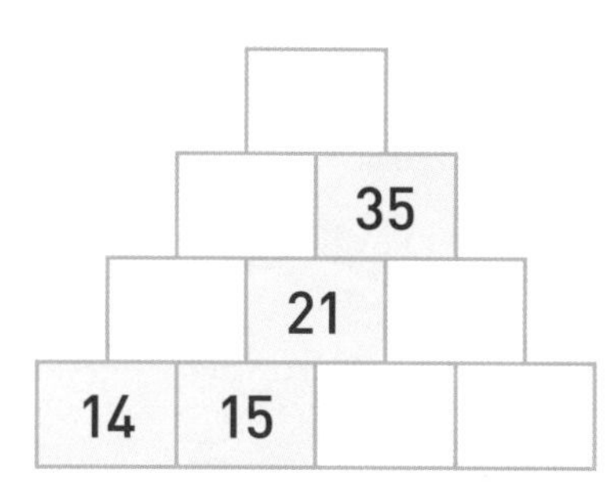

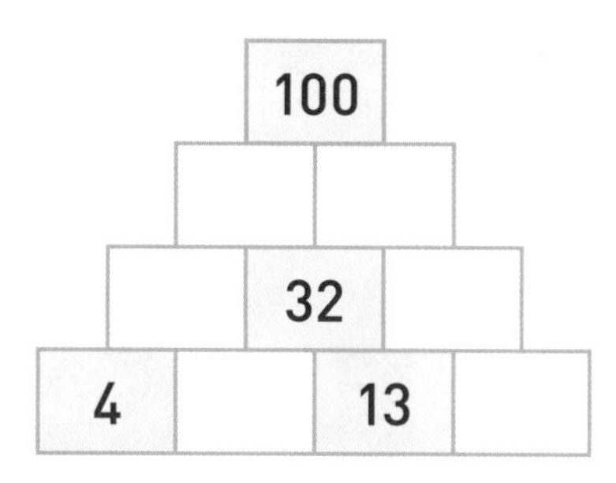

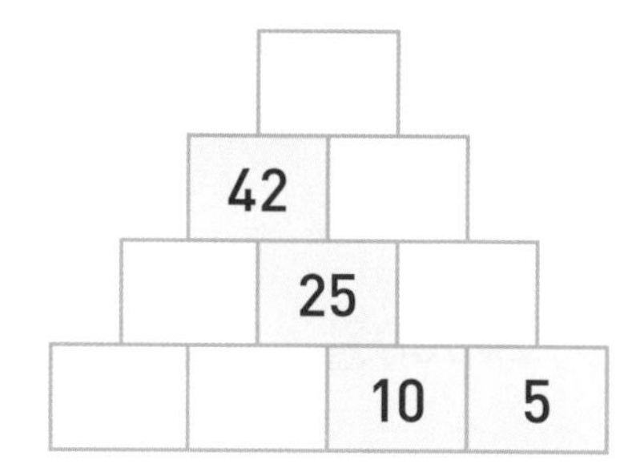

7. 아래 글을 읽고 친구들의 이름을 알아맞혀 보세요.

- 헨리와 주디는 백의 자리 수가 같아요.
- 리차드는 주디와 십의 자리 수가 같아요.
- 필립은 십의 자리 수가 0이에요.
- 로렌스의 수가 가장 커요.
- 리차드는 일의 자리 수가 0이에요.

13 돈을 세어 보아요

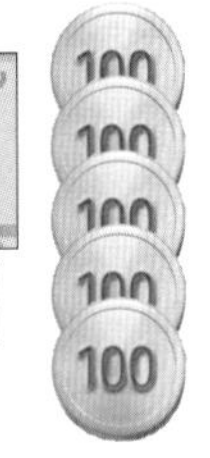

20000원 + 3000원 + 500원
= 23500원

1. 돈은 모두 얼마인지 계산해 보세요.

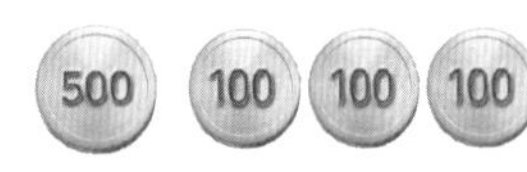

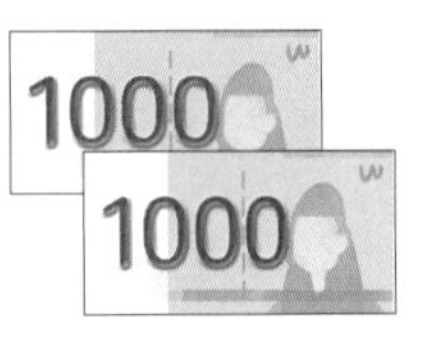

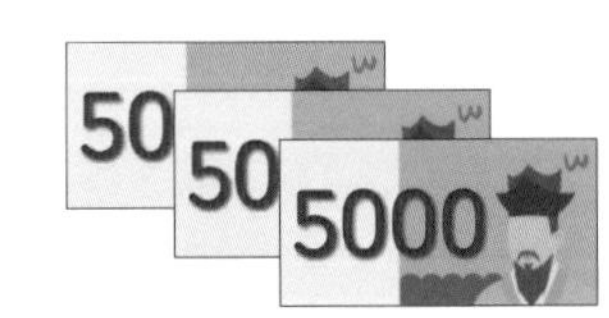

책 뒤에 있는 모형 돈을 활용하세요.

2. 돈이 얼마인지 확인한 후, 자릿값에 맞게 돈을 그려 넣어 보세요.

12800원

만 원	천 원	백 원

25500원

만 원	천 원	백 원

3. 아래 글을 읽고 문제를 풀어 보세요.

❶ 캐시는 딱지 300개를 갖고 있었는데 40개를 더 받고, 마지막에 6개를 더 받았어요. 캐시가 받은 딱지는 모두 몇 개인가요?

정답 : ________________

❷ 로라는 구슬 200개를 갖고 있었는데 80개를 더 받고, 마지막에 9개를 더 받았어요. 로라가 가진 구슬은 모두 몇 개인가요?

정답 : ________________

한 번 더 연습해요!

1. 돈은 모두 얼마인지 계산해 보세요.

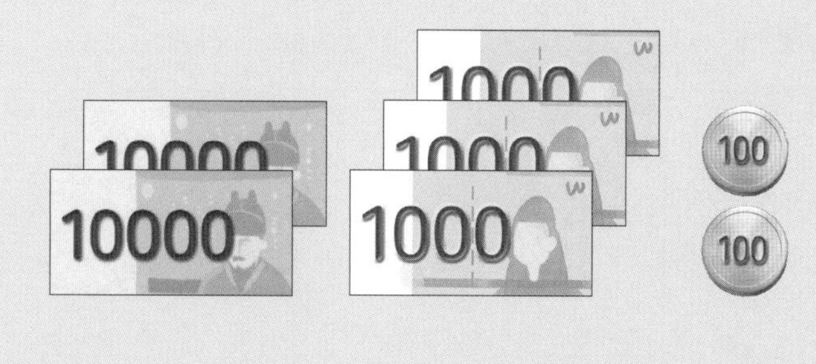

정답 : ________________

2. 자릿값에 맞게 수를 나타내 보세요.

385 = ________________

576 = ________________

890 = ________________

743 = ________________

606 = ________________

4. 규칙에 따라 수를 써넣어 보세요.

99			102	

	497		499	

		610		612

		910		908

804		802		

303		301		

5. 물건값에 해당하는 돈을 자릿값에 맞게 그려 넣고 합을 구해 보세요.

백의 자리	십의 자리	일의 자리

정답 : ______________________

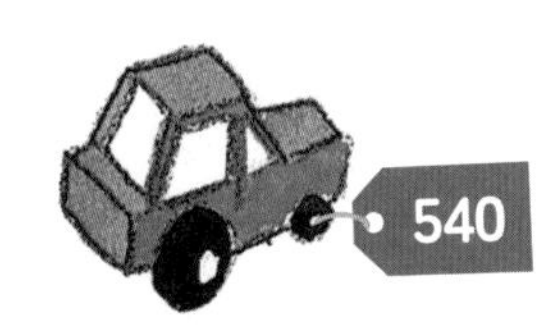

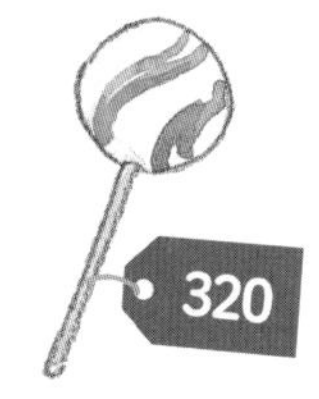

백의 자리	십의 자리	일의 자리

정답 : ______________________

6. 그림이 들어간 식을 보고 그림의 값을 구해 보세요.

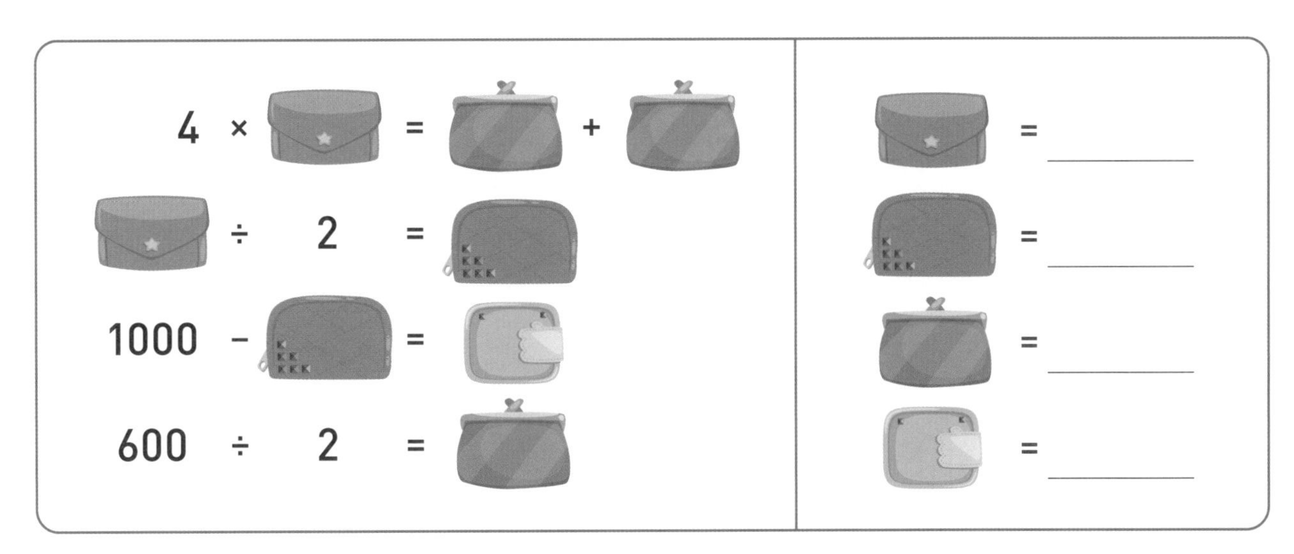

7. 아래 글을 읽고 학생들의 수를 알아맞혀 보세요.

- 멜로디의 수에서 십의 자리 수는 1이에요.
- 에릭과 사라의 수에서 십의 자리 수는 0이에요.
- 에이브는 줄리와 십의 자리 수가 같아요.
- 에릭의 수에서 백의 자리 수는 7이에요.
- 줄리와 사라는 백의 자리 수가 같고, 그 두 수를 더하면 6이에요.
- 멜로디와 사라의 수에서 일의 자리 수는 5예요.
- 줄리의 수에서 십의 자리 수와 에릭의 수에서 백의 자리 수는 같아요.
- 에이브의 수는 일의 자리 수가 0이고, 백의 자리 수는 6이에요.
- 에릭과 에이브의 수에 들어가는 3개의 숫자가 같아요.
- 줄리의 수에서 일의 자리 수는 4보다 3만큼 작아요.
- 멜로디의 수에서 백의 자리 수는 4예요.

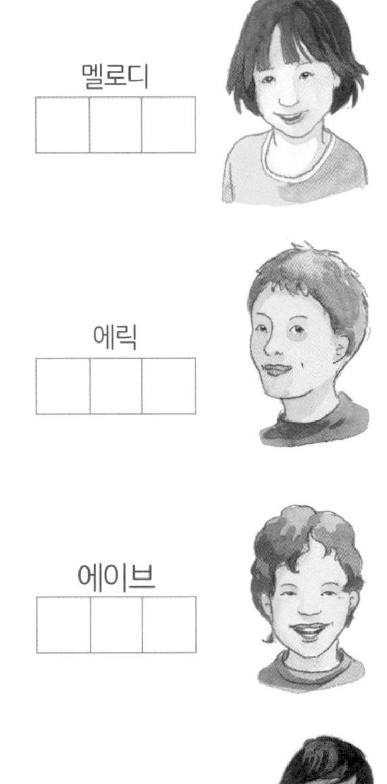

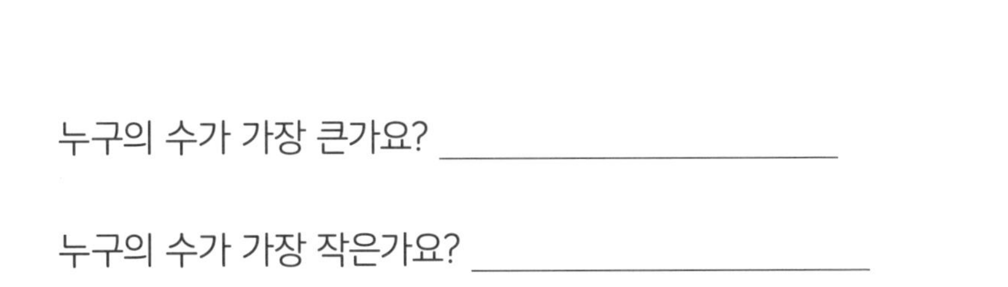

누구의 수가 가장 큰가요? ____________

누구의 수가 가장 작은가요? ____________

사라

8. 250부터 360까지의 수를 순서대로 이어 보세요.

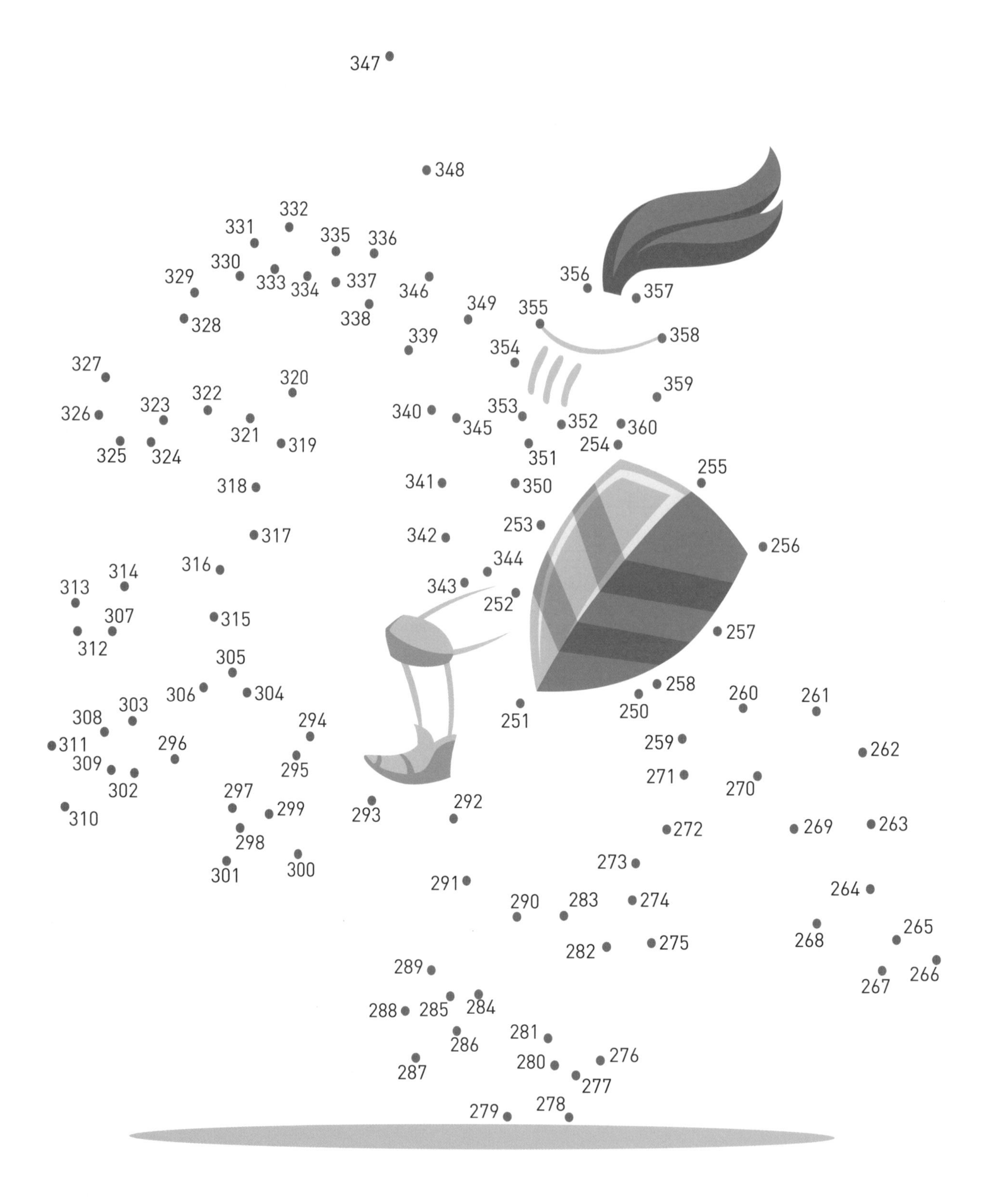

9. 친구들이 설명하는 수를 알아맞혀 보세요.

300과 400 사이에 있는 수인데
일의 자리, 십의 자리, 백의 자리
수가 모두 같아.

마틸다의 수보다
58만큼 더 큰 수야.

조셉의 수 ______________

마틸다의 수 ______________

세 자리 수로 150보다 작아.
각 자리 수의 세 수를
더하면 1이야.

에밀리의 수 ______________

세 자리 수인데, 각 자리 수의
세 수를 더하면 10이야.
백의 자리 수와 일의 자리 수는 같고,
일의 자리 수는 마틸다의 수와 같아.

클레어의 수 ______________

백의 자리 수가 4야.
각 자리 수의 세 수를 더하면
7이고, 십의 자리 수는 0이야.

토미의 수 ______________

가장 큰 수를 말한 사람은 누구일까?

____

10. 그림이 들어간 식을 보고 그림의 값을 구해 보세요.

100 × ♥ = ■

▲ = ■ ÷ 2

● ÷ 4 = ★

★ × 2 = 500

▲ × 5 = ●

 = __________

 = __________

 = __________

 = __________

 = __________

______월 ______일 ______요일

14 수의 크기 비교

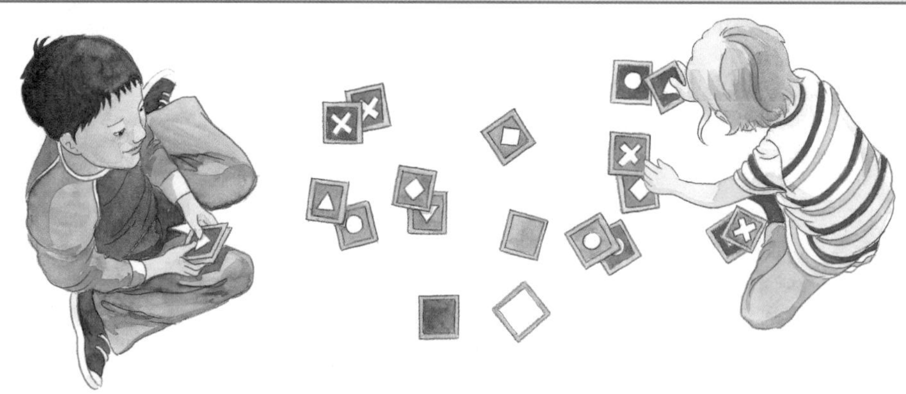

백의 자리	십의 자리	일의 자리		백의 자리	십의 자리	일의 자리
2	7	4	<	3	7	4

백의 자리 수의 크기를 가장 먼저 비교해요.

백의 자리	십의 자리	일의 자리		백의 자리	십의 자리	일의 자리
6	8	0	>	6	7	0

백의 자리 수가 같을 때는 십의 자리 수의 크기를 비교해요.

백의 자리	십의 자리	일의 자리		백의 자리	십의 자리	일의 자리
5	2	3	<	5	2	4

백의 자리 수와 십의 자리 수가 같을 때는 일의 자리 수의 크기를 비교해요.

1. 수 막대를 보고 수를 쓴 후, □ 안에 >, =, <를 알맞게 써넣어 보세요.

238 □ 322

2. □ 안에 >, =, <를 알맞게 써넣어 보세요.

125	□	208	267	□	213	154	□	152
367	□	195	432	□	486	894	□	896
724	□	974	509	□	510	460	□	460
459	□	459	947	□	939	345	□	344

3. 수의 크기에 맞추어 작은 수부터 차례대로 써넣어 보세요.

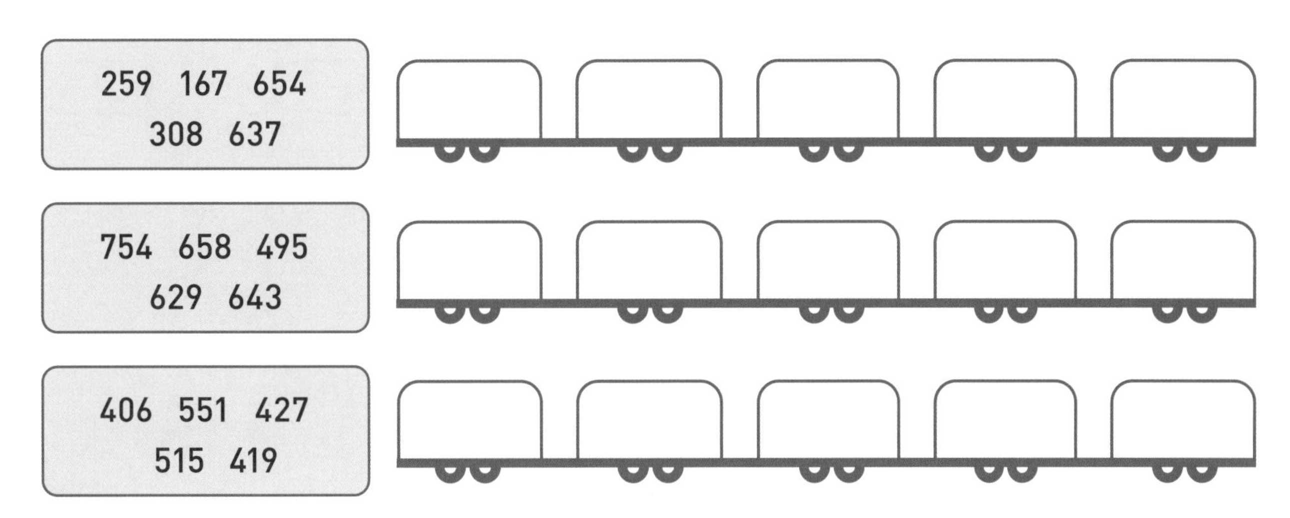

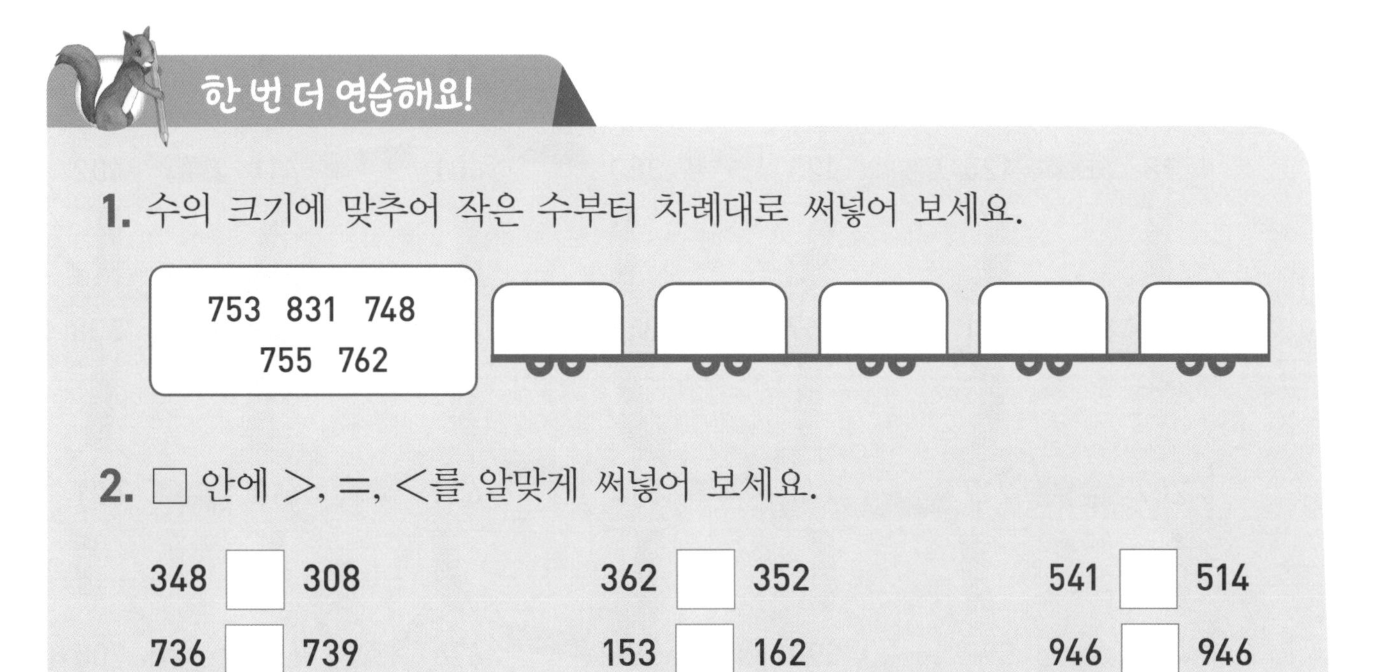

1. 수의 크기에 맞추어 작은 수부터 차례대로 써넣어 보세요.

753 831 748
755 762

2. □ 안에 >, =, <를 알맞게 써넣어 보세요.

348	□	308	362	□	352	541	□	514
736	□	739	153	□	162	946	□	946

4. 수직선을 보고 깃발 안에 알맞은 수를 써넣어 보세요.

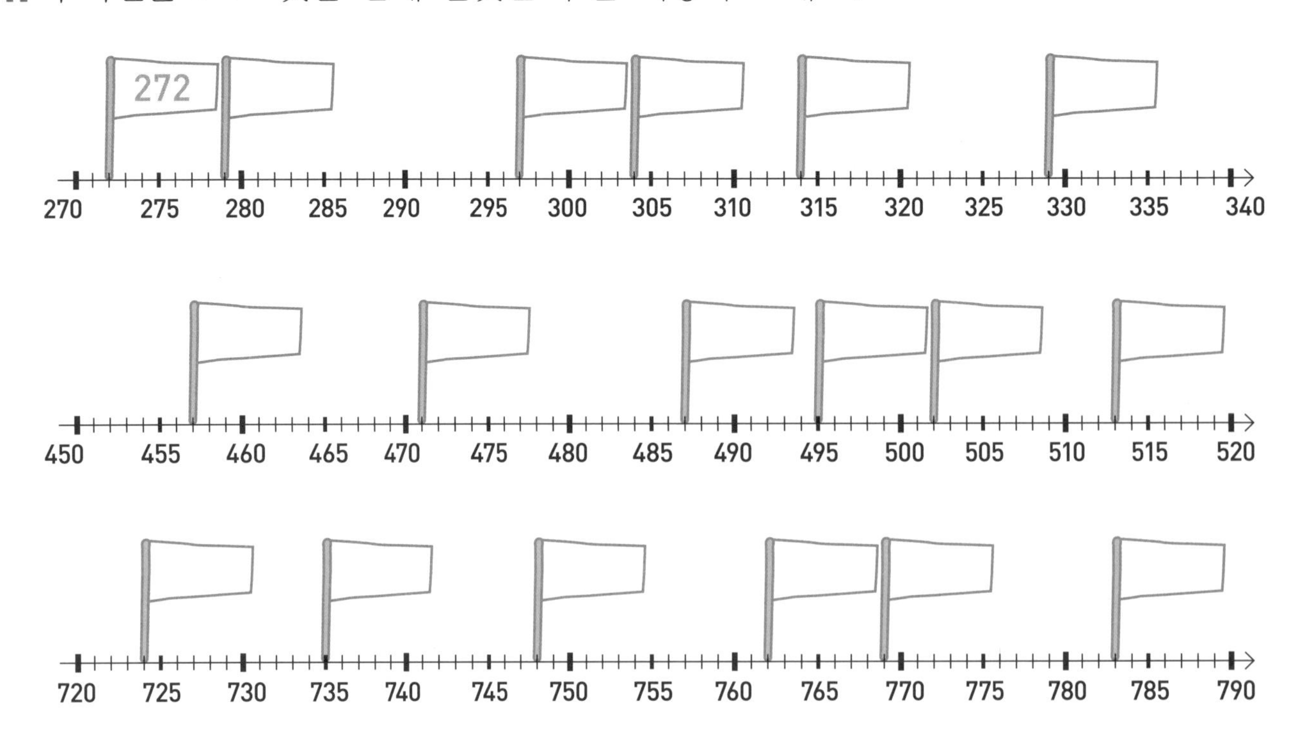

5. 더 큰 수를 따라가 보세요. 양 갈래 길 모두 큰 수가 있을 경우, 두 길 중 더 큰 수를 따라가세요.

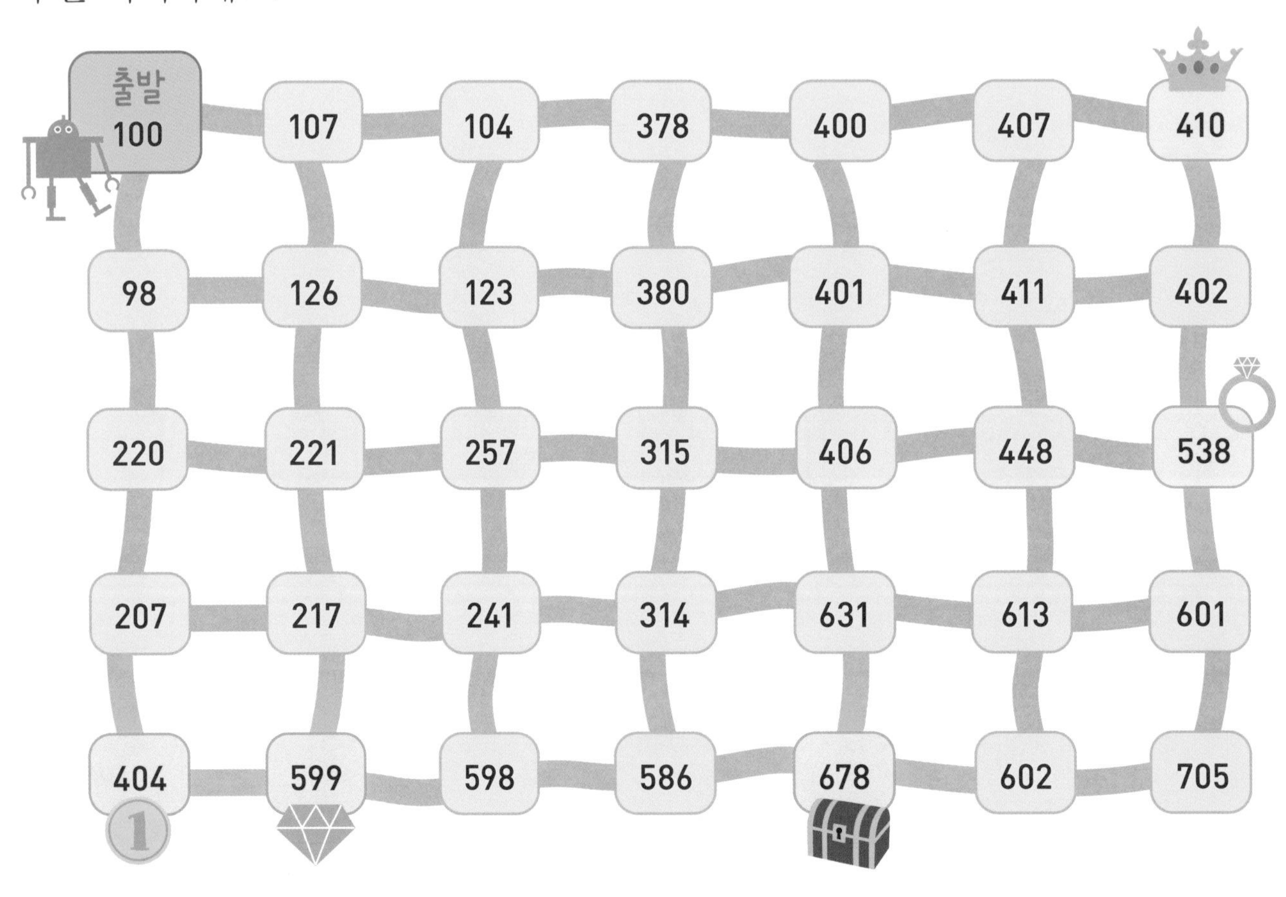

6. ❶ 친구들의 점수를 계산해 보세요.

라몬 ________
줄리 ________
윌리엄 ________
올리비아 ________

❷ 점수를 계산한 결과표를 보고, 참인지 거짓인지 표시하세요.

	참	거짓
• 줄리는 올리비아와 점수가 같아요.		
• 윌리엄은 라몬보다 90점이 더 높아요.		
• 윌리엄이 280점을 더 얻으면 1000점이 돼요.		
• 윌리엄이 315점을 더 얻으면 올리비아와 점수가 같아져요.		
• 라몬이 2개의 공을 정가운데로 던지면 650점이 돼요.		

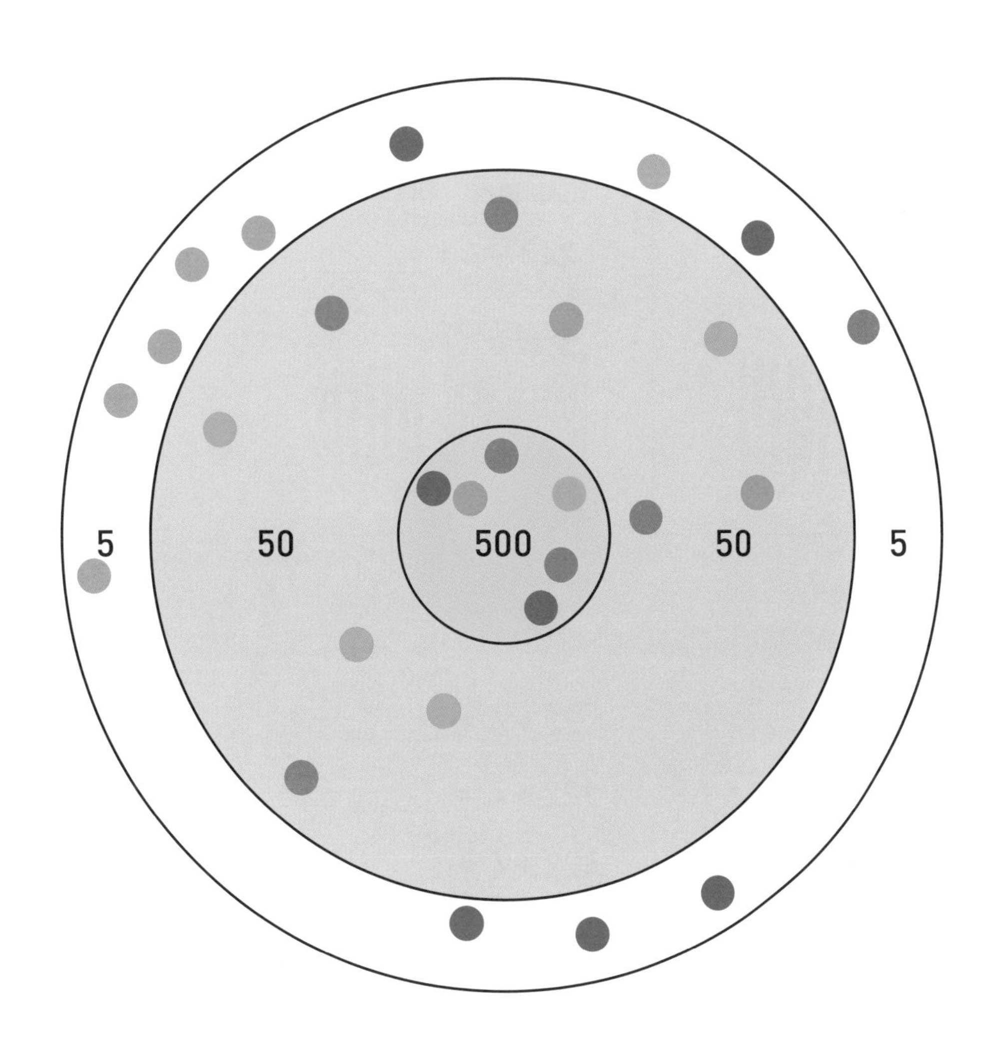

15 세 자리 수에서 일의 자리 수의 덧셈과 뺄셈

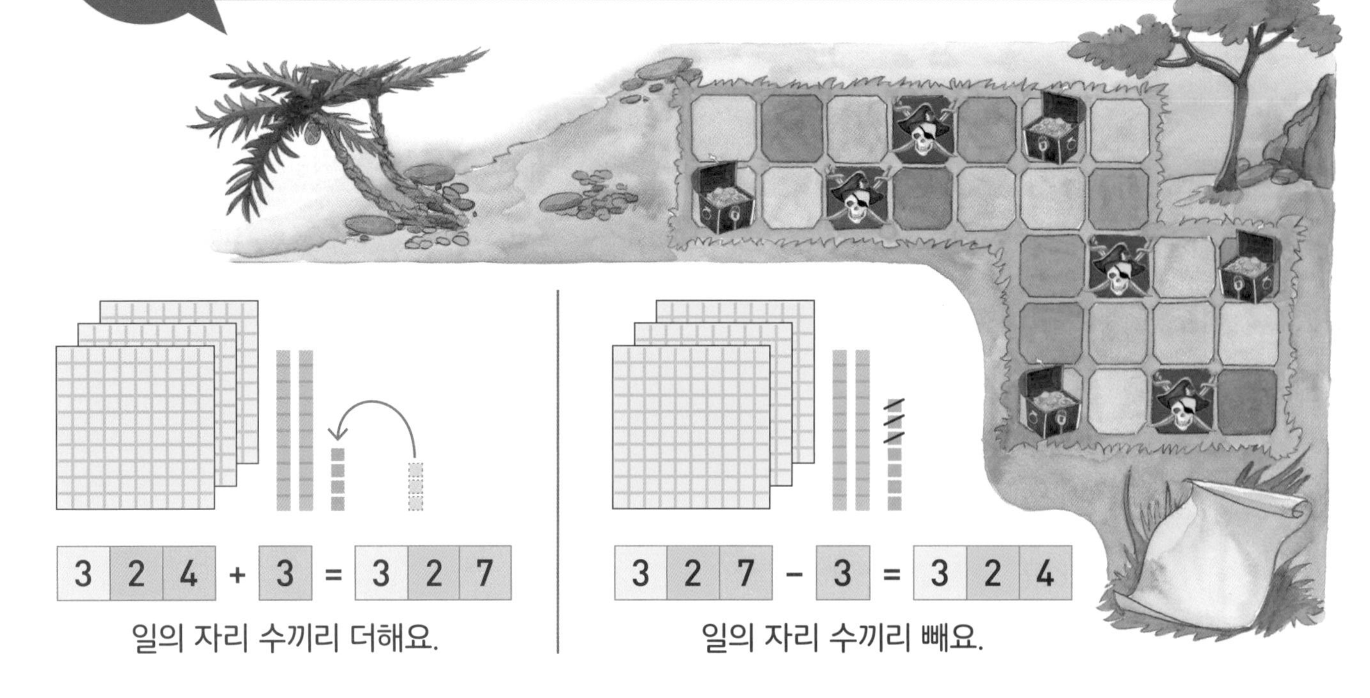

1. 수 막대를 보고 계산해 보세요.

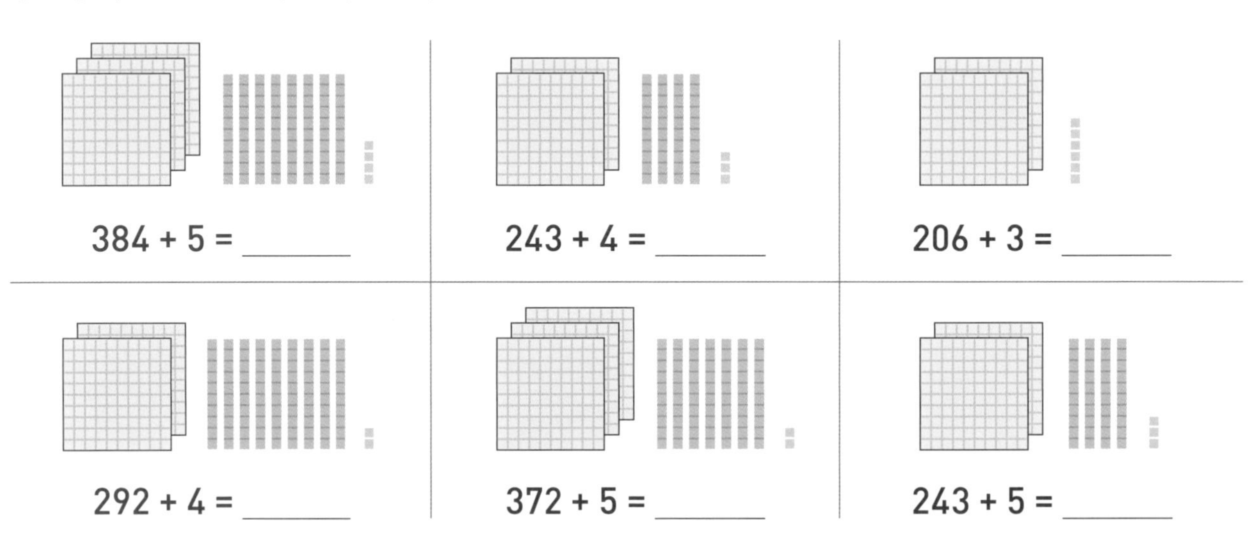

2. 계산한 후 정답을 찾아 ○표 하세요.

492 + 3 = ______	22 + 4 = ______	3 + 124 = ______
492 + 4 = ______	122 + 4 = ______	3 + 361 = ______
492 + 5 = ______	422 + 4 = ______	3 + 232 = ______

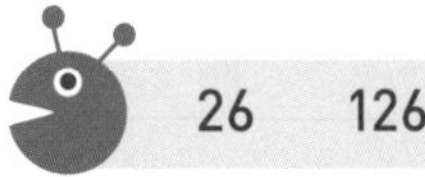

26 126 127 235 245 364 426 495 496 497

3. 수 막대를 보고 계산해 보세요.

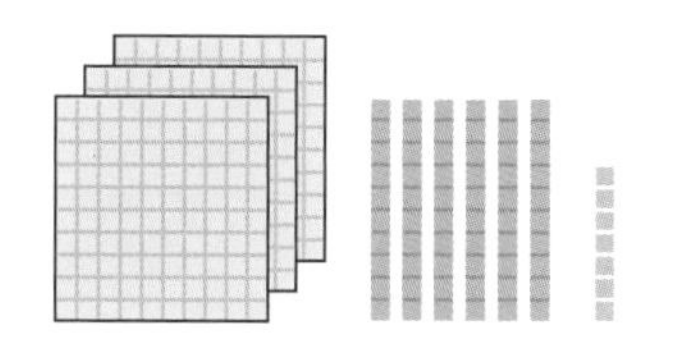

367 − 4 = ______

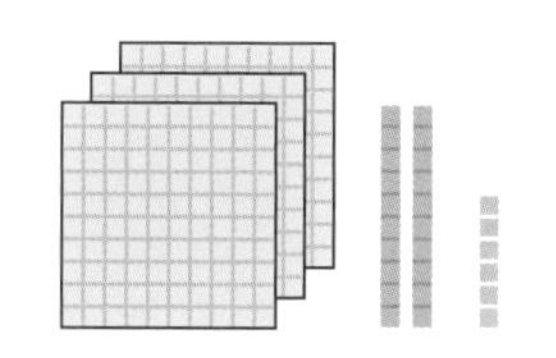

326 − 5 = ______

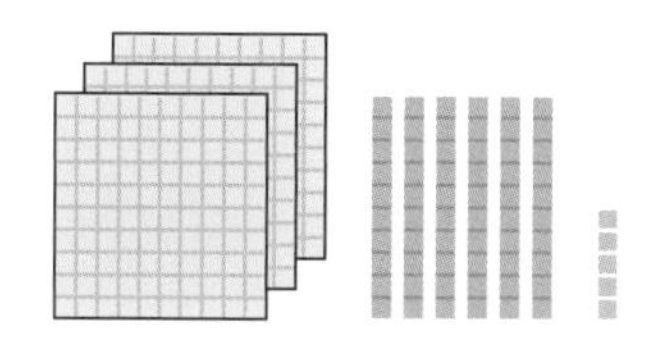

365 − 5 = ______

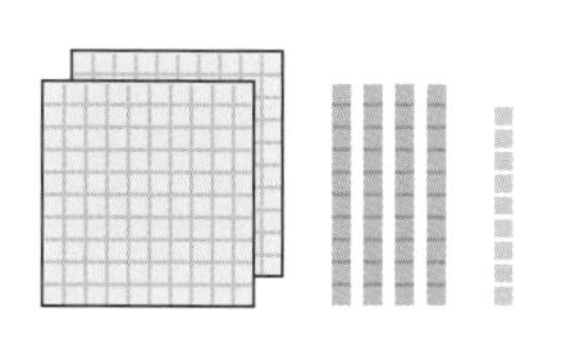

249 − 5 = ______

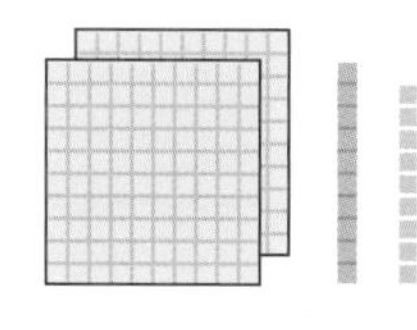

219 − 3 = ______

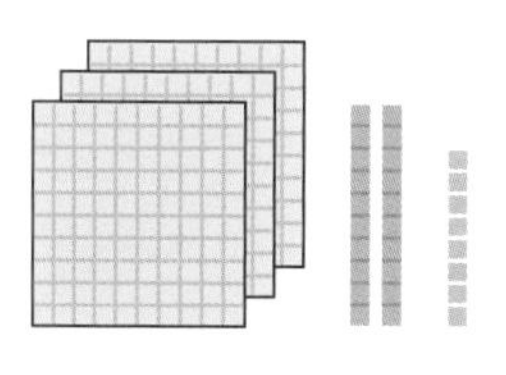

328 − 3 = ______

4. 계산한 후 정답을 찾아 ○표 하세요.

349 − 5 = ______

349 − 6 = ______

349 − 7 = ______

37 − 4 = ______

137 − 4 = ______

537 − 4 = ______

118 − 7 = ______

406 − 6 = ______

849 − 4 = ______

33 111 133 342 343 344 400 533 643 845

한 번 더 연습해요!

1. 수 막대를 보고 계산해 보세요.

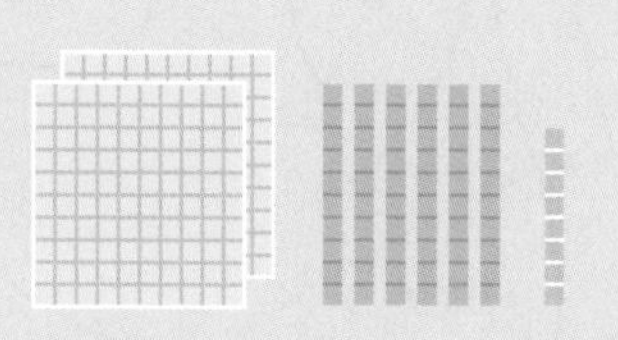

268 − 5 = ______

2. 계산해 보세요.

223 + 3 = ______

192 + 5 = ______

545 + 4 = ______

456 + 2 = ______

5. 규칙에 따라 수를 써넣어 보세요.

130	132	134					144
241	243	245					255
870	873	876					891
325	323	321					311
782	780	778					768
1000	995	990					965

6. 계산한 후 정답을 찾아 색칠해 보세요.

62 + 3 = ______　　47 − 5 = ______

462 + 3 = ______　　447 − 5 = ______

662 + 3 = ______　　747 − 5 = ______

191 + 8 = ______　　389 − 8 = ______

291 + 8 = ______　　589 − 8 = ______

691 + 8 = ______　　789 − 8 = ______

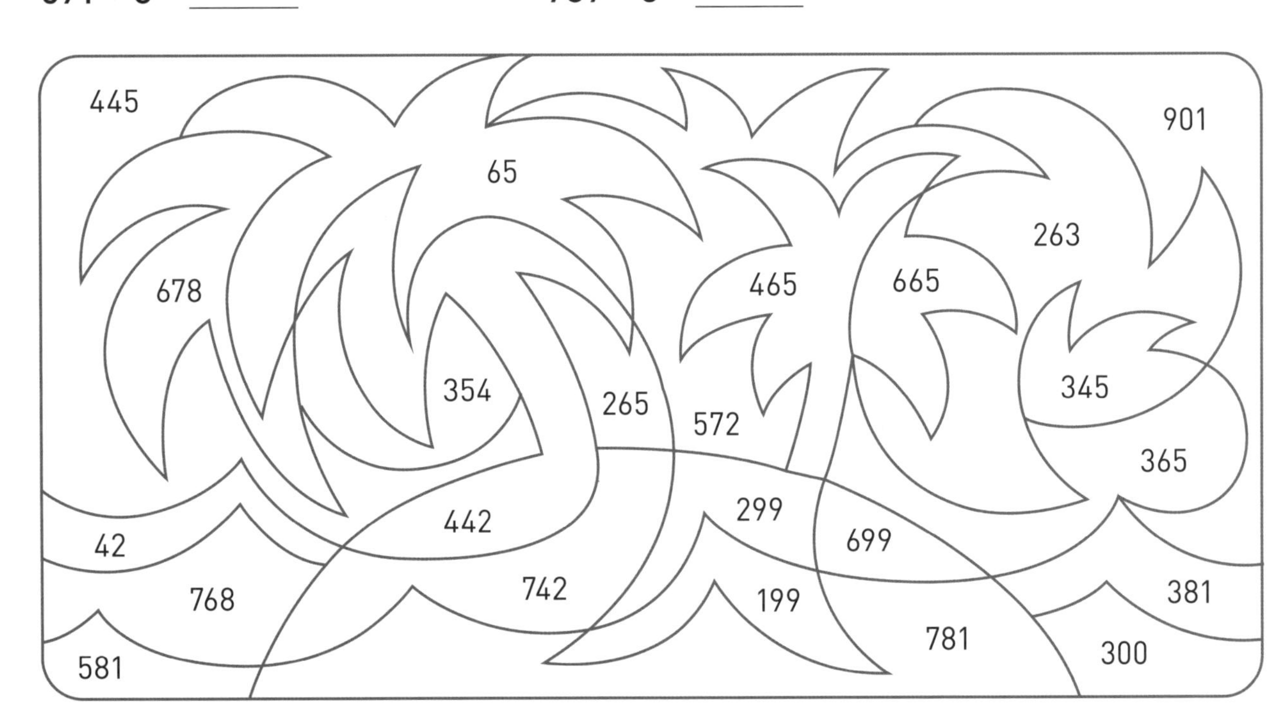

7. 캐릭터의 이름과 점수를 알아보고 알맞은 색을 칠해 보세요.

- 아구스는 노란색이에요.
- 바르도는 양 끝에 있지 않아요.
- 칠로는 왼쪽 끝에 있어요.
- 파란색 캐릭터의 점수는 645점이에요.
- 노란색 캐릭터는 649점이고, 바르도보다 4점 더 높아요.
- 빨간색 캐릭터는 바르도보다 11점 더 높아요.

이름 :	이름 :	이름 :
점수 :	점수 :	점수 :

자루 안의 수

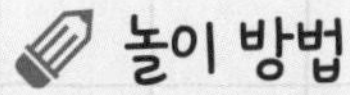

1. 자루 안의 수를 살펴봐요.
2. 자루 안에 든 수 중에서 다른 수들과 어울리지 않는 수를 고른 다음 이유를 설명해 보세요.

551 654 453 159 357 745

392 752 275 914 718 626

스스로 문제를 만들어 풀어 보세요.

16 세 자리 수에서 십의 자리 수의 덧셈과 뺄셈

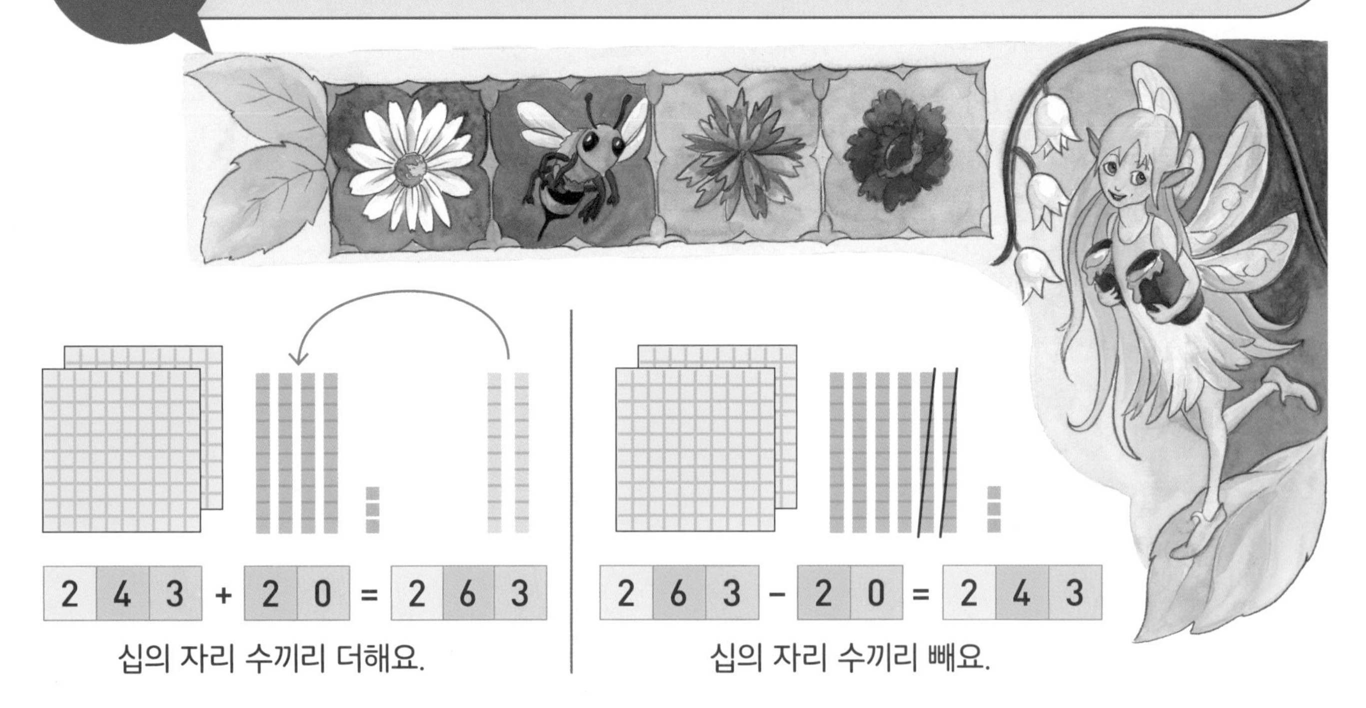

2 4 3 + 2 0 = 2 6 3
십의 자리 수끼리 더해요.
2 6 3 - 2 0 = 2 4 3
십의 자리 수끼리 빼요.

1. 수 막대를 보고 계산해 보세요.

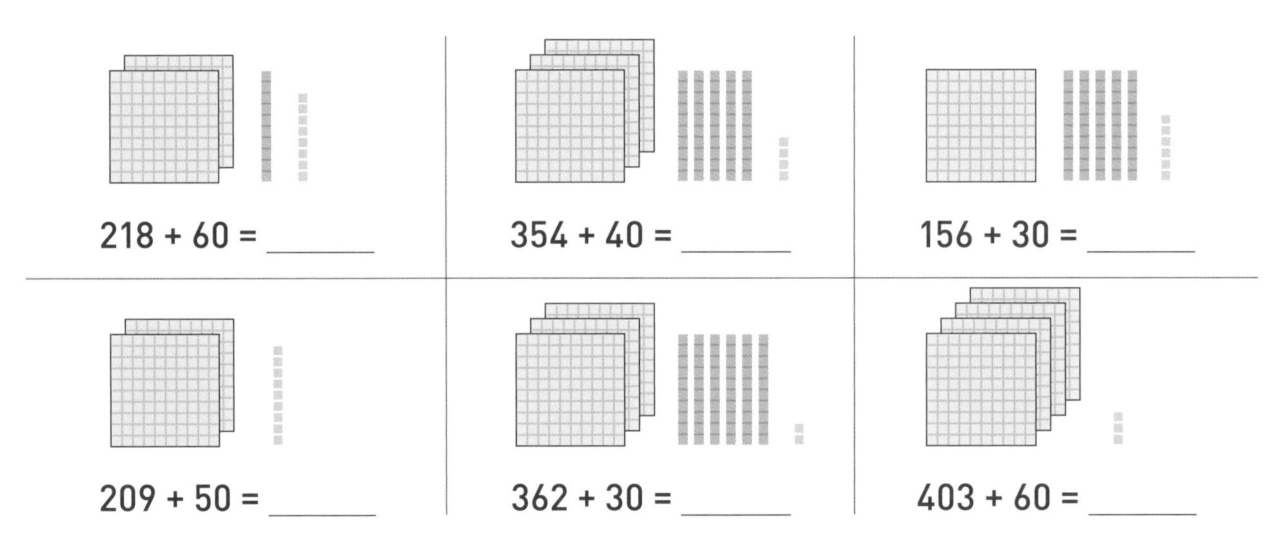

2. 계산한 후 정답을 찾아 ○표 하세요.

532 + 40 = ______

532 + 50 = ______

532 + 60 = ______

49 + 30 = ______

149 + 30 = ______

449 + 30 = ______

70 + 30 = ______

170 + 30 = ______

470 + 30 = ______

79 100 179 200 479 497 500 572 582 592

3. 수 막대를 보고 계산해 보세요.

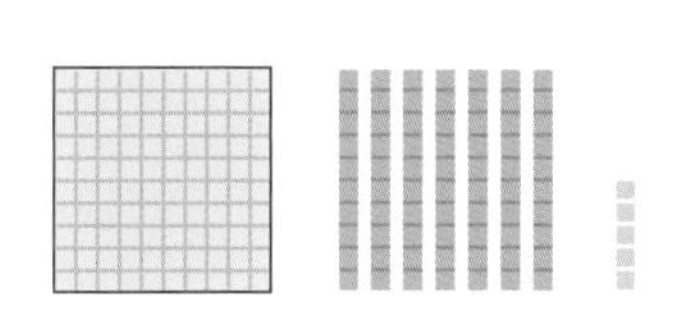

175 - 30 = ______

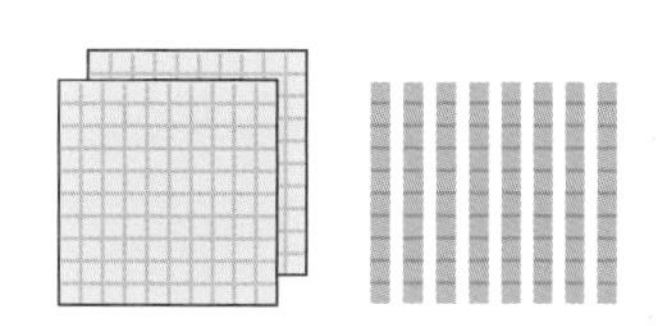

280 - 50 = ______

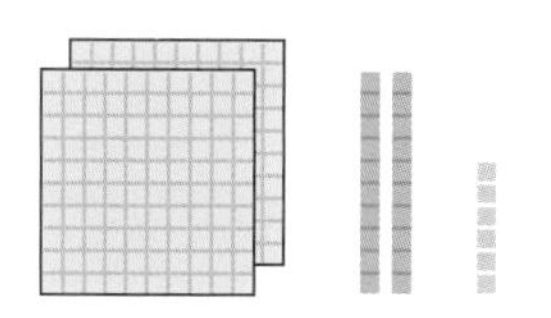

226 - 20 = ______

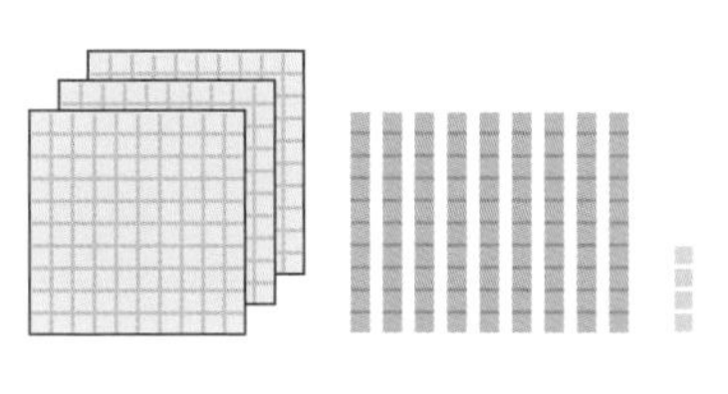

394 - 80 = ______

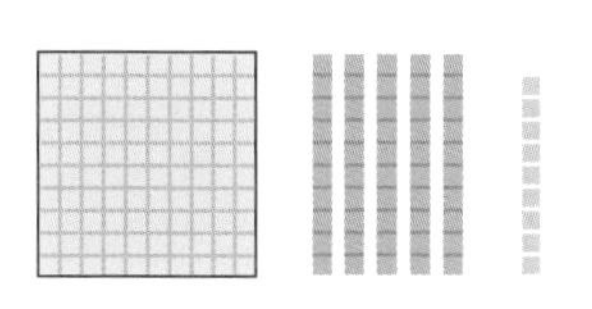

159 - 50 = ______

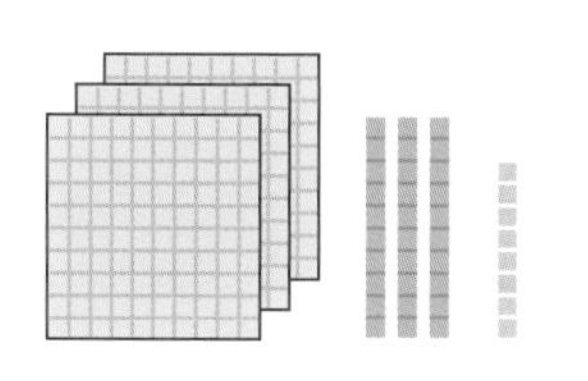

338 - 10 = ______

4. 계산한 후 정답을 찾아 ○표 하세요.

473 - 50 = ______
473 - 60 = ______
473 - 70 = ______

68 - 20 = ______
268 - 20 = ______
568 - 20 = ______

100 - 40 = ______
200 - 40 = ______
500 - 40 = ______

48 60 160 248 403 413 423 460 548 608

한 번 더 연습해요!

1. 수 막대를 보고 계산해 보세요.

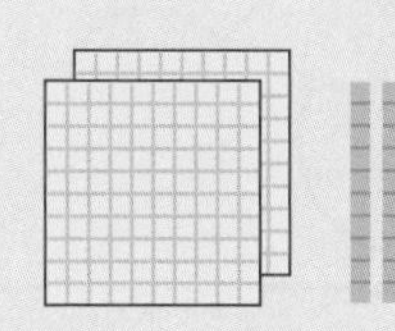

245 - 30 = ______

2. 계산해 보세요.

140 + 50 = ______
232 + 60 = ______
426 + 40 = ______
930 + 70 = ______

5. 규칙에 따라 수를 써넣어 보세요.

150	160	170					220
420	440	460					560
650	700	750					1000
440	430	420					370
770	750	730					630
860	810	760					510

6. 계산한 후 정답을 찾아 색칠해 보세요.

20 + 42 = ______　　38 − 10 = ______

320 + 42 = ______　　638 − 10 = ______

64 − 20 = ______　　26 + 30 = ______

564 − 20 = ______　　926 + 30 = ______

58 − 50 = ______　　67 − 40 = ______

658 − 50 = ______　　567 − 40 = ______

24 + 40 = ______　　95 − 70 = ______

924 + 40 = ______　　795 − 70 = ______

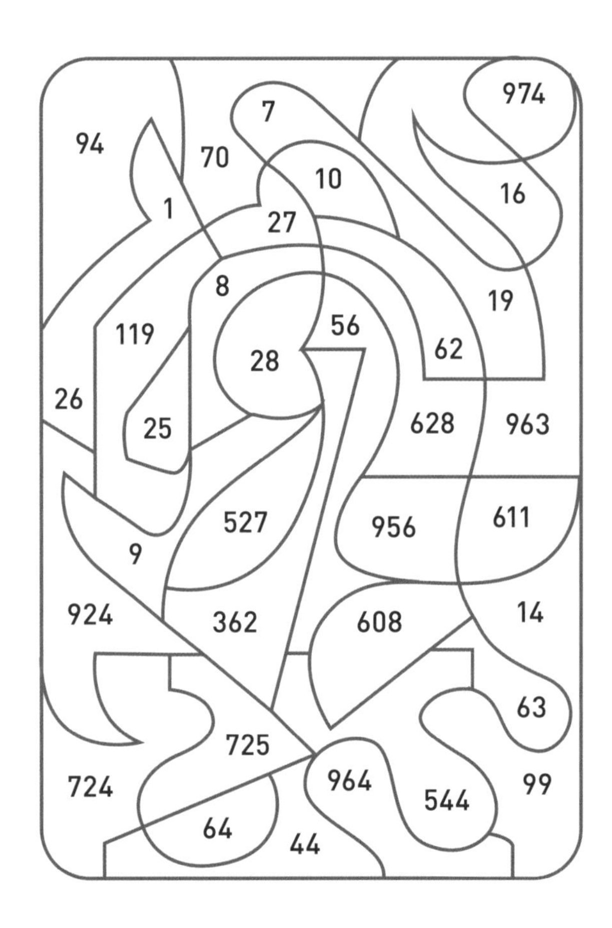

어떤 모양이 보이니?

7. 세로셈으로 계산한 후에 정답을 찾아 ○표 하세요.

	1	5	5
+	3	4	2

	2	6	4
+	5	2	3

	6	0	3
+	3	2	6

	8	7	3
−	5	4	2

	4	7	9
−	3	6	7

	8	4	9
−	6	4	5

101 112 204 331 497 787 929

8. 엠마, 릴리, 할리의 가면이 어느 것인지 알아보고, 역할 이름과 비밀번호를 알아맞혀 보세요.

- 아브라카다브라의 마스크는 시리우스의 마스크 옆에 있어요.
- 릴리의 수에 20을 더하면 365가 나와요.
- 할리의 수는 554보다 120만큼 작아요.
- 트릭스의 수는 740의 반과 같아요.
- 할리의 마스크는 가운데 있지 않아요.
- 트릭스의 마스크는 깃털이 없어요.
- 릴리의 역할 이름은 아브라카다브라가 아니에요.
- 엠마의 마스크는 깃털이 없어요.

이름 :

역할 이름 :

비밀번호 :

이름 :

역할 이름 :

비밀번호 :

이름 :

역할 이름 :

비밀번호 :

_____ 월 _____ 일 _____ 요일

17 세 자리 수에서 백의 자리 수의 덧셈과 뺄셈

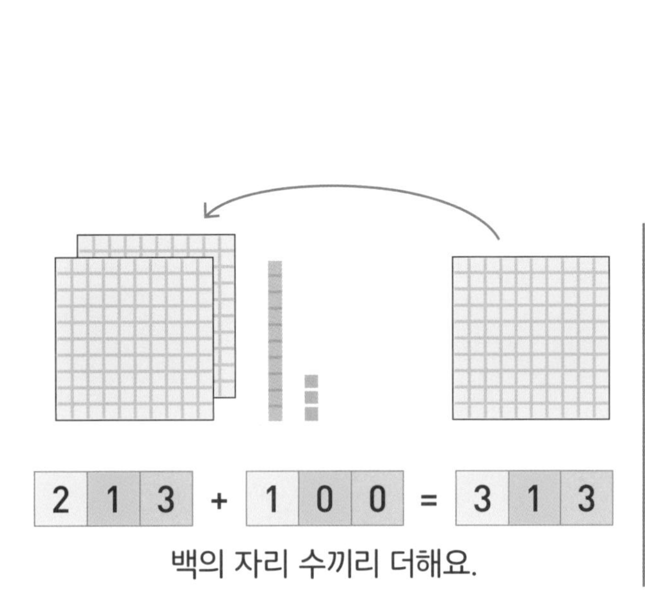

2 1 3 + 1 0 0 = 3 1 3

백의 자리 수끼리 더해요.

3 1 3 − 1 0 0 = 2 1 3

백의 자리 수끼리 빼요.

1. 수 막대를 보고 계산해 보세요.

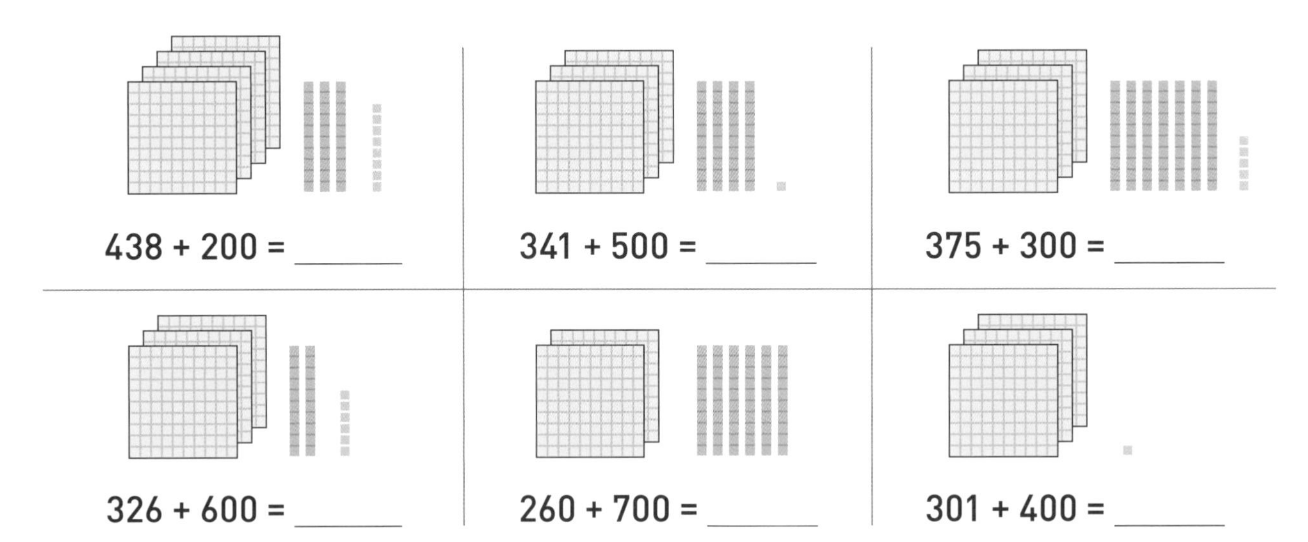

438 + 200 = _____	341 + 500 = _____	375 + 300 = _____
326 + 600 = _____	260 + 700 = _____	301 + 400 = _____

2. 계산한 후 정답을 찾아 ○표 하세요.

231 + 300 = _____	147 + 200 = _____	400 + 68 = _____
231 + 400 = _____	347 + 200 = _____	400 + 268 = _____
231 + 500 = _____	647 + 200 = _____	400 + 568 = _____

347 468 513 531 547 631 668 731 847 968

3. 수 막대를 보고 계산해 보세요.

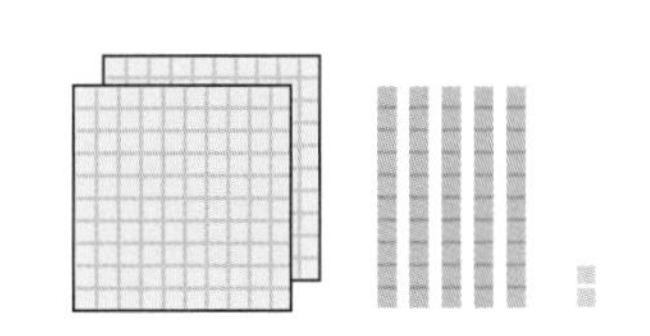

252 − 100 = ______

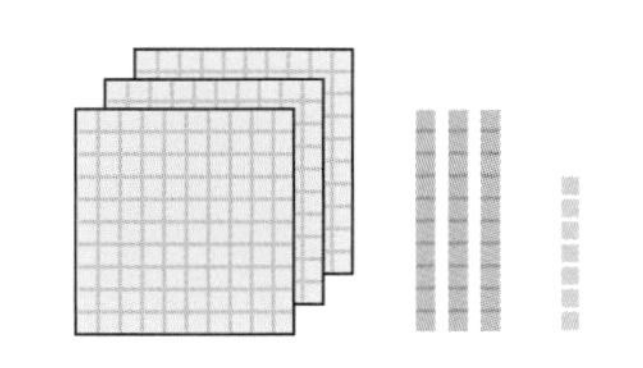

337 − 200 = ______

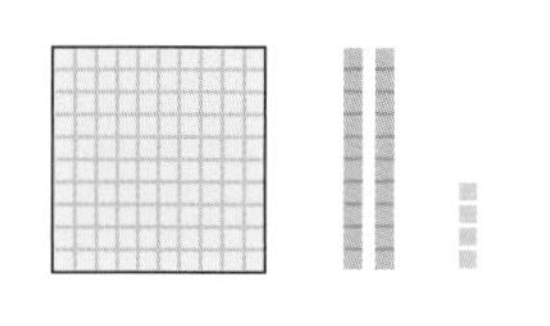

124 − 100 = ______

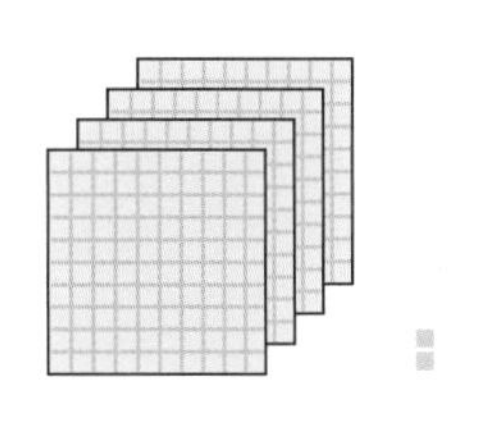

402 − 300 = ______

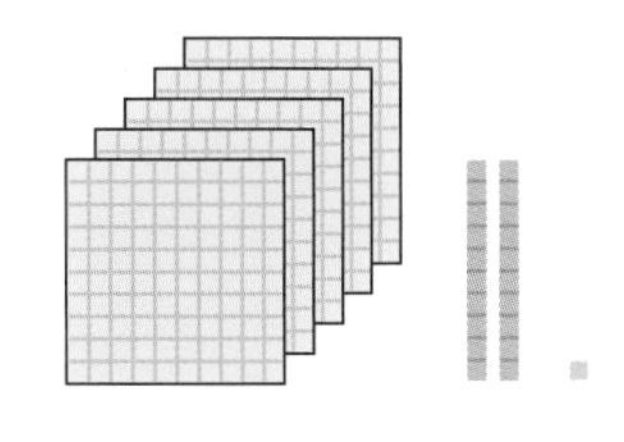

521 − 300 = ______

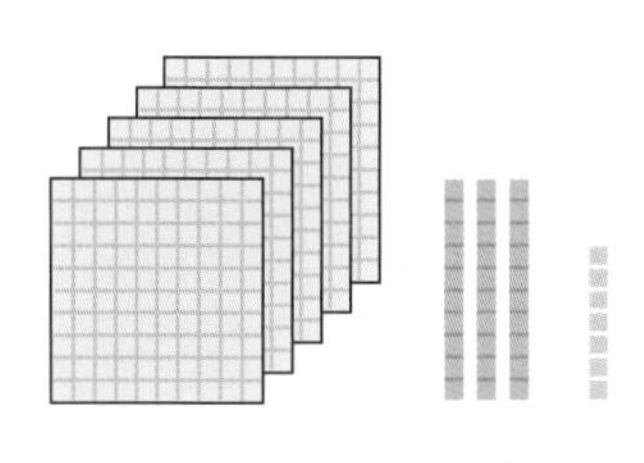

537 − 200 = ______

4. 계산한 후 정답을 찾아 ○표 하세요.

742 − 400 = ______

742 − 500 = ______

742 − 600 = ______

678 − 600 = ______

778 − 600 = ______

978 − 600 = ______

458 − 300 = ______

403 − 100 = ______

839 − 200 = ______

78 142 158 178 181 242 303 342 378 639

한 번 더 연습해요!

1. 식을 쓰고 정답을 구해 보세요.

엠마는 352점에서 200점을 잃었어요.
엠마에게 남은 점수는 몇 점인가요?

식 : ______________________

정답 : ______________________

2. 계산해 보세요.

835 − 300 = ______

478 + 500 = ______

200 + 547 = ______

580 − 500 = ______

5. 아래 글을 읽고 식을 쓴 후 정답을 구해 보세요.

❶ 메이는 437점에서 200점을 잃었어요. 메이에게 남은 점수는 몇 점인가요?

식 : ______

정답 : ______

❷ 실비아는 400점을 잃었어요. 실비아의 처음 점수가 682점이라면, 남은 점수는 몇 점인가요?

식 : ______

정답 : ______

6. 그림을 보고 돈이 얼마인지 쓴 후, □ 안에 >, =, <를 알맞게 써넣어 보세요.

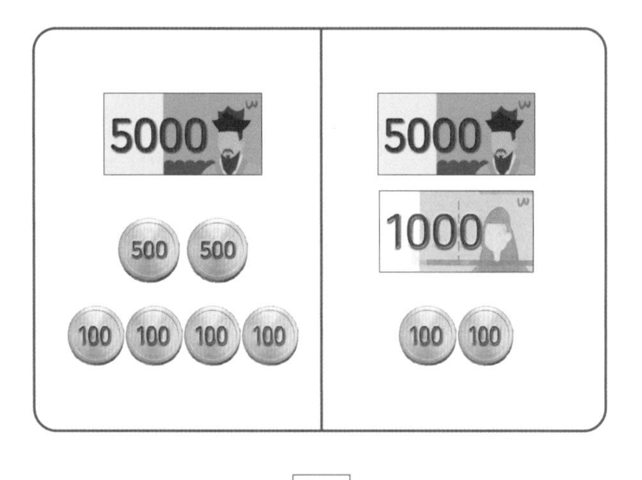

______ □ ______

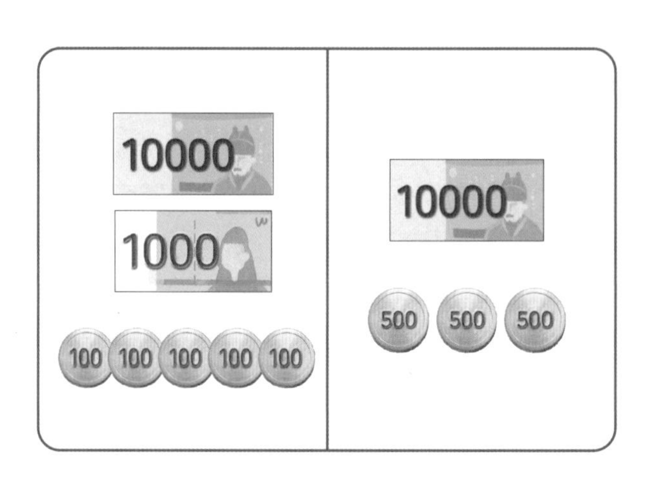

______ □ ______

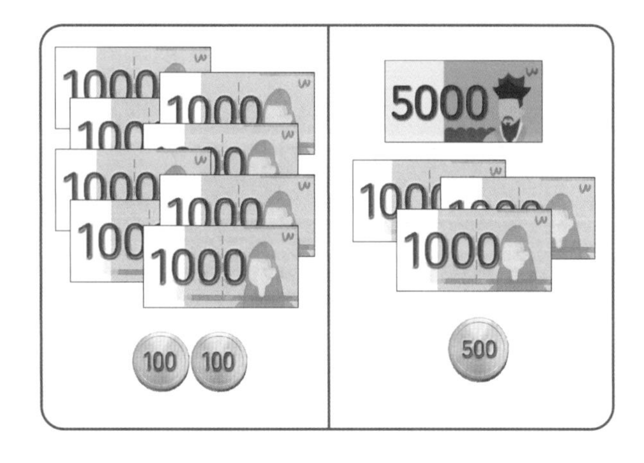

______ □ ______

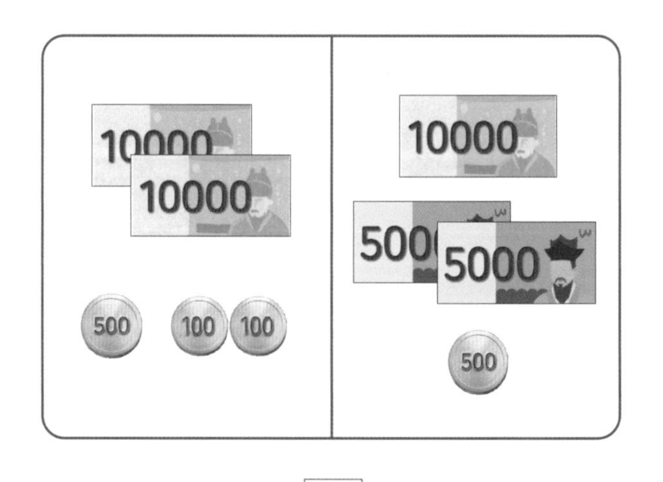

______ □ ______

7. 빈칸에 알맞은 수를 구해 보세요.

	2	3	4
+	1	5	
			8

	7		2
+		4	
	9	8	3

		4	6
+	3		
	6	6	7

	5		3
−		2	1
	2	4	

		7	4
−	1	2	
	5		4

	9	7	
−			7
	9	3	1

8. 처음 수를 구해 보세요.

시작
처음 수 ________
↓
20을 빼세요.
↓
600을 더하세요.
↓
마침
마지막 수 904

시작
처음 수 ________
↓
2를 곱하세요.
↓
50을 더하세요.
↓
마침
마지막 수 530

시작
처음 수 ________
↓
800을 빼세요.
↓
3으로 나누세요.
↓
마침
마지막 수 50

실력을 평가해 봐요!

_____ 월 _____ 일 _____ 요일

1. 자릿값에 맞게 수를 나타내 보세요.

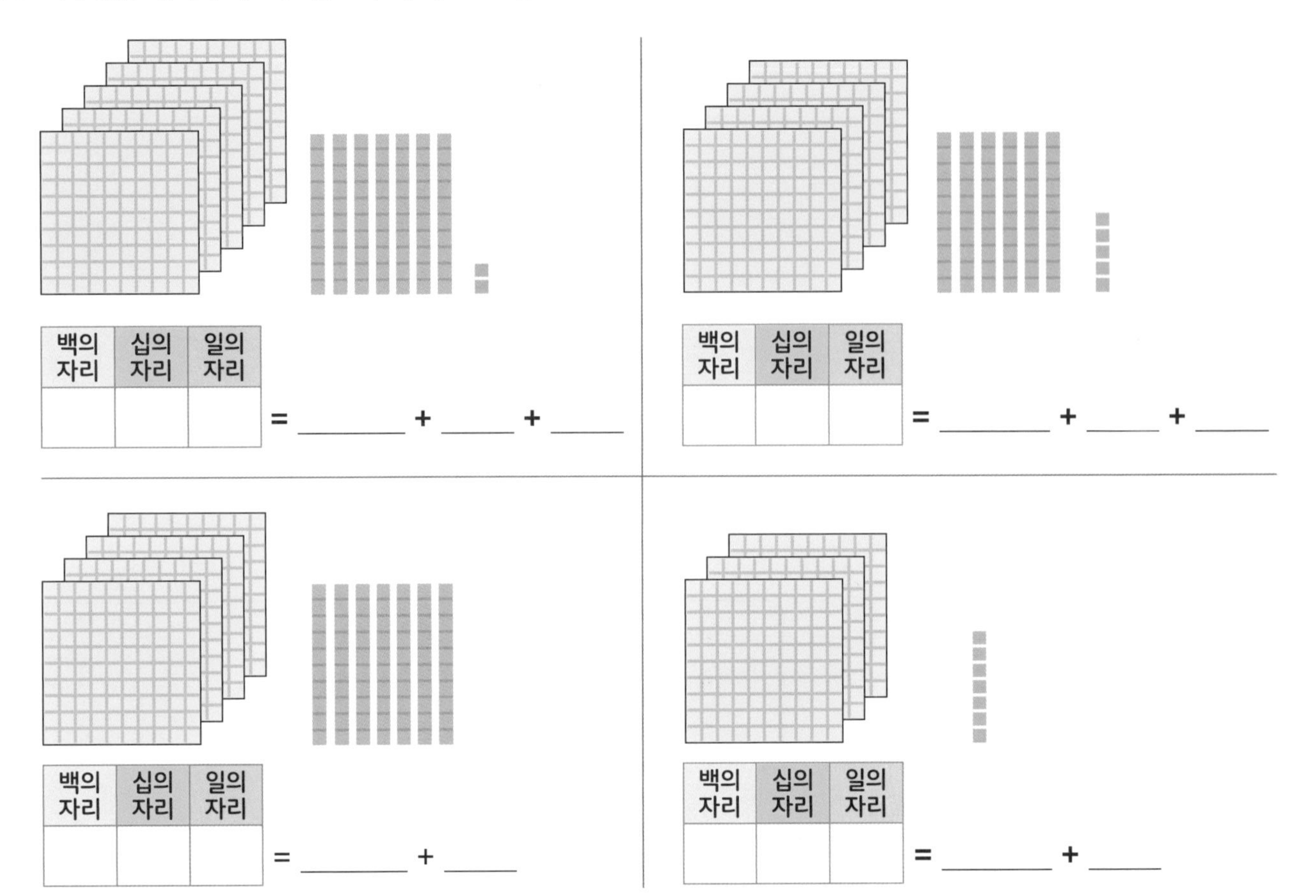

2. 규칙에 따라 수를 써넣어 보세요.

346	347	348					353
594	593	592					587

3. 자릿값에 맞게 수를 나타내 보세요.

472 = ______________________

615 = ______________________

537 = ______________________

764 = ______________________

303 = ______________________

180 = ______________________

801 = ______________________

990 = ______________________

4. 그림을 보고 돈이 얼마인지 쓴 후, □ 안에 >, =, <를 알맞게 써넣어 보세요.

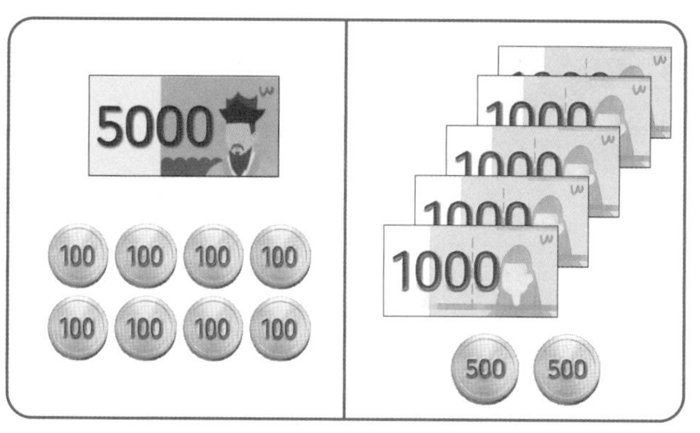

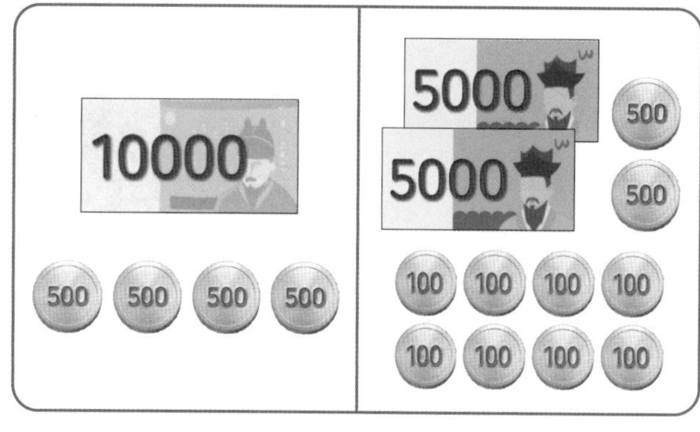

________ □ ________　　　　________ □ ________

5. □ 안에 >, =, <를 알맞게 써넣어 보세요.

521 □ 802	452 □ 461	543 □ 541
763 □ 591	786 □ 750	637 □ 639

6. 계산해 보세요.

121 + 7 = ______	428 + 50 = ______	326 + 100 = ______
432 + 3 = ______	570 + 20 = ______	300 + 639 = ______

219 − 7 = ______

526 − 4 = ______

986 − 50 = ______

837 − 30 = ______

574 − 200 = ______

967 − 900 = ______

실력이 자란 만큼 별을 색칠하세요.

 정말 잘했어요.

 꽤 잘했어요.

 계속 노력할게요.

단원 평가

1 계산값을 찾아 바르게 이어 보세요.

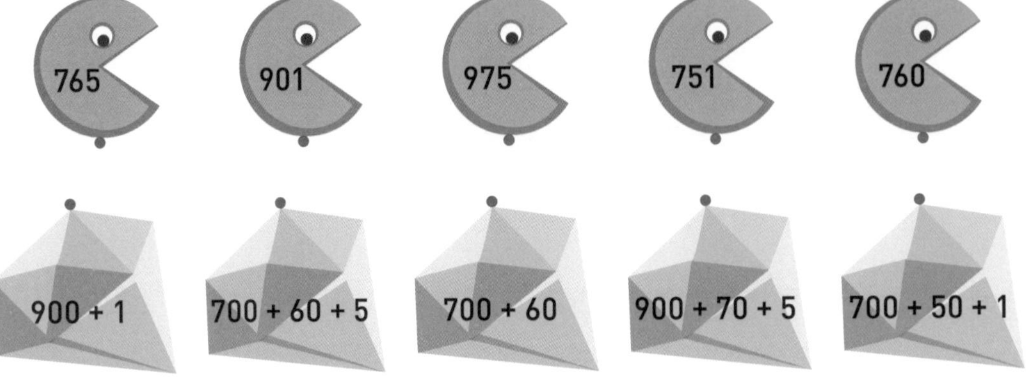

2 더 큰 수에 색칠해 보세요.

3 계산해 보세요.

4 + 345 = ______

5 + 702 = ______

50 + 218 = ______

60 + 436 = ______

300 + 127 = ______

4 규칙에 따라 수를 써넣어 보세요.

296	297						303	

5 규칙에 따라 수를 써넣어 보세요.

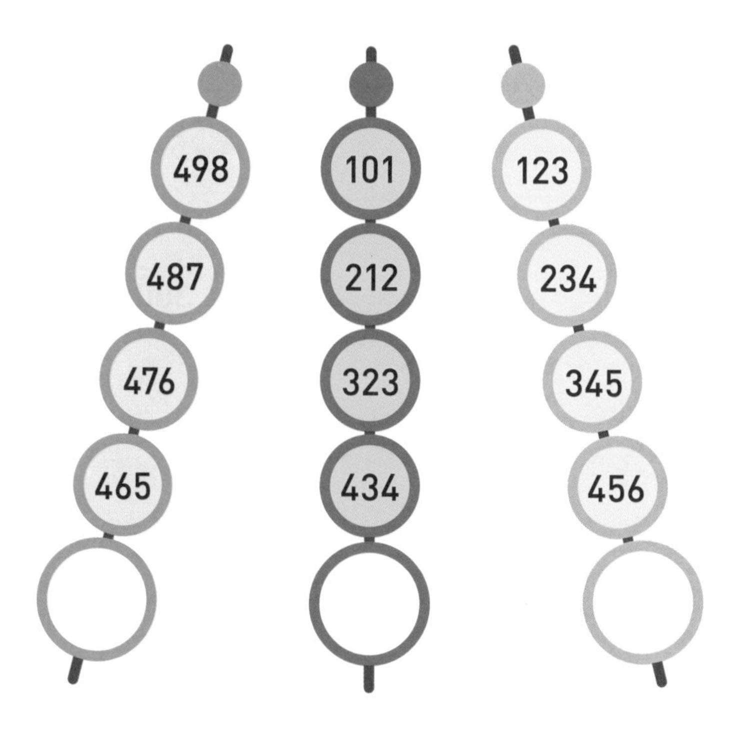

6 ★★★ 설명하는 수를 찾아 써 보세요.

- 삼각형과 원 안에 있지만, 사각형 안에는 있지 않아요.
- 삼각형과 사각형 안에 있지만, 원 안에는 있지 않아요.
- 모든 도형 안에 있어요.
- 삼각형 안에만 있고, 모든 자릿수의 합은 7과 같아요.
- 사각형 안에만 있고 홀수예요.
- 원 안에만 있고 십의 자리 수가 2예요.

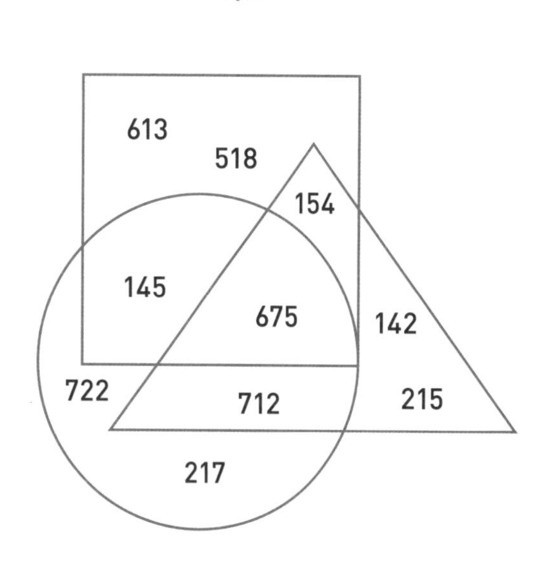

도전! 심화 평가

____ 월 ____ 일 ____ 요일

1. 식이 맞으면 ○, 틀리면 X표 하세요.

900 + 9 < 90 + 900 ☐

1000 − 200 = 490 + 310 ☐

857 − 12 > 820 + 15 ☐

150 + 120 > 140 + 130 ☐

6 × 100 > 701 − 100 ☐

5 × 20 < 25 × 4 ☐

10 × 9 = 30 + 30 + 30 ☐

412 − 9 < 380 + 5 ☐

2. 표를 보고 바르게 계산하여 빈칸을 채워 보세요.

+	1	10	100
99			
289			389
509		519	
899			

−	1	10	100
140		130	
270			
800			700
1000			

×	3	4	5
35			
105	315		
122			
210		840	

÷	3	5	10
30	10		
60			
90			9
150			

3. 아래 글을 읽고 문제를 풀어 보세요.

❶ 시에나는 우주 게임에서 156점을 얻었어요. 그리고 이 점수의 2배만큼 되자 달나라에 도착했어요. 시에나의 점수는 몇 점인가요?

정답 : ______________________

❷ 이삭은 우주 게임에서 135점을 얻었어요. 그리고 이 점수의 3배만큼 되자 화성에 도착했어요. 이삭의 점수는 몇 점인가요?

정답 : ______________________

❸ 엘사는 우주 게임에서 250점을 얻었어요. 그리고 이 점수의 4배만큼 되자 토성에 도착했어요. 엘사의 점수는 몇 점인가요?

정답 : ______________________

❹ 키라는 우주 게임에서 600점을 얻었어요. 그리고 유성과 부딪혀서 이 점수의 $\frac{1}{4}$만큼을 잃었어요. 키라의 남은 점수는 몇 점인가요?

정답 : ______________________

❺ 로라는 우주 게임에서 880점을 얻었어요. 그리고 유성과 부딪혀서 이 점수의 $\frac{1}{4}$만큼을 잃었어요. 로라의 남은 점수는 몇 점인가요?

정답 : ______________________

❻ 에릭은 우주 게임에서 750점을 얻었어요. 그리고 유성과 부딪혀서 이 점수의 $\frac{1}{3}$만큼을 잃었어요. 에릭의 남은 점수는 몇 점인가요?

정답 : ______________________

4. 아래 글을 읽고 지갑의 주인을 알아맞혀 보세요.

- 아만다가 가진 돈에 16유로를 더하면 미라가 가진 돈과 같아요.
- 킴이 제리에게 8유로를 주면 둘은 가진 돈이 같아져요.
- 미라는 킴보다 돈이 더 많아요.

______________________ ______________________ ______________________ ______________________

놀이 수학

무게 재기

인원 : 2명
준비물 : 옷걸이, 비닐봉지 2개, 무게를 잴 물건들

이 놀이는 어느 것이 더
무거운지 알아볼 수 있어.

놀이 방법

1. 무게를 잴 물건 2개를 정한 후, 아래 표에 물건 이름을 써요.
2. 물건 2개 중 어느 것이 더 무거울지 어림해 보세요. 더 무겁다고 어림한 것에 ×표 해 보세요.
3. 그림처럼 비닐봉지에 물건을 넣은 후 옷걸이에 걸어 측정해요. 더 무거운 것에 ×표 해 보세요.

물건	어림한 결과	측정한 결과
테니스공		
신발		

수평 만들기

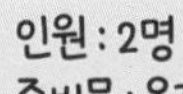

인원 : 2명
준비물 : 옷걸이, 비닐봉지 2개, 같은 크기의 블록

놀이 방법

1. 무게를 잴 물건을 정한 후, 아래 표에 물건 이름을 써요.
2. 비닐봉지에 물건을 넣은 후, 옷걸이 한쪽에 걸어요. 반대쪽 옷걸이에도 비닐봉지를 걸고 수평이 될 때까지 블록을 담아요. 직접 측정하기 전에 어림한 결과를 미리 써 보세요. 물건의 무게는 블록 몇 개의 무게와 같나요? 어림한 결과와 같나요?

물건	어림한 결과	측정한 결과
테니스공	블록 개	블록 개

양쪽의 무게가
같으면
수평이 돼~!

한 번 더 연습해요!

1. □ 안에 >, =, <를 알맞게 써넣어 보세요.

580 □ 200 + 340

890 □ 480 + 400

935 □ 360 + 600

200 + 350 □ 940 − 400

100 + 590 □ 899 − 200

200 + 260 □ 760 − 300

어느 그릇에 더 많이 담길까?

준비물 : 다양한 그릇과 컵

놀이 방법

1. 측정 실험에 쓸 그릇 2개를 정한 후 그릇 이름 아래 이름을 쓰세요. 계량컵의 이름도 쓰세요.
2. 어느 그릇에 물이 더 많이 담길지 어림한 후, 더 많이 담길 것 같은 그릇에 X표 해 보세요.
3. 계량컵에 물을 담아 어느 그릇에 물이 더 많이 담길지 측정해 보세요.

계량컵	그릇 이름	어림한 결과	측정한 결과

덧셈 뺄셈 놀이

인원 : 2명　준비물 : 0~9까지의 수 카드

이름 :　　　　　　　　이름 :

백의 자리	십의 자리	일의 자리		일의 자리		백의 자리	십의 자리	일의 자리	
			+		=				____

백의 자리	십의 자리	일의 자리		일의 자리		백의 자리	십의 자리	일의 자리	
			+		=				____

백의 자리	십의 자리	일의 자리		일의 자리		백의 자리	십의 자리	일의 자리	
			+		=				____

백의 자리	십의 자리	일의 자리		일의 자리		백의 자리	십의 자리	일의 자리	
			+		=				____

백의 자리	십의 자리	일의 자리		일의 자리		백의 자리	십의 자리	일의 자리	
			−		=				____

백의 자리	십의 자리	일의 자리		일의 자리		백의 자리	십의 자리	일의 자리	
			−		=				____

백의 자리	십의 자리	일의 자리		일의 자리		백의 자리	십의 자리	일의 자리	
			−		=				____

백의 자리	십의 자리	일의 자리		일의 자리		백의 자리	십의 자리	일의 자리	
			−		=				____

놀이 방법

책 뒤에 있는 놀이 카드를 이용하세요.

1. 0~9까지의 수 카드를 책상 위에 뒤집어 펼쳐 놓아요.
2. 가위바위보로 순서를 정한 후, 번갈아 가며 수 카드를 1개씩 골라요. 나온 수를 첫째 식부터 빈칸에 자유롭게 써넣어요. 사용한 카드는 다시 뒤집어서 섞어 놓아요.
3. 덧셈에서는 계산값이 더 큰 사람이 1점을 얻고, 뺄셈에서는 계산값이 더 적은 사람이 1점을 얻어요.

한 번 더 연습해요!

1. 규칙에 따라 수를 써넣어 보세요.

784	786	788					798

동네 한 바퀴

인원 : 2~3명 준비물 : 시계판, 주사위, 놀이 말

_____의 점수 : _____의 점수 :

 놀이 방법

1. 번갈아 가며 주사위를 굴린 다음 주사위 눈의 수만큼 놀이 말을 움직여요. 예를 들어 3이 나오면 3칸 앞으로 가요. 3칸 가면 11시 5분 전이므로 시계판의 시곗바늘을 11시 5분 전인 10시 55분을 나타내고 순서를 바꿔요.
2. 시계를 바르게 나타내지 못하면 제자리에 있어야 하며 다음 사람에게 순서가 넘어가요.
3. 먼저 도착하는 사람이 이겨요.

책 뒤에 있는 놀이 카드를 이용하세요.

몇 분일까?

인원 : 2명 준비물 : 124쪽 활동지, 주사위, 놀이 말 2개

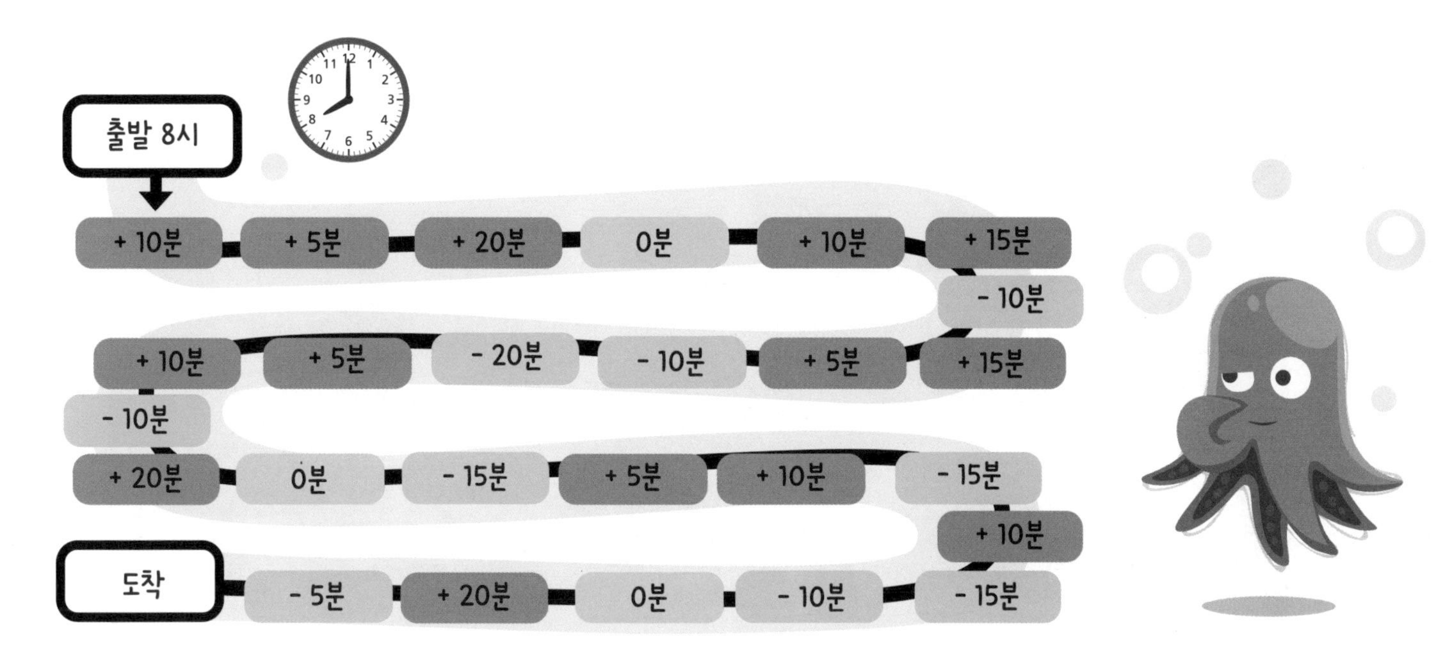

놀이 방법

1. 활동지 시계에 정각 8시를 그려요.
2. 주사위를 번갈아 가며 굴린 다음 주사위 눈의 수만큼 움직여요. 2가 나오면 2칸 앞으로 가요. 주사위가 멈춘 칸이 + 표시일 때는 시계를 시계 방향으로 움직이고, - 표시일 때는 반대 방향으로 움직이며 활동지 시계에 시곗바늘을 그려요.
3. 먼저 도착하는 사람이 이겨요.

한 번 더 연습해요!

1. 시계가 나타내는 시각을 쓰세요.

______________ ______________

2. 계산해 보세요.

20 + 15 = ________

15 + 35 = ________

45 - 15 = ________

60 - 25 = ________

얼마일까?

인원 : 2명 준비물 : 주사위, 놀이 말 2개

이름 :　　　　　이름 :

놀이 방법

1. 순서를 정해 주사위를 굴려요. 나온 수만큼 놀이 말을 시계 방향으로 움직여요.
2. 놀이 말이 멈춘 집에 있는 돈을 세어 상대방과 비교해요. 상대보다 돈이 더 많으면 이름 옆의 네모 칸에 1이라고 점수를 주세요. 돈의 액수가 같으면 두 사람 모두 1점을 얻어요.
3. 먼저 5점을 얻는 사람이 이겨요.

숨은 수를 찾아라!

인원 : 2명 준비물 : 놀이 말 1개

		516	517								
	540		542	543	544						
	565	566	567	568	569	570			573		
			592		594	595	596	597			
		616	617	618	619	620		622			
		641	642	643		645	646	647			
			667			670		672			
				693	694	695	696	697	698	699	
				718		720	721	722	723	724	
			742	743	744		746		748	749	751
			767	768		770	771	772	773		
	790	791	792	793		795		797	798		
814	815	816	817	818	819	820	821	822	823		
		841	842	843	844		846		848	849	
			867		869	870	871	872	873		
			892	893	894			897	898	899	
				918		920	921	922		924	
						945	946	947	948	949	
								972	973		
									998		

놀이 방법

1. 순서를 정해 교대로 말을 움직이며 수를 가려요.
2. 상대방은 말 아래 숨겨진 수를 알아내어 말해요.
3. 역할을 바꿔 가며 놀이를 계속해요.

한 번 더 연습해요!

1. 계산해 보세요.

25 + 9 + 25 = ____

47 + 5 + 13 = ____

12 + 9 + 58 = ____

63 + 2 + 17 = ____

65 − 20 − 8 = ____

92 − 60 − 7 = ____

84 − 30 − 6 = ____

78 − 50 − 9 = ____

8 × 5 − 6 = ____

4 × 6 − 7 = ____

3 × 7 − 9 = ____

9 × 3 − 8 = ____

탐구 과제

주사위 탐구1

주사위를 굴려서 나온 수를 보고 그래프에 색칠해 보세요. 한 주사위의 눈이 10회 나오면 멈추세요.

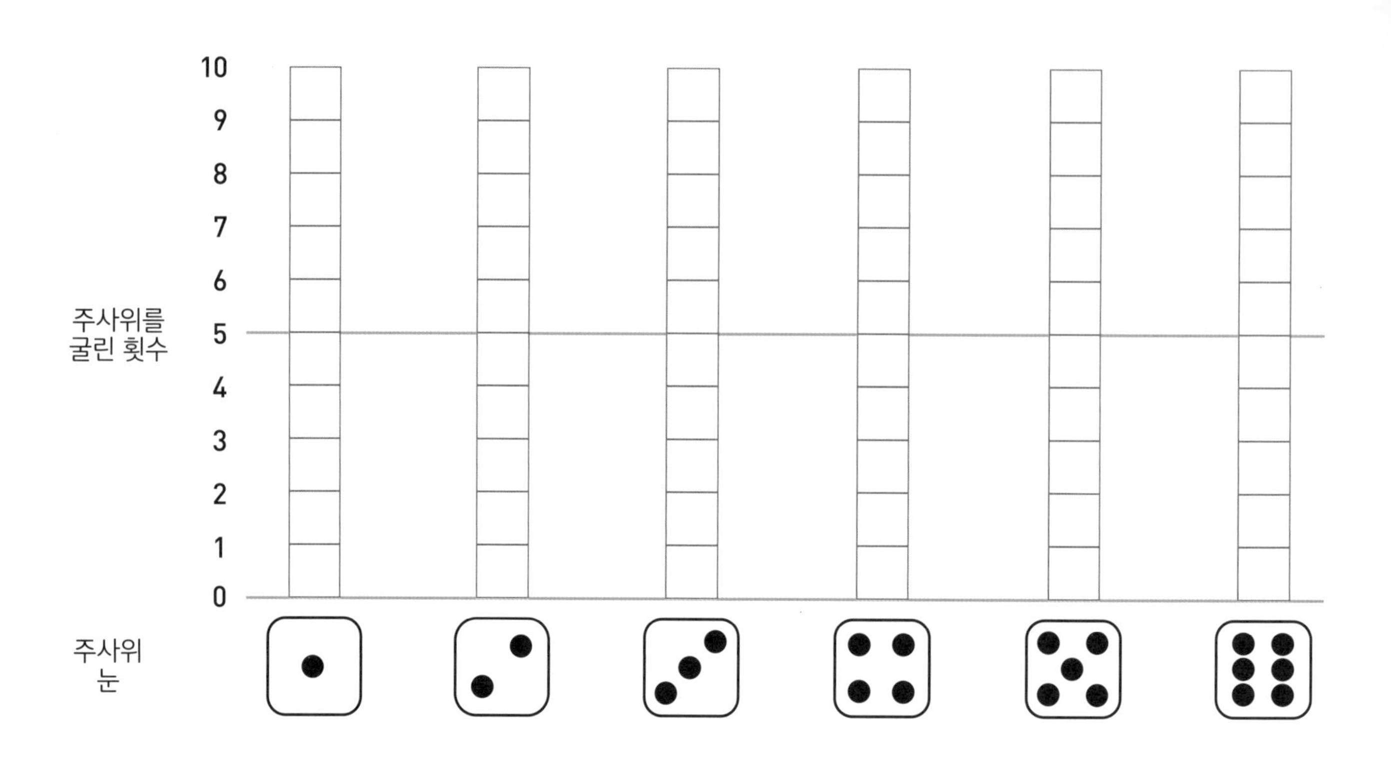

❶ 가장 많이 나온 주사위 눈은 무엇인가요?

❷ 가장 적게 나온 주사위 눈은 무엇인가요?

❸ 같은 횟수만큼 나온 주사위 눈이 있나요?

주사위 탐구2

주사위 2개를 굴려서 나온 눈의 수를 합한 값을 그래프에 색칠해 보세요.
주사위 두 눈의 합이 같은 값이 10회 나오면 멈추세요.

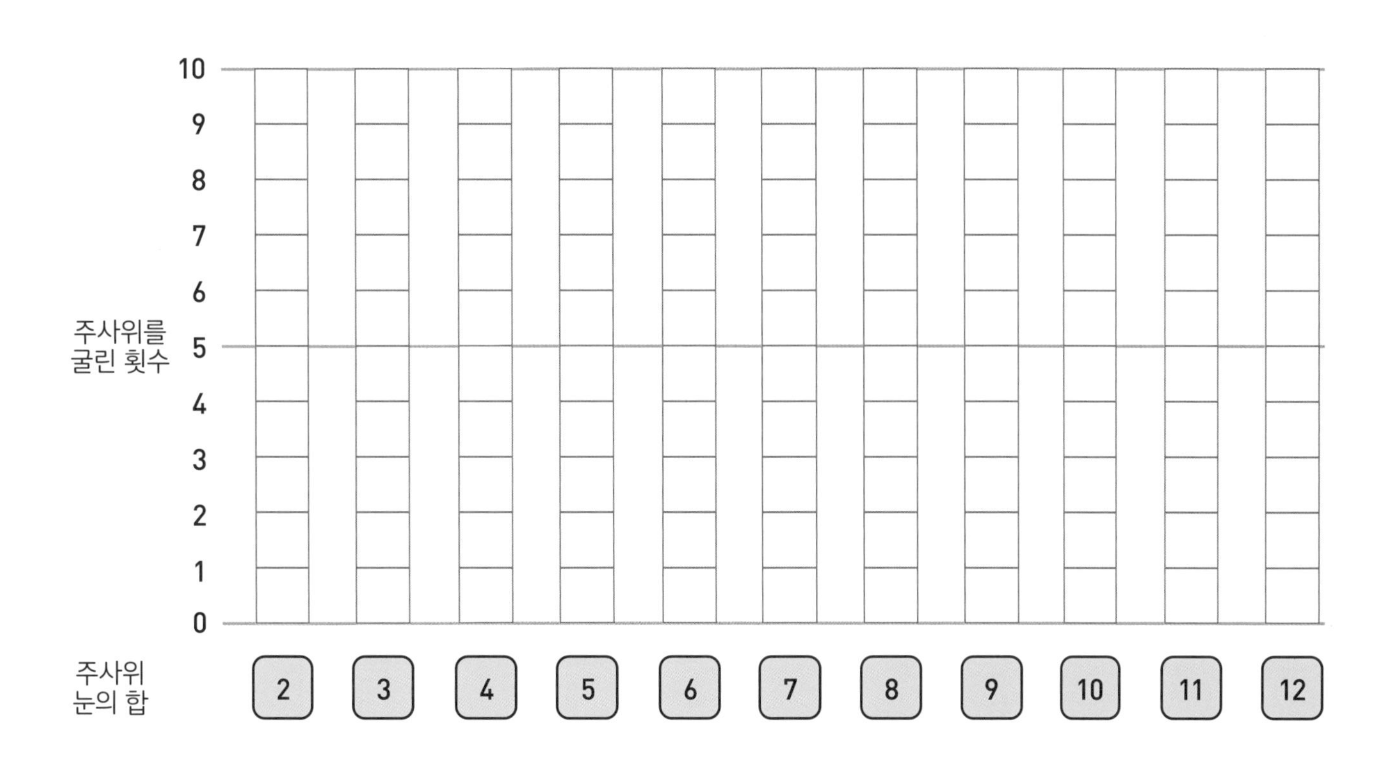

1. ❶ 가장 많이 나온 주사위 눈의 합은 무엇인가요?

___

❷ 어떤 수를 더해 이런 합이 나왔나요?

___

2. ❶ 가장 적게 나온 주사위의 눈의 합은 무엇인가요?

___

❷ 어떤 수를 더해 이런 합이 나왔나요?

___

탐구 과제

지도 탐구

1. 지도를 조사해 보세요.
알렉이 호텔을 떠나 어디로 가는지 살펴본 후 빈칸을 채우세요.

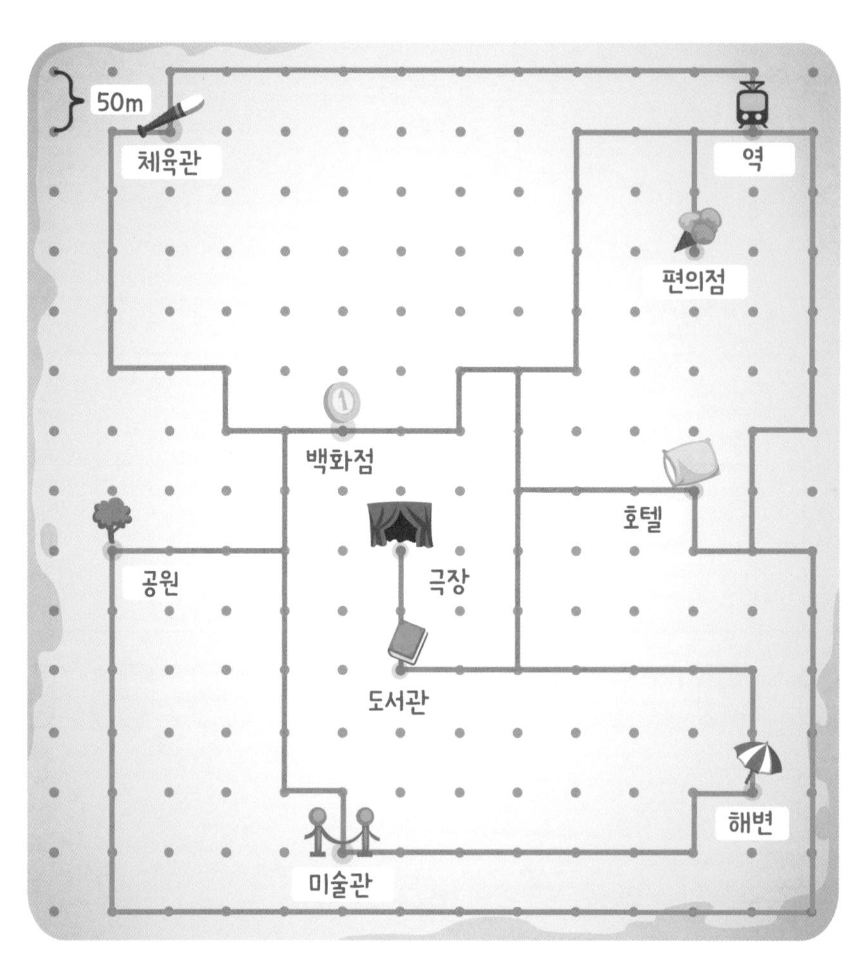

출발	거리	도착	거리	도착
호텔	400 m →	도서관	100 m →	
호텔	450 m →		500 m →	
호텔	600 m →		400 m →	
호텔	650 m →		150 m →	
호텔	750 m →		450 m →	
호텔	1000 m →		400 m →	
호텔	950 m →		700 m →	

나만의 지도 만들기

1. 나만의 지도를 그려 보세요.

2. 장소와 거리를 표시해서 표를 완성해 보세요.

장소	→	장소	→	장소
	m			

탐구 과제

로마 숫자

로마 숫자로
7은 이렇게 써요.
아라비아 숫자로
7은 이렇게 써요.
7
VII

1. 빈칸에 알맞은 로마 숫자를 써넣으세요.

1	2	3	4	5
I	II	III	IV	V
6	7	8	9	10
VI	VII	______	IX	X
11	12	13	14	15
______	XII	XIII	______	XV
16	17	18	19	20
XVI	______	XVIII	______	XX
51	52	53	54	55
LI	LII	______	______	LV
56	57	58	59	60
______	______	LVIII	LIX	______
100	101	110	200	220
______	______	______	______	______
510	550	600	701	800
______	______	______	______	______

I = 1
V = 5
X = 10

L = 50
C = 100
D = 500
M = 1000

2. 로마 숫자로 써 보세요.

2017 ______________

내가 태어난 해 ______________

나만의 숫자 만들기

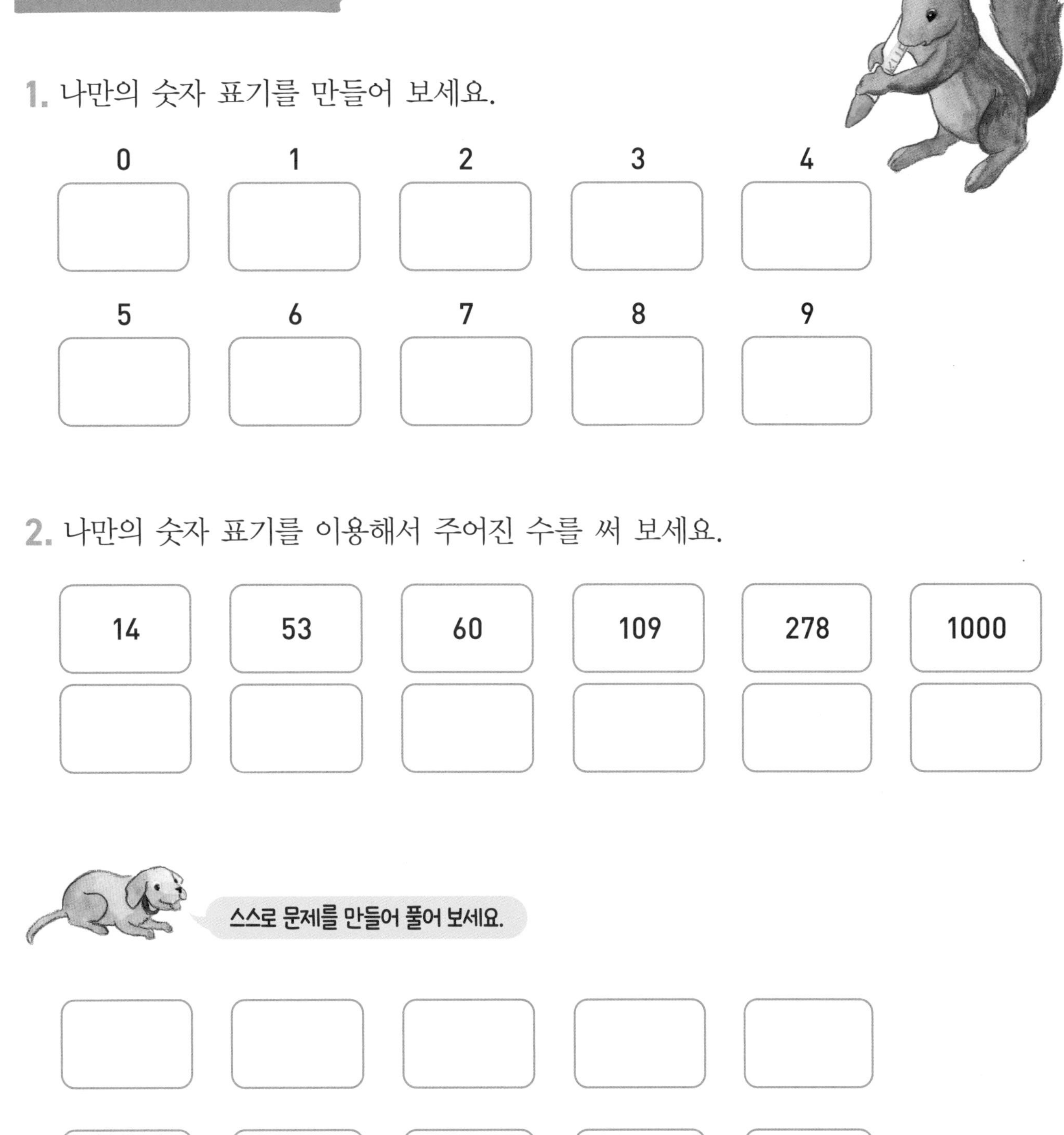

1. 나만의 숫자 표기를 만들어 보세요.

0	1	2	3	4

5	6	7	8	9

2. 나만의 숫자 표기를 이용해서 주어진 수를 써 보세요.

14	53	60	109	278	1000

스스로 문제를 만들어 풀어 보세요.

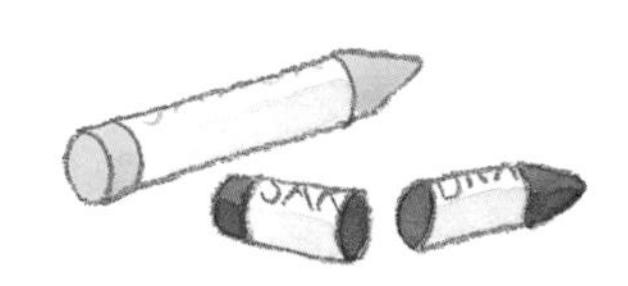

탐구 과제

받아 내림이 있는 세로셈

십의 자리	일의 자리		십의 자리	일의 자리
7	2	-	4	3

	6	10
	~~7~~	2
-	4	3
	2	9

① 우선, 일의 자리끼리 빼요. 빼지는 수가 빼는 수보다 작으면 십의 자리에서 10을 빌려 와요.(10+2=12)

② 십의 자리 수에서 10을 빌려 주면 처음 수를 지우고 1 작은 수를 써요.

③ 십의 자리 수끼리 빼요.

1. 받아 내림이 있는 세로셈을 계산해 보세요.

	5	10
	~~6~~	3
-	2	8

	8	5
-	4	9

	9	4
-	4	7

	6	6
-	3	9

	8	4
-	1	5

	5	5
-	3	7

	7	3
-	2	7

	9	6
-	1	8

받아 내림이 있는 세로셈 문제 만들기

꼭 잊지 말아야 할 것은 빼지는 수의
일의 자리 수는 빼는 수보다 작은 수로 만드는 거예요.
(예 : 75 - 48)

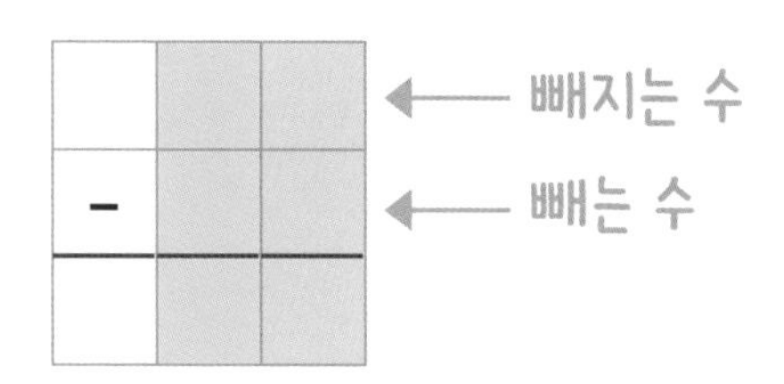

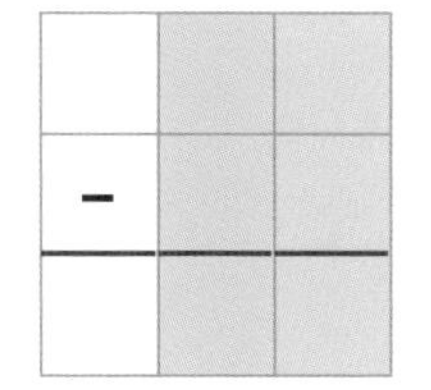
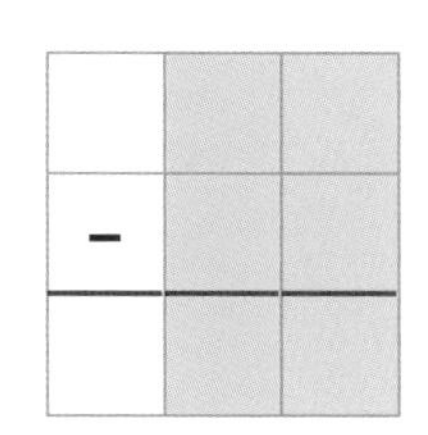
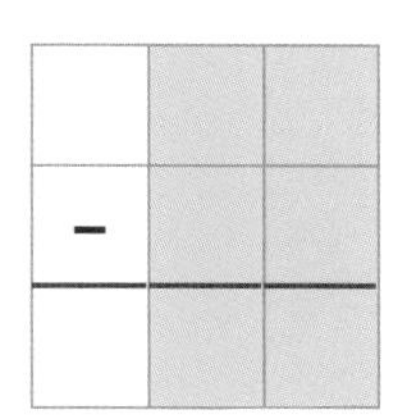
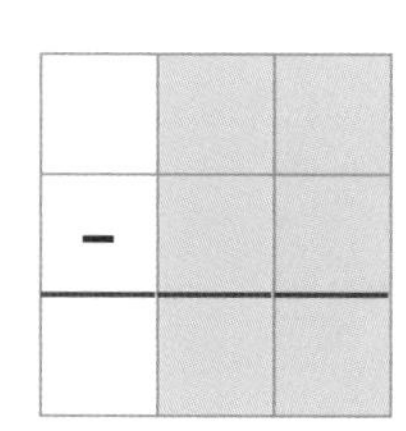
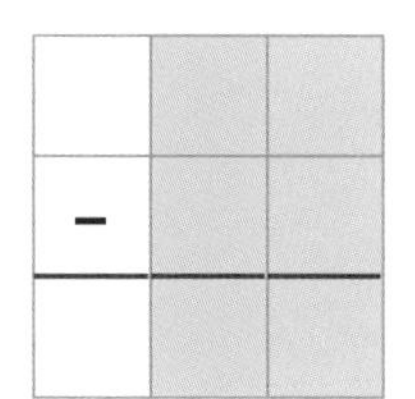
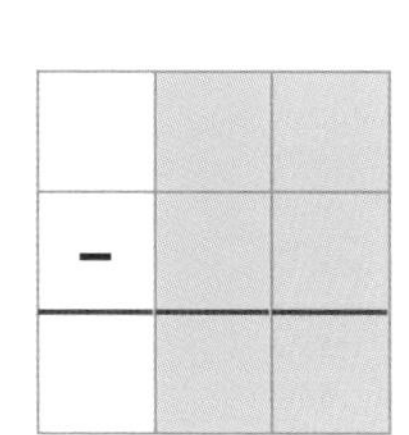
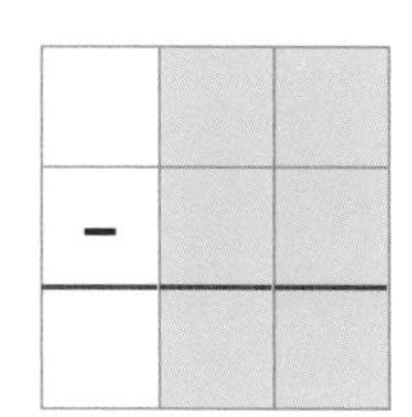
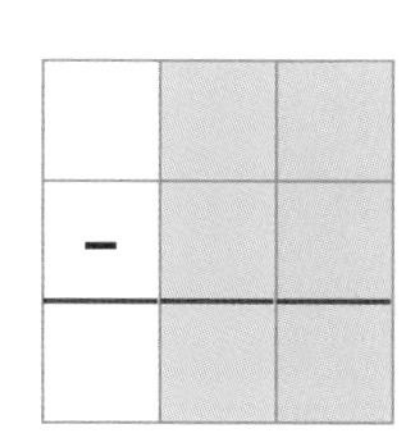
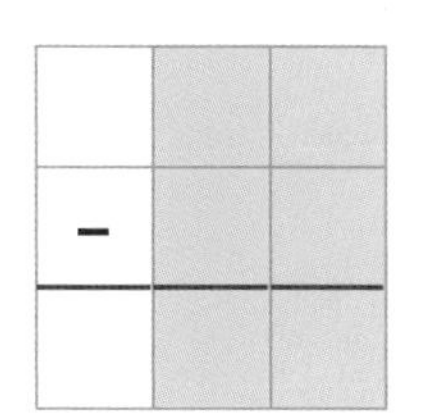
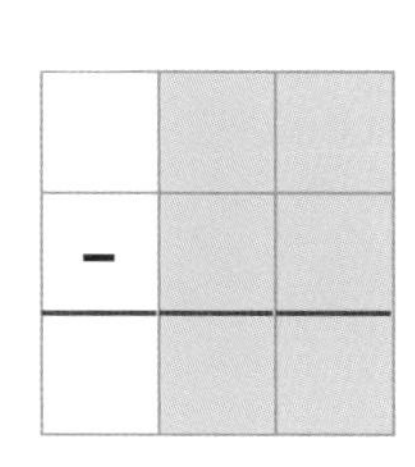
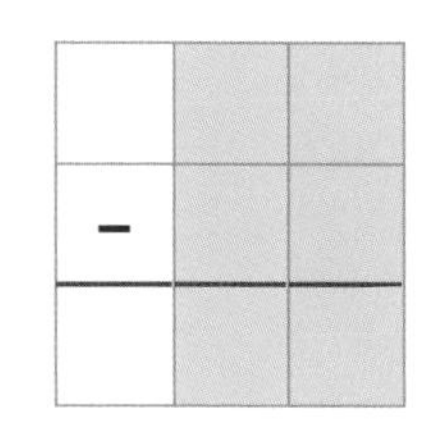
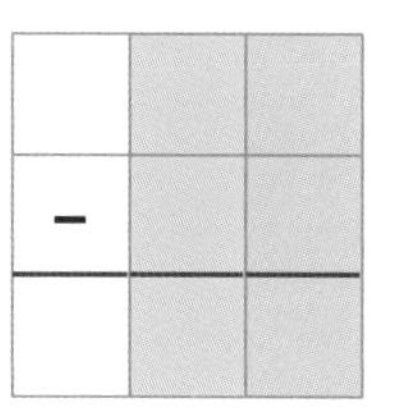

49쪽 놀이 수학 <시계 놀이>에 활용하세요.

111쪽 놀이 수학 <몇 분일까?>에 활용하세요.

핀란드 2학년 수학 교과서 2-2

정답과 해설

1권

12-13쪽

월 일 요일

1 3단

1. 계산해 보세요.

$3\times0=0$, $3\times1=3$, $3\times2=6$, $3\times3=9$, $3\times4=12$, $3\times5=15$, $3\times6=18$, $3\times7=21$, $3\times8=24$, $3\times9=27$, $3\times10=30$

2. 그림을 보고 곱셈식으로 나타내어 답을 구해 보세요.

$3\times2=6$, $3\times5=15$, $3\times7=21$, $3\times9=27$

12

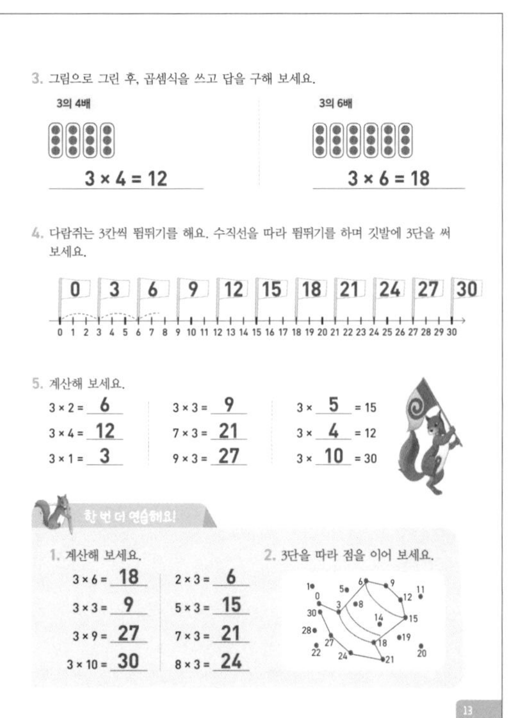

3. 그림으로 그린 후, 곱셈식을 쓰고 답을 구해 보세요.

3의 4배 $3\times4=12$ 3의 6배 $3\times6=18$

4. 다람쥐는 3칸씩 뜀뛰기를 해요. 수직선을 따라 뜀뛰기를 하며 깃발에 3단을 써 보세요.

0 3 6 9 12 15 18 21 24 27 30

5. 계산해 보세요.

$3\times2=6$, $3\times4=12$, $3\times1=3$, $3\times3=9$, $7\times3=21$, $9\times3=27$, $3\times5=15$, $3\times4=12$, $3\times10=30$

한 번 더 연습해요!

1. 계산해 보세요.

$3\times6=18$, $3\times3=9$, $3\times9=27$, $3\times10=30$, $2\times3=6$, $5\times3=15$, $7\times3=21$, $8\times3=24$

2. 3단을 따라 점을 이어 보세요.

13

부모님 가이드 | 12쪽

그림을 보며 아이에게 질문해 보세요.

- 눈사람을 만들려면 눈덩이가 몇 개 필요하니? **3개**
- 눈사람을 2개 만들려면 눈덩이가 몇 개 필요하니? **6개**
- 이걸 곱셈식으로 만들어 보렴. **3×2**
- 눈사람을 3개 만들려면 눈덩이가 몇 개 필요하니? **9개**
- 이걸 곱셈식으로 만들어 보렴. **3×3**
- 그림에 눈사람이 몇 개 있니? **4개**
- 필요한 눈덩이가 몇 개인지 곱셈식을 만들어서 구해 보렴. **3×4=12**

14-15쪽

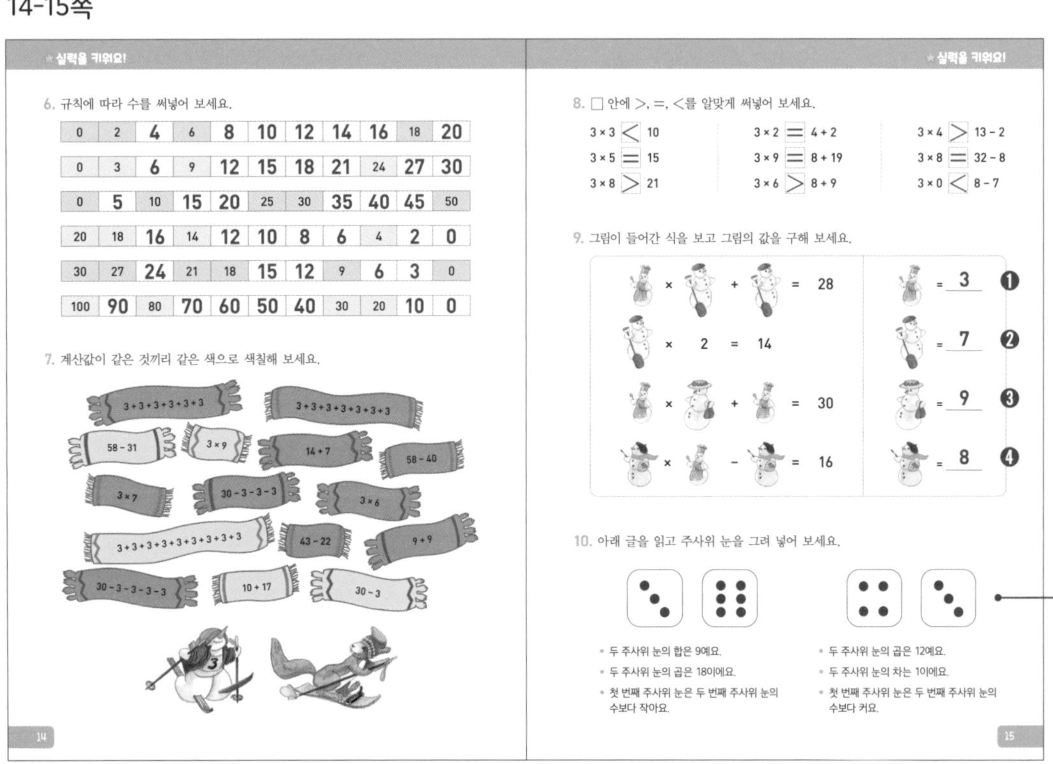

실력을 키워요!

6. 규칙에 따라 수를 써넣어 보세요.

0	2	4	6	8	10	12	14	16	18	20
0	3	6	9	12	15	18	21	24	27	30
0	5	10	15	20	25	30	35	40	45	50
20	18	16	14	12	10	8	6	4	2	0
30	27	24	21	18	15	12	9	6	3	0
100	90	80	70	60	50	40	30	20	10	0

7. 계산값이 같은 것끼리 같은 색으로 색칠해 보세요.

3+3+3+3+3+3, 3+3+3+3+3+3+3, 58-31, 3×9, 14+7, 58-40, 3×7, 30-3-3-3, 3×6, 3+3+3+3+3+3+3+3+3, 43-22, 9+9, 30-3-3-3-3, 10+17, 30-3

14

실력을 키워요!

8. □ 안에 >, =, <를 알맞게 써넣어 보세요.

$3\times3 < 10$, $3\times2 = 4+2$, $3\times4 > 13-2$

$3\times5 = 15$, $3\times9 = 8+19$, $3\times8 = 32-8$

$3\times8 > 21$, $3\times6 > 8+9$, $3\times0 < 8-7$

9. 그림이 들어간 식을 보고 그림의 값을 구해 보세요.

× + = 28 　 = 3 ❶

× 2 = 14 　 = 7 ❷

× + = 30 　 = 9 ❸

× - = 16 　 = 8 ❹

10. 아래 글을 읽고 주사위 눈을 그려 넣어 보세요.

- 두 주사위 눈의 합은 9예요.
- 두 주사위 눈의 곱은 18이에요.
- 첫 번째 주사위 눈은 두 번째 주사위 눈의 수보다 작아요.

- 두 주사위 눈의 곱은 12예요.
- 두 주사위 눈의 차는 1이에요.
- 첫 번째 주사위 눈은 두 번째 주사위 눈의 수보다 커요.

15

15쪽 9번

❷ ×2=14, =7

❶ ×+=28, ×7+7=28, ×7=21, =3

❸ ×+=30, 3×+3=30, 3×=27, =9

❹ ×-=16, ×3-=16, 16을 2로 나누면 8, =8

16-17쪽

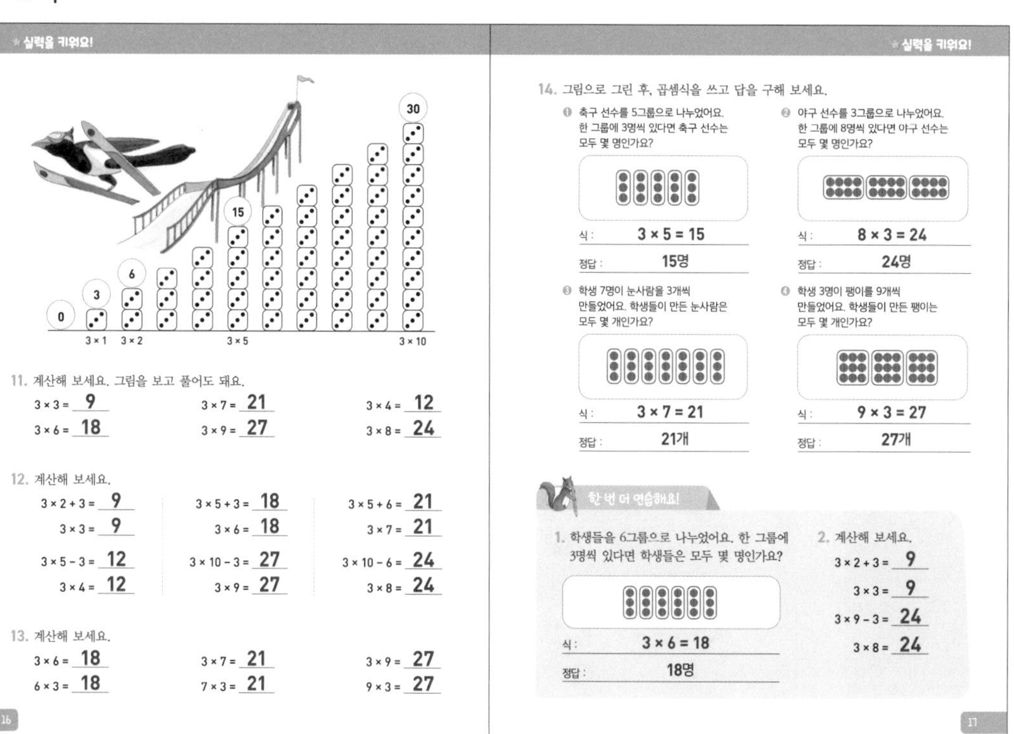

실력을 키워요!

11. 계산해 보세요. 그림을 보고 풀어도 돼요.

3 × 3 = 9　　3 × 7 = 21　　3 × 4 = 12

3 × 6 = 18　　3 × 9 = 27　　3 × 8 = 24

12. 계산해 보세요.

3 × 2 + 3 = 9　　3 × 5 + 3 = 18　　3 × 5 + 6 = 21

3 × 3 = 9　　3 × 6 = 18　　3 × 7 = 21

3 × 5 − 3 = 12　　3 × 10 − 3 = 27　　3 × 10 − 6 = 24

3 × 4 = 12　　3 × 9 = 27　　3 × 8 = 24

13. 계산해 보세요.

3 × 6 = 18　　3 × 7 = 21　　3 × 9 = 27

6 × 3 = 18　　7 × 3 = 21　　9 × 3 = 27

14. 그림으로 그린 후, 곱셈식을 쓰고 답을 구해 보세요.

① 축구 선수를 5그룹으로 나누었어요. 한 그룹에 3명씩 있다면 축구 선수는 모두 몇 명인가요?

식 : 3 × 5 = 15

정답 : 15명

② 야구 선수를 3그룹으로 나누었어요. 한 그룹에 8명씩 있다면 야구 선수는 모두 몇 명인가요?

식 : 8 × 3 = 24

정답 : 24명

③ 학생 7명이 눈사람을 3개씩 만들었어요. 학생들이 만든 눈사람은 모두 몇 개인가요?

식 : 3 × 7 = 21

정답 : 21개

④ 학생 3명이 팽이를 9개씩 만들었어요. 학생들이 만든 팽이는 모두 몇 개인가요?

식 : 9 × 3 = 27

정답 : 27개

한 번 더 연습해요!

1. 학생들을 6그룹으로 나누었어요. 한 그룹에 3명씩 있다면 학생들은 모두 몇 명인가요?

식 : 3 × 6 = 18

정답 : 18명

2. 계산해 보세요.

3 × 2 + 3 = 9

3 × 3 = 9

3 × 9 − 3 = 24

3 × 8 = 24

16　　17

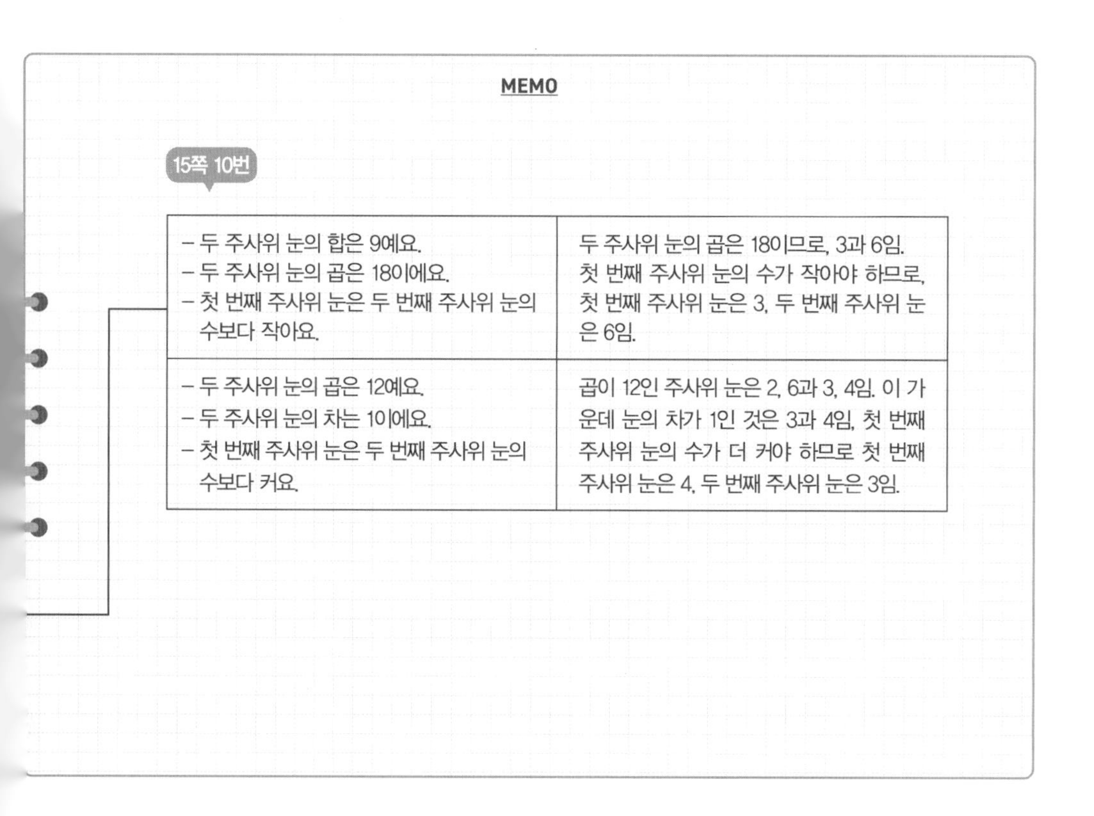

MEMO

15쪽 10번

− 두 주사위 눈의 합은 9예요. − 두 주사위 눈의 곱은 18이에요. − 첫 번째 주사위 눈은 두 번째 주사위 눈의 수보다 작아요.	두 주사위 눈의 곱은 18이므로, 3과 6임. 첫 번째 주사위 눈의 수가 작아야 하므로, 첫 번째 주사위 눈은 3, 두 번째 주사위 눈은 6임.
− 두 주사위 눈의 곱은 12예요. − 두 주사위 눈의 차는 1이에요. − 첫 번째 주사위 눈은 두 번째 주사위 눈의 수보다 커요.	곱이 12인 주사위 눈은 2, 6과 3, 4임. 이 가운데 눈의 차가 1인 것은 3과 4임. 첫 번째 주사위 눈의 수가 더 커야 하므로 첫 번째 주사위 눈은 4, 두 번째 주사위 눈은 3임.

18-19쪽

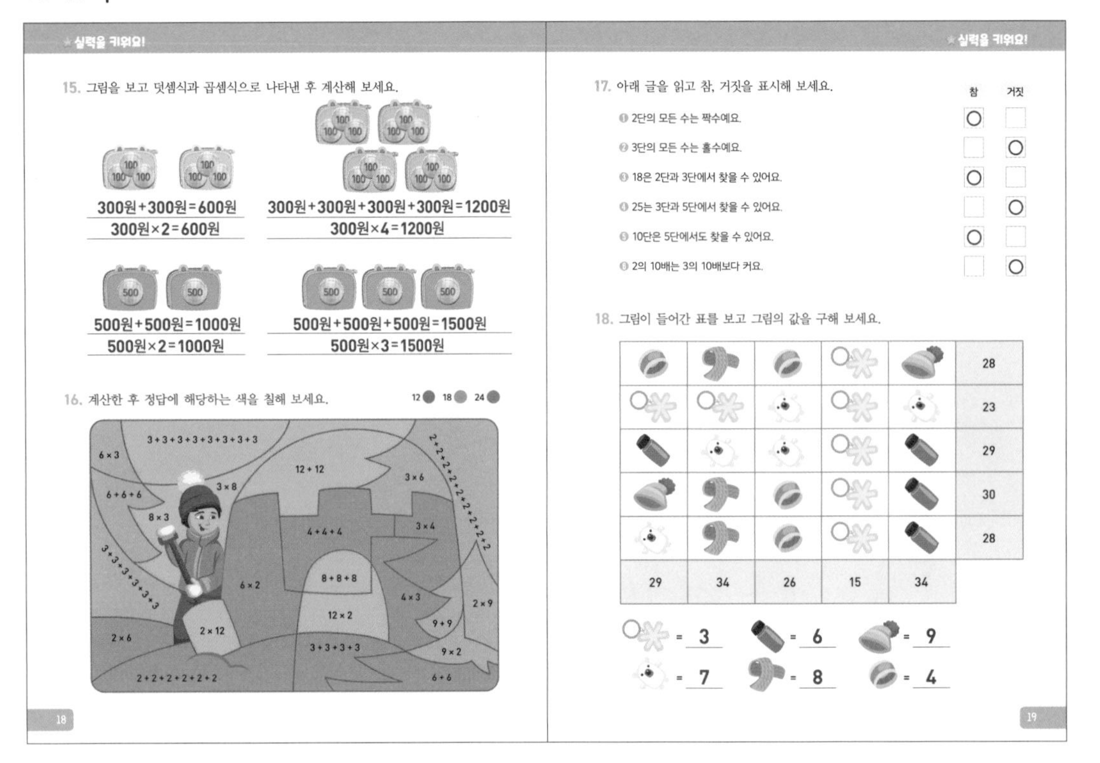
실력을 키워요!

15. 그림을 보고 덧셈식과 곱셈식으로 나타낸 후 계산해 보세요.

300원+300원=600원
300원×2=600원

300원+300원+300원+300원=1200원
300원×4=1200원

500원+500원=1000원
500원×2=1000원

500원+500원+500원=1500원
500원×3=1500원

16. 계산한 후 정답에 해당하는 색을 칠해 보세요. 12 18 24

6×3, 3+3+3+3+3+3+3+3, 2+2+2+2+2+2+2+2+2+2+2+2, 6+6+6, 3×8, 12+12, 3×6, 8×3, 4+4+4, 3×4, 3+3+3+3+3+3+3+3, 6×2, 8+8+8, 4×3, 2×9, 12×2, 9+9, 2×6, 2×12, 3+3+3+3, 9×2, 2+2+2+2+2+2, 6+6

18

실력을 키워요!

17. 아래 글을 읽고 참, 거짓을 표시해 보세요.

	참	거짓
❶ 2단의 모든 수는 짝수예요.	O	
❷ 3단의 모든 수는 홀수예요.		O
❸ 18은 2단과 3단에서 찾을 수 있어요.	O	
❹ 25는 3단과 5단에서 찾을 수 있어요.		O
❺ 10단은 5단에서도 찾을 수 있어요.	O	
❻ 2의 10배는 3의 10배보다 커요.		O

18. 그림이 들어간 표를 보고 그림의 값을 구해 보세요.

					28
					23
					29
					30
					28
29	34	26	15	34	

= 3, = 6, = 9
= 7, = 8, = 4

19

19쪽 17번

❷ 3단의 모든 수는 홀수예요
→ 홀수에 짝수를 곱하면 짝수가 되므로 거짓

❸ 18은 2단과 3단에서 찾을 수 있어요. → 2×9=18, 3×6=18이므로 참

❹ 25는 3단과 5단에서 찾을 수 있어요. → 3단에는 25가 없으므로 거짓

❻ 2의 10배는 3의 10배보다 커요. → 2의 10배=20, 3의 10배=30이므로 거짓

MEMO

19쪽 18번

가장 단순한 식부터 골라 문제를 순서대로 해결하면 좋아요.

1. 세로 넷째 줄, ×5=15이므로 =3
2. 가로 둘째 줄, =3을 넣으면 3+3+ +3+ =23
   \+ =23-9, 2× =14, =7
3. 가로 셋째 줄, =3, =7을 넣으면, +7+7+3+ =29, + =29-17, 2× =12, =6
4. 세로 마지막 줄, =6, =7을 넣으면, +7+6+6+6=34, =34-25, =9
5. 세로 셋째 줄, =7을 넣으면 +7+7+ + =26, 3× =26-14, 3× =12, =4
6. 가로 첫째 줄, =4, =3, =9를 넣으면, 4+ +4+3+9 =28, =28-20, =8

20-21쪽

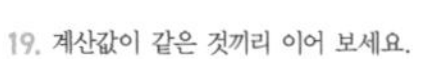

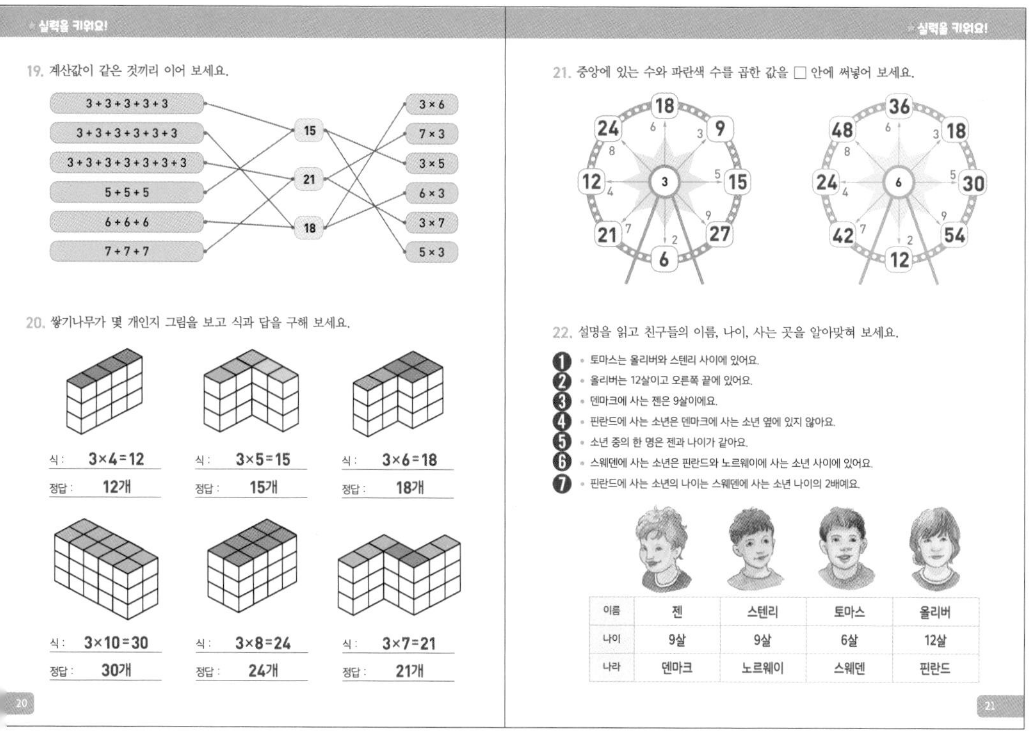

19. 계산값이 같은 것끼리 이어 보세요.

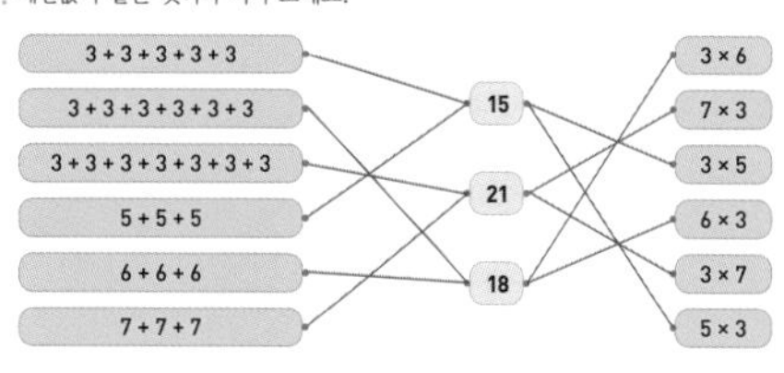

3+3+3+3+3
3+3+3+3+3+3
3+3+3+3+3+3+3
5+5+5
6+6+6
7+7+7
15
21
18
3×6
7×3
3×5
6×3
3×7
5×3

20. 쌓기나무가 몇 개인지 그림을 보고 식과 답을 구해 보세요.

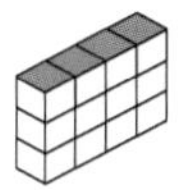

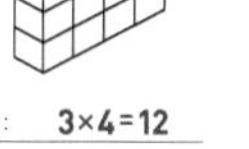

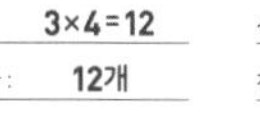

식 : 3×4=12 정답 : 12개

식 : 3×5=15 정답 : 15개

식 : 3×6=18 정답 : 18개

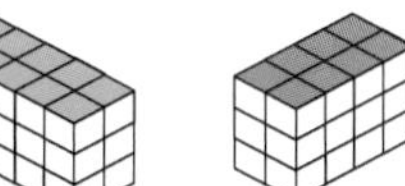
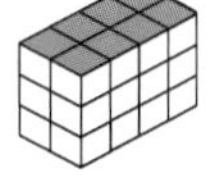
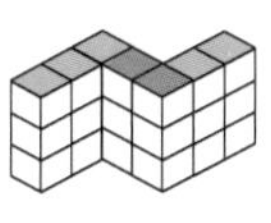

식 : 3×10=30 정답 : 30개

식 : 3×8=24 정답 : 24개

식 : 3×7=21 정답 : 21개

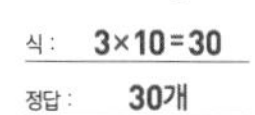

21. 중앙에 있는 수와 파란색 수를 곱한 값을 □ 안에 써넣어 보세요.

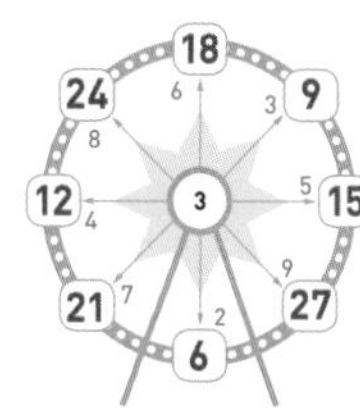

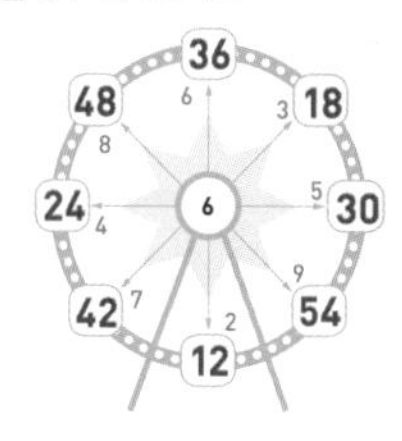

22. 설명을 읽고 친구들의 이름, 나이, 사는 곳을 알아맞혀 보세요.

1. 토마스는 올리버와 스텐리 사이에 있어요.
2. 올리버는 12살이고 오른쪽 끝에 있어요.
3. 덴마크에 사는 젠은 9살이에요.
4. 핀란드에 사는 소년은 덴마크에 사는 소년 옆에 있지 않아요.
5. 소년 중의 한 명은 젠과 나이가 같아요.
6. 스웨덴에 사는 소년은 핀란드와 노르웨이에 사는 소년 사이에 있어요.
7. 핀란드에 사는 소년의 나이는 스웨덴에 사는 소년 나이의 2배예요.

이름	젠	스텐리	토마스	올리버
나이	9살	9살	6살	12살
나라	덴마크	노르웨이	스웨덴	핀란드

MEMO

21쪽 22번

❷ 올리버는 12살이고 오른쪽 끝에 있어요.

이름				올리버
나이				12살
나라				

❶ 토마스는 올리버와 스텐리 사이에 있어요.

이름		스텐리	토마스	올리버
나이				12살
나라				

❸ 덴마크에 사는 젠은 9살이에요.→남은 칸이 하나이므로, 나머지 칸은 젠임.

이름	젠	스텐리	토마스	올리버
나이	9살			12살
나라	덴마크			

❹ 핀란드에 사는 소년은 덴마크에 사는 소년의 옆에 있지 않아요.→토마스와 올리버 둘 중 한 명이 핀란드임.

❻ 스웨덴에 사는 소년은 핀란드와 노르웨이에 사는 소년 사이에 있어요.→그러므로 올리버는 핀란드이며, 토마스는 스웨덴, 스텐리는 노르웨이임.

이름	젠	스텐리	토마스	올리버
나이	9살			12살
나라	덴마크	노르웨이	스웨덴	핀란드

❼ 핀란드에 사는 소년의 나이는 스웨덴에 사는 소년 나이의 2배예요.

이름	젠	스텐리	토마스	올리버
나이	9살		6살	12살
나라	덴마크	노르웨이	스웨덴	핀란드

❺ 소년 중의 한 명은 젠과 나이가 같아요.

이름	젠	스텐리	토마스	올리버
나이	9살	9살	6살	12살
나라	덴마크	노르웨이	스웨덴	핀란드

22-23쪽

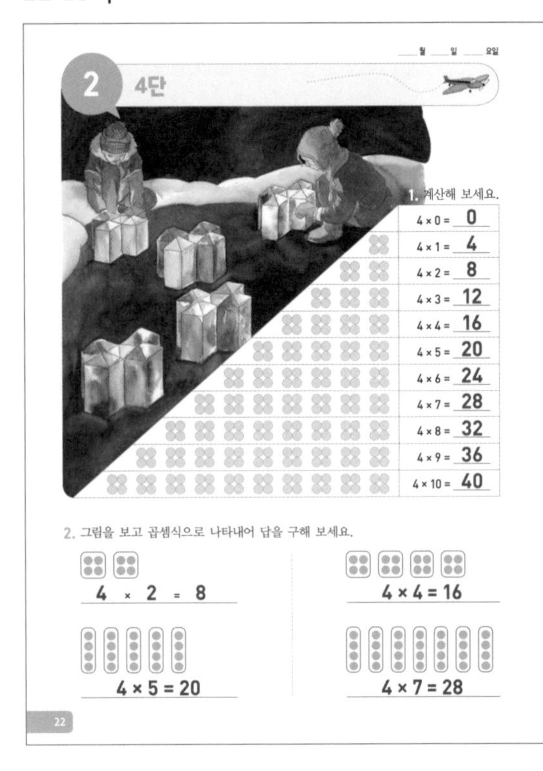

___월 ___일 ___요일

2 4단

1. 계산해 보세요.

4 × 0 = 0
4 × 1 = 4
4 × 2 = 8
4 × 3 = 12
4 × 4 = 16
4 × 5 = 20
4 × 6 = 24
4 × 7 = 28
4 × 8 = 32
4 × 9 = 36
4 × 10 = 40

2. 그림을 보고 곱셈식으로 나타내어 답을 구해 보세요.

4 × 2 = 8
4 × 4 = 16
4 × 5 = 20
4 × 7 = 28

22

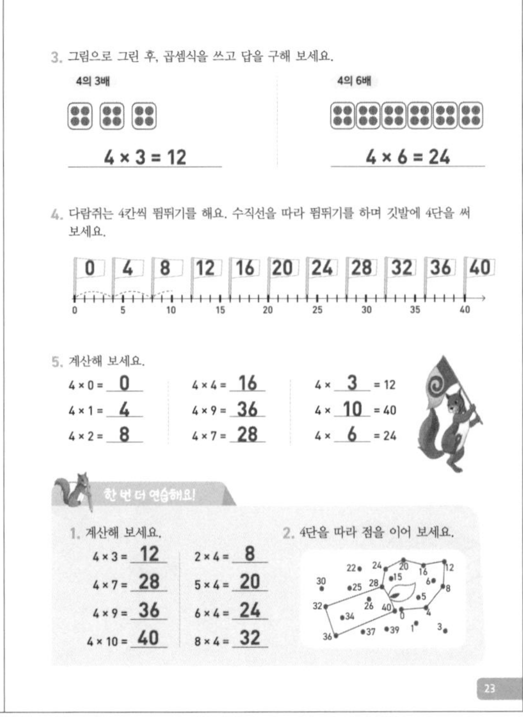

3. 그림으로 그린 후, 곱셈식을 쓰고 답을 구해 보세요.

4의 3배: 4 × 3 = 12
4의 6배: 4 × 6 = 24

4. 다람쥐는 4칸씩 뜀뛰기를 해요. 수직선을 따라 뜀뛰기를 하며 깃발에 4단을 써 보세요.

0 4 8 12 16 20 24 28 32 36 40

5. 계산해 보세요.

4 × 0 = 0
4 × 1 = 4
4 × 2 = 8
4 × 4 = 16
4 × 9 = 36
4 × 7 = 28
4 × 3 = 12
4 × 10 = 40
4 × 6 = 24

한 번 더 연습해요!

1. 계산해 보세요.

4 × 3 = 12
4 × 7 = 28
4 × 9 = 36
4 × 10 = 40
2 × 4 = 8
5 × 4 = 20
6 × 4 = 24
8 × 4 = 32

2. 4단을 따라 점을 이어 보세요.

23

부모님 가이드 | 22쪽

그림을 보며 아이에게 질문해 보세요.
- 등을 만들려면 몇 개의 얼음이 필요하니? **4개**
- 2개의 등을 만들려면 몇 개의 얼음이 필요하니? **8개**
- 이걸 곱셈식으로 만들어 보렴. **4×2**
- 3개의 등을 만들려면 몇 개의 얼음이 필요하니? **12개**
- 이걸 곱셈식으로 만들어 보렴. **4×3**
- 그림에 몇 개의 등이 있니? **5개**
- 필요한 얼음이 몇 개인지 곱셈식으로 나타내어 답을 구해 보렴. **4×5=20**

24-25쪽

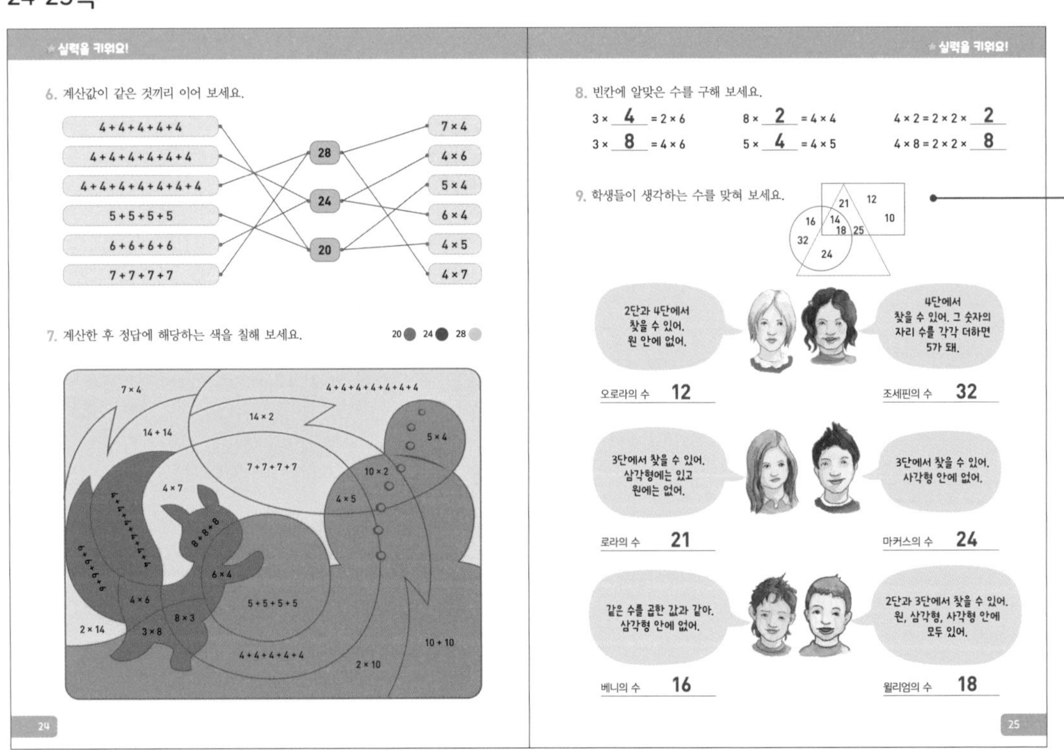

실력을 키워요!

6. 계산값이 같은 것끼리 이어 보세요.

4+4+4+4+4+4 / 4+4+4+4+4+4+4 / 4+4+4+4+4+4+4+4 / 5+5+5+5 / 6+6+6+6 / 7+7+7+7

28 / 24 / 20

7×4 / 4×6 / 5×4 / 6×4 / 4×5 / 4×7

7. 계산한 후 정답에 해당하는 색을 칠해 보세요.

20 24 28

24

8. 빈칸에 알맞은 수를 구해 보세요.

3 × 4 = 2 × 6
3 × 8 = 4 × 6
8 × 2 = 4 × 4
5 × 4 = 4 × 5
4 × 2 = 2 × 2 × 2
4 × 8 = 2 × 2 × 8

9. 학생들이 생각하는 수를 맞혀 보세요.

2단과 4단에서 찾을 수 있어. 원 안에 없어.

4단에서 찾을 수 있어. 그 숫자의 자리 수를 각각 더하면 5가 돼.

오로라의 수 12

조세핀의 수 32

3단에서 찾을 수 있어. 삼각형에는 있고 원에는 없어.

3단에서 찾을 수 있어. 사각형 안에 없어.

로라의 수 21

마커스의 수 24

같은 수를 곱한 값과 같아. 삼각형 안에 없어.

2단과 3단에서 찾을 수 있어. 원, 삼각형, 사각형 안에 모두 있어.

베니의 수 16

윌리엄의 수 18

25

26-27쪽

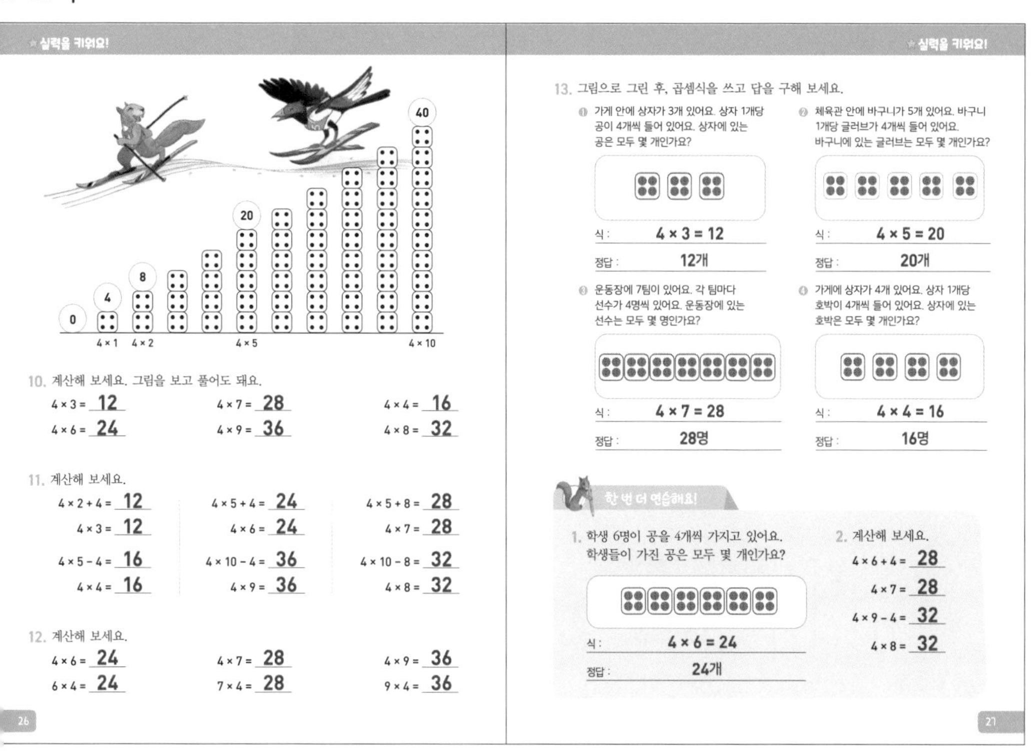

실력을 키워요!

10. 계산해 보세요. 그림을 보고 풀어도 돼요.

4×3= 12　4×7= 28　4×4= 16
4×6= 24　4×9= 36　4×8= 32

11. 계산해 보세요.

4×2+4= 12　4×5+4= 24　4×5+8= 28
4×3= 12　4×6= 24　4×7= 28
4×5−4= 16　4×10−4= 36　4×10−8= 32
4×4= 16　4×9= 36　4×8= 32

12. 계산해 보세요.

4×6= 24　4×7= 28　4×9= 36
6×4= 24　7×4= 28　9×4= 36

13. 그림으로 그린 후, 곱셈식을 쓰고 답을 구해 보세요.

① 가게 안에 상자가 3개 있어요. 상자 1개당 공이 4개씩 들어 있어요. 상자에 있는 공은 모두 몇 개인가요?
식 : 4 × 3 = 12
정답 : 12개

② 체육관 안에 바구니가 5개 있어요. 바구니 1개당 글러브가 4개씩 들어 있어요. 바구니에 있는 글러브는 모두 몇 개인가요?
식 : 4 × 5 = 20
정답 : 20개

③ 운동장에 7팀이 있어요. 각 팀마다 선수가 4명씩 있어요. 운동장에 있는 선수는 모두 몇 명인가요?
식 : 4 × 7 = 28
정답 : 28명

④ 가게에 상자가 4개 있어요. 상자 1개당 호박이 4개씩 들어 있어요. 상자에 있는 호박은 모두 몇 개인가요?
식 : 4 × 4 = 16
정답 : 16명

한 번 더 연습해요!

1. 학생 6명이 공을 4개씩 가지고 있어요. 학생들이 가진 공은 모두 몇 개인가요?
식 : 4 × 6 = 24
정답 : 24개

2. 계산해 보세요.
4×6+4= 28
4×7= 28
4×9−4= 32
4×8= 32

26　21

MEMO

25쪽 9번

오로라 : 2단과 4단에서 찾을 수 있어. 원 안에 없어. 원 안에 없는 수는 21, 25, 12, 10. 이 중 2단과 4단에서 찾을 수 있는 수는 **12**(2×6=12, 4×3=12)	
조세핀 : 4단에서 찾을 수 있어. 그 숫자의 자리 수를 각각 더하면 5가 돼. 4×8=32, 3+2=5이므로 조세핀의 수는 **32**	
로라 : 3단에서 찾을 수 있어. 삼각형 안에는 있고 원에는 없어. 삼각형 안에는 있고 원에는 없는 수는 21과 25임. 이 중 3단에 있는 수는 **21**(3×7=21)	
마커스 : 3단에서 찾을 수 있어. 사각형 안에 없어. 사각형 안에 없는 수는 16, 32, 24임. 이 중 3단에 있는 수는 **24**(3×8=24)	
베니 : 같은 수를 곱한 값과 같아. 삼각형 안에 없어. 삼각형 안에 없는 수는 16, 32, 12, 10. 이 중 같은 수를 곱한 값은 **16**(4×4=16)	
윌리엄 : 2단과 3단에서 찾을 수 있어. 원, 삼각형, 사각형 안에 모두 있어. 원, 삼각형, 사각형 안에 모두 있는 수는 14와 18. 이 중 2단과 3단에서 찾을 수 있는 수는 **18**(2×9=18, 3×6=18)	

28-29쪽

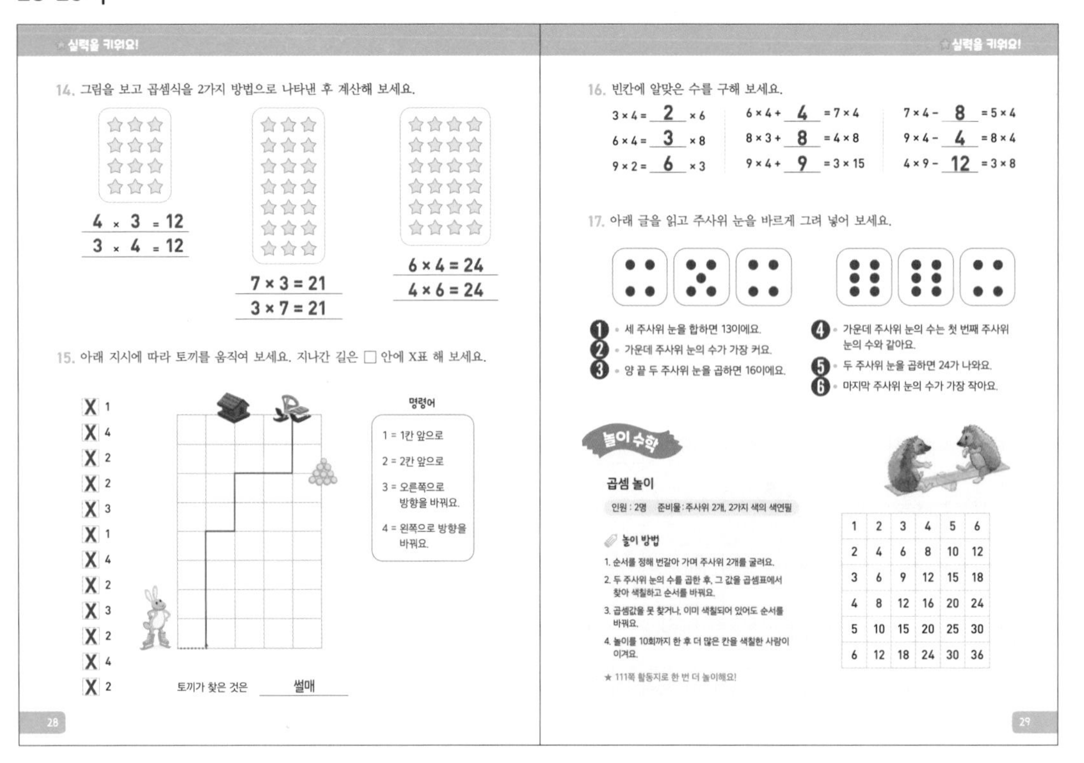

실력을 키워요!

14. 그림을 보고 곱셈식을 2가지 방법으로 나타낸 후 계산해 보세요.

4 × 3 = 12
3 × 4 = 12

7 × 3 = 21
3 × 7 = 21

6 × 4 = 24
4 × 6 = 24

15. 아래 지시에 따라 토끼를 움직여 보세요. 지나간 길은 □ 안에 X표 해 보세요.

X 1
X 4
X 2
X 2
X 3
X 1
X 4
X 2
X 3
X 2
X 4
X 2

명령어
1 = 1칸 앞으로
2 = 2칸 앞으로
3 = 오른쪽으로 방향을 바꿔요.
4 = 왼쪽으로 방향을 바꿔요.

토끼가 찾은 것은 썰매

28

16. 빈칸에 알맞은 수를 구해 보세요.

3 × 4 = 2 × 6
6 × 4 = 3 × 8
9 × 2 = 6 × 3
6 × 4 + 4 = 7 × 4
8 × 3 + 8 = 4 × 8
9 × 4 + 9 = 3 × 15
7 × 4 − 8 = 5 × 4
9 × 4 − 4 = 8 × 4
4 × 9 − 12 = 3 × 8

17. 아래 글을 읽고 주사위 눈을 바르게 그려 넣어 보세요.

1. 세 주사위 눈을 합하면 13이에요.
2. 가운데 주사위 눈의 수가 가장 커요.
3. 양 끝 두 주사위 눈을 곱하면 16이에요.
4. 가운데 주사위 눈의 수는 첫 번째 주사위 눈의 수와 같아요.
5. 두 주사위 눈을 곱하면 24가 나와요.
6. 마지막 주사위 눈의 수가 가장 작아요.

놀이 수학

곱셈 놀이

인원 : 2명 준비물 : 주사위 2개, 2가지 색의 색연필

놀이 방법

1. 순서를 정해 번갈아 가며 주사위 2개를 굴려요.
2. 두 주사위 눈의 수를 곱한 후, 그 값을 곱셈표에서 찾아 색칠하고 순서를 바꿔요.
3. 곱셈값을 못 찾거나, 이미 색칠되어 있어도 순서를 바꿔요.
4. 놀이를 10회까지 한 후 더 많은 칸을 색칠한 사람이 이겨요.

★ 111쪽 활동지로 한 번 더 놀이해요!

1	2	3	4	5	6
2	4	6	8	10	12
3	6	9	12	15	18
4	8	12	16	20	24
5	10	15	20	25	30
6	12	18	24	30	36

29

29쪽 17번

❸ 양 끝 두 주사위 눈의 곱은 16으므로, 양 끝의 주사위는 4임.(4×4=16)

❶ 세 주사위 눈의 합은 13이므로, 4+4+□=13, □=5

❷ 가운데 주사위 눈의 수가 가장 크므로, 주사위 눈의 순서는 4, 5, 4임.

❺ 두 주사위 눈의 곱은 24이므로, 1에서 6까지의 수 중 24가 나오는 경우는 4×6=24

❹ 가운데 주사위 눈의 수는 첫 번째 주사위 눈의 수와 같고, ❻ 마지막 주사위 눈의 수가 가장 작으므로, 첫 번째와 두 번째 주사위는 6, 마지막 주사위는 4가 됨.

30-31쪽

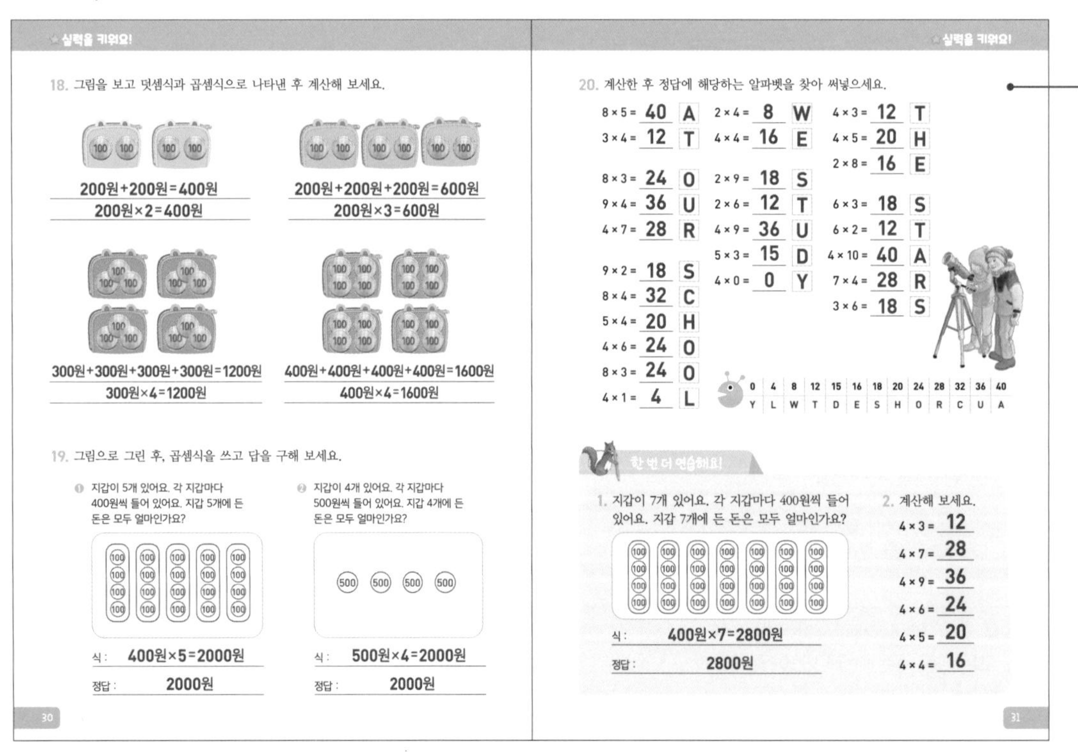

실력을 키워요!

18. 그림을 보고 덧셈식과 곱셈식으로 나타낸 후 계산해 보세요.

200원+200원=400원
200원×2=400원

200원+200원+200원=600원
200원×3=600원

300원+300원+300원+300원=1200원
300원×4=1200원

400원+400원+400원+400원=1600원
400원×4=1600원

19. 그림으로 그린 후, 곱셈식을 쓰고 답을 구해 보세요.

1. 지갑이 5개 있어요. 각 지갑마다 400원씩 들어 있어요. 지갑 5개에 든 돈은 모두 얼마인가요?

식 : 400원×5=2000원
정답 : 2000원

2. 지갑이 4개 있어요. 각 지갑마다 500원씩 들어 있어요. 지갑 4개에 든 돈은 모두 얼마인가요?

식 : 500원×4=2000원
정답 : 2000원

30

20. 계산한 후 정답에 해당하는 알파벳을 찾아 써넣으세요.

8 × 5 = 40 A
3 × 4 = 12 T

8 × 3 = 24 O
9 × 4 = 36 U
4 × 7 = 28 R

9 × 2 = 18 S
8 × 4 = 32 C
5 × 4 = 20 H
4 × 6 = 24 O
8 × 3 = 24 O
4 × 1 = 4 L

2 × 4 = 8 W
4 × 4 = 16 E

2 × 9 = 18 S
2 × 6 = 12 T
4 × 9 = 36 U
5 × 3 = 15 D
4 × 0 = 0 Y

4 × 3 = 12 T
4 × 5 = 20 H
2 × 8 = 16 E

6 × 3 = 18 S
6 × 2 = 12 T
4 × 10 = 40 A
7 × 4 = 28 R
3 × 6 = 18 S

0	4	8	12	15	16	18	20	24	28	32	36	40
Y	L	W	T	D	E	S	H	O	R	C	U	A

한 번 더 연습해요!

1. 지갑이 7개 있어요. 각 지갑마다 400원씩 들어 있어요. 지갑 7개에 든 돈은 모두 얼마인가요?

식 : 400원×7=2800원
정답 : 2800원

2. 계산해 보세요.

4 × 3 = 12
4 × 7 = 28
4 × 9 = 36
4 × 6 = 24
4 × 5 = 20
4 × 4 = 16

31

AT OUR SCHOOL WE STUDY THE STARS.
우리는 학교에서 별을 공부해

32-33쪽

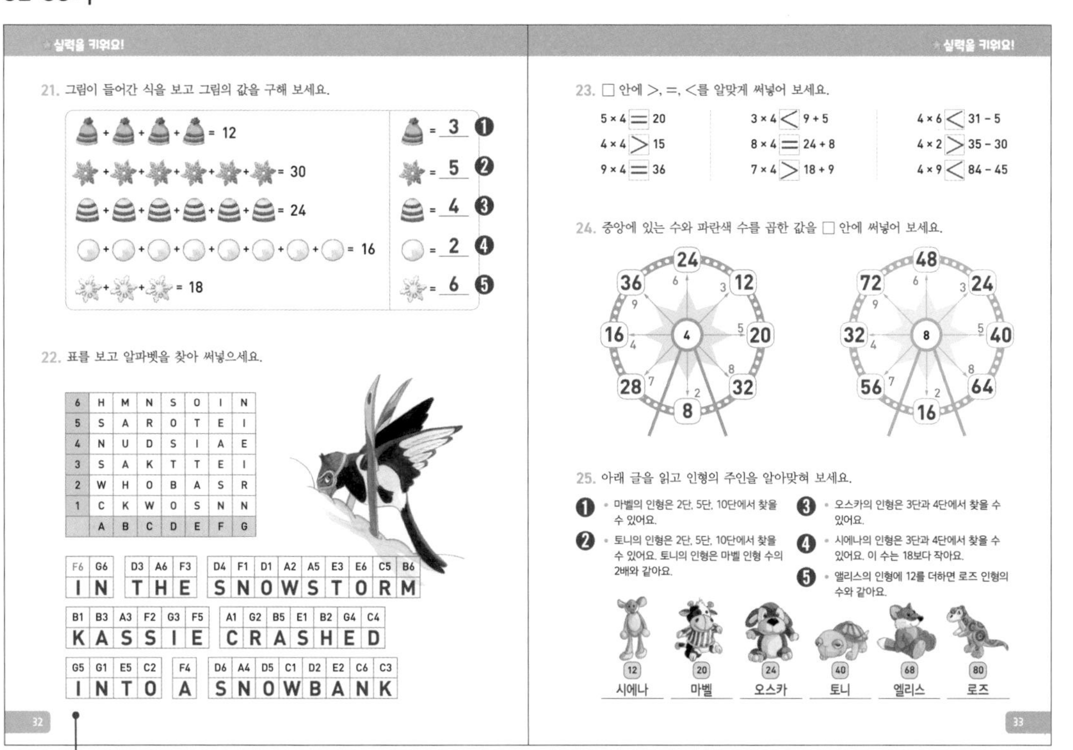

IN THE SNOWSTORM KASSIE CRASHED INTO A SNOWBANK.
눈보라 속에서 캐시는 눈더미에 부딪쳤어요.

32쪽 21번

❶ 4×[모자]=12, [모자]=3
❷ 6×[눈꽃]=30, [눈꽃]=5
❸ 6×[모자]=24, [모자]=4
❹ 8×[공]=16, [공]=2
❺ 3×[눈꽃]=18, [눈꽃]=6

33쪽 25번

❹ 18보다 작고, 3단과 4단 모두 속한 수는 12. 시에나는 12
❺ 엘리스의 인형에 12를 더하면 로즈 인형의 수와 같으므로 두 수의 차가 12인 수는 68과 80. 로즈의 수가 더 크므로 로즈는 80, 엘리스는 68
❷ 토니의 인형은 2단, 5단, 10단에서 찾을 수 있고, 마벨 인형 수의 2배와 같음. 남은 수는 20, 24, 40이며 이 가운데 2배 차이가 나는 수는 20과 40. 토니는 40, 마벨은 20
❸ 남은 수는 24이며, 3단과 4단에서 찾을 수 있으므로 오스카는 24(3×8=24, 4×6=24)

34-35쪽

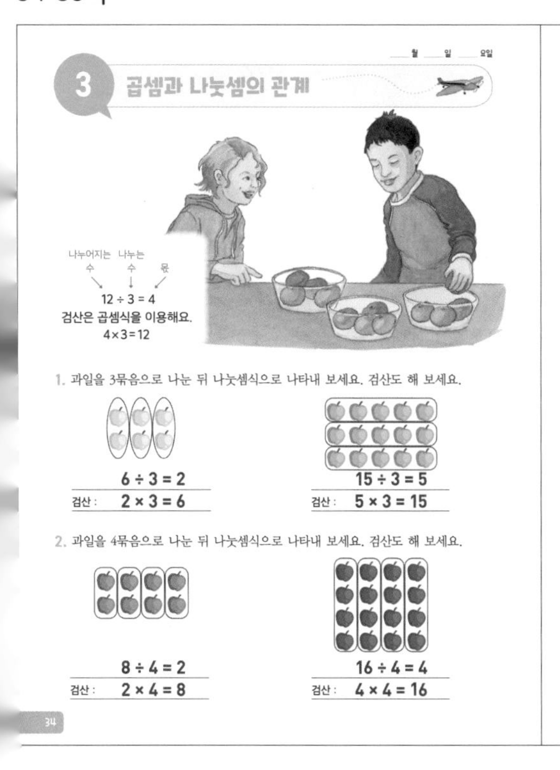

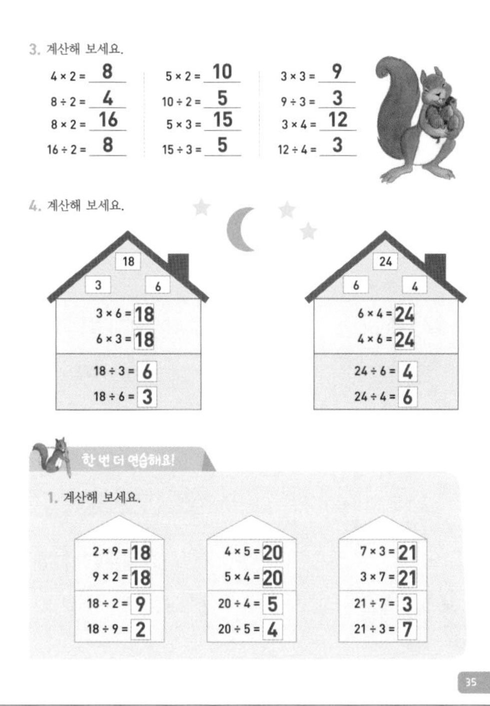

부모님 가이드 | 34쪽

그림을 보며 아이에게 질문해 보세요.
- 귤이 모두 몇 개니? **12개**
- 그릇은 모두 몇 개니? **3개**
- 첫 번째 그릇에 귤이 몇 개 담겼니? **4개**
- 두 번째 그릇에는 귤이 몇 개 담겼니? **4개**
- 세 번째 그릇에는 귤이 몇 개 담겼니? **4개**
- 귤 12개를 그릇 3개에 똑같은 수로 나눌 수 있니? **네**
- 이걸 나눗셈식으로 만들어 몫을 구해 보렴. **12÷3=4**
- 나눗셈을 제대로 했는지 검산하려면 어떻게 해야 할까? **4×3=12**

36-37쪽

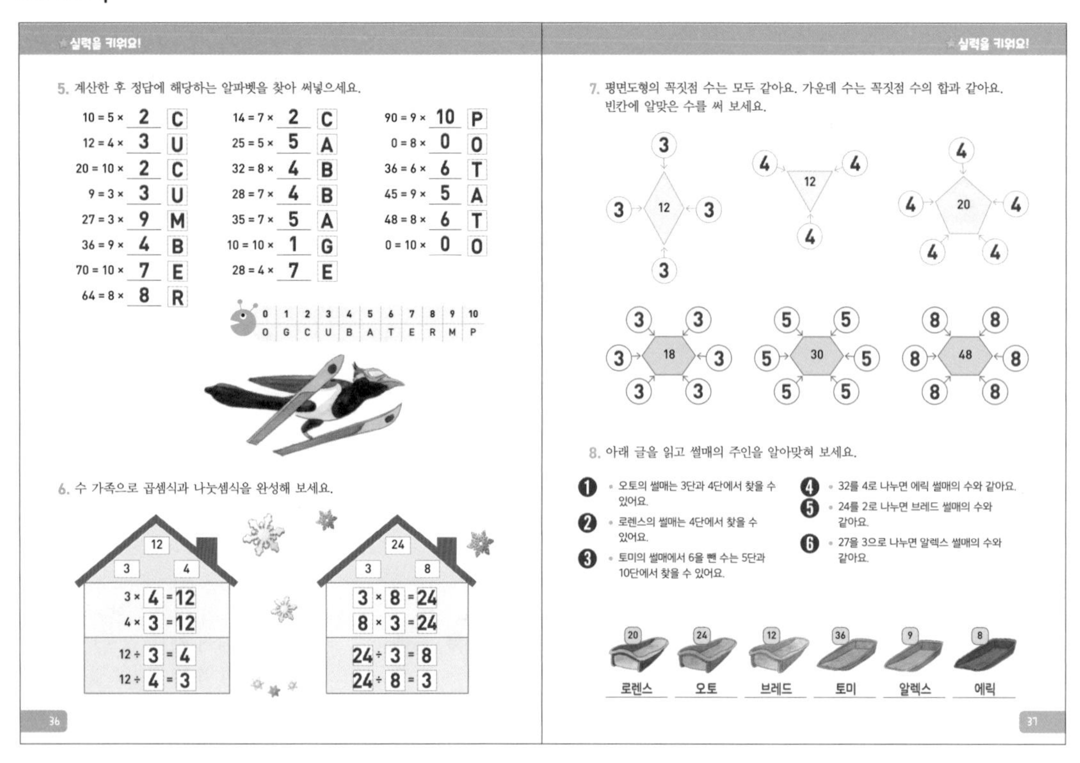

37쪽 8번

❹ 32를 4로 나누면 에릭 썰매의 수와 같으므로 32÷4=8, 에릭의 썰매는 8

❺ 24를 2로 나누면 브레드 썰매의 수와 같으므로 24÷2=12, 브레드의 썰매는 12

❻ 27을 3으로 나누면 알렉스 썰매의 수와 같으므로 27÷3=9, 알렉스의 썰매는 9

남은 수 20, 24, 36 중에서 ❸ 토미의 썰매에서 6을 뺀 수는 5단과 10단에서 찾을 수 있으므로, 36-6=30, 토미의 썰매는 36

남은 수 20, 24 중에서 ❶ 오토의 썰매는 3단과 4단에서 찾을 수 있으므로 오토의 썰매는 24

남은 수는 20이며, ❷ 로렌스 썰매의 수는 4단에서 찾을 수 있으므로 로렌스의 썰매는 20

38-39쪽

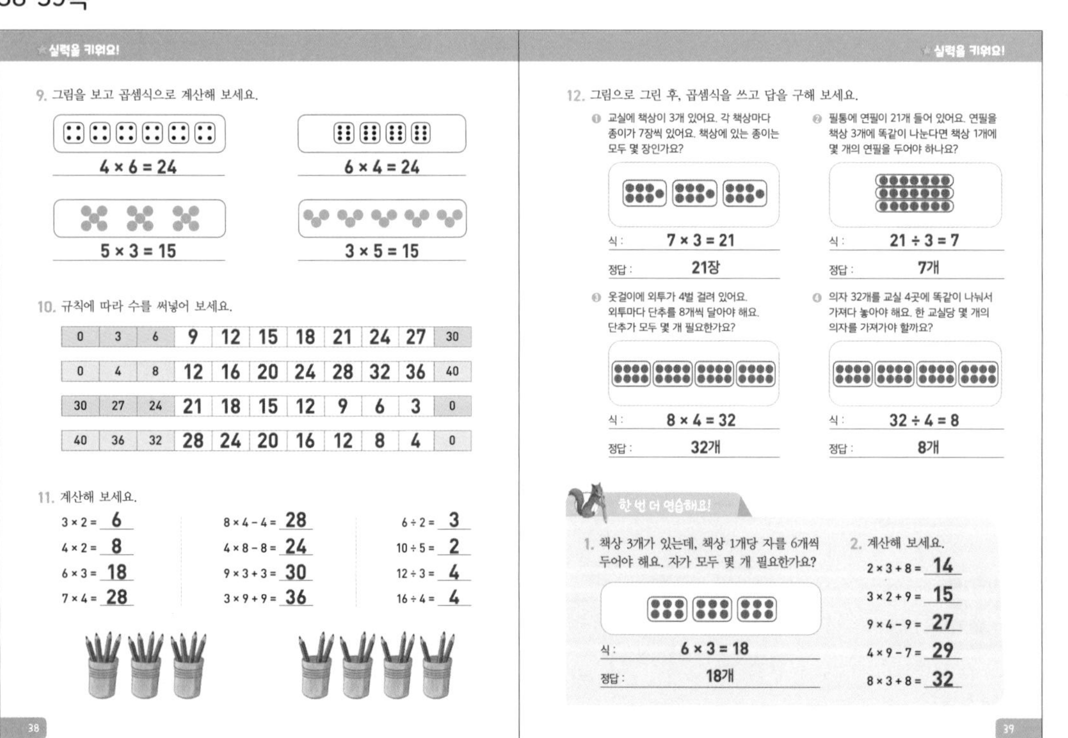

부모님 가이드 | 39쪽 12번

아이와 함께 곱셈식과 나눗셈식에 관련된 이야기를 만들어 보세요.

엄마에게 스티커가 32개 있어. 그걸 색종이 4장에 똑같이 나눠서 붙이려고 해. 색종이 1장당 몇 개씩 붙여야 할까? **32÷4=8, 8개씩**

엄마가 이야기를 들려주면 아이는 식을 만들어 씁니다. 서로 역할을 바꿔 가며 놀이해 보세요. 이야기를 만들다 보면 곱셈과 나눗셈에 대한 개념이 더욱 탄탄하게 잡힙니다.

40-41쪽

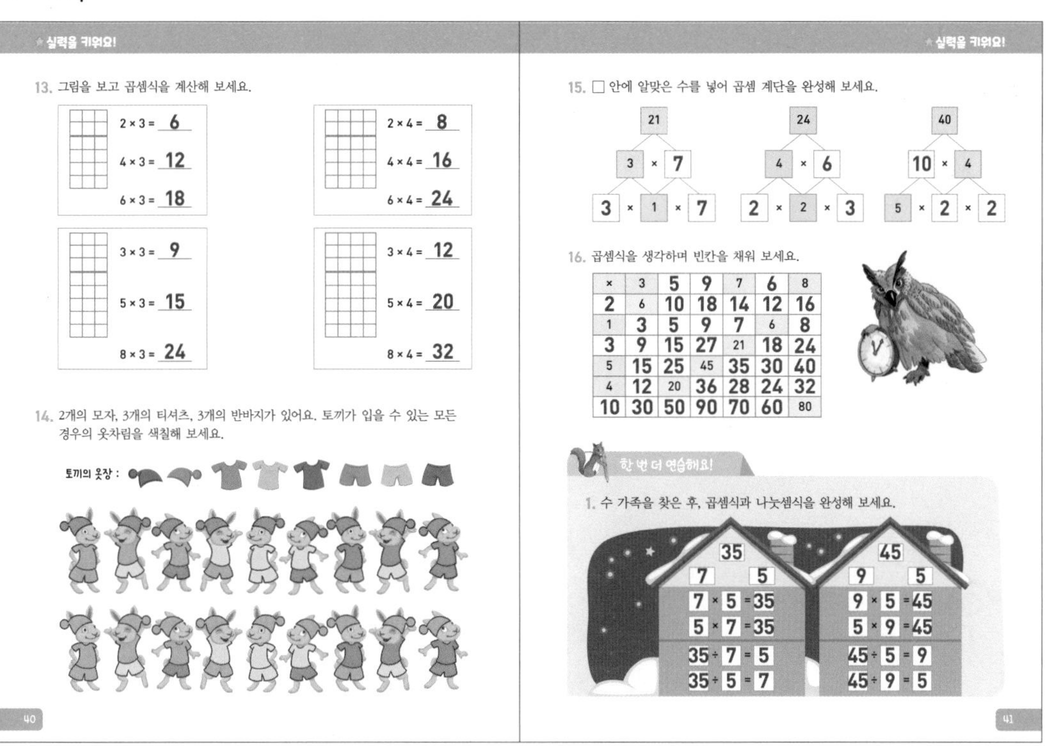

실력을 키워요!

13. 그림을 보고 곱셈식을 계산해 보세요.

2 × 3 = 6
4 × 3 = 12
6 × 3 = 18

2 × 4 = 8
4 × 4 = 16
6 × 4 = 24

3 × 3 = 9
5 × 3 = 15
8 × 3 = 24

3 × 4 = 12
5 × 4 = 20
8 × 4 = 32

14. 2개의 모자, 3개의 티셔츠, 3개의 반바지가 있어요. 토끼가 입을 수 있는 모든 경우의 옷차림을 색칠해 보세요.

토끼의 옷장 :

15. □ 안에 알맞은 수를 넣어 곱셈 계단을 완성해 보세요.

21: 3 × 7 / 3 × 1 × 7
24: 4 × 6 / 2 × 2 × 3
40: 10 × 4 / 5 × 2 × 2

16. 곱셈식을 생각하며 빈칸을 채워 보세요.

×	3	5	9	7	6	8
2	6	10	18	14	12	16
1	3	5	9	7	6	8
3	9	15	27	21	18	24
5	15	25	45	35	30	40
4	12	20	36	28	24	32
10	30	50	90	70	60	80

한 번 더 연습해요!

1. 수 가족을 찾은 후, 곱셈식과 나눗셈식을 완성해 보세요.

35 (7, 5): 7 × 5 = 35, 5 × 7 = 35, 35 ÷ 7 = 5, 35 ÷ 5 = 7
45 (9, 5): 9 × 5 = 45, 5 × 9 = 45, 45 ÷ 5 = 9, 45 ÷ 9 = 5

40 41

2×3×3=18가지

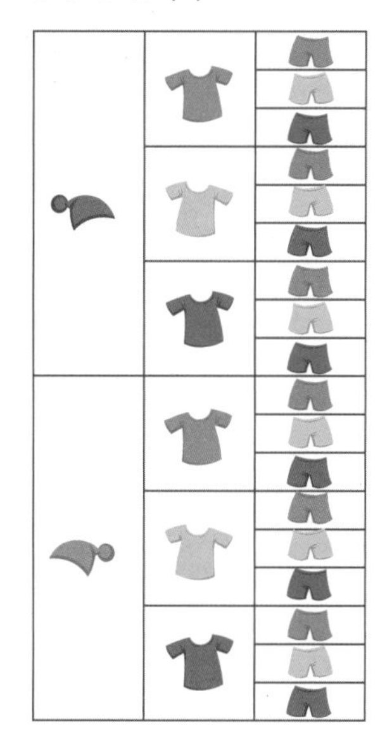

42-43쪽

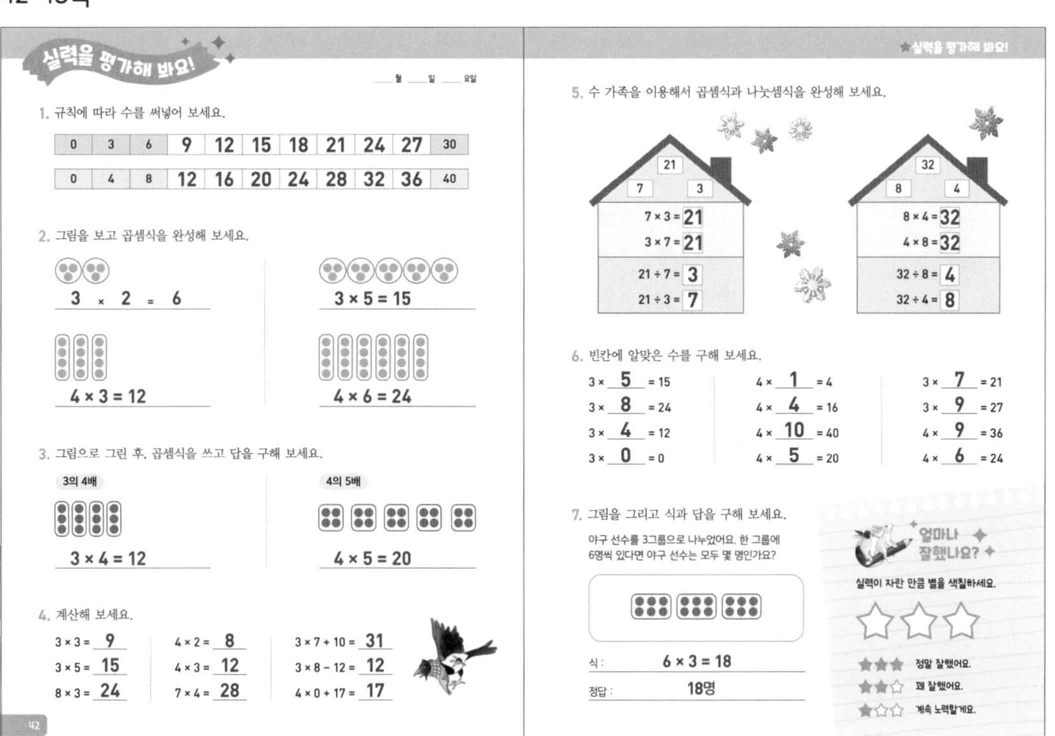

실력을 평가해 봐요!

___월 ___일 ___요일

1. 규칙에 따라 수를 써넣어 보세요.

0	3	6	9	12	15	18	21	24	27	30
0	4	8	12	16	20	24	28	32	36	40

2. 그림을 보고 곱셈식을 완성해 보세요.

3 × 2 = 6
3 × 5 = 15
4 × 3 = 12
4 × 6 = 24

3. 그림으로 그린 후, 곱셈식을 쓰고 답을 구해 보세요.

3의 4배: 3 × 4 = 12
4의 5배: 4 × 5 = 20

4. 계산해 보세요.

3 × 3 = 9, 3 × 5 = 15, 8 × 3 = 24
4 × 2 = 8, 4 × 3 = 12, 7 × 4 = 28
3 × 7 + 10 = 31, 3 × 8 − 12 = 12, 4 × 0 + 17 = 17

5. 수 가족을 이용해서 곱셈식과 나눗셈식을 완성해 보세요.

21 (7, 3): 7 × 3 = 21, 3 × 7 = 21, 21 ÷ 7 = 3, 21 ÷ 3 = 7
32 (8, 4): 8 × 4 = 32, 4 × 8 = 32, 32 ÷ 8 = 4, 32 ÷ 4 = 8

6. 빈칸에 알맞은 수를 구해 보세요.

3 × 5 = 15, 3 × 8 = 24, 3 × 4 = 12, 3 × 0 = 0
4 × 1 = 4, 4 × 4 = 16, 4 × 10 = 40, 4 × 5 = 20
3 × 7 = 21, 3 × 9 = 27, 4 × 9 = 36, 4 × 6 = 24

7. 그림을 그리고 식과 답을 구해 보세요.

야구 선수를 3그룹으로 나누었어요. 한 그룹에 6명씩 있다면 야구 선수는 모두 몇 명인가요?

식 : 6 × 3 = 18
정답 : 18명

얼마나 잘했나요?
실력이 자란 만큼 별을 색칠하세요.
★★★ 정말 잘했어요.
★★☆ 꽤 잘했어요.
★☆☆ 계속 노력할게요.

42

44-45쪽

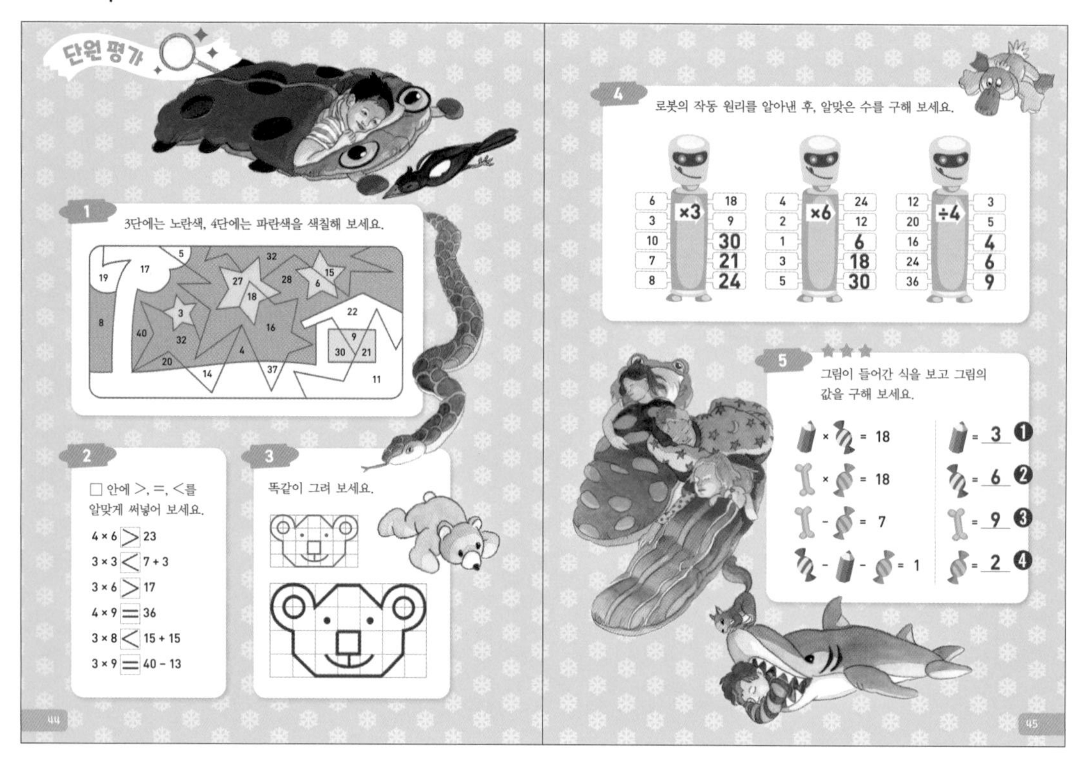

단원 평가

1 3단에는 노란색, 4단에는 파란색을 색칠해 보세요.

2 □ 안에 >, =, <를 알맞게 써넣어 보세요.

4 × 6 > 23
3 × 3 < 7 + 3
3 × 6 > 17
4 × 9 = 36
3 × 8 < 15 + 15
3 × 9 = 40 − 13

3 똑같이 그려 보세요.

4 로봇의 작동 원리를 알아낸 후, 알맞은 수를 구해 보세요.

×3	
6	18
3	9
10	30
7	21
8	24

×6	
4	24
2	12
1	6
3	18
5	30

÷4	
12	3
20	5
16	4
24	6
36	9

5 그림이 들어간 식을 보고 그림의 값을 구해 보세요.

× = 18 — = 3 ❶
× = 18 — = 6 ❷
− = 7 — = 9 ❸
− − = 1 — = 2 ❹

44 45

45쪽 5번

❶ × =18과
❷ × =18에서 가능한 수는 1과 18, 2와 9, 3과 6임.
❸ − =7에서 차가 7만큼 나는 수는 2와 9이므로 =9, =2
❹ − − =1, =2를 넣으면 − −2=1, − =3, ❶에서 나온 가능한 수 1과 18, 2와 9, 3과 6 중 차가 3만큼 나는 수는 3과 6, 이 더 크므로 =6, =3

46-47쪽

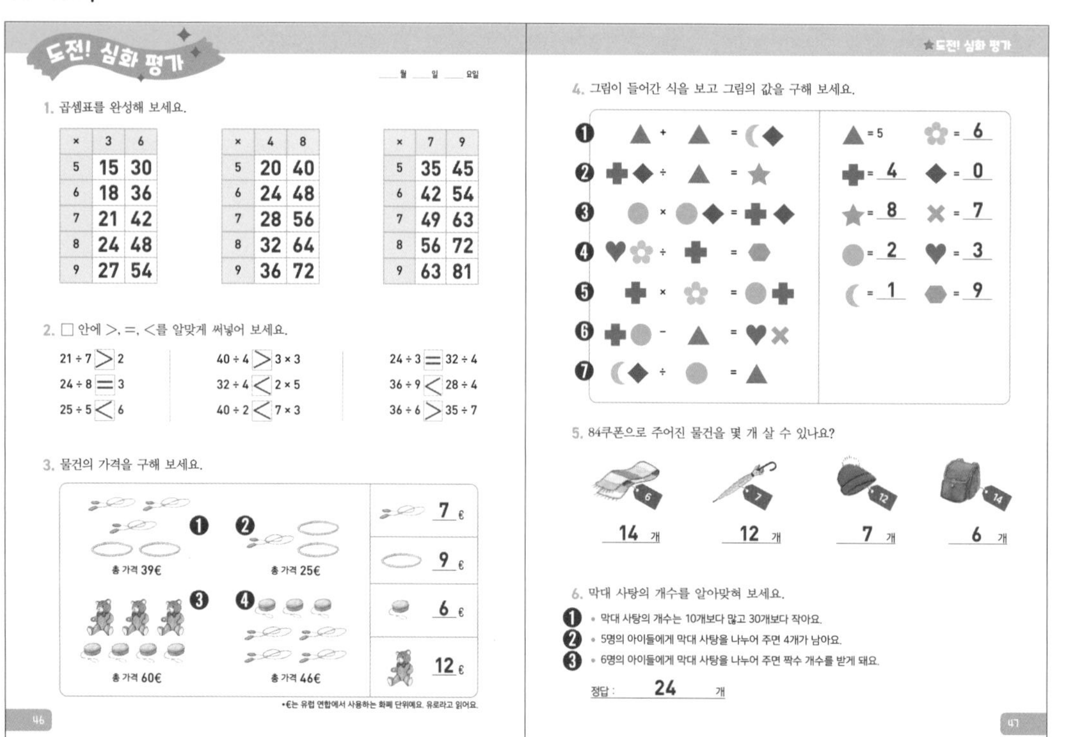

도전! 심화 평가

___월 ___일 ___요일

1. 곱셈표를 완성해 보세요.

×	3	6
5	15	30
6	18	36
7	21	42
8	24	48
9	27	54

×	4	8
5	20	40
6	24	48
7	28	56
8	32	64
9	36	72

×	7	9
5	35	45
6	42	54
7	49	63
8	56	72
9	63	81

2. □ 안에 >, =, <를 알맞게 써넣어 보세요.

21 ÷ 7 > 2
24 ÷ 8 = 3
25 ÷ 5 < 6
40 ÷ 4 > 3 × 3
32 ÷ 4 < 2 × 5
40 ÷ 2 < 7 × 3
24 ÷ 3 = 32 ÷ 4
36 ÷ 9 < 28 ÷ 4
36 ÷ 6 > 35 ÷ 7

3. 물건의 가격을 구해 보세요.

❶ 총 가격 39€
❷ 총 가격 25€
❸ 총 가격 60€
❹ 총 가격 46€

7 € / 9 € / 6 € / 12 €

•€는 유럽 연합에서 사용하는 화폐 단위예요. 유로라고 읽어요.

★도전! 심화 평가

4. 그림이 들어간 식을 보고 그림의 값을 구해 보세요.

❶ ▲ + ▲ = ☾◆
❷ ✚◆ ÷ ▲ = ★
❸ ● × ●◆ = ✚◆
❹ ♥✿ ÷ ✚ = ⬢
❺ ✚ × ✿ = ●✚
❻ ✚● − ▲ = ♥✖
❼ ☾◆ ÷ ● = ▲

▲ = 5, ✿ = 6
✚ = 4, ◆ = 0
★ = 8, ✖ = 7
● = 2, ♥ = 3
☾ = 1, ⬢ = 9

5. 84쿠폰으로 주어진 물건을 몇 개 살 수 있나요?

14 개, 12 개, 7 개, 6 개

6. 막대 사탕의 개수를 알아맞혀 보세요.

❶ • 막대 사탕의 개수는 10개보다 많고 30개보다 작아요.
❷ • 5명의 아이들에게 막대 사탕을 나누어 주면 4개가 남아요.
❸ • 6명의 아이들에게 막대 사탕을 나누어 주면 짝수 개수를 받게 돼요.

정답 : 24 개

46 47

46쪽 3번

❷번 값을 ❶번 식에 넣으면
25+ + =39,
+ =39−25,
2× =14, =7

❷ 7+ + =25,
+ =25−7,
2× =18, =9

❹ + + +7+7+7+7=46,
3× =46−28, 3× =18,
=6

❸ + + +6+6+6+6=60,
+ + =60−24,
3× =36, =12

48-49쪽

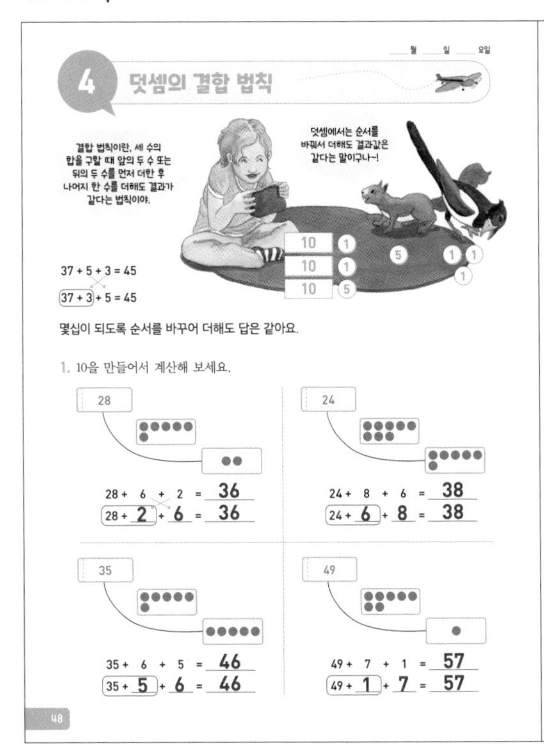
월 일 요일

4 덧셈의 결합 법칙

결합 법칙이란, 세 수의 합을 구할 때 앞의 두 수 또는 뒤의 두 수를 먼저 더한 후 나머지 한 수를 더해도 결과가 같다는 법칙이야.
덧셈에서는 순서를 바꿔서 더해도 결과값은 같다는 말이구나~!
10
10
10

37 + 5 + 3 = 45

(37 + 3) + 5 = 45

몇십이 되도록 순서를 바꾸어 더해도 답은 같아요.

1. 10을 만들어서 계산해 보세요.

28 + 6 + 2 = 36
(28 + 2) + 6 = 36

24 + 8 + 6 = 38
(24 + 6) + 8 = 38

35 + 6 + 5 = 46
(35 + 5) + 6 = 46

49 + 7 + 1 = 57
(49 + 1) + 7 = 57

48

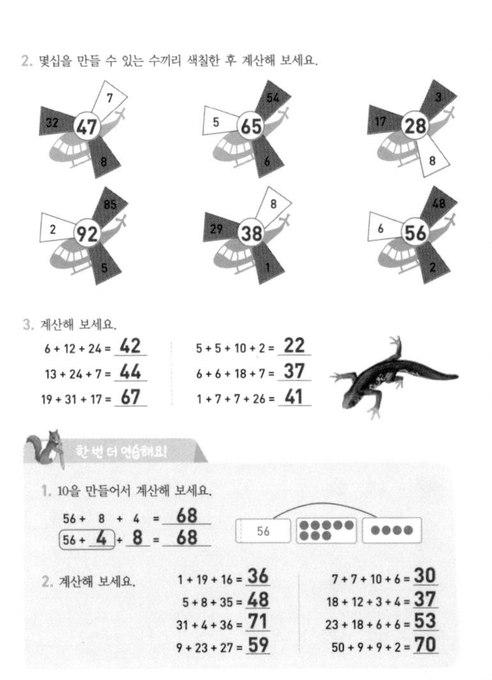
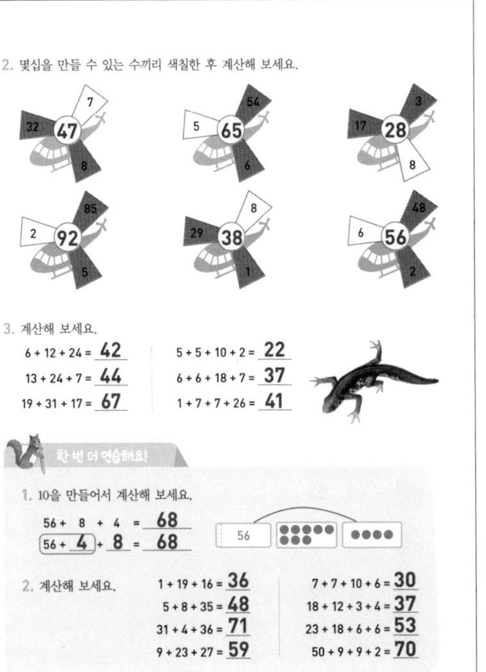
2. 몇십을 만들 수 있는 수끼리 색칠한 후 계산해 보세요.

3. 계산해 보세요.

6 + 12 + 24 = 42
13 + 24 + 7 = 44
19 + 31 + 17 = 67
5 + 5 + 10 + 2 = 22
6 + 6 + 18 + 7 = 37
1 + 7 + 7 + 26 = 41

한 번 더 연습해요!

1. 10을 만들어서 계산해 보세요.

56 + 8 + 4 = 68
(56 + 4) + 8 = 68

2. 계산해 보세요.

1 + 19 + 16 = 36
5 + 8 + 35 = 48
31 + 4 + 36 = 71
9 + 23 + 27 = 59
7 + 7 + 10 + 6 = 30
18 + 12 + 3 + 4 = 37
23 + 18 + 6 + 6 = 53
50 + 9 + 9 + 2 = 70

49

부모님 가이드 | 48쪽

그림을 보며 아이에게 질문해 보세요.

- 여자아이 앞에 얼마가 있니? **37**
- 다람쥐에게는 얼마가 있니? **5**
- 새에게는 얼마가 있니? **3**
- 10만들기를 하려면 누구 수와 누구 수를 더해야 할까? **여자아이와 새가 가진 수(37+3=40)**

MEMO

47쪽 4번

❶ ▲=5를 넣으면, 5+5=☾◆, 5+5=10이므로 ☾=1, ◆=0

❼ ☾◆=10, ▲=5를 넣으면, 10÷●=5, ●=2

❸ ●=2, ◆=0을 넣으면, 2×20=40, ✚=4

❻ ✚=4, ●=2, ▲=5를 넣으면 42-5=37, ♥=3, ✖=7

❷ ✚=4, ◆=0, ▲=5를 넣으면 40÷5=★, ★=8

❺ ✚=4, ●=2를 넣으면, 4×✿=24, ✿=6

❹ ♥=3, ✿=6, ✚=4를 넣으면 36÷4=⬢, ⬢=9

47쪽 5번

84÷6=14
84÷7=12
84÷12=7
84÷14=6

47쪽 6번

❶ 막대사탕의 개수는 10개보다 많고 30개보다 작아요. →10과 30 사이의 수임.

❸ 6명의 아이들에게 막대사탕을 나누어 주면 짝수 개수를 받게 돼요. →10과 30 사이의 수 중 6단과 짝수의 곱이 되는 수이므로 12(6×2) 또는 24(6×4)가 됨.

❷ 5명의 아이들에게 막대사탕을 나누어 주면 4개가 남아요. →5명의 아이들에게 4개씩 나누어 주면 20개가 되고, 24개에서 20개를 빼면 4개가 남음.

50-51쪽

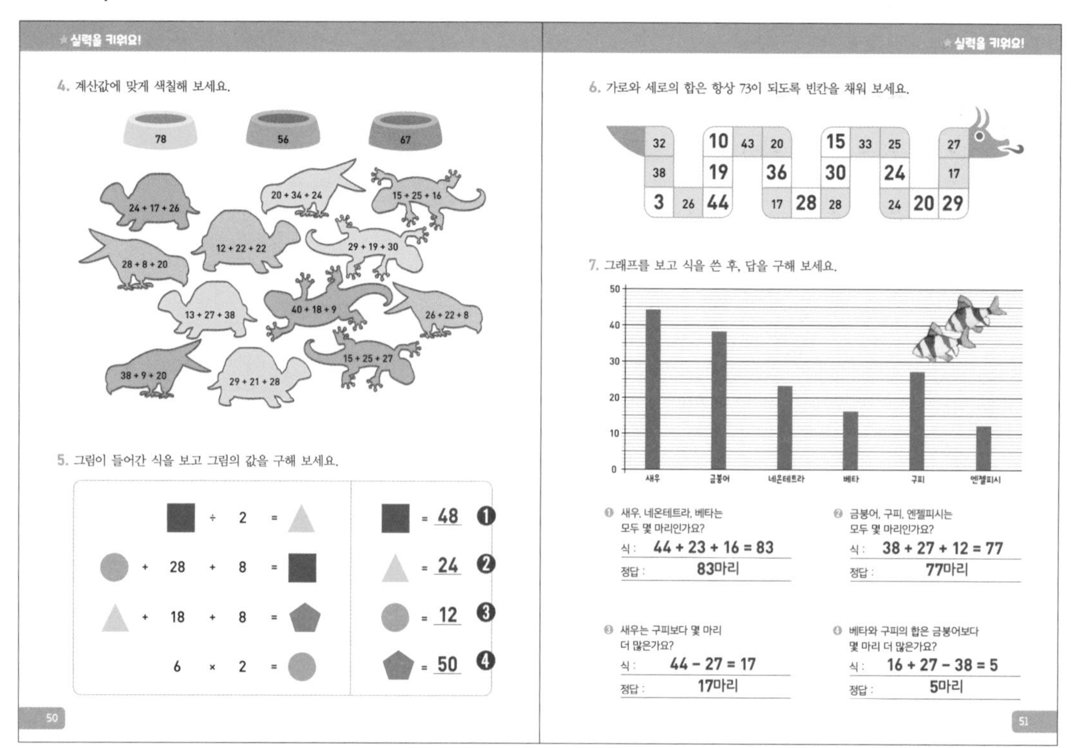
실력을 키워요!

4. 계산값에 맞게 색칠해 보세요.

5. 그림이 들어간 식을 보고 그림의 값을 구해 보세요.

■ ÷ 2 = ▲
● + 28 + 8 = ■
▲ + 18 + 8 = ⬟
6 × 2 = ●

■ = 48 ❶
▲ = 24 ❷
● = 12 ❸
⬟ = 50 ❹

6. 가로와 세로의 합은 항상 73이 되도록 빈칸을 채워 보세요.

7. 그래프를 보고 식을 쓴 후, 답을 구해 보세요.

❶ 새우, 네온테트라, 베타는 모두 몇 마리인가요?
식: 44 + 23 + 16 = 83
정답: 83마리

❷ 금붕어, 구피, 엔젤피시는 모두 몇 마리인가요?
식: 38 + 27 + 12 = 77
정답: 77마리

❸ 새우는 구피보다 몇 마리 더 많은가요?
식: 44 − 27 = 17
정답: 17마리

❹ 베타와 구피의 합은 금붕어보다 몇 마리 더 많은가요?
식: 16 + 27 − 38 = 5
정답: 5마리

50 51

50쪽 5번

❸ 6×2=●, ●=12

❶ ●+28+8=■,
12+28+8=48, ■=48

❷ ■÷2=▲, 48÷2=24,
▲=24

❹ ▲+18+8=⬟,
24+18+8=50, ⬟=50

부모님 가이드 | 51쪽 7번

문제를 풀기 전에 막대 그래프를 보고 여러 가지 이야기를 나눠 봅니다. 막대 옆에 각각의 수치를 써 보고, 수족관에 어떤 종류의 생물이 가장 많은지, 어떤 종류가 가장 적은지 등 이야기를 나누며 그래프를 분석해 봅니다.

52-53쪽

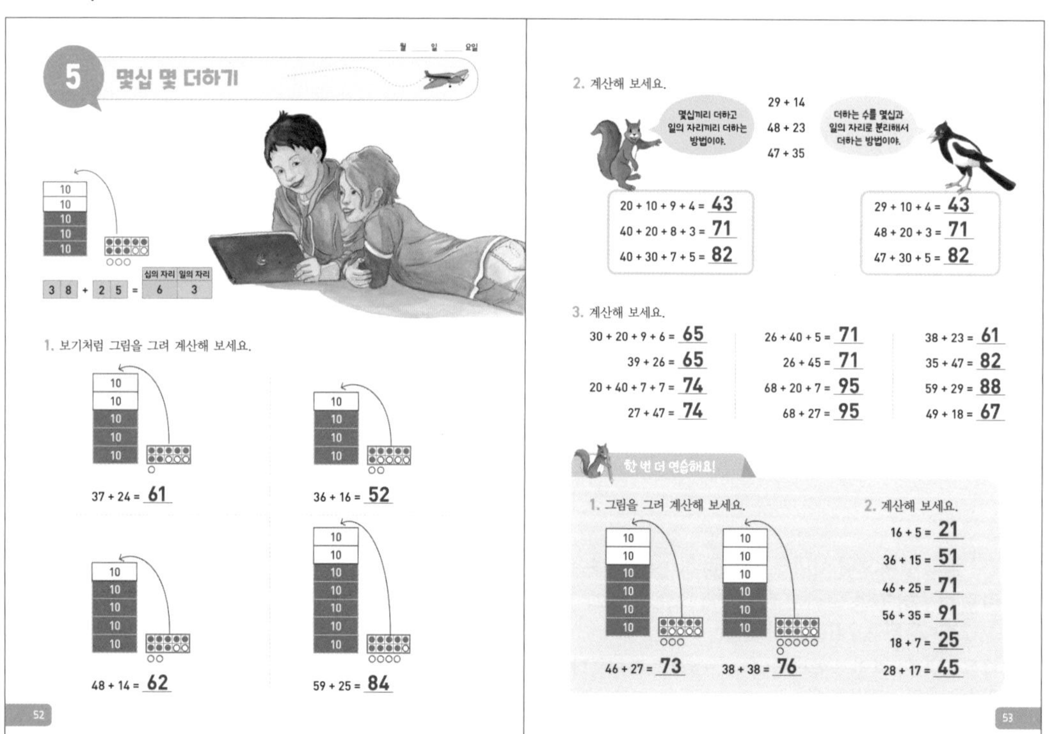
월 일 요일

5 몇십 몇 더하기

1. 보기처럼 그림을 그려 계산해 보세요.

37 + 24 = 61
36 + 16 = 52
48 + 14 = 62
59 + 25 = 84

2. 계산해 보세요.

몇십끼리 더하고 일의 자리끼리 더하는 방법이야.
29 + 14
48 + 23
47 + 35
더하는 수를 몇십과 일의 자리로 분리해서 더하는 방법이야.

20 + 10 + 9 + 4 = 43
40 + 20 + 8 + 3 = 71
40 + 30 + 7 + 5 = 82

29 + 10 + 4 = 43
48 + 20 + 3 = 71
47 + 30 + 5 = 82

3. 계산해 보세요.

30 + 20 + 9 + 6 = 65
39 + 26 = 65
20 + 40 + 7 + 7 = 74
27 + 47 = 74

26 + 40 + 5 = 71
26 + 45 = 71
68 + 20 + 7 = 95
68 + 27 = 95

38 + 23 = 61
35 + 47 = 82
59 + 29 = 88
49 + 18 = 67

한 번 더 연습해요!

1. 그림을 그려 계산해 보세요.

46 + 27 = 73
38 + 38 = 76

2. 계산해 보세요.

16 + 5 = 21
36 + 15 = 51
46 + 25 = 71
56 + 35 = 91
18 + 7 = 25
28 + 17 = 45

52 53

부모님 가이드 | 52쪽

그림을 보며 아이에게 질문해 보세요.

- 38은 10개씩 묶음이 몇 개, 낱개가 몇 개니? **10개씩 묶음 3개, 낱개 8개**
- 십의 자리에 10개씩 묶음 몇 개가 더해졌니? **10개씩 묶음 2개**
- 낱개 8개에 몇 개를 더 채웠더니 10이 되었니? **낱개 2개**
- 낱개 몇 개가 남았니? **3개**
- 낱개 10개는 뭐가 되었니? **10개씩 묶음 1개**
- 38+25를 계산해 보렴. **63**

54-55쪽

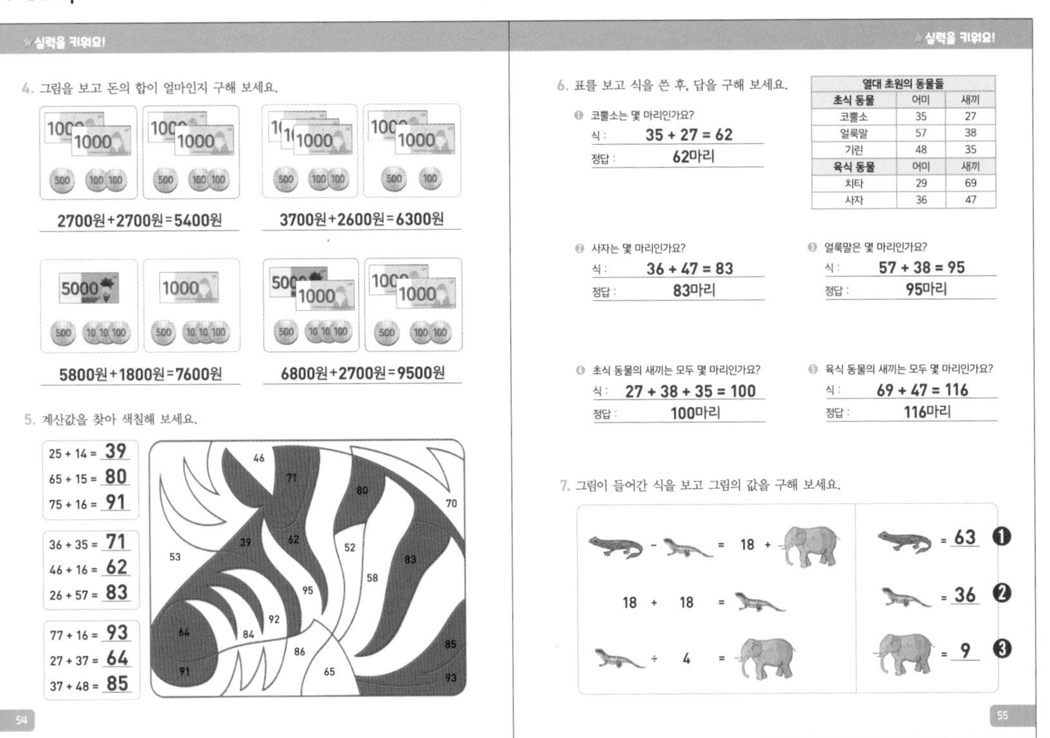

실력을 키워요!

4. 그림을 보고 돈의 합이 얼마인지 구해 보세요.

2700원+2700원=5400원 3700원+2600원=6300원

5800원+1800원=7600원 6800원+2700원=9500원

5. 계산값을 찾아 색칠해 보세요.

25 + 14 = 39
65 + 15 = 80
75 + 16 = 91

36 + 35 = 71
46 + 16 = 62
26 + 57 = 83

77 + 16 = 93
27 + 37 = 64
37 + 48 = 85

6. 표를 보고 식을 쓴 후, 답을 구해 보세요.

열대 초원의 동물들		
초식 동물	어미	새끼
코뿔소	35	27
얼룩말	57	38
기린	48	35
육식 동물	어미	새끼
치타	29	69
사자	36	47

❶ 코뿔소는 몇 마리인가요?
식: 35 + 27 = 62
정답: 62마리

❷ 사자는 몇 마리인가요?
식: 36 + 47 = 83
정답: 83마리

❸ 얼룩말은 몇 마리인가요?
식: 57 + 38 = 95
정답: 95마리

❹ 초식 동물의 새끼는 모두 몇 마리인가요?
식: 27 + 38 + 35 = 100
정답: 100마리

❺ 육식 동물의 새끼는 모두 몇 마리인가요?
식: 69 + 47 = 116
정답: 116마리

7. 그림이 들어간 식을 보고 그림의 값을 구해 보세요.

= 63 ❶
= 36 ❷
= 9 ❸

54 55

55쪽 7번

❷ 18+18= ,
=36

❸ ÷4= ,
36÷4= , =9

❶ - =18+ ,
-36=18+9,
=27+36,
=63

56-57쪽

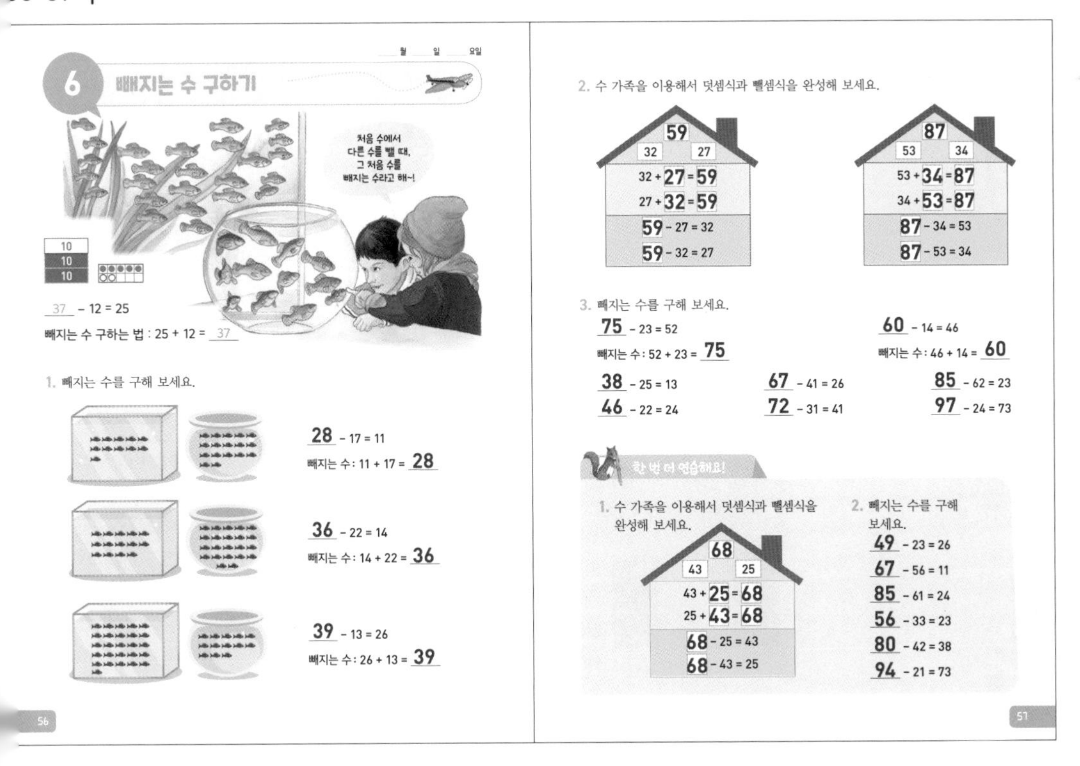

6 빼지는 수 구하기

처음 수에서 다른 수를 뺄 때, 그 처음 수를 빼지는 수라고 해~!

37 − 12 = 25
빼지는 수 구하는 법 : 25 + 12 = 37

1. 빼지는 수를 구해 보세요.

28 − 17 = 11
빼지는 수 : 11 + 17 = 28

36 − 22 = 14
빼지는 수 : 14 + 22 = 36

39 − 13 = 26
빼지는 수 : 26 + 13 = 39

2. 수 가족을 이용해서 덧셈식과 뺄셈식을 완성해 보세요.

59 (32, 27)
32 + 27 = 59
27 + 32 = 59
59 − 27 = 32
59 − 32 = 27

87 (53, 34)
53 + 34 = 87
34 + 53 = 87
87 − 34 = 53
87 − 53 = 34

3. 빼지는 수를 구해 보세요.

75 − 23 = 52
빼지는 수 : 52 + 23 = 75

60 − 14 = 46
빼지는 수 : 46 + 14 = 60

38 − 25 = 13
46 − 22 = 24
67 − 41 = 26
72 − 31 = 41
85 − 62 = 23
97 − 24 = 73

한 번 더 연습해요!

1. 수 가족을 이용해서 덧셈식과 뺄셈식을 완성해 보세요.

68 (43, 25)
43 + 25 = 68
25 + 43 = 68
68 − 25 = 43
68 − 43 = 25

2. 빼지는 수를 구해 보세요.

49 − 23 = 26
67 − 56 = 11
85 − 61 = 24
56 − 33 = 23
80 − 42 = 38
94 − 21 = 73

56 57

부모님 가이드 | 56쪽

그림을 보며 아이에게 질문해 보세요.
- 수족관 앞의 작은 어항에 금붕어가 몇 마리 있니? **12마리**
- 수족관 안에는 금붕어가 몇 마리 있니? **25마리**
- 어항의 금붕어는 원래 수족관 안에 있었어. 어항에 금붕어를 덜어 내기 전에는 몇 마리가 있었을까? 덧셈식으로 구해 보렴. **25+12=37**

58-59쪽

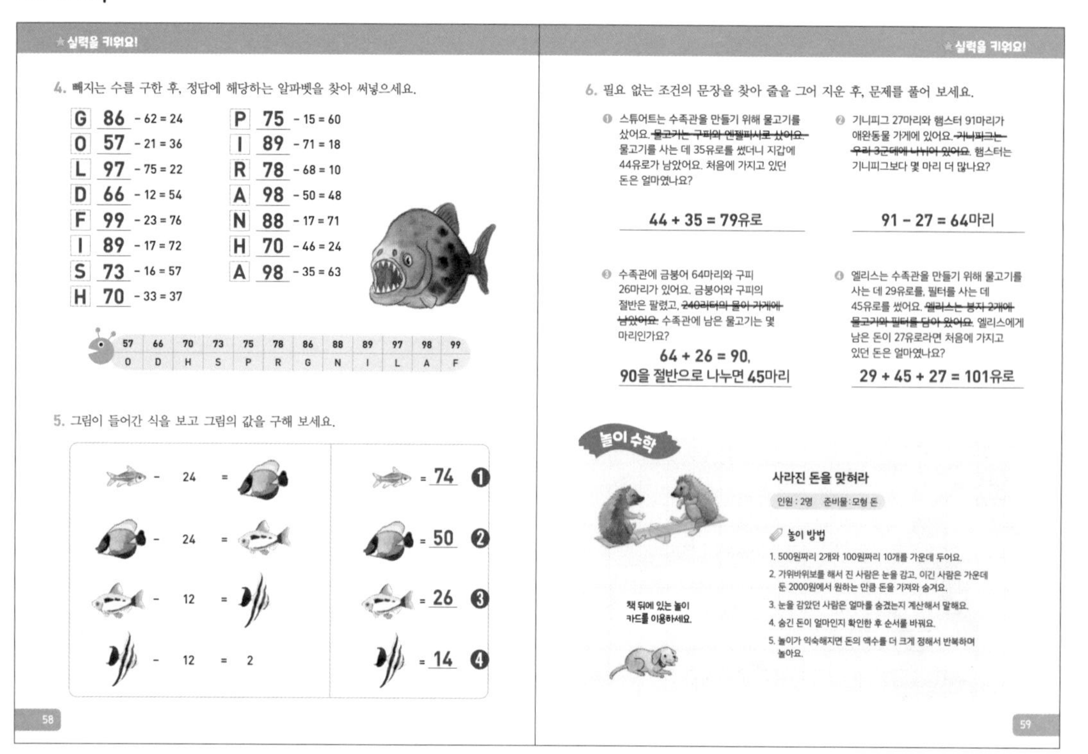

실력을 키워요!

4. 빼지는 수를 구한 후, 정답에 해당하는 알파벳을 찾아 써넣으세요.

G 86 - 62 = 24
O 57 - 21 = 36
L 97 - 75 = 22
D 66 - 12 = 54
F 99 - 23 = 76
I 89 - 17 = 72
S 73 - 16 = 57
H 70 - 33 = 37
P 75 - 15 = 60
I 89 - 71 = 18
R 78 - 68 = 10
A 98 - 50 = 48
N 88 - 17 = 71
H 70 - 46 = 24
A 98 - 35 = 63

57	66	70	73	75	78	86	88	89	97	98	99
O	D	H	S	P	R	G	N	I	L	A	F

5. 그림이 들어간 식을 보고 그림의 값을 구해 보세요.

- 24 = / = 74 ❶
- 24 = / = 50 ❷
- 12 = / = 26 ❸
- 12 = 2 / = 14 ❹

58

실력을 키워요!

6. 필요 없는 조건의 문장을 찾아 줄을 그어 지운 후, 문제를 풀어 보세요.

❶ 스튜어트는 수족관을 만들기 위해 물고기를 샀어요. ~~물고기는 구피와 엔젤피시로 샀어요.~~ 물고기를 사는 데 35유로를 썼더니 지갑에 44유로가 남았어요. 처음에 가지고 있던 돈은 얼마였나요?

44 + 35 = 79유로

❷ 기니피그 27마리와 햄스터 91마리가 애완동물 가게에 있어요. ~~기니피그는 우리 3군데에 나뉘어 있어요.~~ 햄스터는 기니피그보다 몇 마리 더 많나요?

91 - 27 = 64마리

❸ 수족관에 금붕어 64마리와 구피 26마리가 있어요. 금붕어와 구피의 절반은 팔렸고, ~~240리터의 물이 가게에 남았어요.~~ 수족관에 남은 물고기는 몇 마리인가요?

64 + 26 = 90,
90을 절반으로 나누면 45마리

❹ 엘리스는 수족관을 만들기 위해 물고기를 사는 데 29유로를, 필터를 사는 데 45유로를 썼어요. ~~엘리스는 봉지 2개에 물고기와 필터를 담아 왔어요.~~ 엘리스에게 남은 돈이 27유로라면 처음에 가지고 있던 돈은 얼마였나요?

29 + 45 + 27 = 101유로

놀이 수학

사라진 돈을 맞혀라

인원 : 2명 준비물 : 모형 돈

놀이 방법

1. 500원짜리 2개와 100원짜리 10개를 가운데 두어요.
2. 가위바위보를 해서 진 사람은 눈을 감고, 이긴 사람은 가운데 둔 2000원에서 원하는 만큼 돈을 가져와 숨겨요.
3. 눈을 감았던 사람은 얼마를 숨겼는지 계산해서 말해요.
4. 숨긴 돈이 얼마인지 확인한 후 순서를 바꿔요.
5. 놀이가 익숙해지면 돈의 액수를 더 크게 정해서 반복하며 놀아요.

책 뒤에 있는 놀이 카드를 이용하세요.

59

58쪽 5번

❹ -12=2, =14

❸ -12= ,
-12=14, =26

❷ -24= ,
-24=26, =50

❶ -24= ,
-24=50, =74

60-61쪽

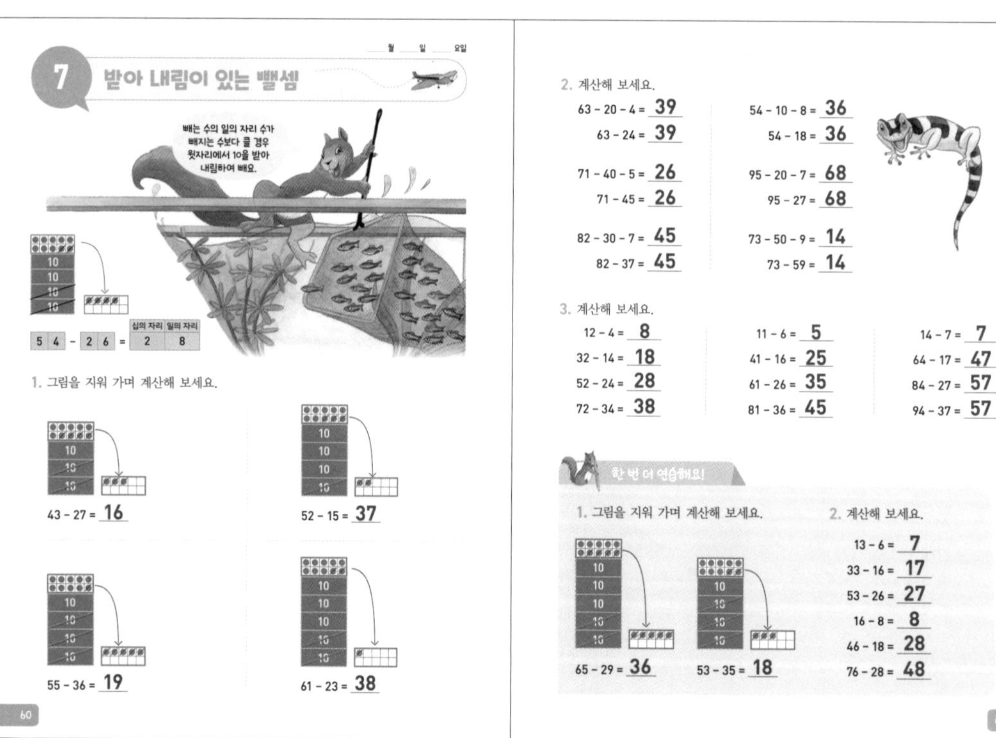

월 일 요일

7 받아 내림이 있는 뺄셈

빼는 수의 일의 자리 수가 빼지는 수보다 클 경우 윗자리에서 10을 받아 내림하여 빼요.

54 - 26 = 28 (십의 자리 2, 일의 자리 8)

1. 그림을 지워 가며 계산해 보세요.

43 - 27 = 16
52 - 15 = 37
55 - 36 = 19
61 - 23 = 38

60

2. 계산해 보세요.

63 - 20 - 4 = 39
63 - 24 = 39
54 - 10 - 8 = 36
54 - 18 = 36
71 - 40 - 5 = 26
71 - 45 = 26
95 - 20 - 7 = 68
95 - 27 = 68
82 - 30 - 7 = 45
82 - 37 = 45
73 - 50 - 9 = 14
73 - 59 = 14

3. 계산해 보세요.

12 - 4 = 8
32 - 14 = 18
52 - 24 = 28
72 - 34 = 38
11 - 6 = 5
41 - 16 = 25
61 - 26 = 35
81 - 36 = 45
14 - 7 = 7
64 - 17 = 47
84 - 27 = 57
94 - 37 = 57

한 번 더 연습해요!

1. 그림을 지워 가며 계산해 보세요.

65 - 29 = 36
53 - 35 = 18

2. 계산해 보세요.

13 - 6 = 7
33 - 16 = 17
53 - 26 = 27
16 - 8 = 8
46 - 18 = 28
76 - 28 = 48

61

부모님 가이드 | 60쪽

그림을 보며 아이에게 질문해 보세요.

- 54는 10개씩 묶음이 몇 개, 낱개가 몇 개니? **10개씩 묶음 5개, 낱개 4개**
- 십의 자리에서 10개씩 묶음 몇 개가 빼졌니? **10개씩 묶음 2개**
- 낱개에서 뺄 수 있는 수가 몇 개 있니? **4개**
- 6을 빼려면 낱개 4개를 뺀 후 십의 자리에서 몇 개를 더 빼야 하니? **2개**
- 십의 자리에서 2개를 빼고 남은 낱개 8개는 어디로 가야 하니? **일의 자리**
- 54-26을 계산해 보렴. **28**

62-63쪽

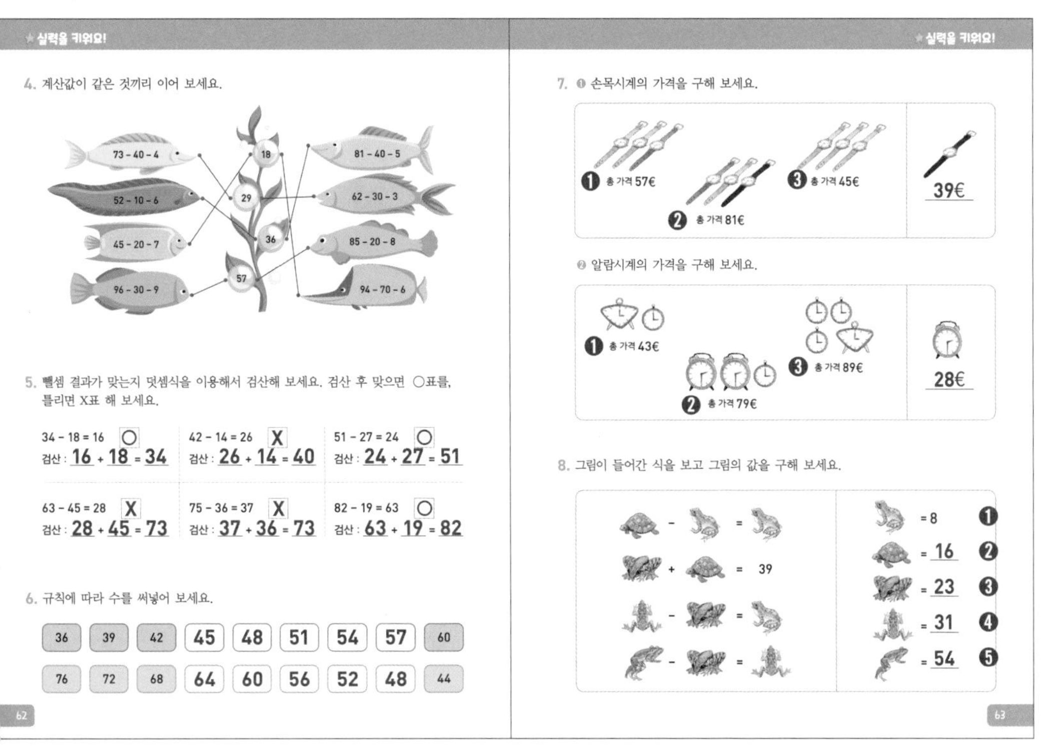

★ 실력을 키워요!

4. 계산값이 같은 것끼리 이어 보세요.

5. 뺄셈 결과가 맞는지 덧셈식을 이용해서 검산해 보세요. 검산 후 맞으면 ○표를, 틀리면 X표 해 보세요.

34 - 18 = 16 ○ 검산 : 16 + 18 = 34	42 - 14 = 26 X 검산 : 26 + 14 = 40	51 - 27 = 24 ○ 검산 : 24 + 27 = 51
63 - 45 = 28 X 검산 : 28 + 45 = 73	75 - 36 = 37 X 검산 : 37 + 36 = 73	82 - 19 = 63 ○ 검산 : 63 + 19 = 82

6. 규칙에 따라 수를 써넣어 보세요.

36	39	42	45	48	51	54	57	60
76	72	68	64	60	56	52	48	44

62

★ 실력을 키워요!

7. ① 손목시계의 가격을 구해 보세요.

② 알람시계의 가격을 구해 보세요.

8. 그림이 들어간 식을 보고 그림의 값을 구해 보세요.

63

63쪽 8번

❷ - = , =8을 넣으면, -8=8, =16

❸ + =39, =39-16, =23

❹ - = , -23=8, =8+23, =31

❺ - = , -23=31, =31+23, =54

63쪽 7번 ①

❸ 3× =45, =15

❶ + + =57, 15+15+ =57, =57-30, =27

❷ + + =81, 27+15+ =81, =81-42, =39

63쪽 7번 ②

❶번 값을 ❸번 식에 넣으면 + +43=89, + =46, =23

❶ + =43, +23=43, =43-23, =20

❷ + + =79, + +23=79, + =56, =28

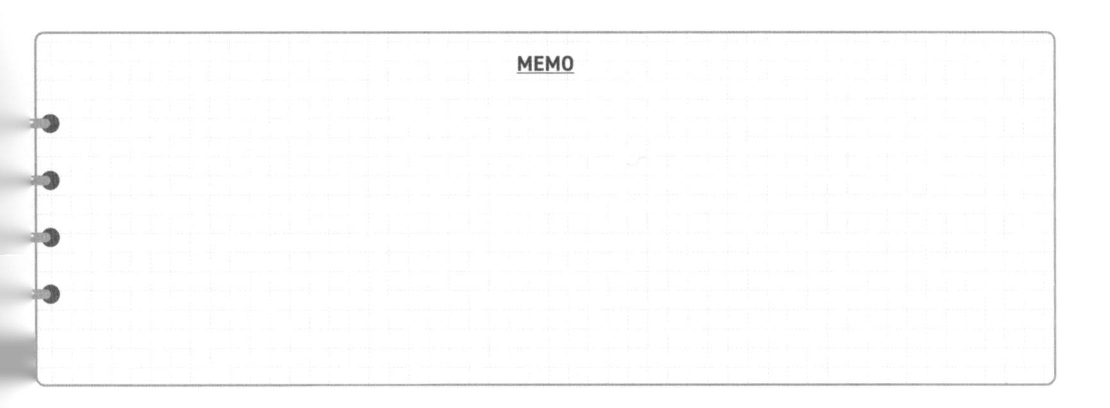

64-65쪽

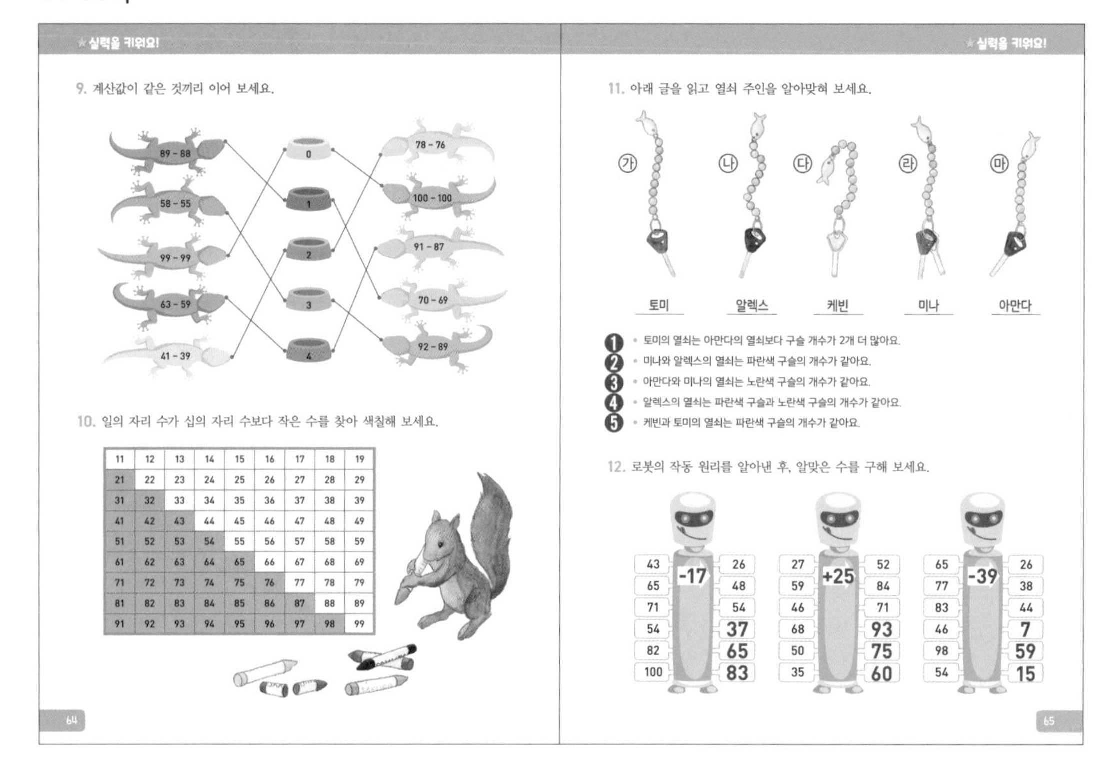

실력을 키워요!

9. 계산값이 같은 것끼리 이어 보세요.

10. 일의 자리 수가 십의 자리 수보다 작은 수를 찾아 색칠해 보세요.

11	12	13	14	15	16	17	18	19
21	22	23	24	25	26	27	28	29
31	32	33	34	35	36	37	38	39
41	42	43	44	45	46	47	48	49
51	52	53	54	55	56	57	58	59
61	62	63	64	65	66	67	68	69
71	72	73	74	75	76	77	78	79
81	82	83	84	85	86	87	88	89
91	92	93	94	95	96	97	98	99

64

실력을 키워요!

11. 아래 글을 읽고 열쇠 주인을 알아맞혀 보세요.

❶ 토미의 열쇠는 아만다의 열쇠보다 구슬 개수가 2개 더 많아요.
❷ 미나와 알렉스의 열쇠는 파란색 구슬의 개수가 같아요.
❸ 아만다와 미나의 열쇠는 노란색 구슬의 개수가 같아요.
❹ 알렉스의 열쇠는 파란색 구슬과 노란색 구슬의 개수가 같아요.
❺ 케빈과 토미의 열쇠는 파란색 구슬의 개수가 같아요.

12. 로봇의 작동 원리를 알아낸 후, 알맞은 수를 구해 보세요.

65

MEMO

65쪽 11번

왼쪽부터 순서대로 열쇠에 가, 나, 다, 라, 마를 붙이고 파란색과 노란색의 구슬 개수를 써 보면 다음과 같아요.

	가	나	다	라	마
노란색 구슬	3	5	5	4	4
파란색 구슬	6	5	6	5	3
전체 구슬 개수	9	10	11	9	7

❹ 알렉스의 열쇠는 파란색 구슬과 노란색 구슬의 개수가 같아요. →알맞은 조건의 열쇠는 나

❺ 케빈과 토미의 열쇠는 파란색 구슬의 개수가 같아요. →알렉스의 열쇠인 나를 빼고 파란색 구슬 개수가 같은 열쇠는 가와 다이므로 가와 다는 케빈과 토미임.

❸ 아만다와 미나의 열쇠는 노란색 구슬의 개수가 같아요. →가, 나, 다를 빼고 남은 열쇠 라와 마는 아만다와 미나

❷ 미나와 알렉스의 열쇠는 파란색 구슬의 개수가 같아요. →나와 파란색 구슬의 개수가 같은 열쇠는 라. 그러므로 라는 미나, 마는 아만다.

❶ 토미의 열쇠는 아만다의 열쇠보다 구슬 개수가 2개 더 많아요. →마(아만다)는 구슬이 7개이므로 토미의 열쇠 구슬 개수는 9개가 되어야 함. 가와 라 중 라는 미나의 열쇠이므로 가는 토미, 다는 케빈임.

66-67쪽

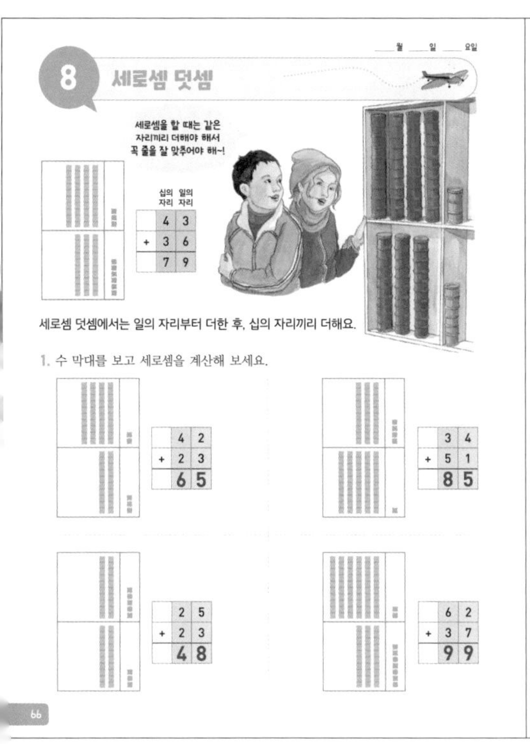

8 세로셈 덧셈

세로셈을 할 때는 같은 자리끼리 더해야 해서 꼭 줄을 잘 맞추어야 해~!

십의 자리	일의 자리
4	3
+ 3	6
7	9

세로셈 덧셈에서는 일의 자리부터 더한 후, 십의 자리끼리 더해요.

1. 수 막대를 보고 세로셈을 계산해 보세요.

42 + 23 = 65, 34 + 51 = 85, 25 + 23 = 48, 62 + 37 = 99

66

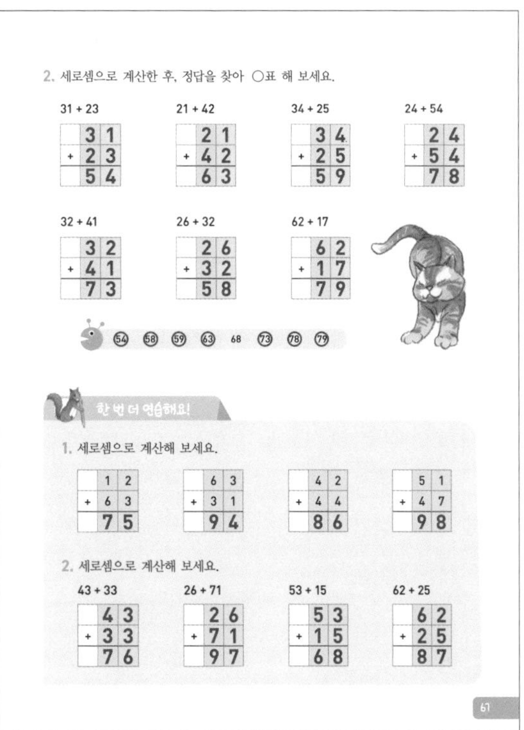

2. 세로셈으로 계산한 후, 정답을 찾아 ○표 해 보세요.

31 + 23 = 54, 21 + 42 = 63, 34 + 25 = 59, 24 + 54 = 78

32 + 41 = 73, 26 + 32 = 58, 62 + 17 = 79

54 58 59 63 68 73 78 79

한 번 더 연습해요!

1. 세로셈으로 계산해 보세요.

12 + 63 = 75, 63 + 31 = 94, 42 + 44 = 86, 51 + 47 = 98

2. 세로셈으로 계산해 보세요.

43 + 33 = 76, 26 + 71 = 97, 53 + 15 = 68, 62 + 25 = 87

67

부모님 가이드 | 66쪽

그림을 보며 아이에게 질문해 보세요.

- 위쪽 선반에 통조림이 모두 몇 개 있니? **43개**
- 아래쪽 선반에는 통조림이 모두 몇 개 있니? **36개**
- 파란색 통조림은 선반의 어느 쪽에 있니? **오른쪽**
- 10개씩 묶음으로 된 빨간색 통조림은 선반의 어느 쪽에 있니? **왼쪽**
- 선반 전체에 파란색 통조림은 모두 몇 개니? **9개**
- 빨간색 통조림은 선반 전체에 모두 몇 묶음 있니? **7묶음**
- 선반에 있는 통조림은 모두 몇 개니? **79개**

68-69쪽

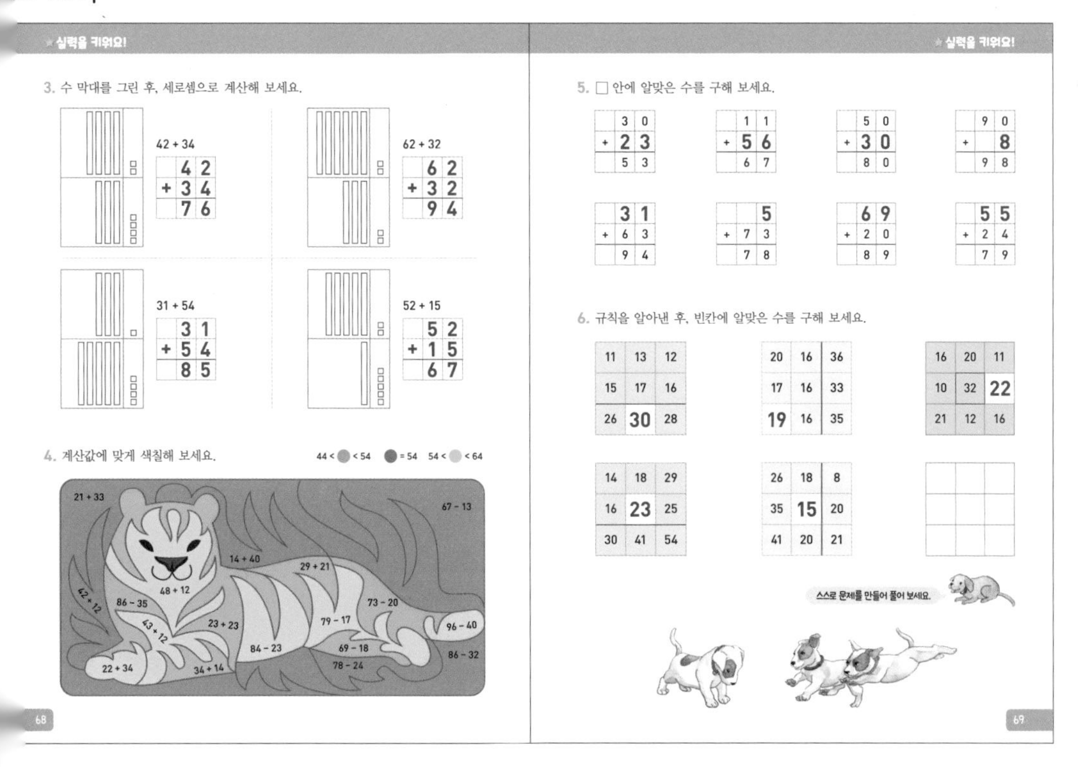

실력을 키워요!

3. 수 막대를 그린 후, 세로셈으로 계산해 보세요.

42 + 34 = 76, 62 + 32 = 94, 31 + 54 = 85, 52 + 15 = 67

4. 계산값에 맞게 색칠해 보세요.

44 < ● < 54　● = 54　54 < ● < 64

21 + 33, 67 − 13, 14 + 40, 29 + 21, 42 + 12, 48 + 12, 86 − 35, 43 + 12, 23 + 23, 79 − 17, 73 − 20, 96 − 40, 84 − 23, 69 − 18, 86 − 32, 22 + 34, 34 + 14, 78 − 24

68

실력을 키워요!

5. □ 안에 알맞은 수를 구해 보세요.

30 + 23 = 53, 11 + 56 = 67, 50 + 30 = 80, 90 + 8 = 98

31 + 63 = 94, 5 + 73 = 78, 69 + 20 = 89, 55 + 24 = 79

6. 규칙을 알아낸 후, 빈칸에 알맞은 수를 구해 보세요.

11	13	12
15	17	16
26	30	28

20	16	36
17	16	33
19	16	35

16	20	11
10	32	22
21	12	16

14	18	29
16	23	25
30	41	54

26	18	8
35	15	20
41	20	21

스스로 문제를 만들어 풀어 보세요.

69

부모님 가이드 | 68쪽 3번

십진법과 자릿값

일의 자리는 0부터 9까지 쓸 수 있으며, 9보다 1 큰 수인 10이 되면 한 자리를 올려 두 자리 수가 됩니다. 또한 99보다 1 큰 수인 100이 되면 한 자리를 더 올려 세 자리 수가 됨을 아이와 함께 수 막대를 이용해 이야기해 보세요.

70-71쪽

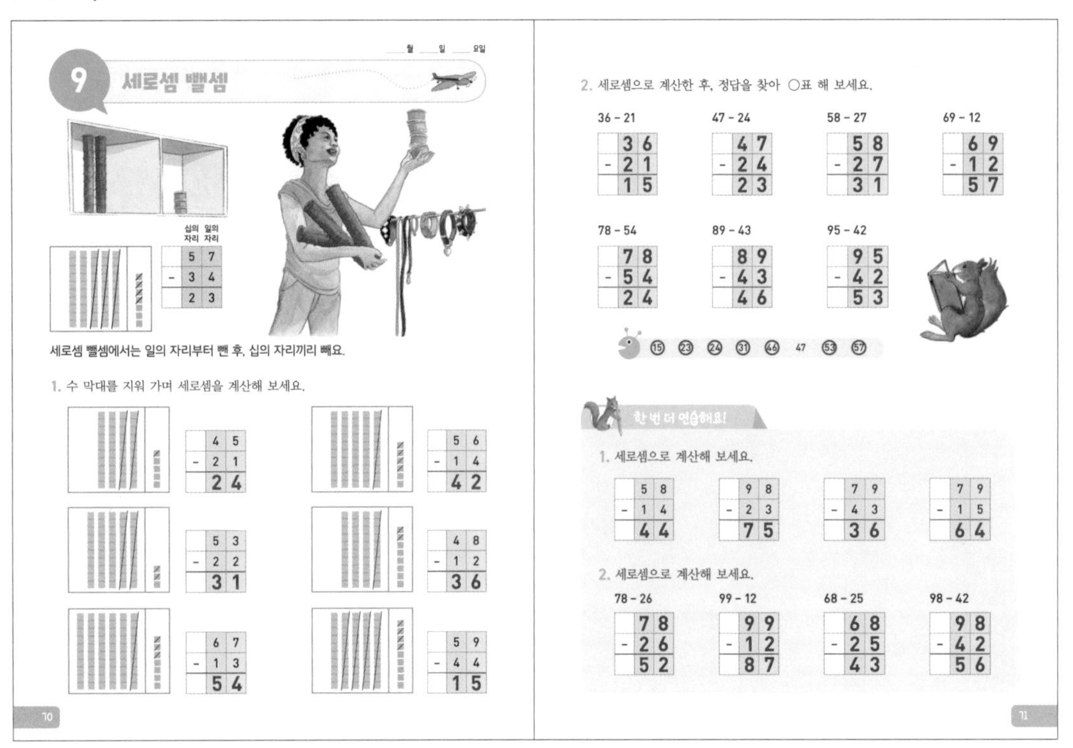

부모님 가이드 | 70쪽

그림을 보며 아이에게 질문해 보세요.

- 왼쪽 선반에 10개씩 묶음으로 된 통조림이 몇 개 있니? **2개**
- 오른쪽 선반에 낱개로 된 파란색 통조림이 몇 개 있니? **3개**
- 손님이 10개씩 묶음으로 된 통조림을 몇 개 가져갔니? **3개**
- 손님이 낱개 통조림을 몇 개 가져갔니? **4개**
- 원래 선반에는 통조림이 몇 개 있었었니? 식을 세워서 구해 봐. **23+34=57**

72-73쪽

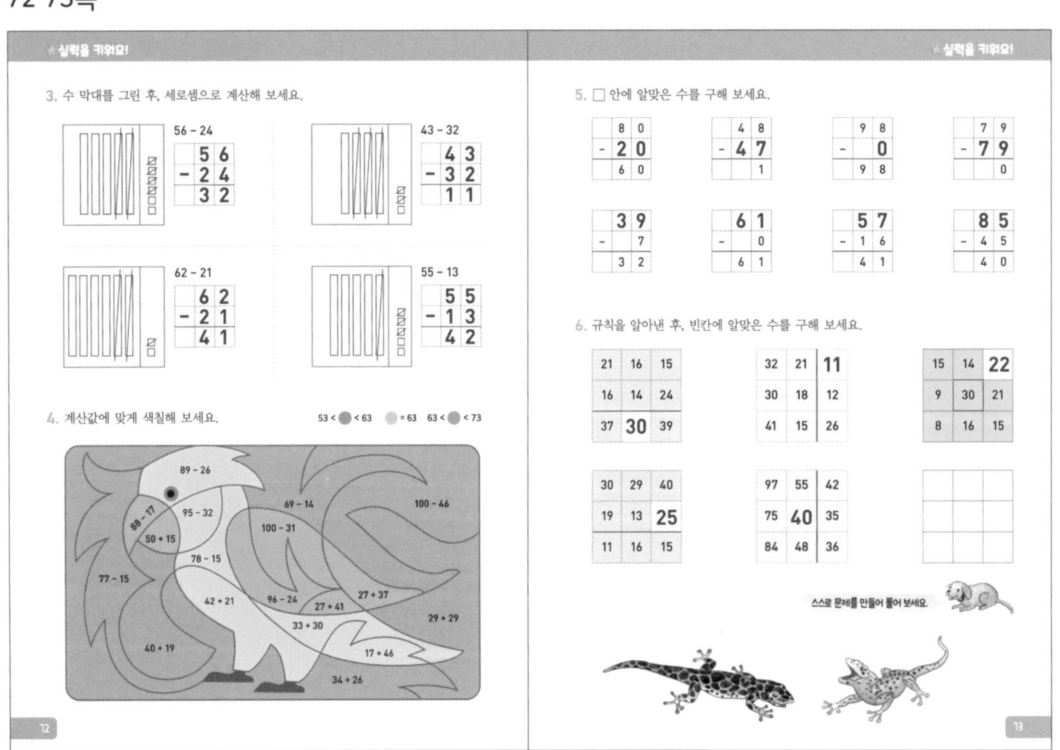

74-75쪽

실력을 키워요!

7. 세로셈으로 계산한 후, 정답을 찾아 ○표 해 보세요.

40 + 30	60 + 27	84 + 5	8 + 50
40 + 30 = 70	60 + 27 = 87	84 + 5 = 89	8 + 50 = 58

90 − 40	49 − 6	76 − 75	98 − 98
90 − 40 = 50	49 − 6 = 43	76 − 75 = 1	98 − 98 = 0

⓪ ① 2 ㊸ ㊿ 58 70 87 89

8. □ 안에 +, −를 알맞게 써넣어 보세요.

53 − 31 = 22 / 67 + 20 = 87 / 46 − 5 = 41 / 35 − 15 = 20

9. □ 안에 알맞은 수를 구해 보세요.

23 + 14 = 37 / 41 + 27 = 68 / 5 + 84 = 89

65 − 34 = 31 / 74 − 10 = 64 / 58 − 34 = 24

74

실력을 키워요!

10. 아래 글을 읽고 식을 쓴 후, 세로셈으로 계산해 보세요.

① 애견 쇼에 푸들 32마리와 스패니얼 26마리가 나왔어요. 애견 쇼에 나온 개는 모두 몇 마리인가요?

식 : 32 + 26

32 + 26 = 58 정답 : 58마리

② 애견 쇼에 테리어 54마리와 닥스훈트 35마리가 나왔어요. 애견 쇼에 나온 개는 모두 몇 마리인가요?

식 : 54 + 35

54 + 35 = 89 정답 : 89마리

③ 애견 쇼에 슈나우저 49마리가 나왔어요. 퍼그는 슈나우저보다 13마리 적게 나왔어요. 애견 쇼에 나온 퍼그는 몇 마리인가요?

식 : 49 − 13

49 − 13 = 36 정답 : 36마리

한 번 더 연습해요!

1. 세로셈으로 계산해 보세요.

52 + 7 = 59 / 70 + 19 = 89 / 68 − 6 = 62 / 49 − 48 = 1

2. □ 안에 알맞은 수를 구해 보세요.

21 + 58 = 79 / 30 + 63 = 93 / 85 − 42 = 43 / 76 − 64 = 12

75

76-77쪽

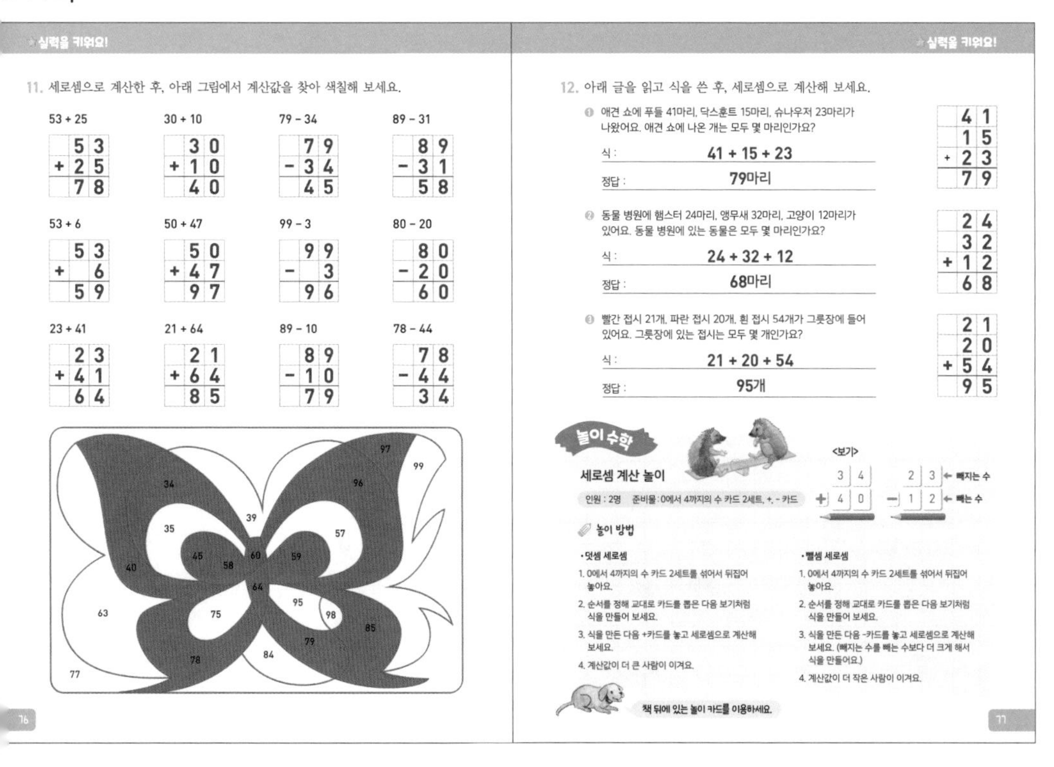

실력을 키워요!

11. 세로셈으로 계산한 후, 아래 그림에서 계산값을 찾아 색칠해 보세요.

53 + 25 = 78 / 30 + 10 = 40 / 79 − 34 = 45 / 89 − 31 = 58

53 + 6 = 59 / 50 + 47 = 97 / 99 − 3 = 96 / 80 − 20 = 60

23 + 41 = 64 / 21 + 64 = 85 / 89 − 10 = 79 / 78 − 44 = 34

76

실력을 키워요!

12. 아래 글을 읽고 식을 쓴 후, 세로셈으로 계산해 보세요.

① 애견 쇼에 푸들 41마리, 닥스훈트 15마리, 슈나우저 23마리가 나왔어요. 애견 쇼에 나온 개는 모두 몇 마리인가요?

식 : 41 + 15 + 23

정답 : 79마리

41 + 15 + 23 = 79

② 동물 병원에 햄스터 24마리, 앵무새 32마리, 고양이 12마리가 있어요. 동물 병원에 있는 동물은 모두 몇 마리인가요?

식 : 24 + 32 + 12

정답 : 68마리

24 + 32 + 12 = 68

③ 빨간 접시 21개, 파란 접시 20개, 흰 접시 54개가 그릇장에 들어 있어요. 그릇장에 있는 접시는 모두 몇 개인가요?

식 : 21 + 20 + 54

정답 : 95개

21 + 20 + 54 = 95

놀이 수학

세로셈 계산 놀이

인원 : 2명 준비물 : 0에서 4까지의 수 카드 2세트, +, − 카드

<보기> 34 + 40 / 23 ← 빼지는 수, − 12 ← 빼는 수

놀이 방법

• 덧셈 세로셈
1. 0에서 4까지의 수 카드 2세트를 섞어서 뒤집어 놓아요.
2. 순서를 정해 교대로 카드를 뽑은 다음 보기처럼 식을 만들어 보세요.
3. 식을 만든 다음 +카드를 놓고 세로셈으로 계산해 보세요.
4. 계산값이 더 큰 사람이 이겨요.

• 뺄셈 세로셈
1. 0에서 4까지의 수 카드 2세트를 섞어서 뒤집어 놓아요.
2. 순서를 정해 교대로 카드를 뽑은 다음 보기처럼 식을 만들어 보세요.
3. 식을 만든 다음 −카드를 놓고 세로셈으로 계산해 보세요. (빼지는 수를 빼는 수보다 더 크게 해서 식을 만들어요.)
4. 계산값이 더 작은 사람이 이겨요.

책 뒤에 있는 놀이 카드를 이용하세요.

77

부모님 가이드 | 77쪽 12번

세 수의 덧셈을 세로셈으로 길게 계산해 보는 문제예요. 자로 선을 그어 칸을 만든 후 일의 자리와 십의 자리에 맞춰 수를 적게 합니다. 그리고 마지막에 + 기호는 하나만 적는 걸 기억하도록 합니다.

78-79쪽

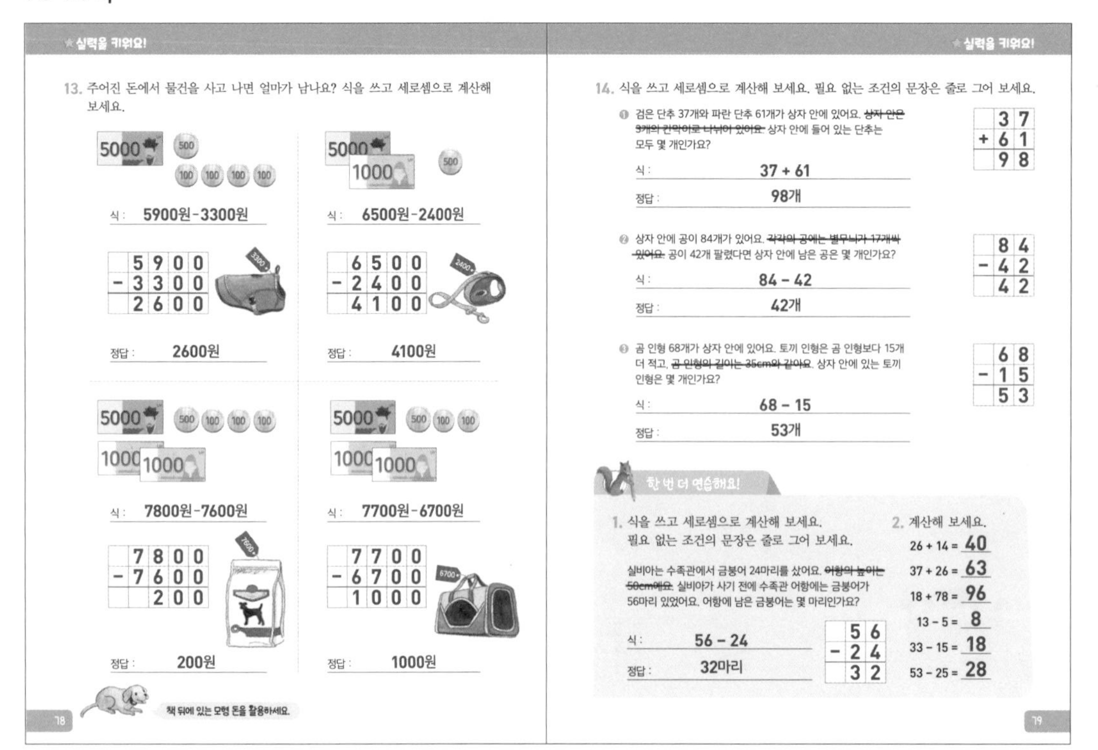
실력을 키워요!

13. 주어진 돈에서 물건을 사고 나면 얼마가 남나요? 식을 쓰고 세로셈으로 계산해 보세요.

식 : 5900원-3300원

5900 − 3300 = 2600

정답 : 2600원

식 : 6500원-2400원

6500 − 2400 = 4100

정답 : 4100원

식 : 7800원-7600원

7800 − 7600 = 200

정답 : 200원

식 : 7700원-6700원

7700 − 6700 = 1000

정답 : 1000원

책 뒤에 있는 모형 돈을 활용하세요.

14. 식을 쓰고 세로셈으로 계산해 보세요. 필요 없는 조건의 문장은 줄로 그어 보세요.

❶ 검은 단추 37개와 파란 단추 61개가 상자 안에 있어요. ~~상자 안은 3개의 칸막이로 나뉘어 있어요.~~ 상자 안에 들어 있는 단추는 모두 몇 개인가요?

식 : 37 + 61

정답 : 98개

37 + 61 = 98

❷ 상자 안에 공이 84개가 있어요. ~~각각의 공에는 별무늬가 17개씩 있어요.~~ 공이 42개 팔렸다면 상자 안에 남은 공은 몇 개인가요?

식 : 84 − 42

정답 : 42개

84 − 42 = 42

❸ 곰 인형 68개가 상자 안에 있어요. 토끼 인형은 곰 인형보다 15개 더 적고, ~~곰 인형의 길이는 35cm와 같아요.~~ 상자 안에 있는 토끼 인형은 몇 개인가요?

식 : 68 − 15

정답 : 53개

68 − 15 = 53

한 번 더 연습해요!

1. 식을 쓰고 세로셈으로 계산해 보세요. 필요 없는 조건의 문장은 줄로 그어 보세요.

실비아는 수족관에서 금붕어 24마리를 샀어요. ~~어항의 높이는 50cm예요.~~ 실비아가 사기 전에 수족관 어항에는 금붕어가 56마리 있었어요. 어항에 남은 금붕어는 몇 마리인가요?

식 : 56 − 24

정답 : 32마리

56 − 24 = 32

2. 계산해 보세요.

26 + 14 = 40
37 + 26 = 63
18 + 78 = 96
13 − 5 = 8
33 − 15 = 18
53 − 25 = 28

78 79

부모님 가이드 | 79쪽 14번

요즘 수학 문제는 문장제 문제가 대부분이어서 문해력이 무척 중요합니다. 필요없는 조건을 찾아 지우는 문제를 풀면서 문제 해결에 필요한 정보를 확인하는 연습을 할 수 있습니다.

80-81쪽

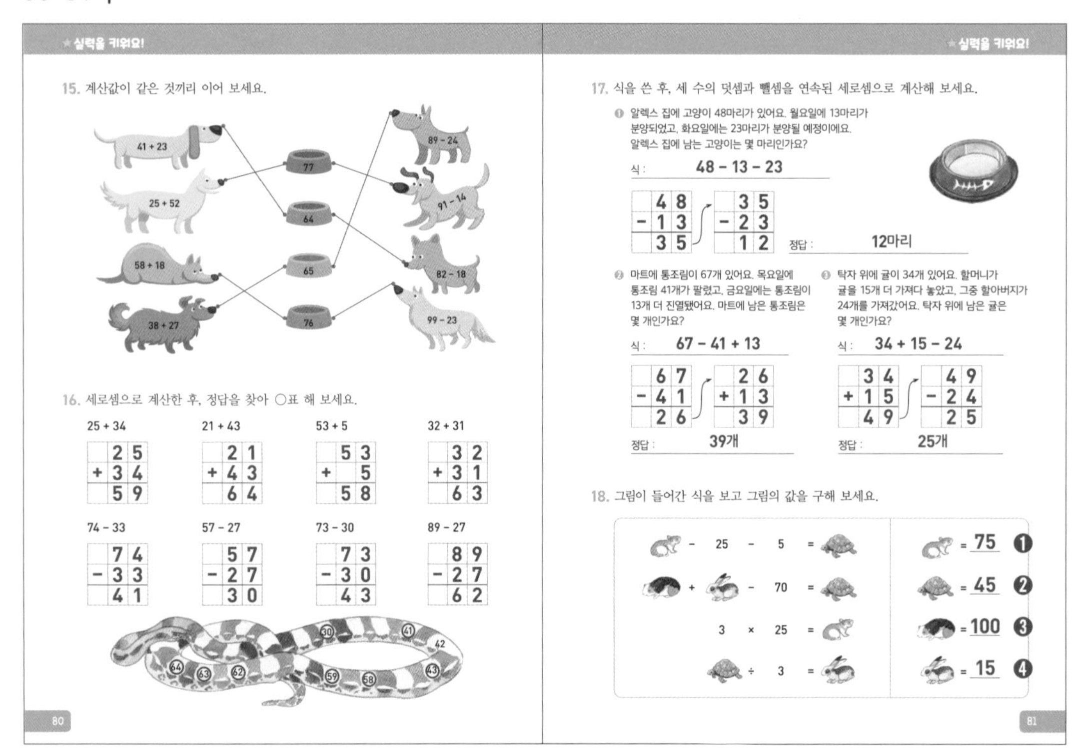
실력을 키워요!

15. 계산값이 같은 것끼리 이어 보세요.

41 + 23, 25 + 52, 58 + 18, 38 + 27

77, 64, 65, 76

89 − 24, 91 − 14, 82 − 18, 99 − 23

16. 세로셈으로 계산한 후, 정답을 찾아 ○표 해 보세요.

25 + 34 = 59
21 + 43 = 64
53 + 5 = 58
32 + 31 = 63
74 − 33 = 41
57 − 27 = 30
73 − 30 = 43
89 − 27 = 62

17. 식을 쓴 후, 세 수의 덧셈과 뺄셈을 연속된 세로셈으로 계산해 보세요.

❶ 알렉스 집에 고양이 48마리가 있어요. 월요일에 13마리가 분양되었고, 화요일에는 23마리가 분양될 예정이에요. 알렉스 집에 남는 고양이는 몇 마리인가요?

식 : 48 − 13 − 23

48 − 13 = 35, 35 − 23 = 12

정답 : 12마리

❷ 마트에 통조림이 67개 있어요. 목요일에 통조림 41개가 팔렸고, 금요일에는 통조림이 13개 더 진열됐어요. 마트에 남은 통조림은 몇 개인가요?

식 : 67 − 41 + 13

67 − 41 = 26, 26 + 13 = 39

정답 : 39개

❸ 탁자 위에 귤이 34개 있어요. 할머니가 귤을 15개 더 가져다 놓았고, 그중 할아버지가 24개를 가져갔어요. 탁자 위에 남은 귤은 몇 개인가요?

식 : 34 + 15 − 24

34 + 15 = 49, 49 − 24 = 25

정답 : 25개

18. 그림이 들어간 식을 보고 그림의 값을 구해 보세요.

− 25 − 5 =
\+ − 70 =
3 × 25 =
÷ 3 =

= 75 ❶
= 45 ❷
= 100 ❸
= 15 ❹

80 81

81쪽 18번

❶ 3×25=, =75

❷ −25−5=, 75−25−5=, =45

❹ ÷3=, 45÷3=, =15

❸ + −70=, +15−70=45, =45+55, =100

82-83쪽

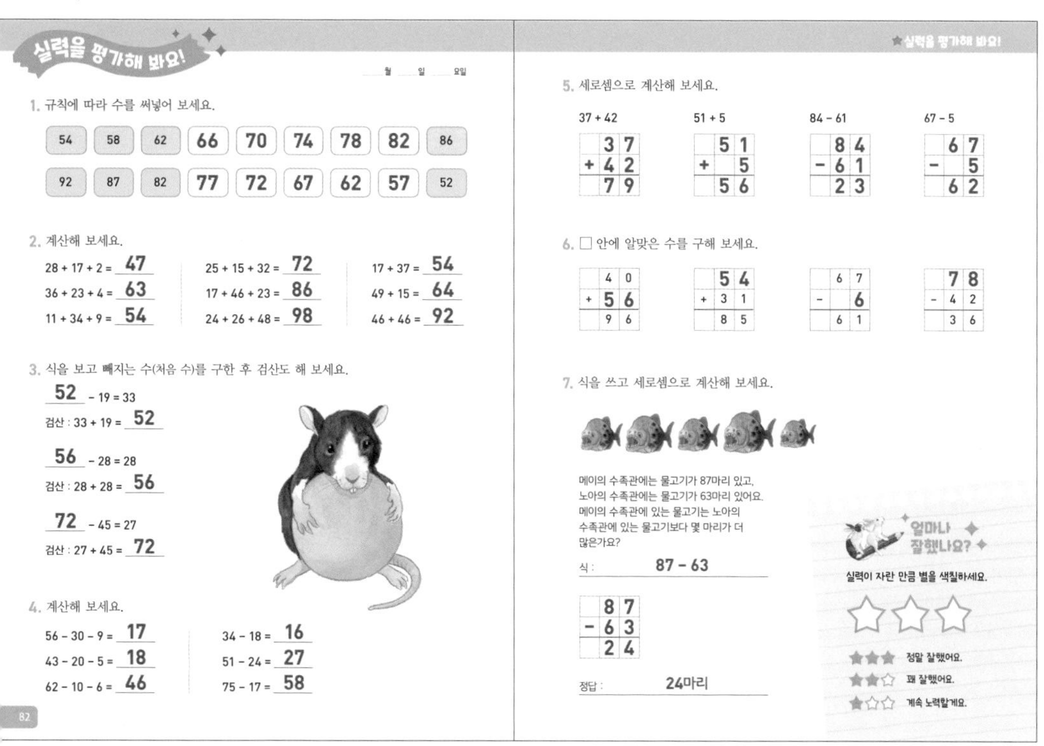

실력을 평가해 봐요!

월 일 요일

1. 규칙에 따라 수를 써넣어 보세요.

54 58 62 66 70 74 78 82 86

92 87 82 77 72 67 62 57 52

2. 계산해 보세요.

28 + 17 + 2 = 47
36 + 23 + 4 = 63
11 + 34 + 9 = 54
25 + 15 + 32 = 72
17 + 46 + 23 = 86
24 + 26 + 48 = 98
17 + 37 = 54
49 + 15 = 64
46 + 46 = 92

3. 식을 보고 빼지는 수(처음 수)를 구한 후 검산도 해 보세요.

52 - 19 = 33
검산 : 33 + 19 = 52

56 - 28 = 28
검산 : 28 + 28 = 56

72 - 45 = 27
검산 : 27 + 45 = 72

4. 계산해 보세요.

56 - 30 - 9 = 17
43 - 20 - 5 = 18
62 - 10 - 6 = 46
34 - 18 = 16
51 - 24 = 27
75 - 17 = 58

82

실력을 평가해 봐요!

5. 세로셈으로 계산해 보세요.

37 + 42 = 79
51 + 5 = 56
84 - 61 = 23
67 - 5 = 62

6. □ 안에 알맞은 수를 구해 보세요.

40 + 56 = 96
54 + 31 = 85
67 - 6 = 61
78 - 42 = 36

7. 식을 쓰고 세로셈으로 계산해 보세요.

메이의 수족관에는 물고기가 87마리 있고, 노아의 수족관에는 물고기가 63마리 있어요. 메이의 수족관에 있는 물고기는 노아의 수족관에 있는 물고기보다 몇 마리가 더 많은가요?

식 : 87 - 63

87 - 63 = 24

정답 : 24마리

얼마나 잘했나요?
실력이 자란 만큼 별을 색칠하세요.
★★★ 정말 잘했어요.
★★☆ 꽤 잘했어요.
★☆☆ 계속 노력할게요.

84-85쪽

TERRARIUM(테라리엄 : 유리병 안에 작은 식물을 재배하는 원예 방법)

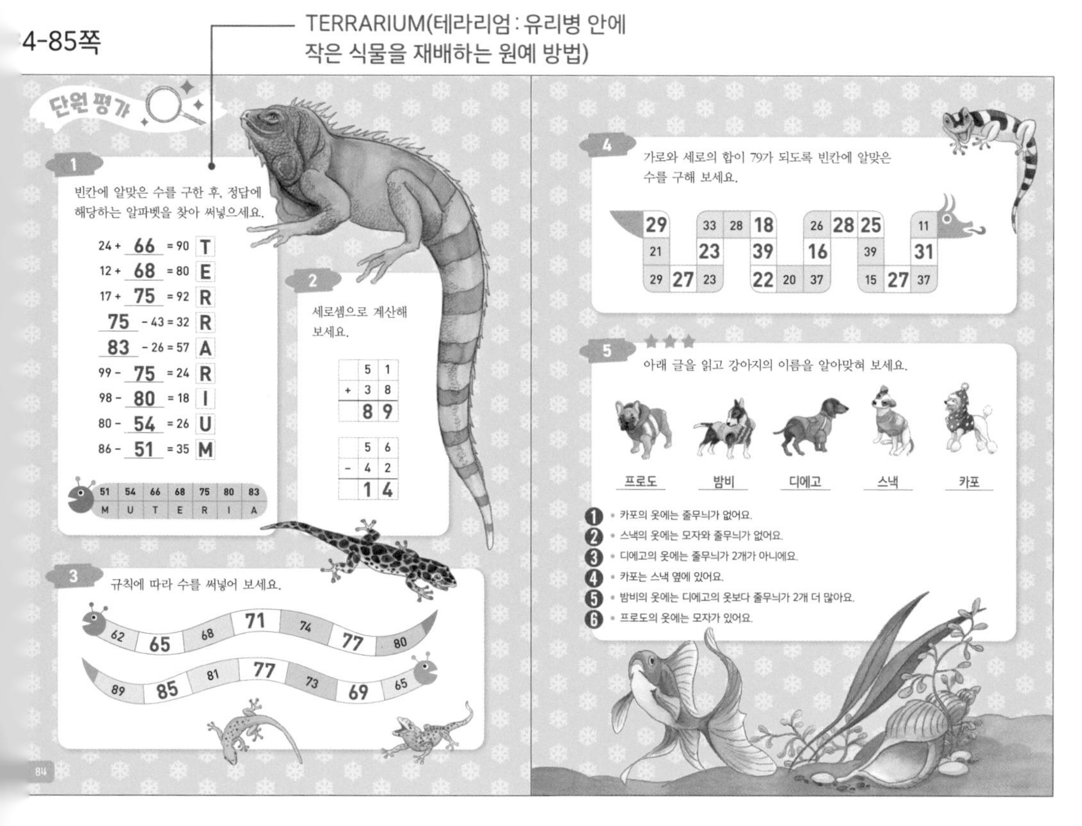

단원 평가

1 빈칸에 알맞은 수를 구한 후, 정답에 해당하는 알파벳을 찾아 써넣으세요.

24 + 66 = 90 T
12 + 68 = 80 E
17 + 75 = 92 R
75 - 43 = 32 R
83 - 26 = 57 A
99 - 75 = 24 R
98 - 80 = 18 I
80 - 54 = 26 U
86 - 51 = 35 M

51	54	66	68	75	80	83
M	U	T	E	R	I	A

2 세로셈으로 계산해 보세요.

51 + 38 = 89
56 - 42 = 14

3 규칙에 따라 수를 써넣어 보세요.

62 65 68 71 74 77 80

89 85 81 77 73 69 65

4 가로와 세로의 합이 79가 되도록 빈칸에 알맞은 수를 구해 보세요.

29, 21, 29, 27, 23, 33, 28, 18, 39, 22, 20, 37, 26, 28, 25, 16, 39, 15, 27, 11, 31, 37

5 ★★★ 아래 글을 읽고 강아지의 이름을 알아맞혀 보세요.

프로도 밤비 디에고 스낵 카포

1. 카포의 옷에는 줄무늬가 없어요.
2. 스낵의 옷에는 모자와 줄무늬가 없어요.
3. 디에고의 옷에는 줄무늬가 2개가 아니에요.
4. 카포는 스낵 옆에 있어요.
5. 밤비의 옷에는 디에고의 옷보다 줄무늬가 2개 더 많아요.
6. 프로도의 옷에는 모자가 있어요.

84

85쪽 5번

❷ 스낵의 옷에는 모자와 줄무늬가 없어요.

			스낵	

❶ 카포의 옷에는 줄무늬가 없어요.

❹ 카포는 스낵 옆에 있어요.

			스낵	카포

❻ 프로도의 옷에는 모자가 있어요.

프로도			스낵	카포

❸ 디에고의 옷에는 줄무늬가 2개가 아니에요.

❺ 밤비의 옷에는 디에고의 옷보다 줄무늬가 2개 더 많아요. → 남은 강아지는 2마리, 줄무늬가 1개 있는 게 디에고, 줄무늬가 3개 있는 게 밤비

프로도	밤비	디에고	스낵	카포

86-87쪽

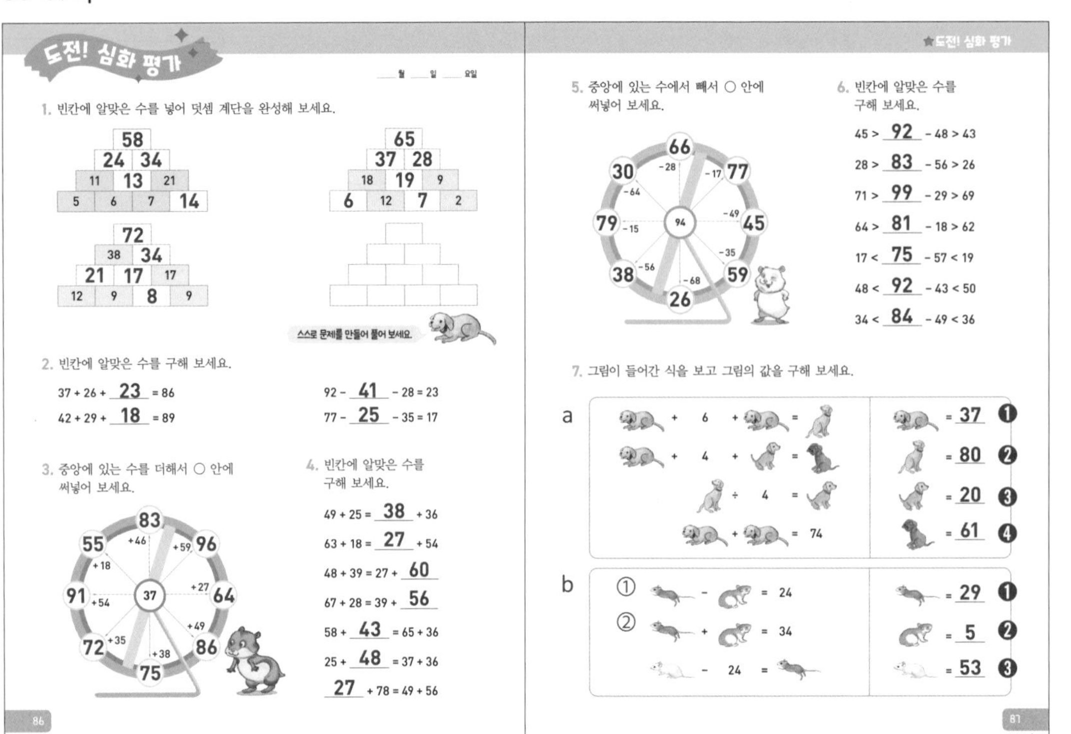

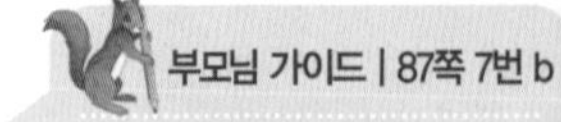

연립 방정식을 배우지는 않았지만 ①과 ②의 식을 더하면 (그림)가 없어지겠구나, 하는 직관으로 푸는 것이 중요합니다. 핀란드에서는 어려운 문제를 모든 학생이 풀게 하는 것이 아니라 문제를 풀 수 있는 학생은 이런 정도의 문제도 풀 수 있고, 못 풀어도 괜찮다, 라고 생각하는 열린 태도를 갖고 학생을 지도합니다. 지금은 못 풀어도 반복하다 보면 직관적으로 사고력이 깊어져서 풀 수 있게 되니 인내심을 가지고 아이를 지켜 보세요.

87쪽 7번 a

❶ (그림)+(그림)=74, (그림)=37

❷ (그림)+6+(그림)=(그림), 37+6+37=(그림), (그림)=80

❸ (그림)÷4=(그림), 80÷4=(그림), (그림)=20

❹ (그림)+4+(그림)=(그림), 37+4+20=(그림), (그림)=61

87쪽 7번 b

①과 ②를 세로셈으로 더하면

(그림)−(그림)=24
+ (그림)+(그림)=34

(그림)+(그림)=24+34((그림)는 한 마리씩 더하고 빼면=0)
(그림)+(그림)=58, (그림)=29

❷ (그림)+(그림)=34, 29+(그림)=34, (그림)=5

❸ (그림)−24=(그림), (그림)−24=29, (그림)=53

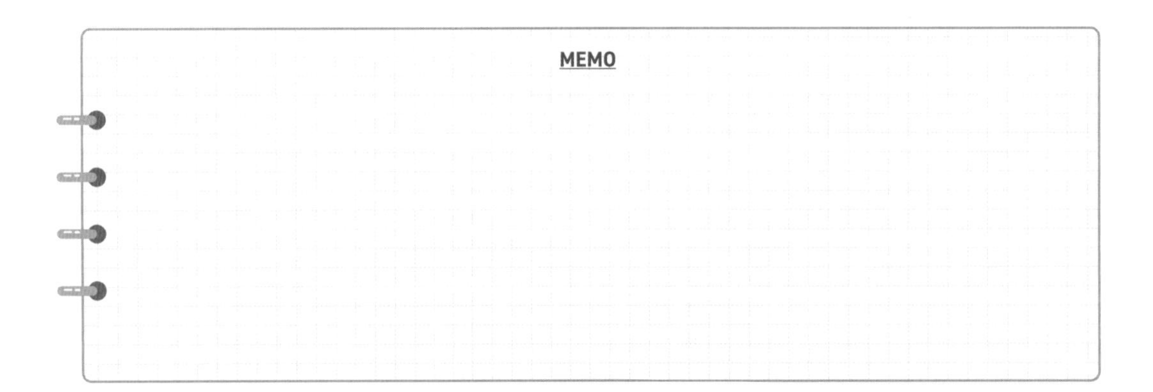

88-89쪽

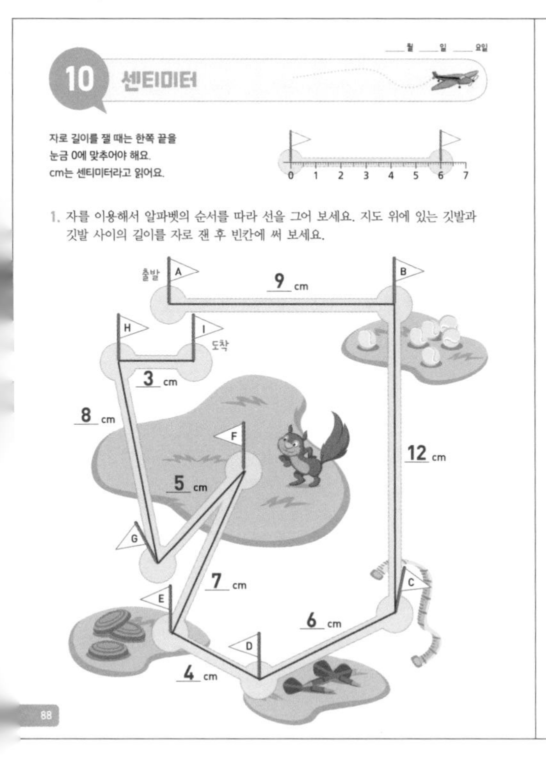

___월 ___일 ___요일

10 센티미터

자로 길이를 잴 때는 한쪽 끝을 눈금 0에 맞추어야 해요.
cm는 센티미터라고 읽어요.

0 1 2 3 4 5 6 7

1. 자를 이용해서 알파벳의 순서를 따라 선을 그어 보세요. 지도 위에 있는 깃발과 깃발 사이의 길이를 자로 잰 후 빈칸에 써 보세요.

88

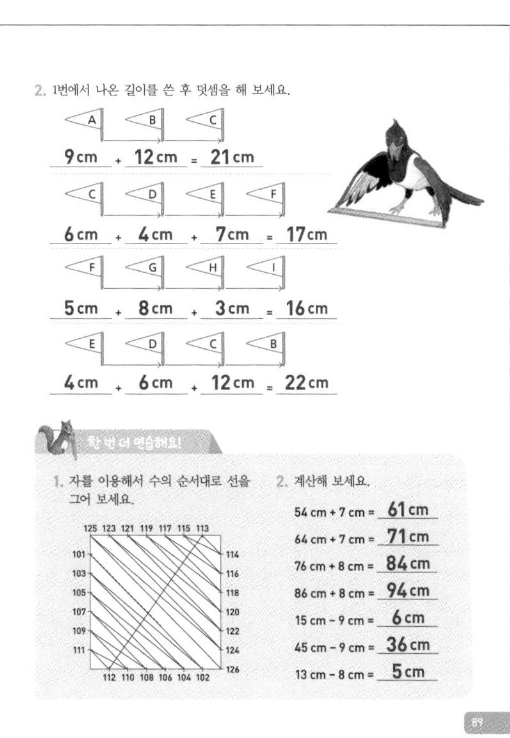

2. 1번에서 나온 길이를 쓴 후 덧셈을 해 보세요.

A B C
9cm + 12cm = 21cm

C D E F
6cm + 4cm + 7cm = 17cm

F G H I
5cm + 8cm + 3cm = 16cm

E D C B
4cm + 6cm + 12cm = 22cm

한 번 더 연습해요!

1. 자를 이용해서 수의 순서대로 선을 그어 보세요.

2. 계산해 보세요.

54 cm + 7 cm = 61cm
64 cm + 7 cm = 71cm
76 cm + 8 cm = 84cm
86 cm + 8 cm = 94cm
15 cm - 9 cm = 6cm
45 cm - 9 cm = 36cm
13 cm - 8 cm = 5cm

89

부모님 가이드 | 88쪽

그림을 보며 아이에게 질문해 보세요.

- 자에서 0에서 1 사이의 길이가 얼마나 되니? **1cm**
- 깃발과 깃발 사이의 거리를 측정할 때 시작점을 어디에 두어야 하니? **0**
- 깃발 사이의 거리를 읽을 때 어떤 숫자를 읽어야 하니? **오른쪽 깃발이 있는 자의 숫자**
- 깃발 사이의 거리가 얼마니? **6cm**

90-91쪽

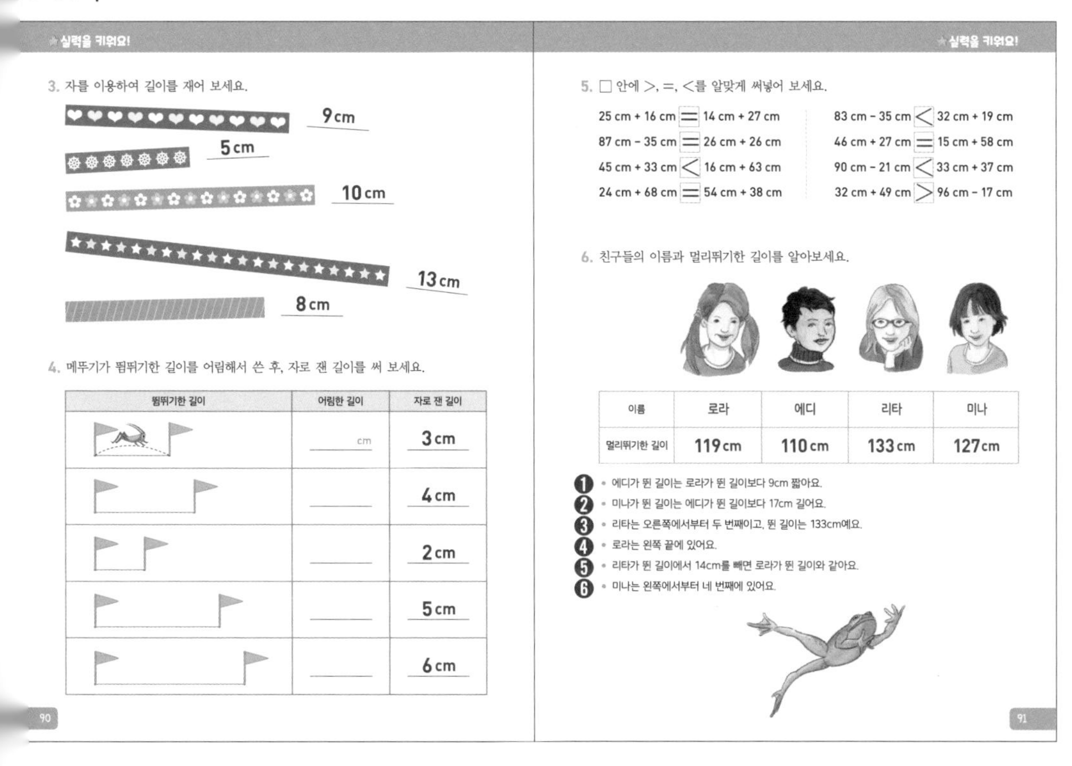

실력을 키워요!

3. 자를 이용하여 길이를 재어 보세요.

9cm
5cm
10cm
13cm
8cm

4. 메뚜기가 뛰뛰기한 길이를 어림해서 쓴 후, 자로 잰 길이를 써 보세요.

뛰뛰기한 길이	어림한 길이	자로 잰 길이
	cm	3cm
		4cm
		2cm
		5cm
		6cm

90

실력을 키워요!

5. □ 안에 >, =, <를 알맞게 써넣어 보세요.

25 cm + 16 cm = 14 cm + 27 cm
87 cm - 35 cm = 26 cm + 26 cm
45 cm + 33 cm < 16 cm + 63 cm
24 cm + 68 cm = 54 cm + 38 cm
83 cm - 35 cm < 32 cm + 19 cm
46 cm + 27 cm = 15 cm + 58 cm
90 cm - 21 cm < 33 cm + 37 cm
32 cm + 49 cm > 96 cm - 17 cm

6. 친구들의 이름과 멀리뛰기한 길이를 알아보세요.

이름	로라	에디	리타	미나
멀리뛰기한 길이	119cm	110cm	133cm	127cm

❶ • 에디가 뛴 길이는 로라가 뛴 길이보다 9cm 짧아요.
❷ • 미나가 뛴 길이는 에디가 뛴 길이보다 17cm 길어요.
❸ • 리타는 오른쪽에서부터 두 번째이고, 뛴 길이는 133cm예요.
❹ • 로라는 왼쪽 끝에 있어요.
❺ • 리타가 뛴 길이에서 14cm를 빼면 로라가 뛴 길이와 같아요.
❻ • 미나는 왼쪽에서부터 네 번째에 있어요.

91

91쪽 6번

❸ 리타는 오른쪽에서부터 두 번째이고, 뛴 길이는 133cm에요.

이름			리타	
멀리뛰기한 길이			133cm	

❻ 미나는 왼쪽에서부터 네 번째에 있어요.

이름			리타	미나
멀리뛰기한 길이			133cm	

❹ 로라는 왼쪽 끝에 있어요.

이름	로라	에디	리타	미나
멀리뛰기한 길이			133cm	

❺ 리타가 뛴 길이에서 14cm를 빼면 로라가 뛴 길이와 같아요. → 133-14=119, 로라=119

❶ 에디가 뛴 길이는 로라가 뛴 길이보다 9cm 짧아요. →119-9=110, 에디=110cm

❷ 미나가 뛴 길이는 에디가 뛴 길이보다 17cm 길어요. →110+17=127, 미나=127cm

92-93쪽

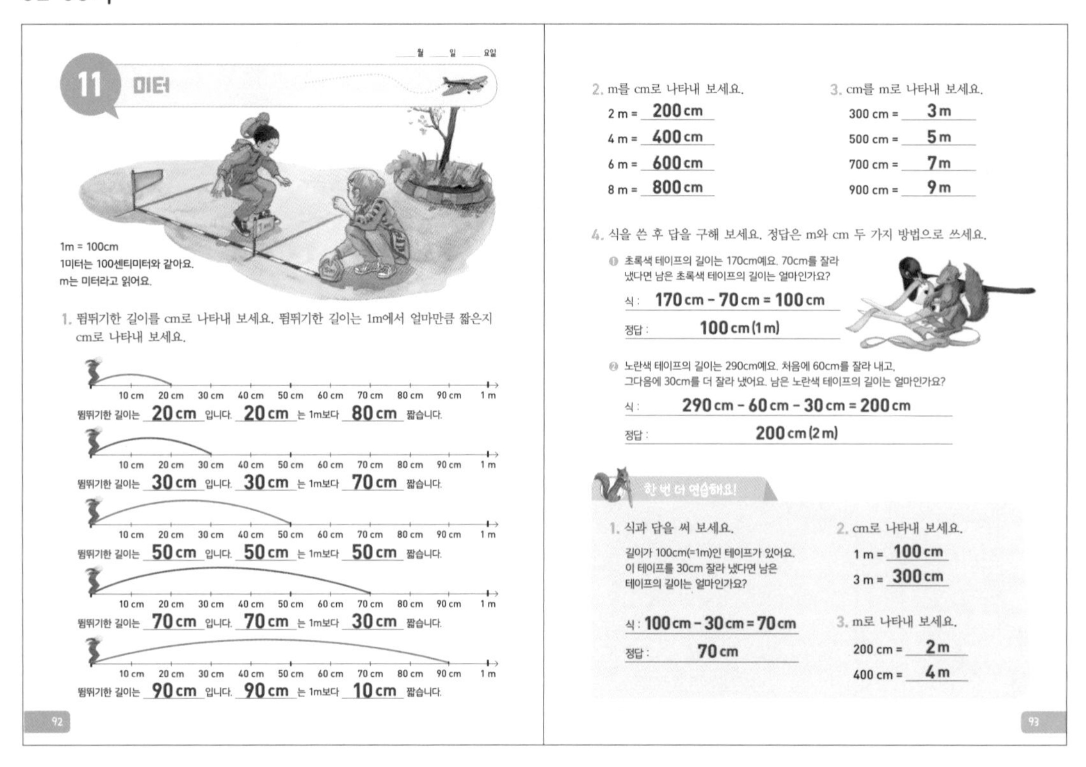
___월 ___일 ___요일

11 미터

1m = 100cm
1미터는 100센티미터와 같아요.
m는 미터라고 읽어요.

1. 뛰뛰기한 길이를 cm로 나타내 보세요. 뛰뛰기한 길이는 1m에서 얼마만큼 짧은지 cm로 나타내 보세요.

10 cm 20 cm 30 cm 40 cm 50 cm 60 cm 70 cm 80 cm 90 cm 1 m

뛰뛰기한 길이는 20 cm 입니다. 20 cm 는 1m보다 80 cm 짧습니다.
뛰뛰기한 길이는 30 cm 입니다. 30 cm 는 1m보다 70 cm 짧습니다.
뛰뛰기한 길이는 50 cm 입니다. 50 cm 는 1m보다 50 cm 짧습니다.
뛰뛰기한 길이는 70 cm 입니다. 70 cm 는 1m보다 30 cm 짧습니다.
뛰뛰기한 길이는 90 cm 입니다. 90 cm 는 1m보다 10 cm 짧습니다.

2. m를 cm로 나타내 보세요.
2 m = 200 cm
4 m = 400 cm
6 m = 600 cm
8 m = 800 cm

3. cm를 m로 나타내 보세요.
300 cm = 3 m
500 cm = 5 m
700 cm = 7 m
900 cm = 9 m

4. 식을 쓴 후 답을 구해 보세요. 정답은 m와 cm 두 가지 방법으로 쓰세요.

❶ 초록색 테이프의 길이는 170cm예요. 70cm를 잘라 냈다면 남은 초록색 테이프의 길이는 얼마인가요?
식 : 170 cm − 70 cm = 100 cm
정답 : 100 cm (1 m)

❷ 노란색 테이프의 길이는 290cm예요. 처음에 60cm를 잘라 내고, 그다음에 30cm를 더 잘라 냈어요. 남은 노란색 테이프의 길이는 얼마인가요?
식 : 290 cm − 60 cm − 30 cm = 200 cm
정답 : 200 cm (2 m)

한 번 더 연습해요!

1. 식과 답을 써 보세요.
길이가 100cm(=1m)인 테이프가 있어요. 이 테이프를 30cm 잘라 냈다면 남은 테이프의 길이는 얼마인가요?
식 : 100 cm − 30 cm = 70 cm
정답 : 70 cm

2. cm로 나타내 보세요.
1 m = 100 cm
3 m = 300 cm

3. m로 나타내 보세요.
200 cm = 2 m
400 cm = 4 m

92 93

94-95쪽

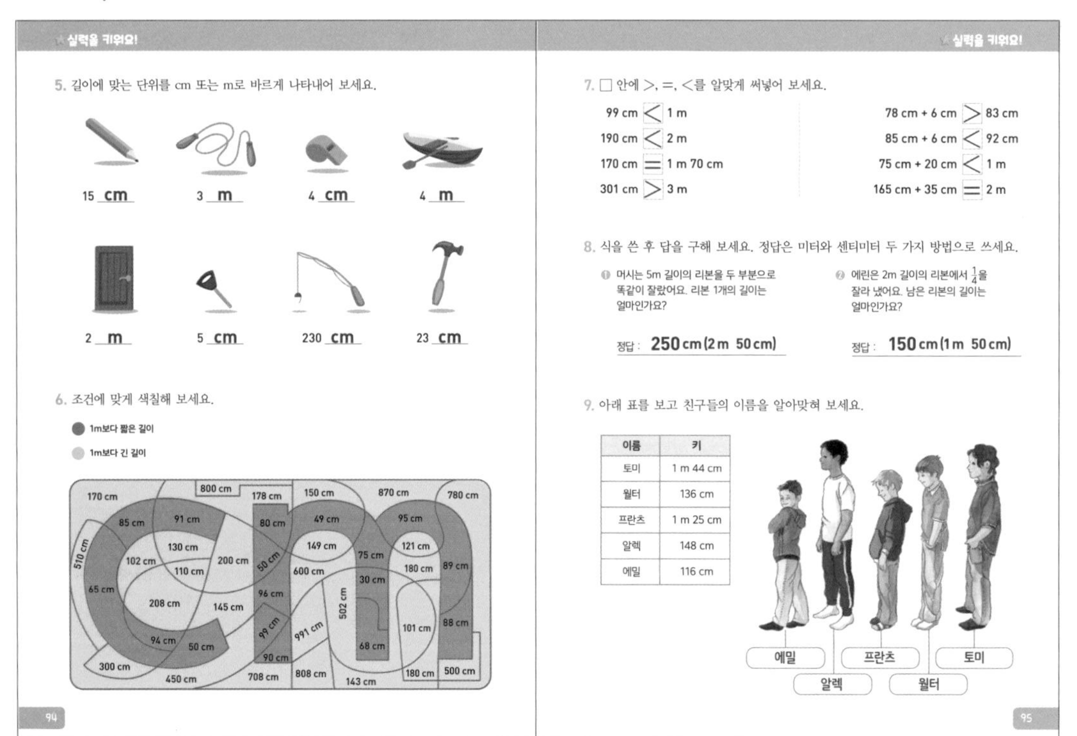
실력을 키워요!

5. 길이에 맞는 단위를 cm 또는 m로 바르게 나타내어 보세요.
15 cm 3 m 4 cm 4 m
2 m 5 cm 230 cm 23 cm

6. 조건에 맞게 색칠해 보세요.
● 1m보다 짧은 길이
● 1m보다 긴 길이

7. □ 안에 >, =, <를 알맞게 써넣어 보세요.
99 cm < 1 m
190 cm < 2 m
170 cm = 1 m 70 cm
301 cm > 3 m
78 cm + 6 cm > 83 cm
85 cm + 6 cm < 92 cm
75 cm + 20 cm < 1 m
165 cm + 35 cm = 2 m

8. 식을 쓴 후 답을 구해 보세요. 정답은 미터와 센티미터 두 가지 방법으로 쓰세요.

❶ 머시는 5m 길이의 리본을 두 부분으로 똑같이 잘랐어요. 리본 1개의 길이는 얼마인가요?
정답 : 250 cm (2 m 50 cm)

❷ 에린은 2m 길이의 리본에서 $\frac{1}{4}$을 잘라 냈어요. 남은 리본의 길이는 얼마인가요?
정답 : 150 cm (1 m 50 cm)

9. 아래 표를 보고 친구들의 이름을 알아맞혀 보세요.

이름	키
토미	1 m 44 cm
월터	136 cm
프란츠	1 m 25 cm
알렉	148 cm
에밀	116 cm

에밀 프란츠 토미
알렉 월터

94 95

95쪽 9번

❶ 5m=500cm, 500cm를 반으로 나누면 250cm
❷ 2m=200cm, 200cm를 부분으로 나누면 50cm 200cm−50cm=150cm

95쪽 9번

표에 적힌 키를 순서대로 적은 후 그림과 비교하면 더 쉽게 답을 구할 수 있어요.

96-97쪽

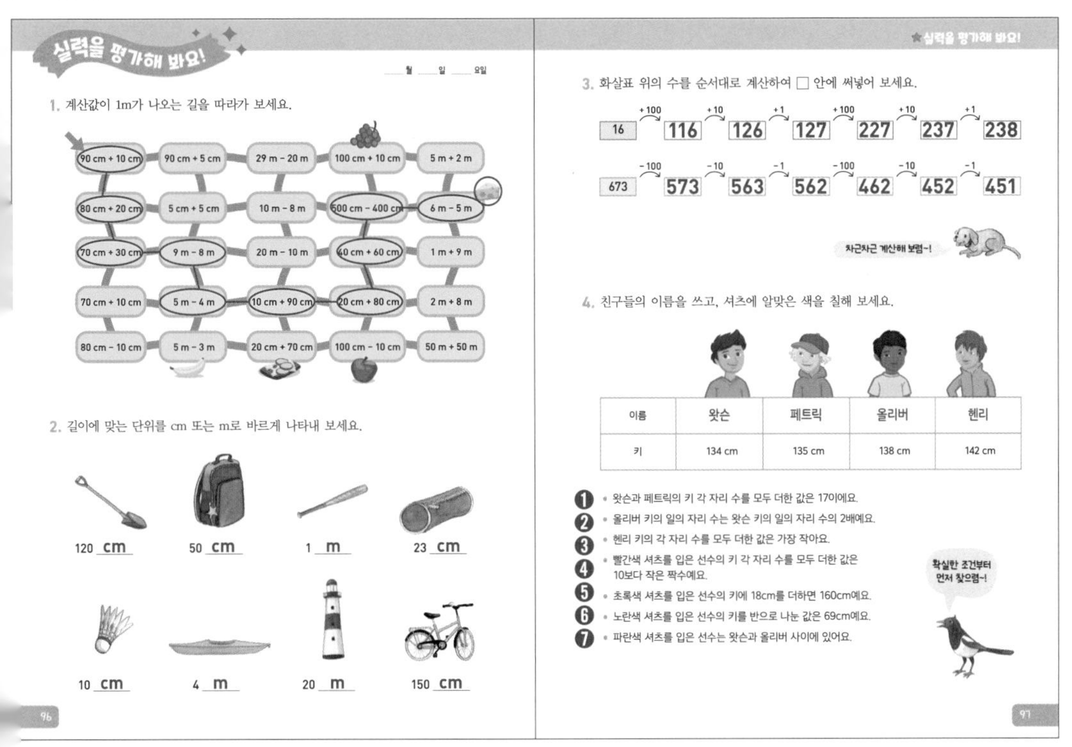
실력을 평가해 봐요!

___월 ___일 ___요일

1. 계산값이 1m가 나오는 길을 따라가 보세요.

90 cm + 10 cm	90 cm + 5 cm	29 m − 20 m	100 cm + 10 cm	5 m + 2 m
80 cm + 20 cm	5 cm + 5 cm	10 m − 8 m	500 cm − 400 cm	6 m − 5 m
70 cm + 30 cm	9 m − 8 m	20 m − 10 m	40 cm + 60 cm	1 m + 9 m
70 cm + 10 cm	5 m − 4 m	10 cm + 90 cm	20 cm + 80 cm	2 m + 8 m
80 cm − 10 cm	5 m − 3 m	20 cm + 70 cm	100 cm − 10 cm	50 m + 50 m

2. 길이에 맞는 단위를 cm 또는 m로 바르게 나타내 보세요.

120 cm, 50 cm, 1 m, 23 cm, 10 cm, 4 m, 20 m, 150 cm

3. 화살표 위의 수를 순서대로 계산하여 □ 안에 써넣어 보세요.

16 →(+100) 116 →(+10) 126 →(+1) 127 →(+100) 227 →(+10) 237 →(+1) 238

673 →(−100) 573 →(−10) 563 →(−1) 562 →(−100) 462 →(−10) 452 →(−1) 451

4. 친구들의 이름을 쓰고, 셔츠에 알맞은 색을 칠해 보세요.

이름	왓슨	페트릭	올리버	헨리
키	134 cm	135 cm	138 cm	142 cm

1. 왓슨과 페트릭의 키 각 자리 수를 모두 더한 값은 17이에요.
2. 올리버 키의 일의 자리 수는 왓슨 키의 일의 자리 수의 2배예요.
3. 헨리 키의 각 자리 수를 모두 더한 값은 가장 작아요.
4. 빨간색 셔츠를 입은 선수의 키 각 자리 수를 모두 더한 값은 10보다 작은 짝수예요.
5. 초록색 셔츠를 입은 선수의 키에 18cm를 더하면 160cm예요.
6. 노란색 셔츠를 입은 선수의 키를 반으로 나눈 값은 69cm예요.
7. 파란색 셔츠를 입은 선수는 왓슨과 올리버 사이에 있어요.

97쪽 4번

❺ 초록색 셔츠를 입은 선수의 키에 18cm를 더하면 160cm예요.→160-18=142, 142=초록색

이름				
키	134cm	135cm	138cm	142cm
셔츠 색깔				초록색

❻ 노란색 셔츠를 입은 선수의 키를 반으로 나눈 값은 69cm예요. → 69+69=138, 138=노란색

이름				
키	134cm	135cm	138cm	142cm
셔츠 색깔			노란색	초록색

❸ 헨리 키의 각 자리 수를 모두 더한 값은 가장 작아요. → 각 자리 수를 더한 값 중 가장 작은 건 142, 142=헨리(초록색)

이름				헨리
키	134cm	135cm	138cm	142cm
셔츠 색깔			노란색	초록색

❷ 올리버 키의 일의 자리 수는 왓슨 키의 일의 자리 수의 2배예요. → 일의 자리 수가 2배 차이 나는 것은 134와 138이므로 올리버=138, 왓슨=134, 남은 건 135이며 페트릭임.

이름	왓슨	페트릭	올리버	헨리
키	134cm	135cm	138cm	142cm
셔츠 색깔			노란색	초록색

❼ 파란색 셔츠를 입은 선수는 왓슨과 올리버 사이에 있어요. → 페트릭은 파란색, 남은 건 빨간색이며 왓슨임.

이름	왓슨	페트릭	올리버	헨리
키	134cm	135cm	138cm	142cm
셔츠 색깔	빨간색	파란색	노란색	초록색

99쪽

놀이 수학

우주 주사위 놀이 인원 : 2명 준비물 : 주사위, 놀이 말 2개

놀이 방법

1. 순서를 정해 번갈아 가며 주사위를 굴려요. 시작 방향은 선택할 수 있어요.
2. 주사위 눈의 수만큼 말을 옮긴 후, 도착한 곳의 모양을 확인해요.
3. 모양에 해당되는 내용을 읽고, 곱셈식을 쓴 후 결과값을 써요.
4. 결과값을 3개 다 쓰면 그 합을 구해요. 합이 큰 사람이 이겨요.

● 주사위 눈의 수에 0을 곱해요.
☾ 주사위 눈의 수에 3을 곱해요.
■ 주사위 눈의 수에 4를 곱해요.
☆ 주사위 눈의 수에 5를 곱해요.

출발

놀이 1: ______ + ______ + ______ = ______

놀이 2: ______ + ______ + ______ = ______

놀이 3: ______ + ______ + ______ = ______

어떤 모양이 많이 나와야 결과값이 클까?

한 번 더 연습해요!

1. 규칙에 따라 수를 써넣어 보세요.

30, 27, 24, 21, 18, 15, 12, 9, 6, 3, 0

0, 4, 8, 12, 16, 20, 24, 28, 32, 36, 40

99

101쪽

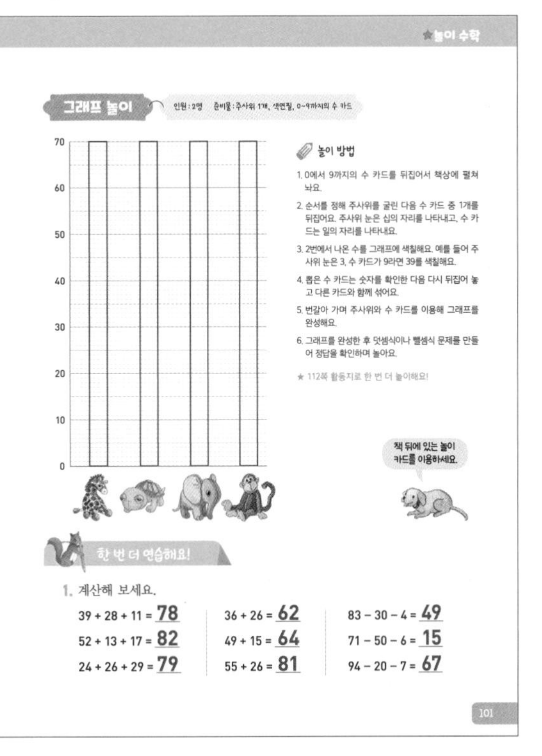
놀이 수학

그래프 놀이 인원 : 2명 준비물 : 주사위 1개, 색연필, 0~9까지의 수 카드

놀이 방법

1. 0에서 9까지의 수 카드를 뒤집어서 책상에 펼쳐 놔요.
2. 순서를 정해 주사위를 굴린 다음 수 카드 중 1개를 뒤집어요. 주사위 눈은 십의 자리를 나타내고, 수 카드는 일의 자리를 나타내요.
3. 2번에서 나온 수를 그래프에 색칠해요. 예를 들어 주사위 눈은 3, 수 카드가 9라면 39를 색칠해요.
4. 뽑은 수 카드는 숫자를 확인한 다음 다시 뒤집어 놓고 다른 카드와 함께 섞어요.
5. 번갈아 가며 주사위와 수 카드를 이용해 그래프를 완성해요.
6. 그래프를 완성한 후 덧셈식이나 뺄셈식 문제를 만들어 정답을 확인하며 놀아요.

★ 112쪽 활동지로 한 번 더 놀이해요!

한 번 더 연습해요!

1. 계산해 보세요.

39 + 28 + 11 = 78　　36 + 26 = 62　　83 − 30 − 4 = 49

52 + 13 + 17 = 82　　49 + 15 = 64　　71 − 50 − 6 = 15

24 + 26 + 29 = 79　　55 + 26 = 81　　94 − 20 − 7 = 67

101

103-104쪽

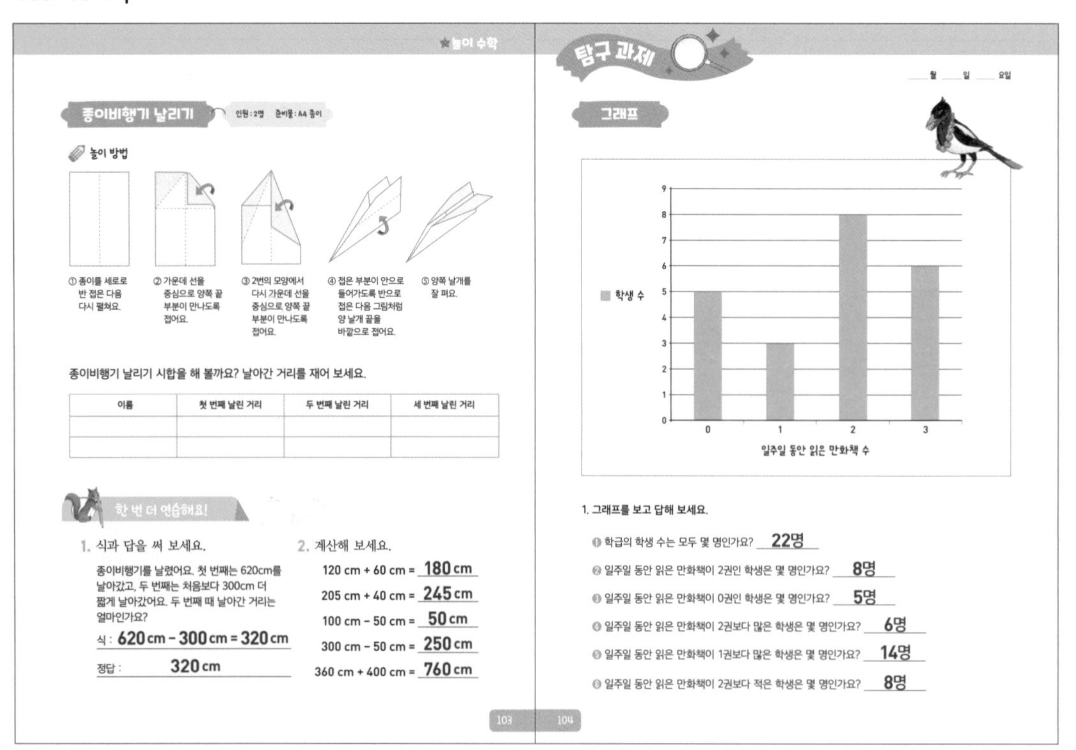

놀이 수학

종이비행기 날리기 인원 : 2명 준비물 : A4 종이

놀이 방법

① 종이를 세로로 반 접은 다음 다시 펼쳐요.
② 가운데 선을 중심으로 양쪽 끝 부분이 만나도록 접어요.
③ 2번의 모양에서 다시 가운데 선을 중심으로 양쪽 끝 부분이 만나도록 접어요.
④ 접은 부분이 안으로 들어가도록 반으로 접은 다음 그림처럼 양 날개 끝을 바깥으로 접어요.
⑤ 양쪽 날개를 잘 펴요.

종이비행기 날리기 시합을 해 볼까요? 날아간 거리를 재어 보세요.

이름	첫 번째 날린 거리	두 번째 날린 거리	세 번째 날린 거리

한 번 더 연습해요!

1. 식과 답을 써 보세요.

종이비행기를 날렸어요. 첫 번째는 620cm를 날아갔고, 두 번째는 처음보다 300cm 더 짧게 날아갔어요. 두 번째 때 날아간 거리는 얼마인가요?

식 : 620 cm - 300 cm = 320 cm

정답 : 320 cm

2. 계산해 보세요.

120 cm + 60 cm = 180 cm
205 cm + 40 cm = 245 cm
100 cm - 50 cm = 50 cm
300 cm - 50 cm = 250 cm
360 cm + 400 cm = 760 cm

탐구 과제

___월 ___일 ___요일

그래프

1. 그래프를 보고 답해 보세요.

① 학급의 학생 수는 모두 몇 명인가요? 22명
② 일주일 동안 읽은 만화책이 2권인 학생은 몇 명인가요? 8명
③ 일주일 동안 읽은 만화책이 0권인 학생은 몇 명인가요? 5명
④ 일주일 동안 읽은 만화책이 2권보다 많은 학생은 몇 명인가요? 6명
⑤ 일주일 동안 읽은 만화책이 1권보다 많은 학생은 몇 명인가요? 14명
⑥ 일주일 동안 읽은 만화책이 2권보다 적은 학생은 몇 명인가요? 8명

103 104

104쪽

그래프를 표로 정리하면

일주일 동안 읽은 만화책 수	0	1	2	3	합계
학생 수	5	3	8	6	22

108쪽

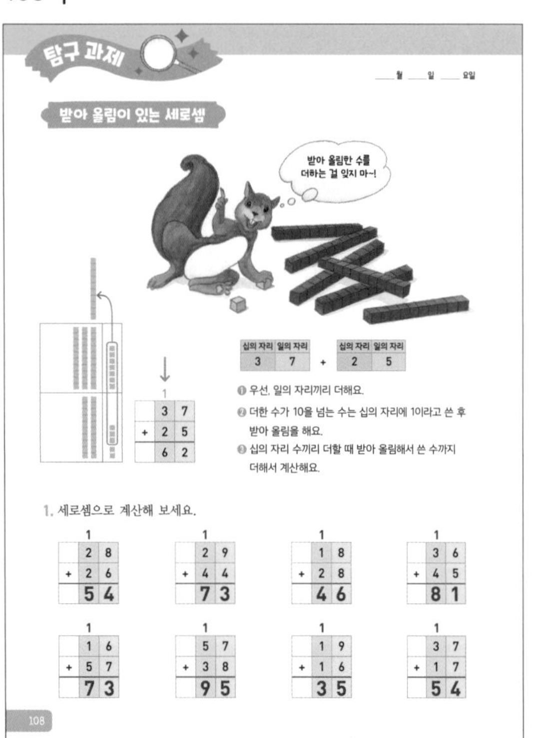

탐구 과제

___월 ___일 ___요일

받아 올림이 있는 세로셈

십의 자리	일의 자리
3	7

\+

십의 자리	일의 자리
2	5

① 우선, 일의 자리끼리 더해요.
② 더한 수가 10을 넘는 수는 십의 자리에 1이라고 쓴 후 받아 올림을 해요.
③ 십의 자리 수끼리 더할 때 받아 올림해서 쓴 수까지 더해서 계산해요.

1. 세로셈으로 계산해 보세요.

28 + 26 = 54
29 + 44 = 73
18 + 28 = 46
36 + 45 = 81
16 + 57 = 73
57 + 38 = 95
19 + 16 = 35
37 + 17 = 54

108

핀란드 2학년 수학 교과서 2-2

정답과 해설

2권

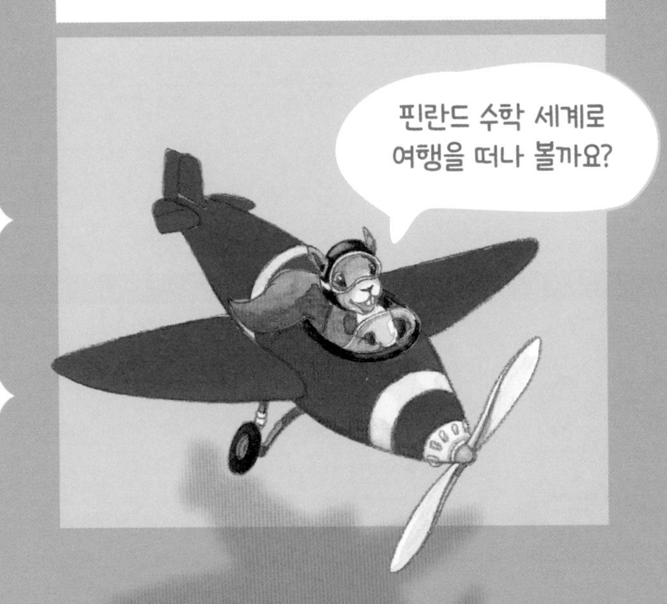

8-9쪽

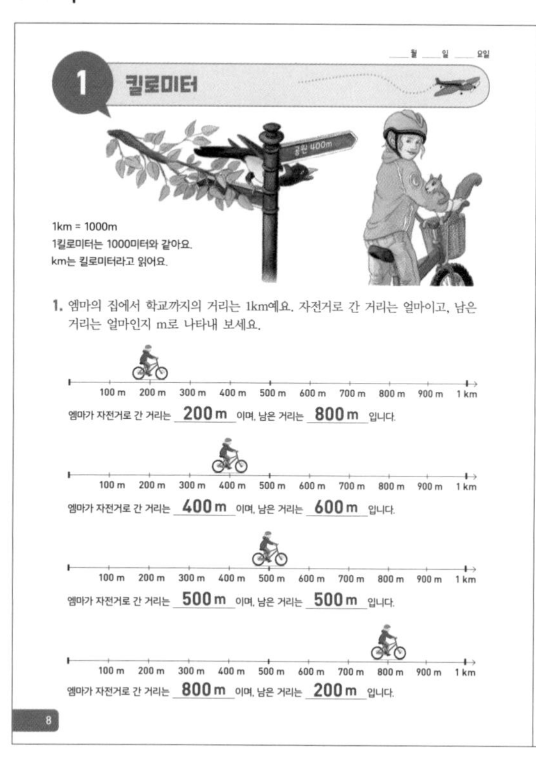

월 일 요일

1 킬로미터

1km = 1000m
1킬로미터는 1000미터와 같아요.
km는 킬로미터라고 읽어요.

1. 엠마의 집에서 학교까지의 거리는 1km예요. 자전거로 간 거리는 얼마이고, 남은 거리는 얼마인지 m로 나타내 보세요.

100 m 200 m 300 m 400 m 500 m 600 m 700 m 800 m 900 m 1 km

엠마가 자전거로 간 거리는 **200 m** 이며, 남은 거리는 **800 m** 입니다.

엠마가 자전거로 간 거리는 **400 m** 이며, 남은 거리는 **600 m** 입니다.

엠마가 자전거로 간 거리는 **500 m** 이며, 남은 거리는 **500 m** 입니다.

엠마가 자전거로 간 거리는 **800 m** 이며, 남은 거리는 **200 m** 입니다.

8

2. □ 안에 >, =, <를 알맞게 써넣어 보세요.

460 m < 500 m	520 m + 200 m > 620 m
350 m > 300 m	830 m + 160 m < 1000 m
780 m > 770 m	300 m + 700 m = 1 km
1000 m = 1 km	760 m + 340 m > 1 km

3. 점과 점 사이의 거리가 100m일 때, 주어진 거리를 구해 보세요.

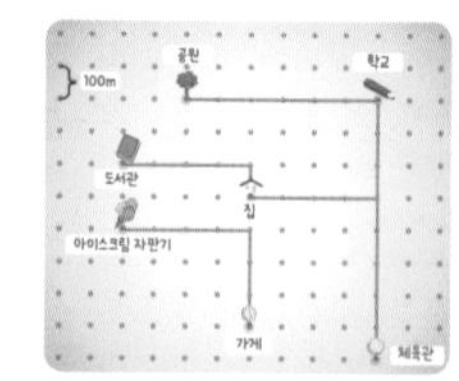

- 학교에서 공원까지의 거리 **600** m
- 도서관에서 집까지의 거리 **500** m
- 아이스크림 자판기에서 가게까지의 거리 **700** m
- 체육관에서 학교까지의 거리 **800** m
- 집에서 도서관까지 왕복 거리 **1000** m

한 번 더 연습해요!

1. 식을 쓴 후 정답을 구해 보세요.

알렉은 자전거를 타고 950m를 갔다가 이후에 50m를 더 갔어요. 알렉이 자전거를 타고 간 거리는 모두 얼마인가요?

식 : **950m + 50m = 1000m**

정답 : **1000m(1km)**

2. □ 안에 >, =, <를 알맞게 써넣어 보세요.

1000 m − 400 m > 500 m
1000 m − 100 m < 1 km
1000 m − 800 m > 100 m
500 m + 490 m < 1 km
200 m + 700 m = 900 m

9

부모님 가이드 | 8쪽

그림을 보며 아이에게 질문해 보세요.
- 표지판에 뭐라고 쓰여 있니? **공원까지 거리가 400m**
- m은 어떻게 읽니? **미터**
- 1킬로미터는 몇 미터와 같니? **1000m**
- 킬로미터를 기호로 어떻게 쓰니? **km**
- 여자아이네 집에서 공원까지 거리가 1km라면 자전거를 타고 얼마만큼 온 거니? **600m**

부모님 가이드 | 10쪽 5번

얼핏 보면 똑같아 보이지만 좌우 그림을 관찰하면 약간씩 다른 곳을 발견할 수 있습니다. 다른그림찾기 놀이를 통해 관찰력, 기억력, 집중력, 인내심을 키울 수 있습니다. 방학으로 집에 있는 시간이 길어져 심심할 때나 자투리 시간을 이용해 숨은그림찾기, 미로찾기, 다른그림찾기 등의 퍼즐 놀이를 해 보세요.

10-11쪽

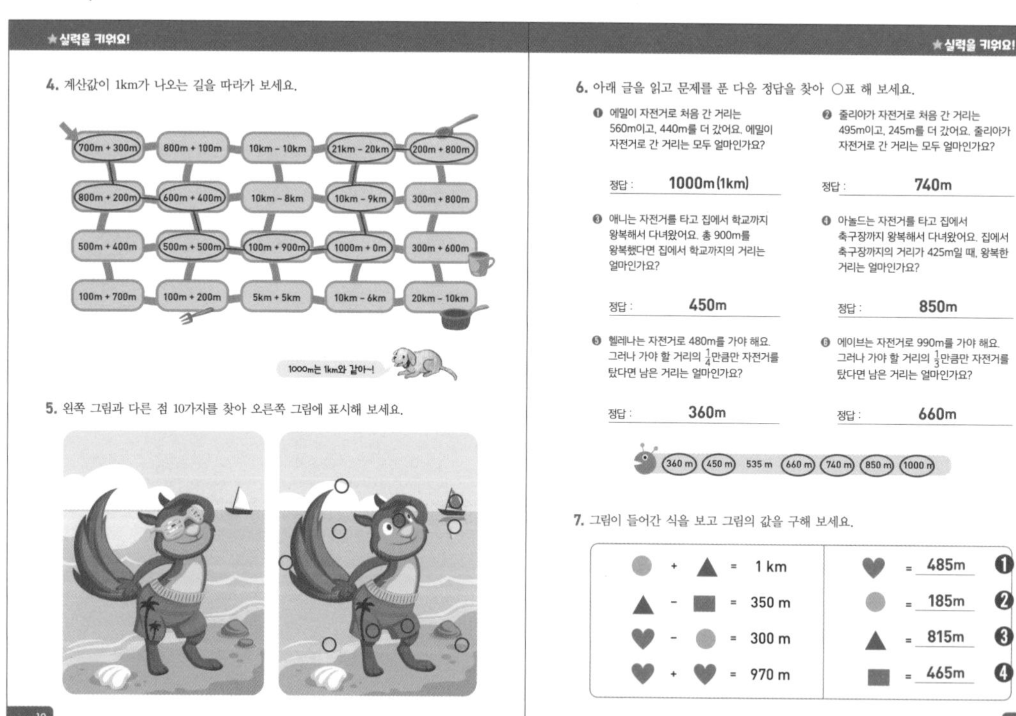

★실력을 키워요!

4. 계산값이 1km가 나오는 길을 따라가 보세요.

700m + 300m	800m + 100m	10km − 10km	21km − 20km	200m + 800m
800m + 200m	600m + 400m	10km − 8km	10km − 9km	300m + 800m
500m + 400m	500m + 500m	100m + 900m	1000m + 0m	300m + 600m
100m + 700m	100m + 200m	5km + 5km	10km − 6km	20km − 10km

1000m는 1km와 같아~!

5. 왼쪽 그림과 다른 점 10가지를 찾아 오른쪽 그림에 표시해 보세요.

10

★실력을 키워요!

6. 아래 글을 읽고 문제를 푼 다음 정답을 찾아 ○표 해 보세요.

❶ 에밀이 자전거로 처음 간 거리는 560m이고, 440m를 더 갔어요. 에밀이 자전거로 간 거리는 모두 얼마인가요?
정답 : **1000m(1km)**

❷ 줄리아가 자전거로 처음 간 거리는 495m이고, 245m를 더 갔어요. 줄리아가 자전거로 간 거리는 모두 얼마인가요?
정답 : **740m**

❸ 애니는 자전거를 타고 집에서 학교까지 왕복해서 다녀왔어요. 총 900m를 왕복했다면 집에서 학교까지의 거리는 얼마인가요?
정답 : **450m**

❹ 아놀드는 자전거를 타고 집에서 축구장까지 왕복해서 다녀왔어요. 집에서 축구장까지의 거리가 425m일 때, 왕복한 거리는 얼마인가요?
정답 : **850m**

❺ 헬레나는 자전거로 480m를 가야 해요. 그러나 가야 할 거리의 $\frac{1}{4}$만큼만 자전거를 탔다면 남은 거리는 얼마인가요?
정답 : **360m**

❻ 에이브는 자전거로 990m를 가야 해요. 그러나 가야 할 거리의 $\frac{1}{3}$만큼만 자전거를 탔다면 남은 거리는 얼마인가요?
정답 : **660m**

360 m　450 m　535 m　660 m　740 m　850 m　1000 m

7. 그림이 들어간 식을 보고 그림의 값을 구해 보세요.

● + ▲ = 1 km		♥ = 485m	❶
▲ − ■ = 350 m		● = 185m	❷
♥ − ● = 300 m		▲ = 815m	❸
♥ + ♥ = 970 m		■ = 465m	❹

11

11쪽 6번

❶ 560+440=1000
❷ 495+245=740
❸ 900÷2=450
❹ 425+425=850
❺ 480을 4부분으로 나누면 120임. 480−120=360
❻ 990을 3부분으로 나누면 330임. 990−330=660

11쪽 7번

❶ ♥+♥=970, ♥=485m
❷ ♥−●=300, 485−●=300, ●=185m
❸ ●+▲=1km, 185+▲=1000 (1km=1000m), ▲=815m
❹ ▲−■=350, 815−■=350, ■=465m

12-13쪽

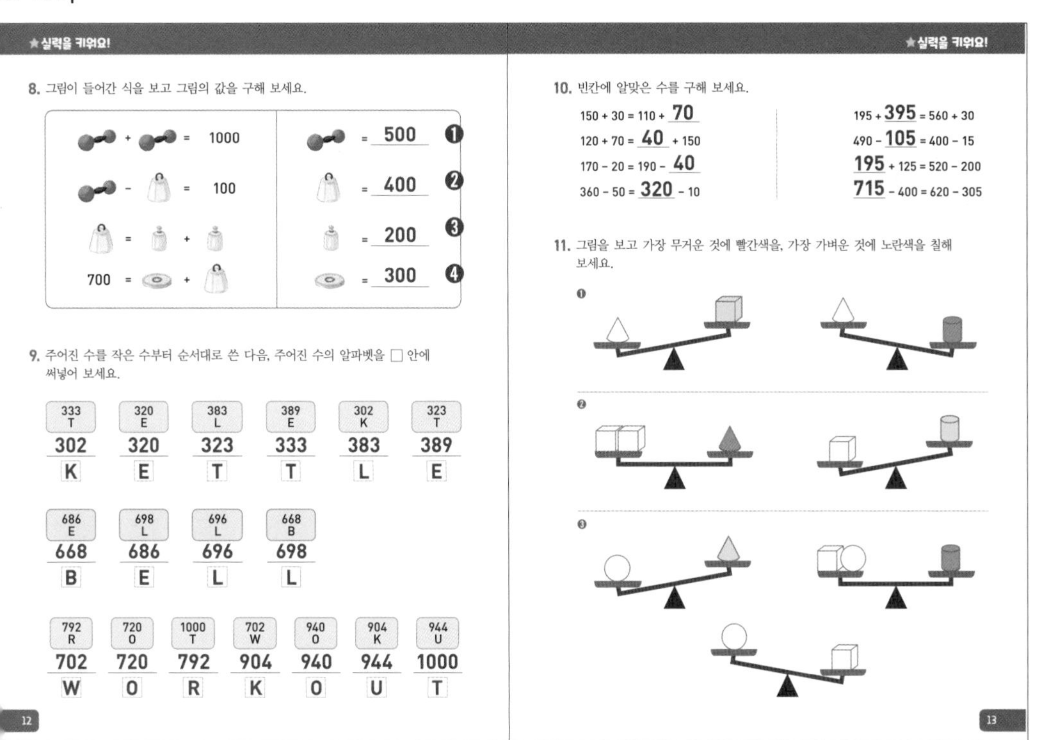

★실력을 키워요!

8. 그림이 들어간 식을 보고 그림의 값을 구해 보세요.

❶ 🏋 = 500
❷ 🔔 = 400
❸ 🔔 = 200
❹ 💿 = 300

9. 주어진 수를 작은 수부터 순서대로 쓴 다음, 주어진 수의 알파벳을 □ 안에 써넣어 보세요.

333 T	320 E	383 L	389 E	302 K	323 T
302	320	323	333	383	389
K	E	T	T	L	E

686 E	698 L	696 L	668 B
668	686	696	698
B	E	L	L

792 R	720 O	1000 T	702 W	940 O	904 K	944 U
702	720	792	904	940	944	1000
W	O	R	K	O	U	T

12

★실력을 키워요!

10. 빈칸에 알맞은 수를 구해 보세요.

150 + 30 = 110 + **70**
120 + 70 = **40** + 150
170 − 20 = 190 − **40**
360 − 50 = **320** − 10

195 + **395** = 560 + 30
490 − **105** = 400 − 15
195 + 125 = 520 − 200
715 − 400 = 620 − 305

11. 그림을 보고 가장 무거운 것에 빨간색을, 가장 가벼운 것에 노란색을 칠해 보세요.

❶ ❷ ❸

13

12쪽 8번

❶ 🏋 + 🏋 =1000,
🏋 =500

❷ 🏋 − 🔔 =100,
500− 🔔 =100, 🔔 =400

❸ 🔔 = 🔔 + 🔔,
400= 🔔 + 🔔, 🔔 =200

❹ 700= 💿 + 🔔,
700= 💿 +400,
💿 =300

12쪽 9번

KETTLE BELL WORKOUT
케틀벨(근육 운동을 하는 데 쓰는 운동 기구) 운동

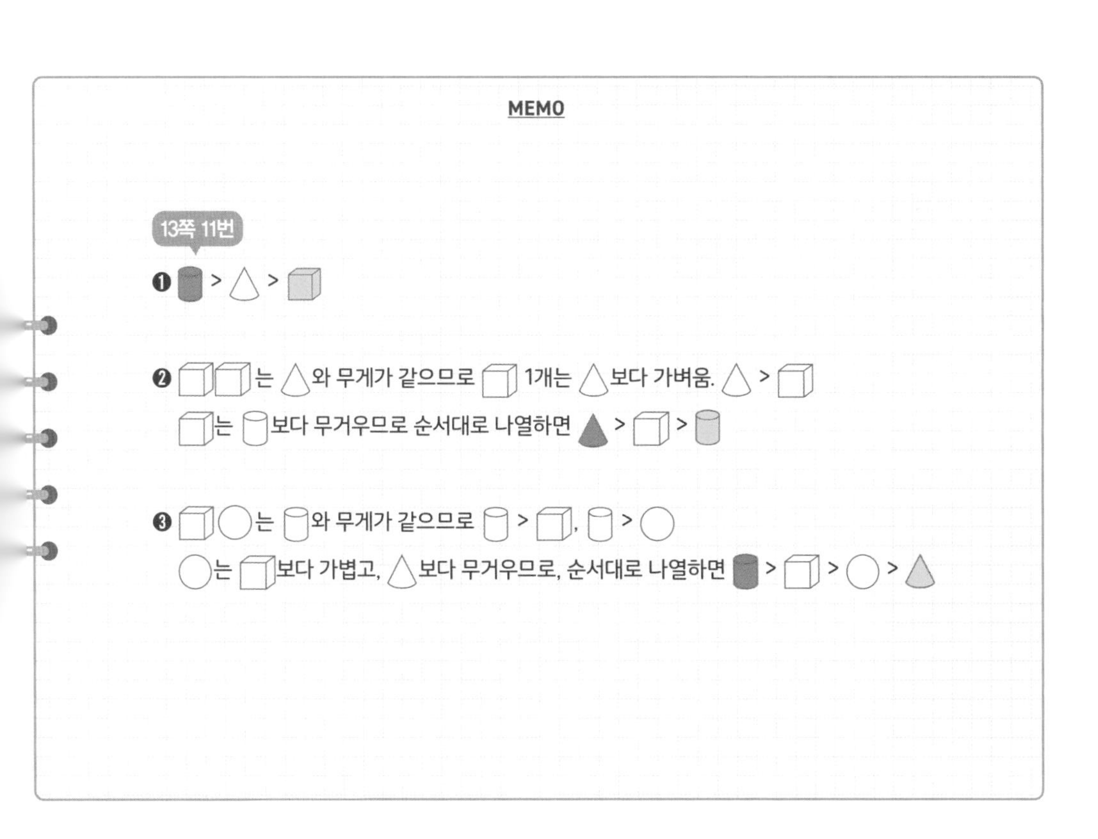

MEMO

13쪽 11번

❶ 원기둥 > 원뿔 > 정육면체

❷ 정육면체 정육면체는 원뿔와 무게가 같으므로 정육면체 1개는 원뿔보다 가벼움. 원뿔 > 정육면체
정육면체는 원기둥보다 무거우므로 순서대로 나열하면 원뿔 > 정육면체 > 원기둥

❸ 정육면체 구는 원기둥와 무게가 같으므로 원기둥 > 정육면체, 원기둥 > 구
구는 정육면체보다 가볍고, 원뿔보다 무거우므로, 순서대로 나열하면 원기둥 > 정육면체 > 구 > 원뿔

14-15쪽

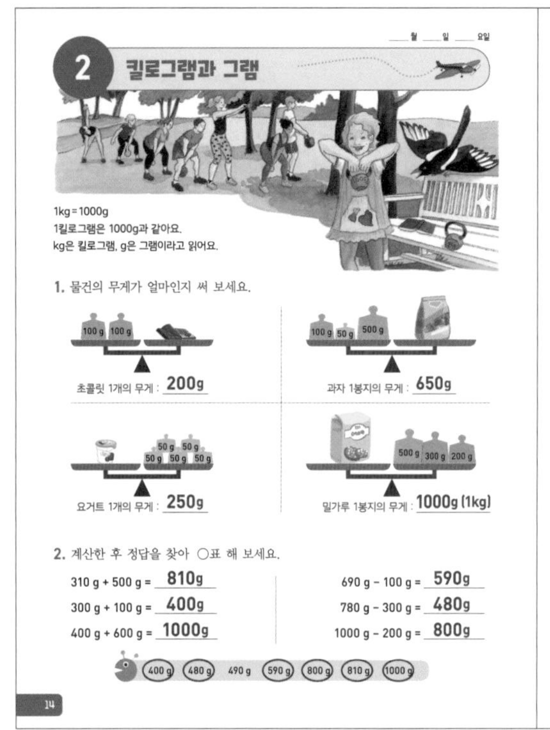

2 킬로그램과 그램

___월 ___일 ___요일

1kg=1000g
1킬로그램은 1000g과 같아요.
kg은 킬로그램, g은 그램이라고 읽어요.

1. 물건의 무게가 얼마인지 써 보세요.

초콜릿 1개의 무게 : **200g**

과자 1봉지의 무게 : **650g**

요거트 1개의 무게 : **250g**

밀가루 1봉지의 무게 : **1000g (1kg)**

2. 계산한 후 정답을 찾아 ○표 해 보세요.

310 g + 500 g = **810g**
300 g + 100 g = **400g**
400 g + 600 g = **1000g**

690 g - 100 g = **590g**
780 g - 300 g = **480g**
1000 g - 200 g = **800g**

(400 g) (480 g) 490 g (590 g) (800 g) (810 g) (1000 g)

14

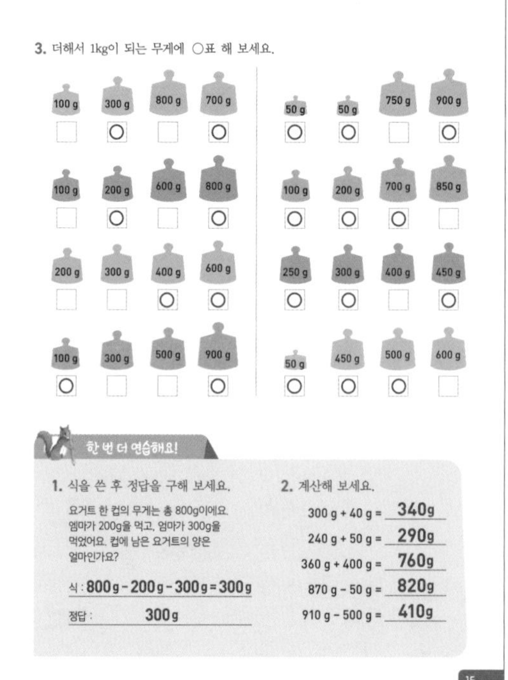

3. 더해서 1kg이 되는 무게에 ○표 해 보세요.

100 g	300 g	800 g	700 g	50 g	50 g	750 g	900 g
	○		○	○	○		○
100 g	200 g	600 g	800 g	100 g	200 g	700 g	850 g
	○		○	○	○	○	
200 g	300 g	400 g	600 g	250 g	300 g	400 g	450 g
		○	○	○	○		○
100 g	300 g	500 g	900 g	50 g	450 g	500 g	600 g
○			○	○	○	○	

한 번 더 연습해요!

1. 식을 쓴 후 정답을 구해 보세요.

요거트 한 컵의 무게는 총 800g이에요. 엄마가 200g을 먹고, 엄마가 300g을 먹었어요. 컵에 남은 요거트의 양은 얼마인가요?

식 : **800g-200g-300g=300g**

정답 : **300g**

2. 계산해 보세요.

300 g + 40 g = **340g**
240 g + 50 g = **290g**
360 g + 400 g = **760g**
870 g - 50 g = **820g**
910 g - 500 g = **410g**

15

부모님 가이드 | 14쪽

그림을 보며 아이에게 질문해 보세요.
- 소녀가 들고 있는 케틀벨에 뭐라고 쓰여 있니? **1000g**
- g는 어떤 글자를 줄여 쓴 거니? **gram**
- 벤치에 있는 케틀벨에는 뭐라고 쓰여 있니? **1kg**
- kg는 어떤 글자를 줄여 쓴 거니? **kilogram**
- 1000g은 1kg과 무게가 같음을 아이에게 알려 주세요.

16-17쪽

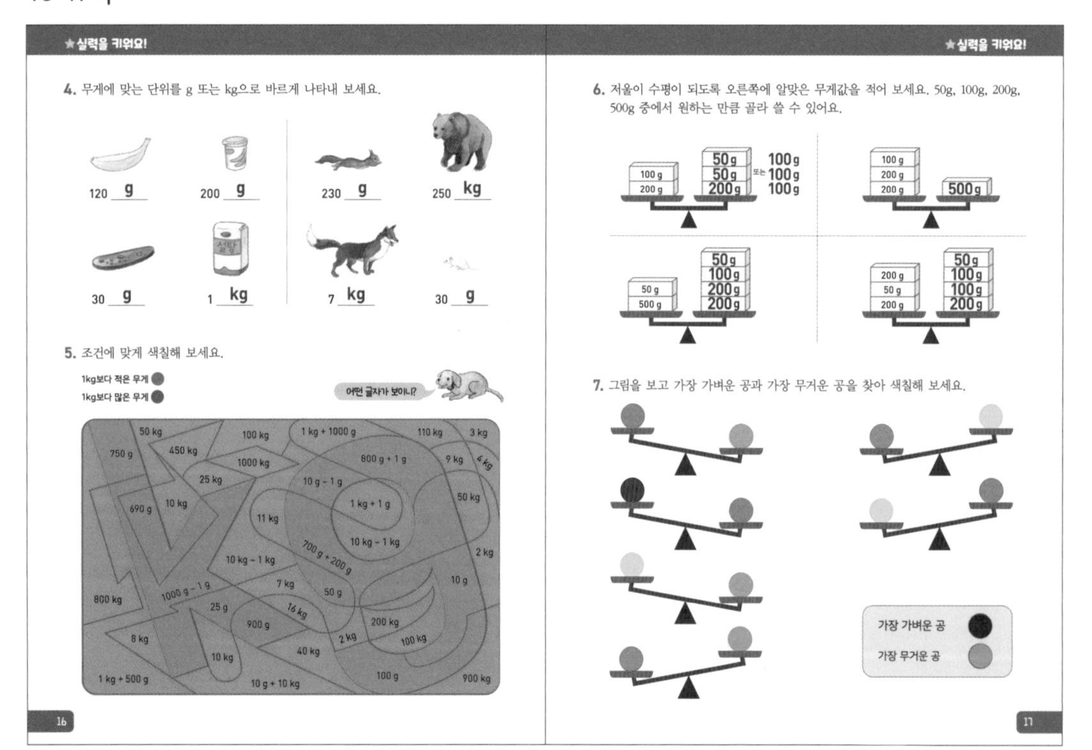

★실력을 키워요!

4. 무게에 맞는 단위를 g 또는 kg으로 바르게 나타내 보세요.

120 **g** 200 **g** 230 **g** 250 **kg**

30 **g** 1 **kg** 7 **kg** 30 **g**

5. 조건에 맞게 색칠해 보세요.

1kg보다 적은 무게
1kg보다 많은 무게

16

6. 저울이 수평이 되도록 오른쪽에 알맞은 무게값을 적어 보세요. 50g, 100g, 200g, 500g 중에서 원하는 만큼 골라 쓸 수 있어요.

100 g, 200 g → **50g, 50g, 200g** 또는 **100g, 100g, 100g**

100 g, 200 g, 200 g → **500g**

50 g, 500 g → **50g, 100g, 200g, 200g**

200 g, 50 g, 200 g → **50g, 100g, 100g, 200g**

7. 그림을 보고 가장 가벼운 공과 가장 무거운 공을 찾아 색칠해 보세요.

가장 가벼운 공
가장 무거운 공

17

17쪽 7번

1. 초록 공이 많이 나오므로 초록 공을 먼저 살펴본다. 초록 공보다 무거운 것은 빨강 공, 가벼운 것은 노랑 공과 파랑 공임.
2. 노랑 공은 파랑 공보다 무거우므로 정리하면

 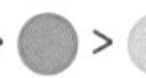 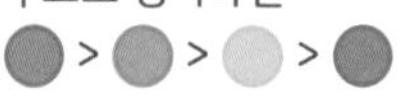

3. 파랑 공보다 가벼운 것은 검정 공이므로 순서대로 나열하면

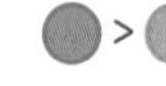  

18-19쪽

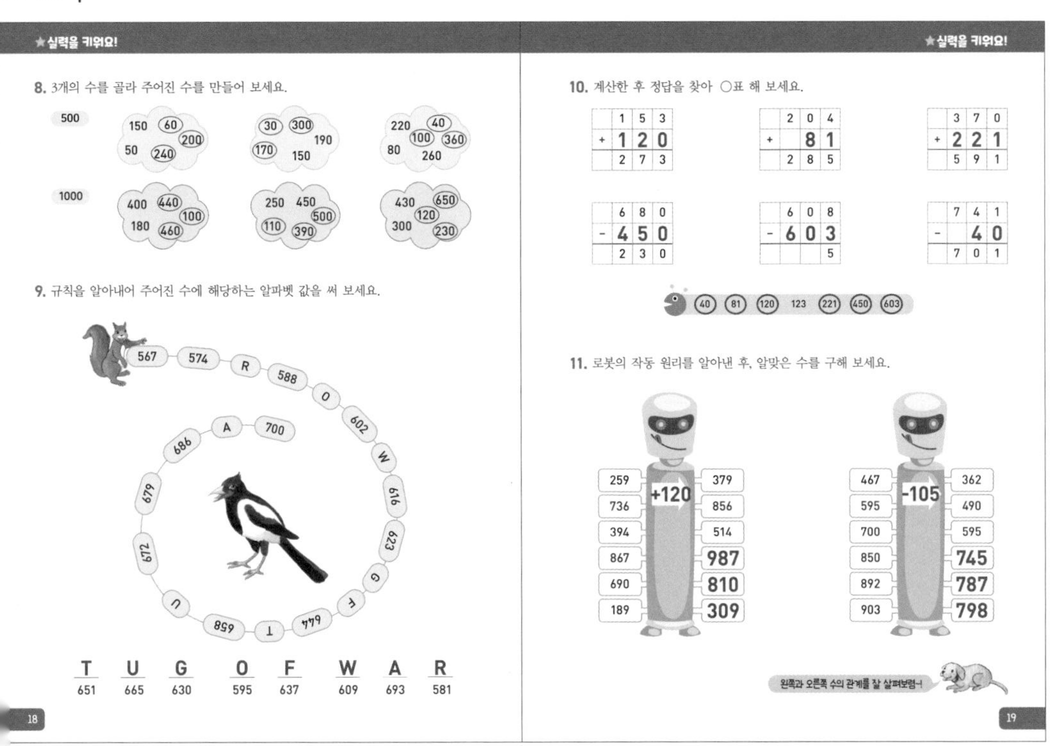

★실력을 키워요!

8. 3개의 수를 골라 주어진 수를 만들어 보세요.

500: 150, (60), (200), 50, (240) / (30), (300), 190, (170), 150 / 220, (40), (100), (360), 80, 260

1000: 400, (440), (100), 180, (460) / 250, 450, (500), (110), (390) / 430, (650), (120), 300, (230)

9. 규칙을 알아내어 주어진 수에 해당하는 알파벳 값을 써 보세요.

T	U	G	O	F	W	A	R
651	665	630	595	637	609	693	581

10. 계산한 후 정답을 찾아 ○표 해 보세요.

153 + 120 = 273   204 + 81 = 285   370 + 221 = 591

680 − 450 = 230   608 − 603 = 5   741 − 40 = 701

(40) (81) (120) 123 (221) (450) (603)

11. 로봇의 작동 원리를 알아낸 후, 알맞은 수를 구해 보세요.

+120	
259	379
736	856
394	514
867	987
690	810
189	309

-105	
467	362
595	490
700	595
850	745
892	787
903	798

왼쪽과 오른쪽 수의 관계를 잘 살펴보렴~

18   19

18쪽 9번

TUG OF WAR
줄다리기

0-21쪽

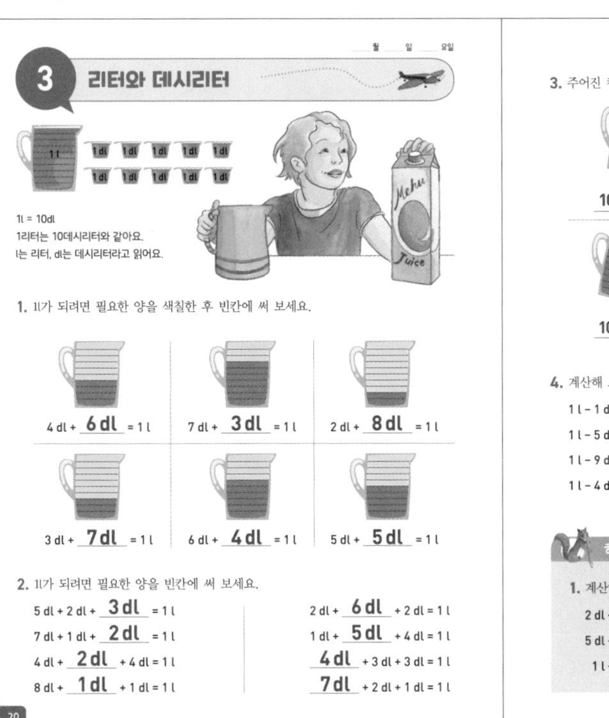

월 일 요일

3 리터와 데시리터

1l = 10dl
1리터는 10데시리터와 같아요.
l는 리터, dl는 데시리터라고 읽어요.

1. 1l가 되려면 필요한 양을 색칠한 후 빈칸에 써 보세요.

4 dl + 6 dl = 1 l   7 dl + 3 dl = 1 l   2 dl + 8 dl = 1 l

3 dl + 7 dl = 1 l   6 dl + 4 dl = 1 l   5 dl + 5 dl = 1 l

2. 1l가 되려면 필요한 양을 빈칸에 써 보세요.

5 dl + 2 dl + 3 dl = 1 l
7 dl + 1 dl + 2 dl = 1 l
4 dl + 2 dl + 4 dl = 1 l
8 dl + 1 dl + 1 dl = 1 l

2 dl + 6 dl + 2 dl = 1 l
1 dl + 5 dl + 4 dl = 1 l
4 dl + 3 dl + 3 dl = 1 l
7 dl + 2 dl + 1 dl = 1 l

20

3. 주어진 컵에 주스를 따르면 남는 양은 얼마인지 식과 답을 구해 보세요.

10 dl − 1 dl − 1 dl = 8 dl   10 dl − 3 dl − 2 dl = 5 dl

10 dl − 3 dl − 3 dl = 4 dl   10 dl − 3 dl − 1 dl = 6 dl

4. 계산해 보세요.

1 l − 1 dl = 9 dl
1 l − 5 dl = 5 dl
1 l − 9 dl = 1 dl
1 l − 4 dl = 6 dl

1 l − 4 dl − 1 dl = 5 dl
1 l − 6 dl − 2 dl = 2 dl
1 l − 5 dl − 4 dl = 1 dl
1 l − 3 dl − 3 dl = 4 dl

1 l = 10 dl

한 번 더 연습해요!

1. 계산해 보세요.

2 dl + 7 dl = 9 dl
5 dl + 3 dl = 8 dl
1 l − 8 dl = 2 dl

2. 계산해 보세요.

2 dl + 3 dl + 2 dl = 7 dl
1 l − 4 dl − 5 dl = 1 dl
1 l − 2 dl − 8 dl = 0 dl

21

부모님 가이드 | 20쪽

그림을 보며 아이에게 질문해 보세요.
– 큰 주스 병에 뭐라고 쓰여 있니? 1l
– l는 어떤 글자를 줄여 쓴 거니? litre
– 컵에는 뭐라고 쓰여 있니? 1dl
– dl는 어떤 글자를 줄여 쓴 거니? decilitre
– 1l의 주스를 1dl 컵에 따르면 몇 컵이 나오니? 10컵

22-23쪽

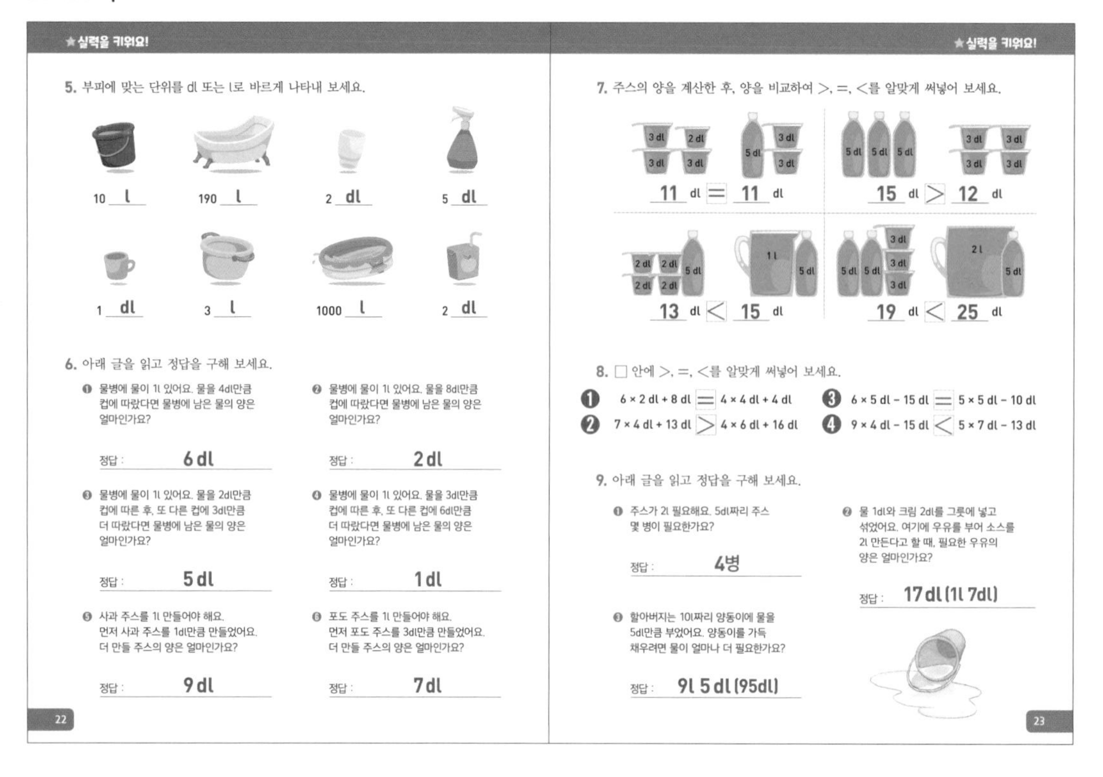

★실력을 키워요!

5. 부피에 맞는 단위를 dl 또는 l로 바르게 나타내 보세요.

10 l　190 l　2 dl　5 dl

1 dl　3 l　1000 l　2 dl

6. 아래 글을 읽고 정답을 구해 보세요.

❶ 물병에 물이 1l 있어요. 물을 4dl만큼 컵에 따랐다면 물병에 남은 물의 양은 얼마인가요?

정답 : 6 dl

❷ 물병에 물이 1l 있어요. 물을 8dl만큼 컵에 따랐다면 물병에 남은 물의 양은 얼마인가요?

정답 : 2 dl

❸ 물병에 물이 1l 있어요. 물을 2dl만큼 컵에 따른 후, 또 다른 컵에 3dl만큼 더 따랐다면 물병에 남은 물의 양은 얼마인가요?

정답 : 5 dl

❹ 물병에 물이 1l 있어요. 물을 3dl만큼 컵에 따른 후, 또 다른 컵에 6dl만큼 더 따랐다면 물병에 남은 물의 양은 얼마인가요?

정답 : 1 dl

❺ 사과 주스를 1l 만들어야 해요. 먼저 사과 주스를 1dl만큼 만들었어요. 더 만들 주스의 양은 얼마인가요?

정답 : 9 dl

❻ 포도 주스를 1l 만들어야 해요. 먼저 포도 주스를 3dl만큼 만들었어요. 더 만들 주스의 양은 얼마인가요?

정답 : 7 dl

22

★실력을 키워요!

7. 주스의 양을 계산한 후, 양을 비교하여 >, =, <를 알맞게 써넣어 보세요.

11 dl = 11 dl　15 dl > 12 dl

13 dl < 15 dl　19 dl < 25 dl

8. □ 안에 >, =, <를 알맞게 써넣어 보세요.

❶ 6 × 2 dl + 8 dl = 4 × 4 dl + 4 dl　❸ 6 × 5 dl − 15 dl = 5 × 5 dl − 10 dl

❷ 7 × 4 dl + 13 dl > 4 × 6 dl + 16 dl　❹ 9 × 4 dl − 15 dl < 5 × 7 dl − 13 dl

9. 아래 글을 읽고 정답을 구해 보세요.

❶ 주스가 2l 필요해요. 5dl짜리 주스 몇 병이 필요한가요?

정답 : 4병

❷ 물 1dl와 크림 2dl를 그릇에 넣고 섞었어요. 여기에 우유를 부어 소스를 2l 만든다고 할 때, 필요한 우유의 양은 얼마인가요?

정답 : 17 dl (1l 7dl)

❸ 할아버지는 10l짜리 양동이에 물을 5dl만큼 부었어요. 양동이를 가득 채우려면 물이 얼마나 더 필요한가요?

정답 : 9l 5 dl (95dl)

23

23쪽 8번

곱셈을 먼저 구한 후 덧셈을 해요.

❶ 20dl = 20dl　❸ 15dl = 15dl

❷ 41dl > 40dl　❹ 21dl < 22dl

23쪽 9번

❶ 5dl × □ = 20dl(2l), □ = 4

❷ 1dl + 2dl + □ = 20dl(2l), □ = 17dl(1l 7dl)

❸ 5dl + □ = 100dl(10l), □ = 95dl(9l 5dl)

24-25쪽

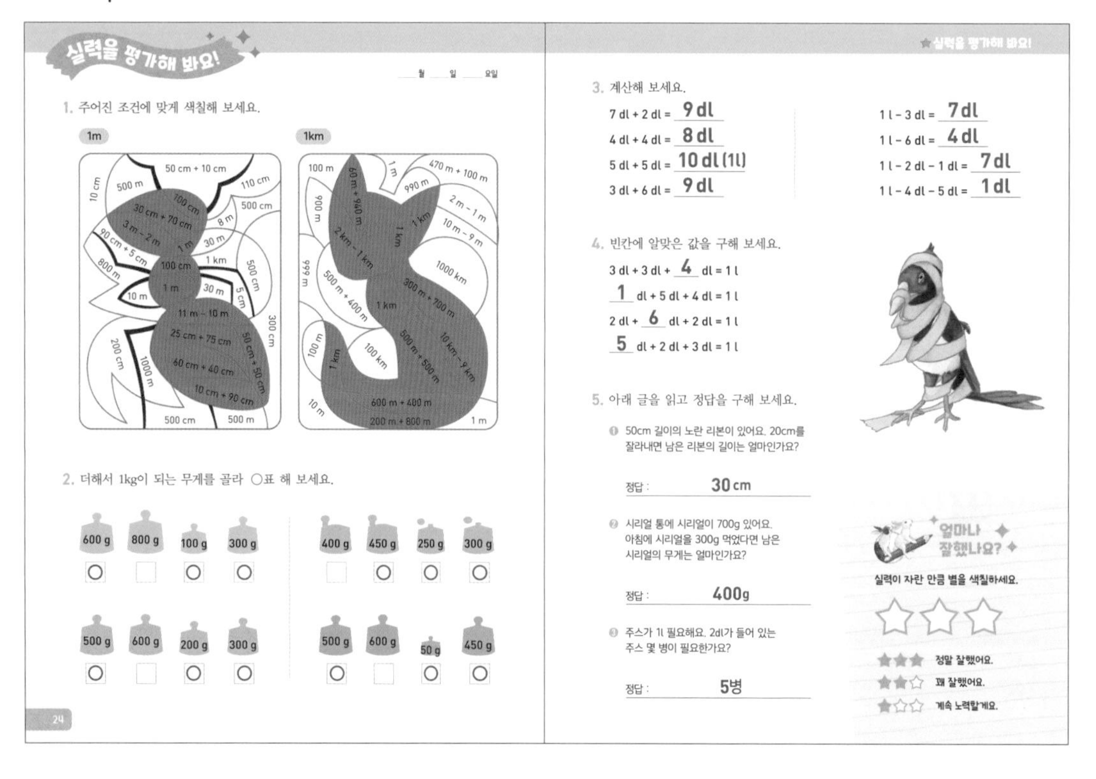

실력을 평가해 봐요!

월 일 요일

1. 주어진 조건에 맞게 색칠해 보세요.

1m　1km

2. 더해서 1kg이 되는 무게를 골라 ○표 해 보세요.

600 g ○　800 g　100 g ○　300 g ○　400 g　450 g ○　250 g ○　300 g ○

500 g ○　600 g　200 g ○　300 g ○　500 g ○　600 g　50 g ○　450 g ○

24

★실력을 평가해 봐요!

3. 계산해 보세요.

7 dl + 2 dl = 9 dl　1 l − 3 dl = 7 dl

4 dl + 4 dl = 8 dl　1 l − 6 dl = 4 dl

5 dl + 5 dl = 10 dl (1l)　1 l − 2 dl − 1 dl = 7 dl

3 dl + 6 dl = 9 dl　1 l − 4 dl − 5 dl = 1 dl

4. 빈칸에 알맞은 값을 구해 보세요.

3 dl + 3 dl + 4 dl = 1 l

1 dl + 5 dl + 4 dl = 1 l

2 dl + 6 dl + 2 dl = 1 l

5 dl + 2 dl + 3 dl = 1 l

5. 아래 글을 읽고 정답을 구해 보세요.

❶ 50cm 길이의 노란 리본이 있어요. 20cm를 잘라내면 남은 리본의 길이는 얼마인가요?

정답 : 30 cm

❷ 시리얼 통에 시리얼이 700g 있어요. 아침에 시리얼을 300g 먹었다면 남은 시리얼의 무게는 얼마인가요?

정답 : 400g

❸ 주스가 1l 필요해요. 2dl가 들어 있는 주스 몇 병이 필요한가요?

정답 : 5병

얼마나 잘했나요?

실력이 자란 만큼 별을 색칠하세요.

★★★ 정말 잘했어요.

★★☆ 꽤 잘했어요.

★☆☆ 계속 노력할게요.

25쪽 5번

❶ 50cm − 20cm = 30cm

❷ 700g − 300g = 400g

❸ 2dl × □ = 10dl(1l), □ = 5

26-27쪽

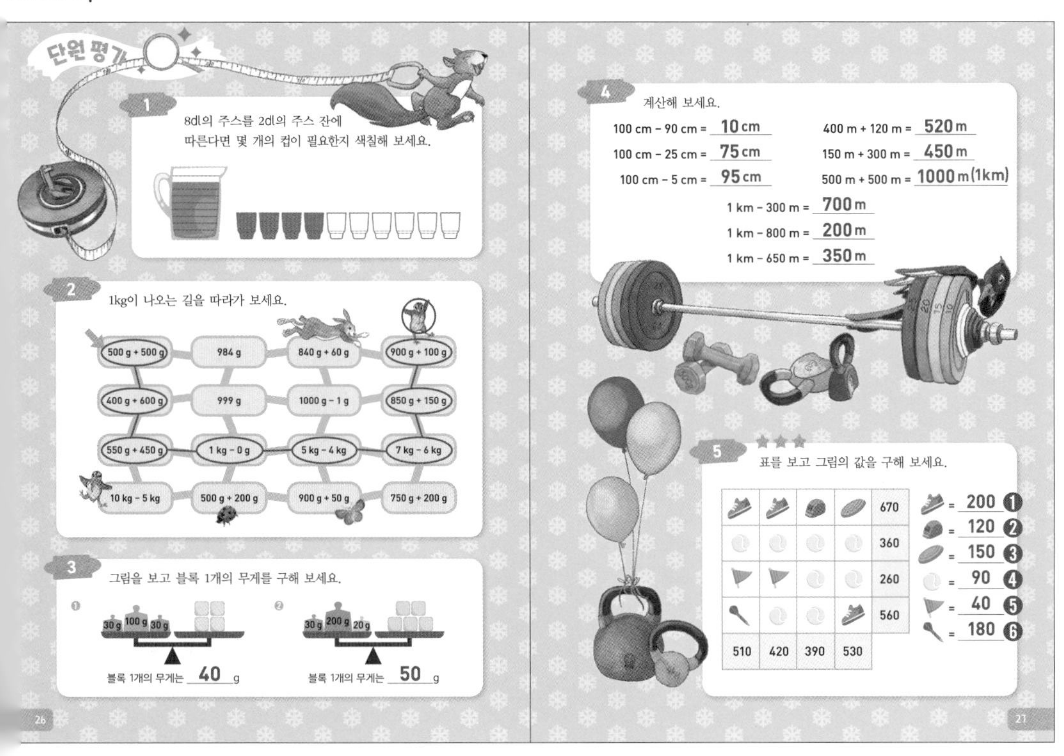
단원 평가

1 8dl의 주스를 2dl의 주스 잔에 따른다면 몇 개의 컵이 필요한지 색칠해 보세요.

2 1kg이 나오는 길을 따라가 보세요.

500 g + 500 g	984 g	840 g + 60 g	900 g + 100 g
400 g + 600 g	999 g	1000 g − 1 g	850 g + 150 g
550 g + 450 g	1 kg − 0 g	5 kg − 4 kg	7 kg − 6 kg
10 kg − 5 kg	500 g + 200 g	900 g + 50 g	750 g + 200 g

3 그림을 보고 블록 1개의 무게를 구해 보세요.

❶ 30 g 100 g 30 g
블록 1개의 무게는 40 g

❷ 30 g 200 g 20 g
블록 1개의 무게는 50 g

4 계산해 보세요.

100 cm − 90 cm = 10 cm
100 cm − 25 cm = 75 cm
100 cm − 5 cm = 95 cm
400 m + 120 m = 520 m
150 m + 300 m = 450 m
500 m + 500 m = 1000 m(1km)
1 km − 300 m = 700 m
1 km − 800 m = 200 m
1 km − 650 m = 350 m

5 표를 보고 그림의 값을 구해 보세요.

				670
				360
				260
				560
510	420	390	530	

= 200 ❶
= 120 ❷
= 150 ❸
= 90 ❹
= 40 ❺
= 180 ❻

26 27

26쪽 3번

❶ 160g = 이므로
160을 4개로 나누면 40g, = 40g

❷ 250g= 이므로
250을 5개로 나누면 50g, =50g

27쪽 5번

❹ 가로 두 번째, +++=360, =90

❺ 가로 세 번째, +++=260,
++90+90=260, +=80, =40

❷ 세로 세 번째, +++=390,
+90+90+90=390, =120

❶ 세로 두 번째, +++=420,
+90+40+90=420, =200

❻ 가로 네 번째, +++=560,
+90+90+200=560, =180

❸ 세로 네 번째, +++=530,
+90+90+200=530, =150

MEMO

28-29쪽

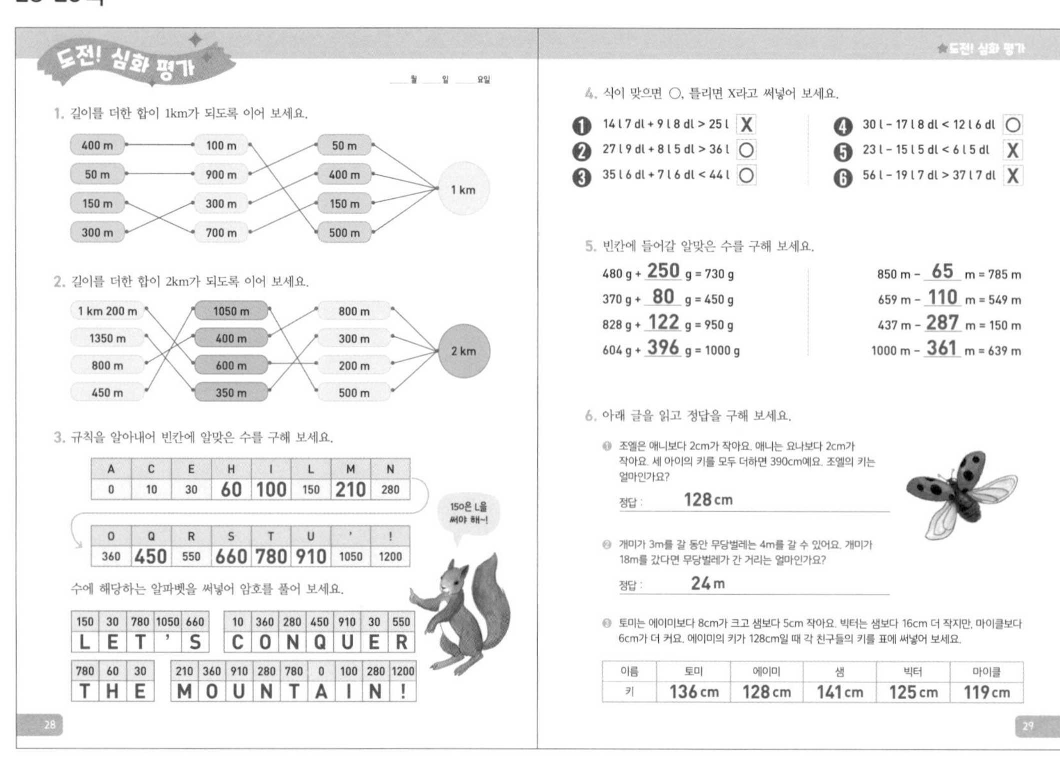

도전! 심화 평가

월 일 요일

1. 길이를 더한 합이 1km가 되도록 이어 보세요.

400 m, 50 m, 150 m, 300 m / 100 m, 900 m, 300 m, 700 m / 50 m, 400 m, 150 m, 500 m / 1 km

2. 길이를 더한 합이 2km가 되도록 이어 보세요.

1 km 200 m, 1350 m, 800 m, 450 m / 1050 m, 400 m, 600 m, 350 m / 800 m, 300 m, 200 m, 500 m / 2 km

3. 규칙을 알아내어 빈칸에 알맞은 수를 구해 보세요.

A	C	E	H	I	L	M	N
0	10	30	60	100	150	210	280

O	Q	R	S	T	U	'	!
360	450	550	660	780	910	1050	1200

150은 L을 써야 해~!

수에 해당하는 알파벳을 써넣어 암호를 풀어 보세요.

150	30	780	1050	660
L	E	T	'	S

10	360	280	450	910	30	550
C	O	N	Q	U	E	R

780	60	30
T	H	E

210	360	910	280	780	0	100	280	1200
M	O	U	N	T	A	I	N	!

28

도전! 심화 평가

4. 식이 맞으면 ○, 틀리면 X라고 써넣어 보세요.

❶ 14 l 7 dl + 9 l 8 dl > 25 l X
❷ 27 l 9 dl + 8 l 5 dl > 36 l ○
❸ 35 l 6 dl + 7 l 6 dl < 44 l ○
❹ 30 l - 17 l 8 dl < 12 l 6 dl ○
❺ 23 l - 15 l 5 dl < 6 l 5 dl X
❻ 56 l - 19 l 7 dl > 37 l 7 dl X

5. 빈칸에 들어갈 알맞은 수를 구해 보세요.

480 g + 250 g = 730 g
370 g + 80 g = 450 g
828 g + 122 g = 950 g
604 g + 396 g = 1000 g
850 m - 65 m = 785 m
659 m - 110 m = 549 m
437 m - 287 m = 150 m
1000 m - 361 m = 639 m

6. 아래 글을 읽고 정답을 구해 보세요.

❶ 조엘은 애니보다 2cm가 작아요. 애니는 요나보다 2cm가 작아요. 세 아이의 키를 모두 더하면 390cm예요. 조엘의 키는 얼마인가요?
정답 : 128 cm

❷ 개미가 3m를 갈 동안 무당벌레는 4m를 갈 수 있어요. 개미가 18m를 갔다면 무당벌레가 간 거리는 얼마인가요?
정답 : 24 m

❸ 토미는 에이미보다 8cm가 크고 샘보다 5cm 작아요. 빅터는 샘보다 16cm 더 작지만, 마이클보다 6cm가 더 커요. 에이미의 키가 128cm일 때 각 친구들의 키를 표에 써넣어 보세요.

이름	토미	에이미	샘	빅터	마이클
키	136 cm	128 cm	141 cm	125 cm	119 cm

29

28쪽 1번

1km는 1000m, 2km는 2000m로 바꿔서 길이의 합을 구해 보세요.

28쪽 3번

옆으로 한 칸씩 옮길 때마다 그 수에 10, 20, 30, 40, 50… 씩 해요.
LET'S CONQUER THE MOUNTAIN! 산을 정복하자!

29쪽 4번

1l는 100dl와 같음을 아이에 알려 주세요.

❶ 24l 5dl < 25l
❷ 36l 4dl > 36l
❸ 43l 2dl < 44l
❹ 12l 2dl < 12l 6dl
❺ 7l 5dl > 6l 5dl
❻ 36l 3dl < 37l 7dl

MEMO

29쪽 6번

❶ 조엘은 애니보다 2cm가 작아요. 애니는 요나보다 2cm가 작아요. 세 아이의 키를 모두 더하면 390cm예요. 조엘의 키는 얼마인가요?	3명의 키를 더한 값에서 중간 키의 값을 구하려면 3으로 나누면 되므로 390÷3=130cm임. 키의 순서는 조엘 < 애니 < 요나 순이고 애니는 130cm이므로 조엘은 130-2=128cm, 요나는 130+2=132cm임. 128+130+132=390
❷ 개미가 3m를 갈 동안 무당벌레는 4m를 갈 수 있어요. 개미가 18m를 갔다면 무당벌레가 간 거리는 얼마인가요?	3m와 18m의 관계는 6배이므로 4에 6배를 하면 24임.
❸ 토미는 에이미보다 8cm가 크고 샘보다 5cm 작아요. 빅터는 샘보다 16cm 더 작지만, 마이클보다 6cm가 더 커요. 에이미의 키가 128cm일 때 각 친구들의 키를 표에 써넣어 보세요.	토미의 키=128+8=136 샘의 키=136+5=141 빅터의 키=141-16=125 마이클의 키=125-6=119

-31쪽

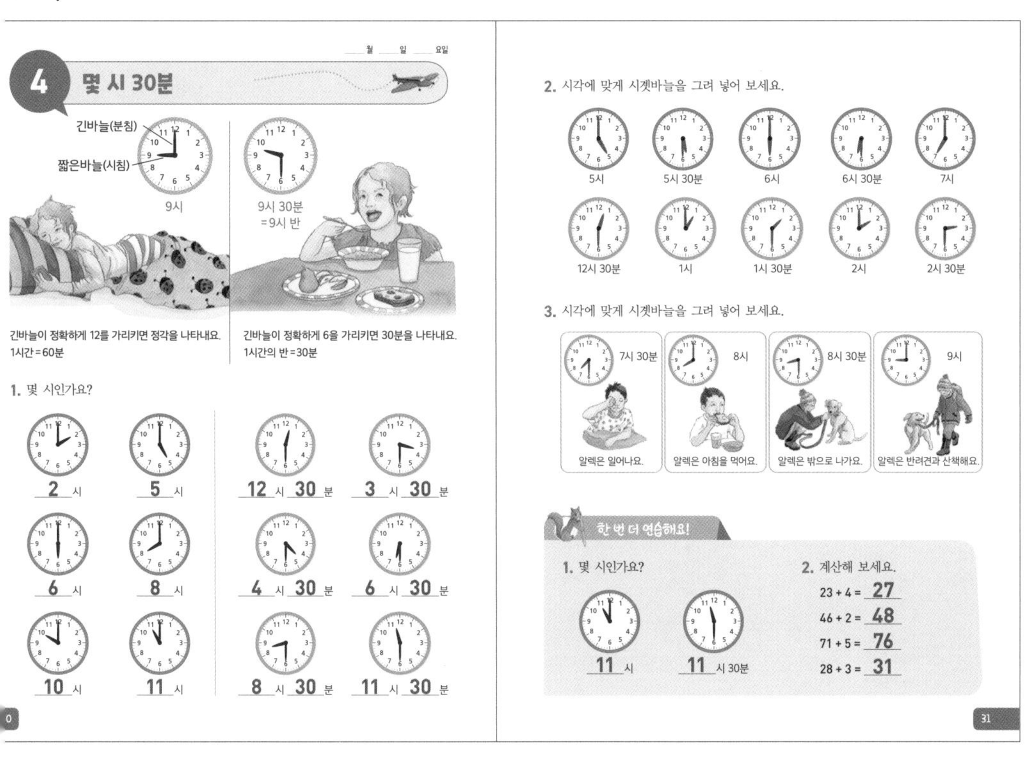

월 일 요일

4 몇 시 30분

긴바늘이 정확하게 12를 가리키면 정각을 나타내요.
1시간=60분

긴바늘이 정확하게 6을 가리키면 30분을 나타내요.
1시간의 반=30분

1. 몇 시인가요?

2 시 / 5 시 / 12 시 30 분 / 3 시 30 분
6 시 / 8 시 / 4 시 30 분 / 6 시 30 분
10 시 / 11 시 / 8 시 30 분 / 11 시 30 분

2. 시각에 맞게 시곗바늘을 그려 넣어 보세요.

5시 / 5시 30분 / 6시 / 6시 30분 / 7시
12시 30분 / 1시 / 1시 30분 / 2시 / 2시 30분

3. 시각에 맞게 시곗바늘을 그려 넣어 보세요.

7시 30분 알렉은 일어나요. / 8시 알렉은 아침을 먹어요. / 8시 30분 알렉은 밖으로 나가요. / 9시 알렉은 반려견과 산책해요.

한 번 더 연습해요!

1. 몇 시인가요?

11 시 / 11 시 30분

2. 계산해 보세요.

23 + 4 = 27
46 + 2 = 48
71 + 5 = 76
28 + 3 = 31

30 31

부모님 가이드 | 30쪽

그림을 보며 아이에게 질문해 보세요.

- 왼쪽 시계는 몇 시를 가리키고 있니? **9시**
- 왼쪽 시계에서 긴바늘의 방향은 어디를 가리키고 있니? **12**
- 오른쪽 시계는 몇 시를 가리키고 있니? **9시 30분(또는 9시 반)**
- 오른쪽 시계에서 긴바늘의 방향은 어디를 가리키고 있니? **6**
- 9시에서 9시 30분이 되려면 시간이 얼마나 흐른 거니? **30분(또는 한 시간의 반)**
- 한 시간은 몇 분이니? **60분**

-33쪽

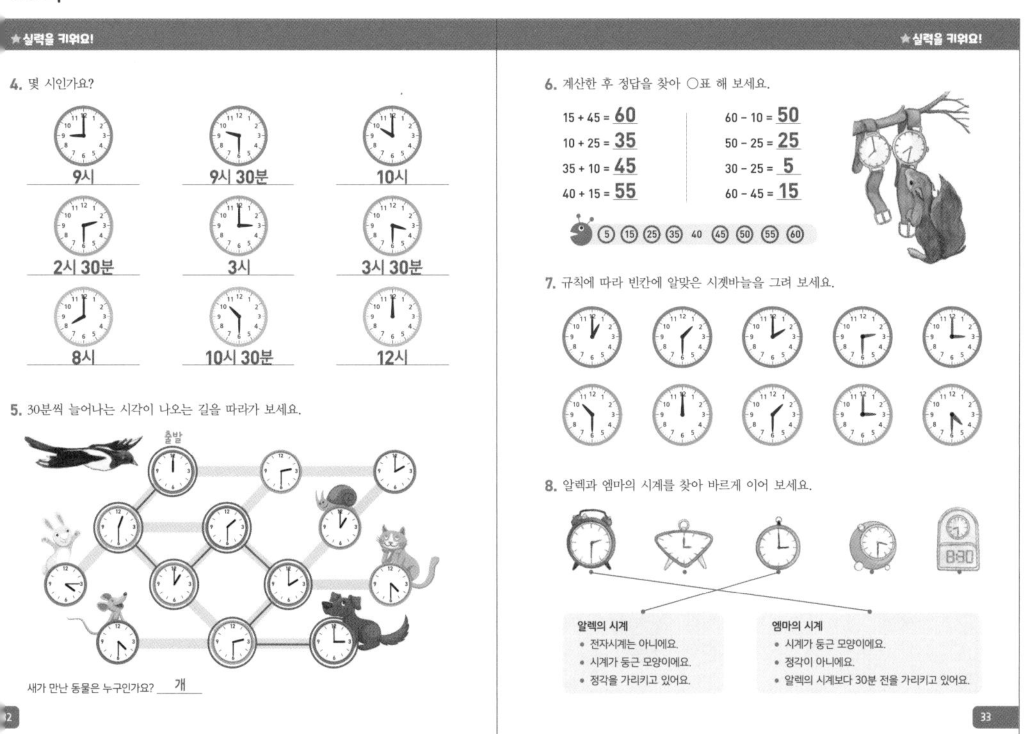

★실력을 키워요!

4. 몇 시인가요?

9시 / 9시 30분 / 10시
2시 30분 / 3시 / 3시 30분
8시 / 10시 30분 / 12시

5. 30분씩 늘어나는 시각이 나오는 길을 따라가 보세요.

새가 만난 동물은 누구인가요? 개

6. 계산한 후 정답을 찾아 ○표 해 보세요.

15 + 45 = 60
10 + 25 = 35
35 + 10 = 45
40 + 15 = 55

60 - 10 = 50
50 - 25 = 25
30 - 25 = 5
60 - 45 = 15

5 15 25 35 40 45 50 55 60

7. 규칙에 따라 빈칸에 알맞은 시곗바늘을 그려 보세요.

8. 알렉과 엠마의 시계를 찾아 바르게 이어 보세요.

알렉의 시계
- 전자시계는 아니에요.
- 시계가 둥근 모양이에요.
- 정각을 가리키고 있어요.

엠마의 시계
- 시계가 둥근 모양이에요.
- 정각이 아니에요.
- 알렉의 시계보다 30분 전을 가리키고 있어요.

32 33

33쪽 7번

- 1시부터 시작, 30분씩 늘어나는 규칙
- 10시 30분부터 시작, 1시간 30분씩 늘어나는 규칙

33쪽 8번

알렉의 시계
- 정각을 가리키는 시계는 초록색과 파란색 시계, 두 시계 중 전자시계가 아니면서 둥근 모양은 파란색 시계임.

엠마의 시계
- 알렉의 시계가 3시이므로 30분 전은 2시 30분임. 첫 번째 빨간색 시계가 정답임.

34-35쪽

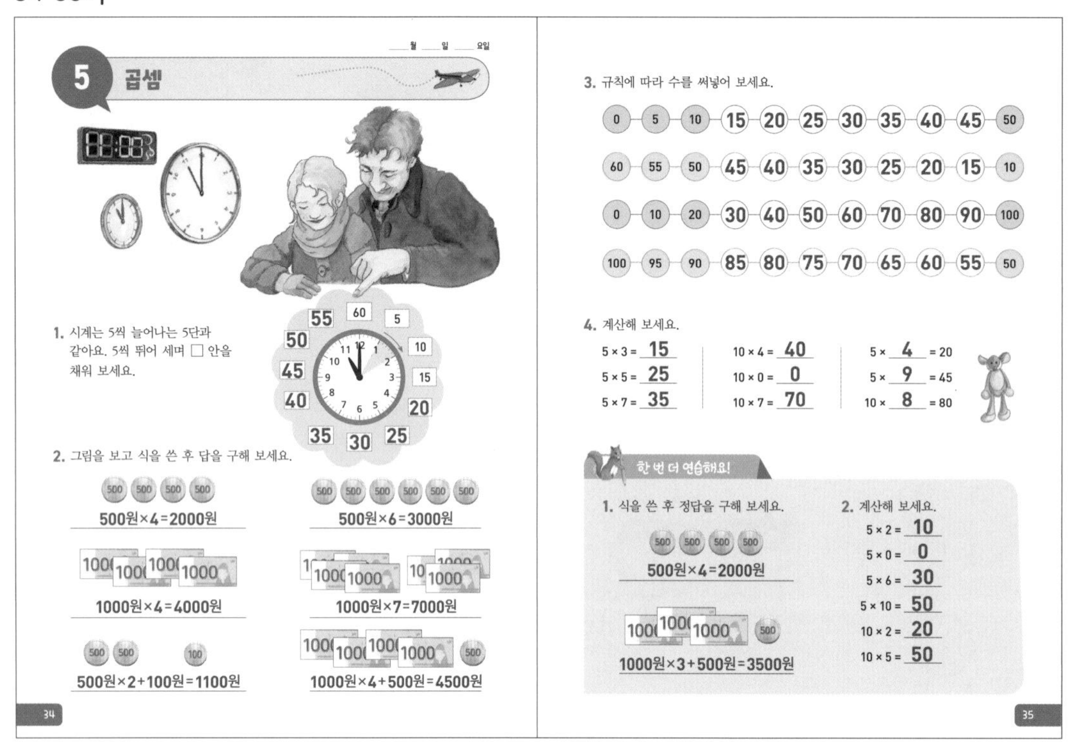

부모님 가이드 | 34쪽

그림을 보며 아이에게 질문해 보세요.

- 그림에서 둥근 벽시계는 몇 시를 가리키고 있니? **11시**
- 전자시계는 몇 시를 가리키고 있니? **11시**
- 시계에 1~2 사이 하늘색으로 칠한 부분은 몇 분을 나타내니? **5분**
- 30분 안에 5분이 몇 개니? **6개**
- 한 시간(60분) 안에 5분이 몇 개니? **12개**

36-37쪽

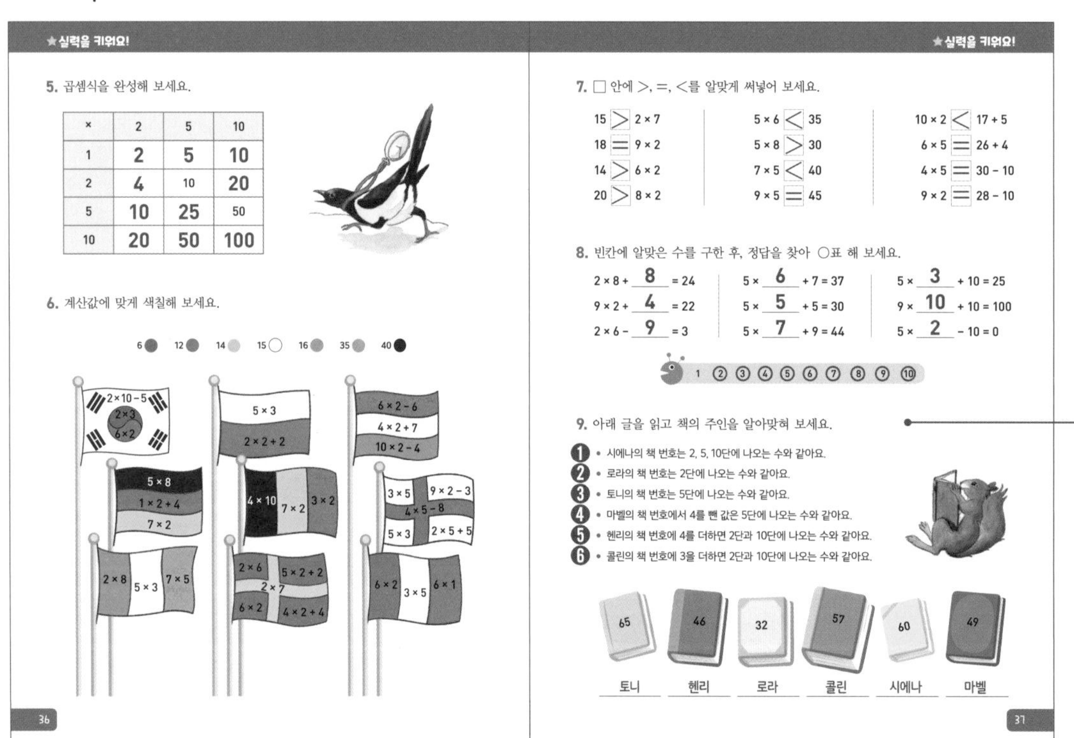

38-39쪽

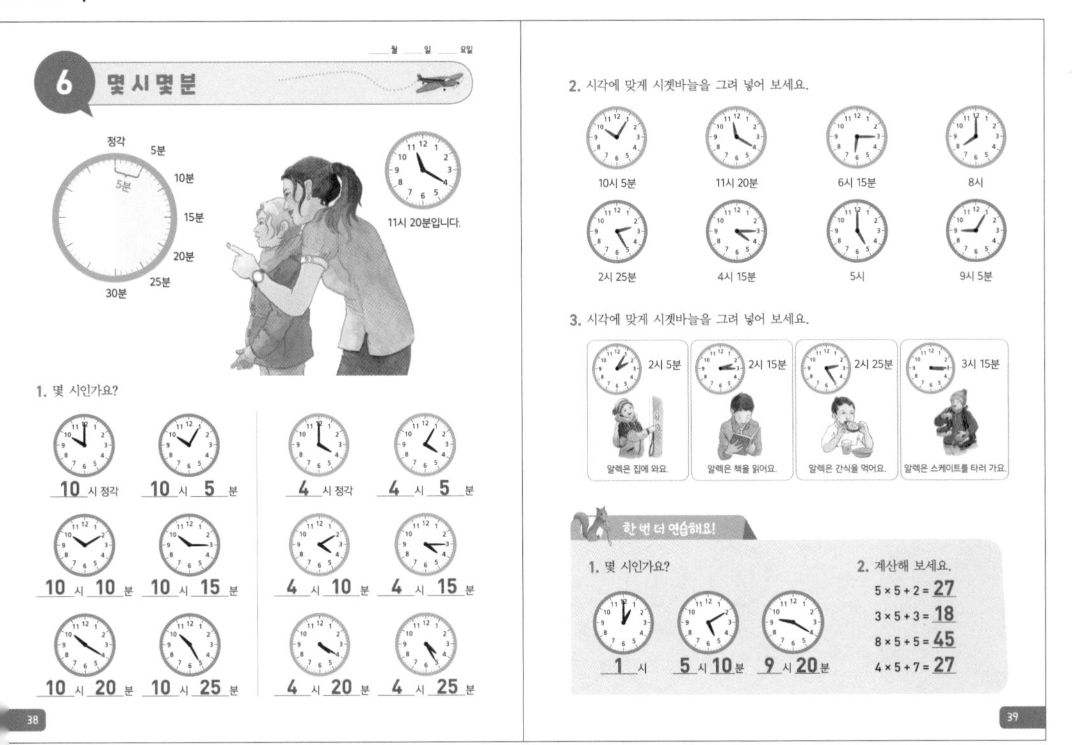

부모님 가이드 | 38쪽

그림을 보며 아이에게 질문해 보세요.
- 왼쪽 시계에서 노란색 부분은 몇 분이니? **30분**
- 짧은바늘은 9를, 긴바늘은 12를 가리킨다면 몇 시니? **9시**
- 지금 9시야. 긴바늘이 5를 가리키면 몇 시가 되니? **9시 5분**
- 오른쪽 시계는 몇 시니? **11시 20분**

MEMO

37쪽 9번

❹ 마벨의 책 번호에서 4를 뺀 값은 5단에 나오는 수와 같아요. (49−4=45)

65	46	32	57	60	49
					마벨

❻ 콜린의 책 번호에 3을 더하면 2단과 10단에 나오는 수와 같아요. (57+3=60)

65	46	32	57	60	49
			콜린		마벨

❺ 헨리의 책 번호에 4를 더하면 2단과 10단에 나오는 수와 같아요. (46+4=50)

65	46	32	57	60	49
	헨리		콜린		마벨

❶ 시에나의 책 번호는 2, 5, 10단에 나오는 수와 같아요. (2×30=60, 5×12=60, 10×6=60)

65	46	32	57	60	49
	헨리		콜린	시에나	마벨

❷ 로라의 책 번호는 2단에 나오는 수와 같아요. →남은 수 65와 32 중에서 2단에 나오는 수는 32

65	46	32	57	60	49
	헨리	로라	콜린	시에나	마벨

❸ 토니의 책 번호는 5단에 나오는 수와 같아요. →남은 수는 65(5×13=65)

65	46	32	57	60	49
토니	헨리	로라	콜린	시에나	마벨

40-41쪽

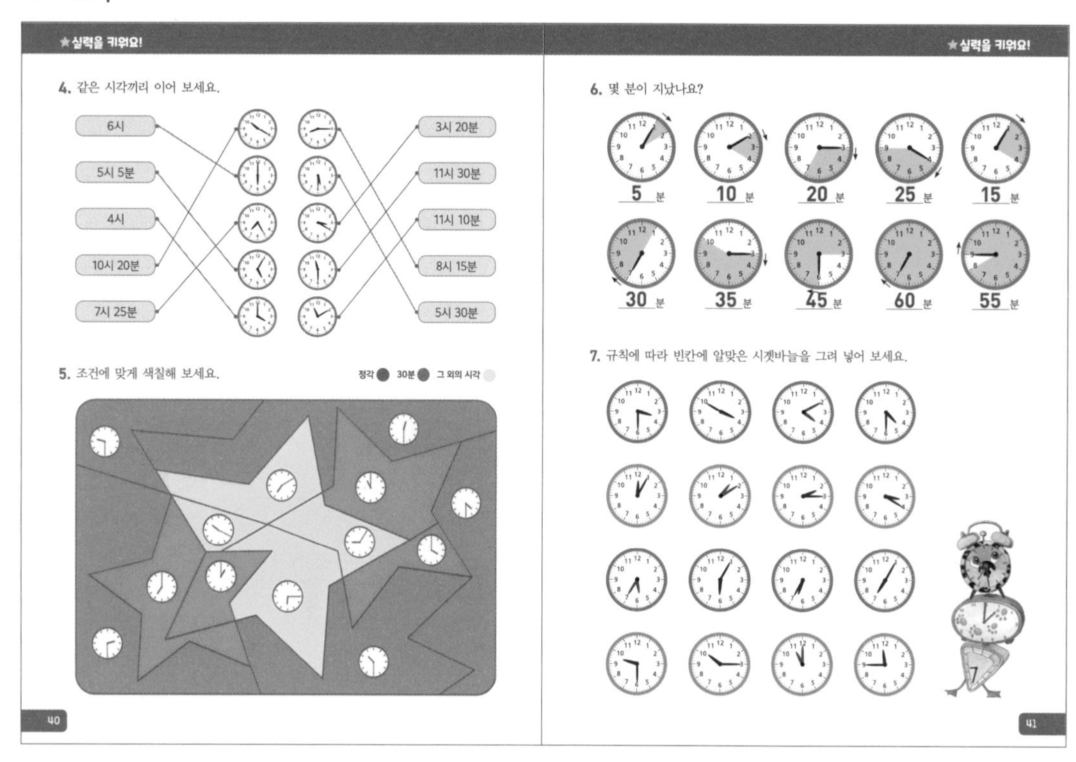

41쪽 7번

- 3시 30분부터 20분씩 늘어나는 규칙
- 12시 5분부터 1시간 5분씩(65분씩) 늘어나는 규칙
- 5시 35분부터 30분씩 늘어나는 규칙
- 9시 30분부터 45분씩 늘어나는 규칙

42-43쪽

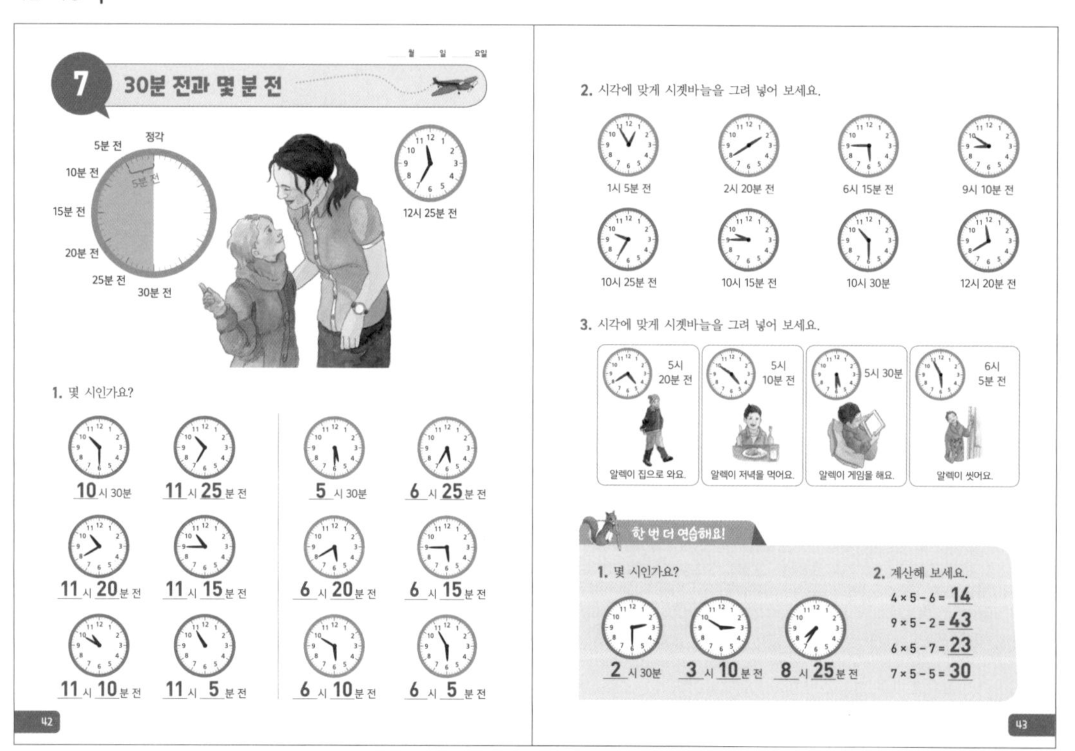

부모님 가이드 | 42쪽

그림을 보며 아이에게 질문해 보세요.

- 왼쪽 시계에서 초록색 부분은 몇 분이니? **30분**
- 짧은바늘이 7과 8 중간에 있으면 몇 시일까? **7시 30분(7시 반)**
- 7시 30분인데 5분이 더 지났어. 몇 시일까? **8시 25분 전(7시 35분)**
- 오른쪽 시계는 몇 시니? **12시 25분 전(11시 35분)**

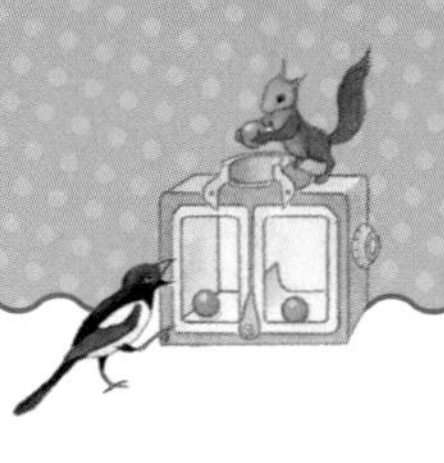

44-45쪽

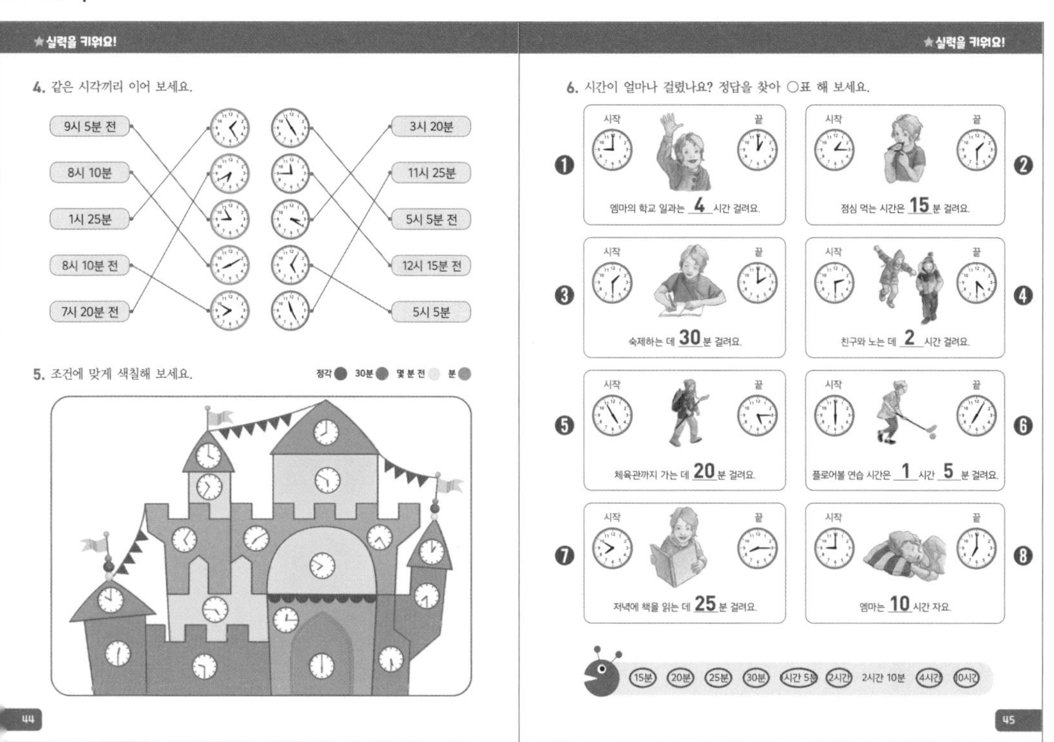

★실력을 키워요!

4. 같은 시각끼리 이어 보세요.

9시 5분 전 / 8시 10분 / 1시 25분 / 8시 10분 전 / 7시 20분 전

3시 20분 / 11시 25분 / 5시 5분 전 / 12시 15분 전 / 5시 5분

5. 조건에 맞게 색칠해 보세요.

정각 30분 몇 분 전 분

44

★실력을 키워요!

6. 시간이 얼마나 걸렸나요? 정답을 찾아 ○표 해 보세요.

❶ 시작 끝 엄마의 학교 일과는 4 시간 걸려요.

❷ 시작 끝 점심 먹는 시간은 15 분 걸려요.

❸ 시작 끝 숙제하는 데 30 분 걸려요.

❹ 시작 끝 친구와 노는 데 2 시간 걸려요.

❺ 시작 끝 체육관까지 가는 데 20 분 걸려요.

❻ 시작 끝 플로어볼 연습 시간은 1 시간 5 분 걸려요.

❼ 시작 끝 저녁에 책을 읽는 데 25 분 걸려요.

❽ 시작 끝 엄마는 10 시간 자요.

15분 20분 25분 30분 1시간 5분 2시간 2시간 10분 4시간 10시간

45

45쪽 6번

❶ 9시~1시(4시간)
❷ 1시 15분~1시 30분(15분)
❸ 1시 30분~2시(30분)
❹ 2시 30분~4시 30분(2시간)
❺ 4시 55분~5시 15분(20분)
❻ 6시~7시 5분(1시간 5분)
❼ 7시 50분~8시 15분(25분)
❽ 오후 9시~오전 7시(10시간)

46-47쪽

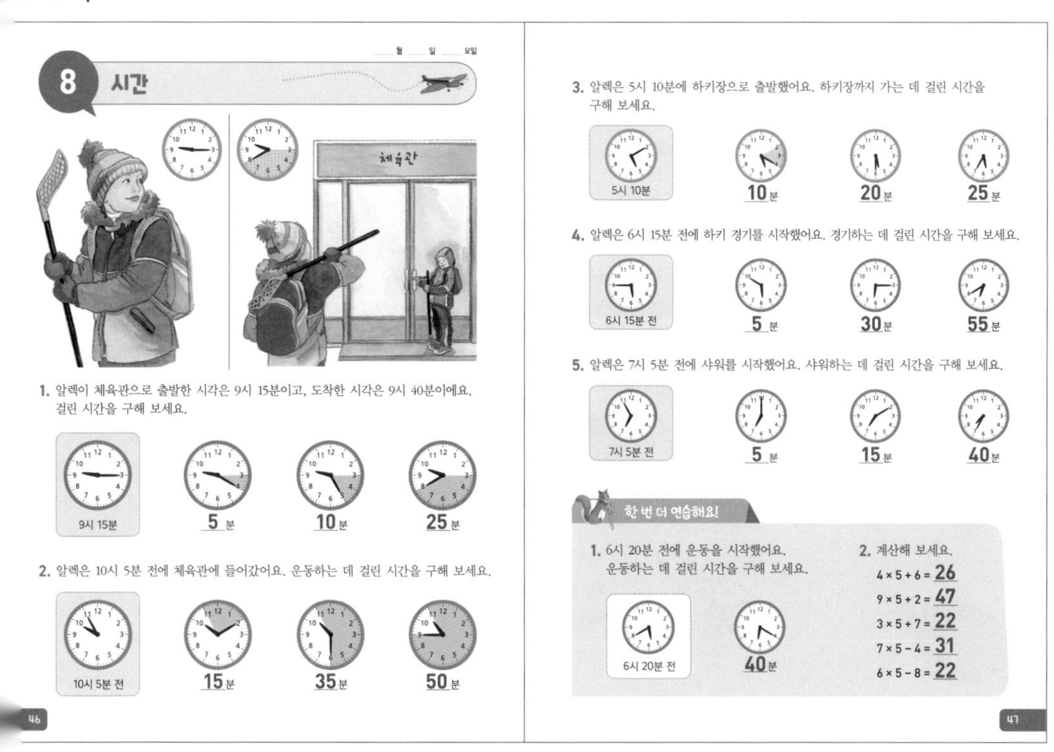

월 일 요일

8 시간

1. 알렉이 체육관으로 출발한 시각은 9시 15분이고, 도착한 시각은 9시 40분이에요. 걸린 시간을 구해 보세요.

9시 15분 5 분 10 분 25 분

2. 알렉은 10시 5분 전에 체육관에 들어갔어요. 운동하는 데 걸린 시간을 구해 보세요.

10시 5분 전 15 분 35 분 50 분

46

3. 알렉은 5시 10분에 하키장으로 출발했어요. 하키장까지 가는 데 걸린 시간을 구해 보세요.

5시 10분 10 분 20 분 25 분

4. 알렉은 6시 15분 전에 하키 경기를 시작했어요. 경기하는 데 걸린 시간을 구해 보세요.

6시 15분 전 5 분 30 분 55 분

5. 알렉은 7시 5분 전에 샤워를 시작했어요. 샤워하는 데 걸린 시간을 구해 보세요.

7시 5분 전 5 분 15 분 40 분

한 번 더 연습해요!

1. 6시 20분 전에 운동을 시작했어요. 운동하는 데 걸린 시간을 구해 보세요.

6시 20분 전 40 분

2. 계산해 보세요.

$4\times5+6=26$
$9\times5+2=47$
$3\times5+7=22$
$7\times5-4=31$
$6\times5-8=22$

47

부모님 가이드 | 46쪽

그림을 보며 아이에게 질문해 보세요.
- 알렉이 9시 15분에 집에서 나왔어. 체육관에 도착한 시각이 몇 시니? **9시 40분**
- 집에서 체육관까지 가는 데 걸린 시간이 얼마니? **25분**
- 9시 40분을 다르게 표현해 봐. **10시 20분 전**

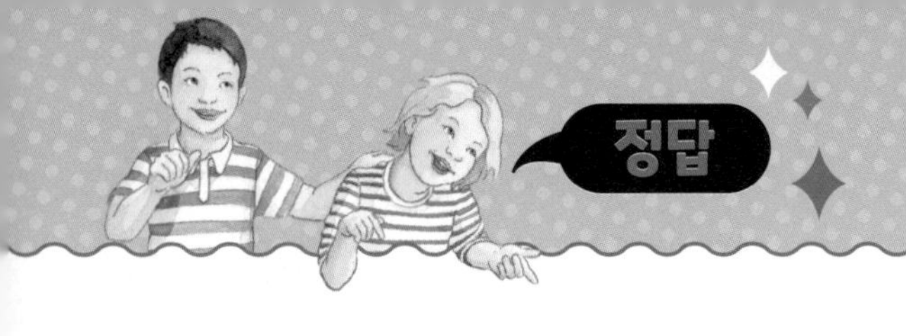

48-49쪽

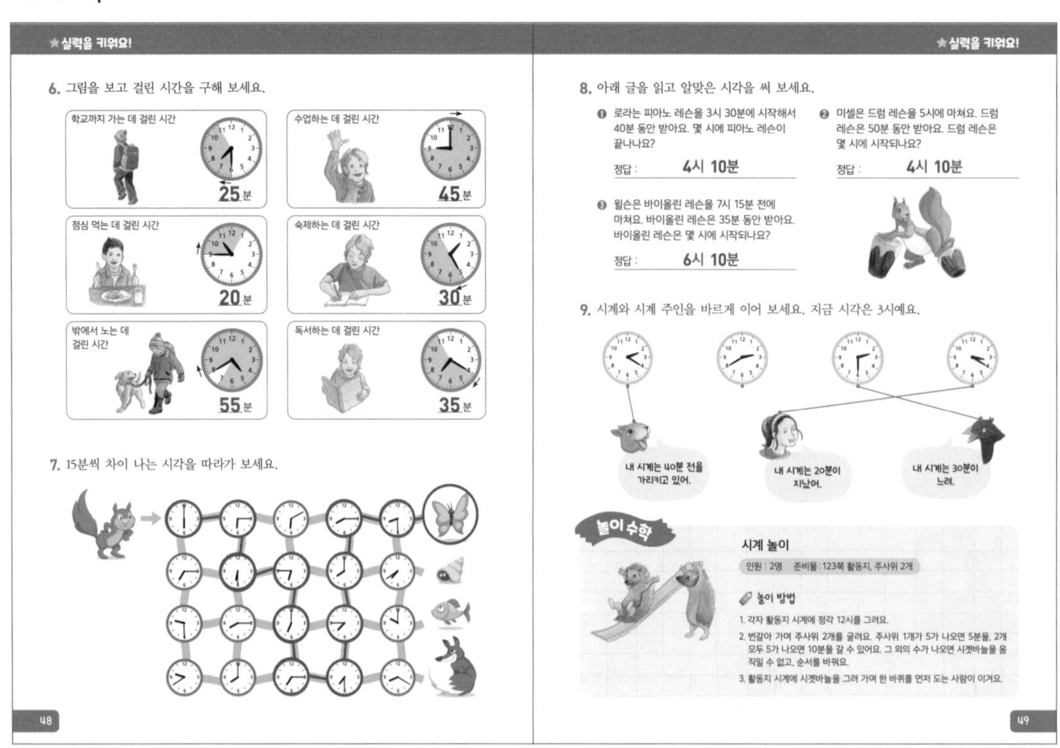
★실력을 키워요!

6. 그림을 보고 걸린 시간을 구해 보세요.

학교까지 가는 데 걸린 시간 25분
수업하는 데 걸린 시간 45분
점심 먹는 데 걸린 시간 20분
숙제하는 데 걸린 시간 30분
밖에서 노는 데 걸린 시간 55분
독서하는 데 걸린 시간 35분

7. 15분씩 차이 나는 시각을 따라가 보세요.

48

★실력을 키워요!

8. 아래 글을 읽고 알맞은 시각을 써 보세요.

❶ 로라는 피아노 레슨을 3시 30분에 시작해서 40분 동안 받아요. 몇 시에 피아노 레슨이 끝나나요?
정답 : 4시 10분

❷ 미셸은 드럼 레슨을 5시에 마쳐요. 드럼 레슨은 50분 동안 받아요. 드럼 레슨은 몇 시에 시작되나요?
정답 : 4시 10분

❸ 윌슨은 바이올린 레슨을 7시 15분 전에 마쳐요. 바이올린 레슨은 35분 동안 받아요. 바이올린 레슨은 몇 시에 시작되나요?
정답 : 6시 10분

9. 시계와 시계 주인을 바르게 이어 보세요. 지금 시각은 3시예요.

내 시계는 40분 전을 가리키고 있어.
내 시계는 20분이 지났어.
내 시계는 30분이 느려.

놀이 수학
시계 놀이
인원 : 2명 준비물 : 123쪽 활동지, 주사위 2개
놀이 방법
1. 각자 활동지 시계에 정각 12시를 그려요.
2. 번갈아 가며 주사위 2개를 굴려요. 주사위 1개가 5가 나오면 5분을, 2개 모두 5가 나오면 10분을 갈 수 있어요. 그 외의 수가 나오면 시곗바늘을 움직일 수 없고, 순서를 바꿔요.
3. 활동지 시계에 시곗바늘을 그려 가며 한 바퀴를 먼저 도는 사람이 이겨요.

49

49쪽 8번

❶ 3시 30분에서 40분이 지난 시각은 4시 10분

❷ 5시에서 50분 전은 4시 10분

❸ 7시 15분 전은 6시 45분임. 6시 45분에서 35분 전은 6시 10분

49쪽 9번

- 3시 기준 40분 전은 2시 20분
- 3시 기준 20분이 지난 시각은 3시 20분
- 3시 기준 30분이 느린 시각은 2시 30분

50-51쪽

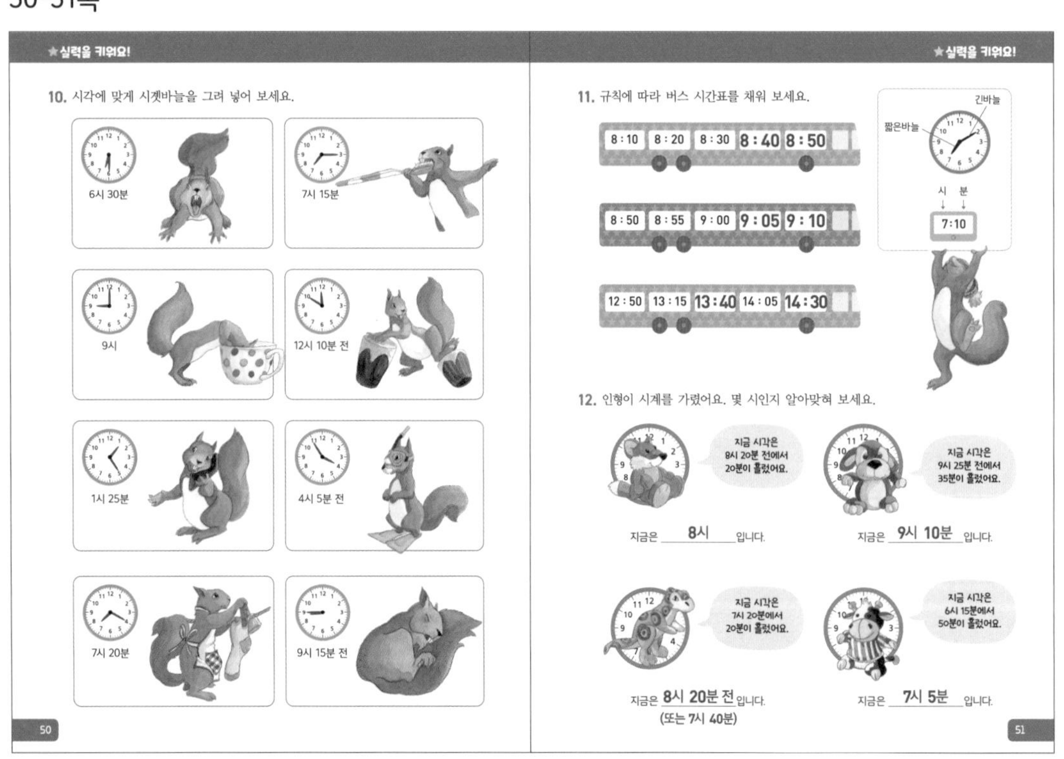
★실력을 키워요!

10. 시각에 맞게 시곗바늘을 그려 넣어 보세요.

6시 30분 / 7시 15분 / 9시 / 12시 10분 전 / 1시 25분 / 4시 5분 전 / 7시 20분 / 9시 15분 전

50

★실력을 키워요!

11. 규칙에 따라 버스 시간표를 채워 보세요.

8:10	8:20	8:30	8:40	8:50
8:50	8:55	9:00	9:05	9:10
12:50	13:15	13:40	14:05	14:30

긴바늘
짧은바늘
시 분
7:10

12. 인형이 시계를 가렸어요. 몇 시인지 알아맞혀 보세요.

지금 시각은 8시 20분 전에서 20분이 흘렀어요.
지금은 8시 입니다.

지금 시각은 9시 25분 전에서 35분이 흘렀어요.
지금은 9시 10분 입니다.

지금 시각은 7시 20분에서 20분이 흘렀어요.
지금은 8시 20분 전 입니다. (또는 7시 40분)

지금 시각은 6시 15분에서 50분이 흘렀어요.
지금은 7시 5분 입니다.

51

51쪽 11번

- 8시 10분부터 10분씩 늘어나는 규칙
- 8시 50분부터 5분씩 늘어나는 규칙
- 12시 50분부터 25분씩 늘어나는 규칙

51쪽 12번

- 8시 20분 전은 7시 40분, 20분 후는 8시
- 9시 25분 전은 8시 35분, 35분 후는 9시 10분
- 7시 20분에서 20분 후는 7시 40분(또는 8시 20분 전
- 6시 15분에서 50분 후는 7시 5분

52-53쪽

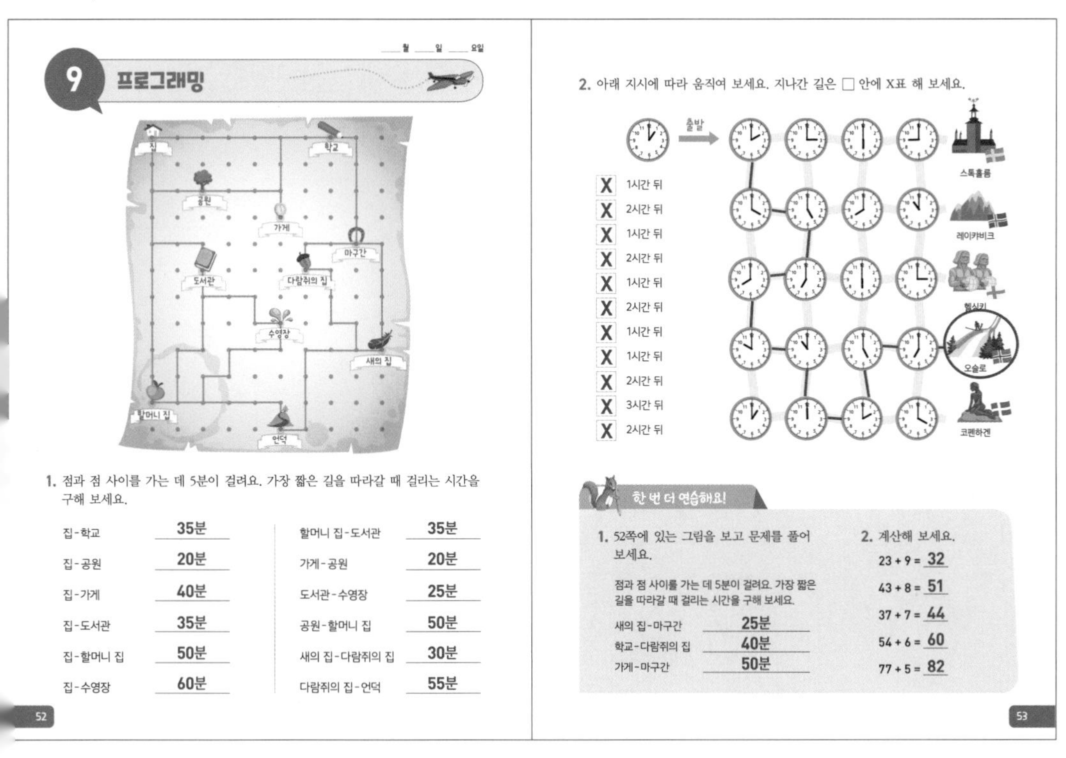

9 프로그래밍

1. 점과 점 사이를 가는 데 5분이 걸려요. 가장 짧은 길을 따라갈 때 걸리는 시간을 구해 보세요.

집-학교	35분	할머니 집-도서관	35분
집-공원	20분	가게-공원	20분
집-가게	40분	도서관-수영장	25분
집-도서관	35분	공원-할머니 집	50분
집-할머니 집	50분	새의 집-다람쥐의 집	30분
집-수영장	60분	다람쥐의 집-언덕	55분

2. 아래 지시에 따라 움직여 보세요. 지나간 길은 □ 안에 X표 해 보세요.

X 1시간 뒤
X 2시간 뒤
X 1시간 뒤
X 2시간 뒤
X 1시간 뒤
X 2시간 뒤
X 1시간 뒤
X 1시간 뒤
X 2시간 뒤
X 3시간 뒤
X 2시간 뒤

한 번 더 연습해요!

1. 52쪽에 있는 그림을 보고 문제를 풀어 보세요.

점과 점 사이를 가는 데 5분이 걸려요. 가장 짧은 길을 따라갈 때 걸리는 시간을 구해 보세요.

새의 집-마구간 25분
학교-다람쥐의 집 40분
가게-마구간 50분

2. 계산해 보세요.

23 + 9 = 32
43 + 8 = 51
37 + 7 = 44
54 + 6 = 60
77 + 5 = 82

54-55쪽

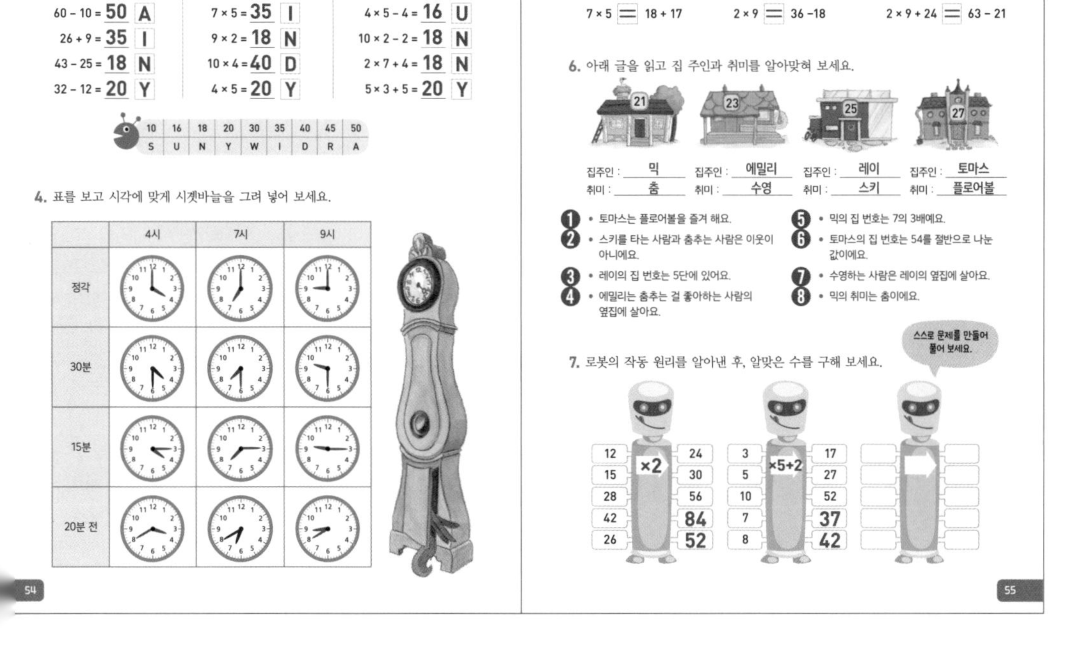

실력을 키워요!

3. 계산한 후 정답에 해당하는 알파벳을 찾아 써넣으세요.

28 + 17 = 45 R	5 × 6 = 30 W	3 × 5 - 5 = 10 S
60 - 10 = 50 A	7 × 5 = 35 I	4 × 5 - 4 = 16 U
26 + 9 = 35 I	9 × 2 = 18 N	10 × 2 - 2 = 18 N
43 - 25 = 18 N	10 × 4 = 40 D	2 × 7 + 4 = 18 N
32 - 12 = 20 Y	4 × 5 = 20 Y	5 × 3 + 5 = 20 Y

10	16	18	20	30	35	40	45	50
S	U	N	Y	W	I	D	R	A

4. 표를 보고 시각에 맞게 시곗바늘을 그려 넣어 보세요.

5. □ 안에 >, =, <를 알맞게 써넣어 보세요.

6 × 5 < 23 + 8　5 × 8 > 74 - 35　9 × 5 - 17 > 13 + 14
7 × 5 = 18 + 17　2 × 9 = 36 - 18　2 × 9 + 24 = 63 - 21

6. 아래 글을 읽고 집 주인과 취미를 알아맞혀 보세요.

집주인	믹	에밀리	레이	토마스
취미	춤	수영	스키	플로어볼

1. 토마스는 플로어볼을 즐겨 해요.
2. 스키를 타는 사람과 춤추는 사람은 이웃이 아니에요.
3. 레이의 집 번호는 5단에 있어요.
4. 에밀리는 춤추는 걸 좋아하는 사람의 옆집에 살아요.
5. 믹의 집 번호는 7의 3배예요.
6. 토마스의 집 번호는 54를 절반으로 나눈 값이에요.
7. 수영하는 사람은 레이의 옆집에 살아요.
8. 믹의 취미는 춤이에요.

7. 로봇의 작동 원리를 알아낸 후, 알맞은 수를 구해 보세요.

스스로 문제를 만들어 풀어 보세요.

×2: 12 → 24, 15 → 30, 28 → 56, 42 → 84, 26 → 52
×5+2: 3 → 17, 5 → 27, 10 → 52, 7 → 37, 8 → 42

55쪽 6번

❺ 믹의 집 번호는 7의 3배예요.
→7×3=21, 믹=21

❻ 토마스의 집 번호는 54를 절반으로 나눈 값이에요.
→54÷2=27, 토마스=27

❸ 레이의 집 번호는 5단에 있어요. →21, 23, 25, 27 중 5단은 25, 레이=25 남은 번호는 23이므로, 에밀리=23

❶ 토마스는 플로어볼을 즐겨 해요. →토마스=플로어볼

❽ 믹의 취미는 춤이에요.
→믹=춤

❷ 스키를 타는 사람과 춤추는 사람은 이웃이 아니에요.→왼쪽 끝이 믹(취미가 춤)이고, 오른쪽 끝이 토마스(취미가 플로어볼)이므로, 3번째 레이의 취미가 스키임.

❼ 수영하는 사람은 레이의 옆집에 살아요. →에밀리=수영

56-57쪽

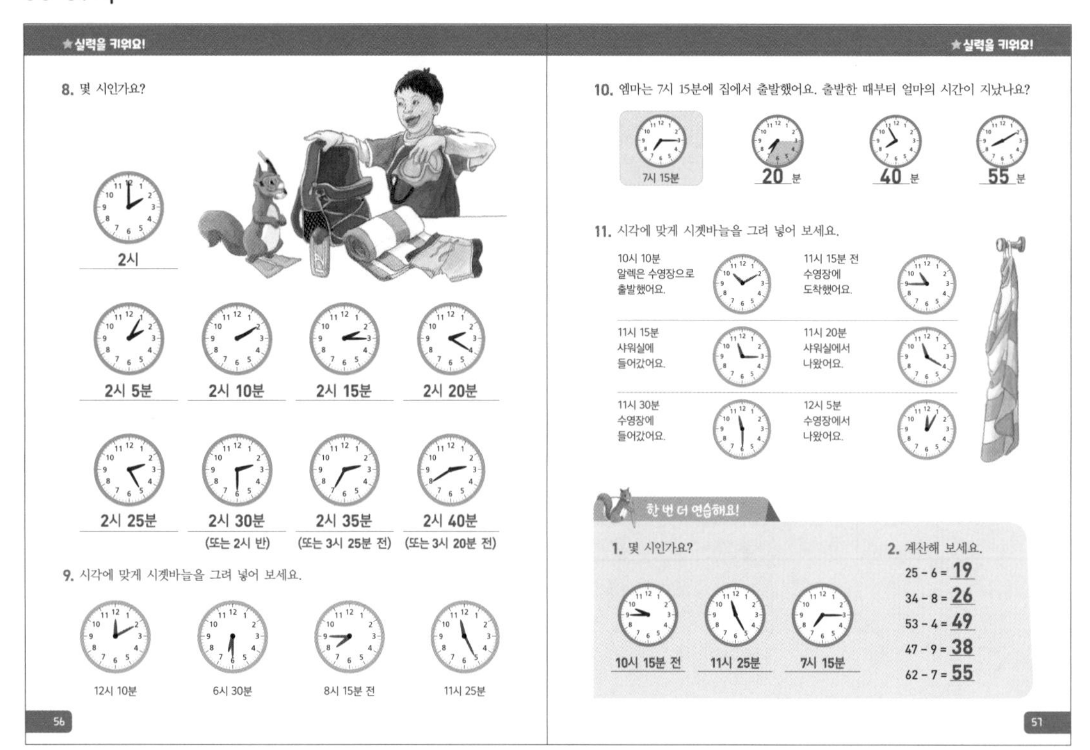

★실력을 키워요!

8. 몇 시인가요?

2시

2시 5분 | 2시 10분 | 2시 15분 | 2시 20분

2시 25분 | 2시 30분 (또는 2시 반) | 2시 35분 (또는 3시 25분 전) | 2시 40분 (또는 3시 20분 전)

9. 시각에 맞게 시곗바늘을 그려 넣어 보세요.

12시 10분 | 6시 30분 | 8시 15분 전 | 11시 25분

56

★실력을 키워요!

10. 엠마는 7시 15분에 집에서 출발했어요. 출발한 때부터 얼마의 시간이 지났나요?

7시 15분 | 20 분 | 40 분 | 55 분

11. 시각에 맞게 시곗바늘을 그려 넣어 보세요.

10시 10분 알렉은 수영장으로 출발했어요.
11시 15분 전 수영장에 도착했어요.
11시 15분 샤워실에 들어갔어요.
11시 20분 샤워실에서 나왔어요.
11시 30분 수영장에 들어갔어요.
12시 5분 수영장에서 나왔어요.

한 번 더 연습해요!

1. 몇 시인가요?

10시 15분 전 | 11시 25분 | 7시 15분

2. 계산해 보세요.

25 - 6 = 19
34 - 8 = 26
53 - 4 = 49
47 - 9 = 38
62 - 7 = 55

57

부모님 가이드 | 57쪽

1분(60초) 측정 놀이
아이와 함께 1분 측정 놀이를 해 보세요. 한 명은 스톱워치로 시간 측정을, 다른 한 명은 1부터 60까지 1초 단위로 세어 보세요. 60초까지 세었다면 스톱워치를 정지시켜 얼마나 정확하게 1분을 재었는지 확인합니다.

58-59쪽

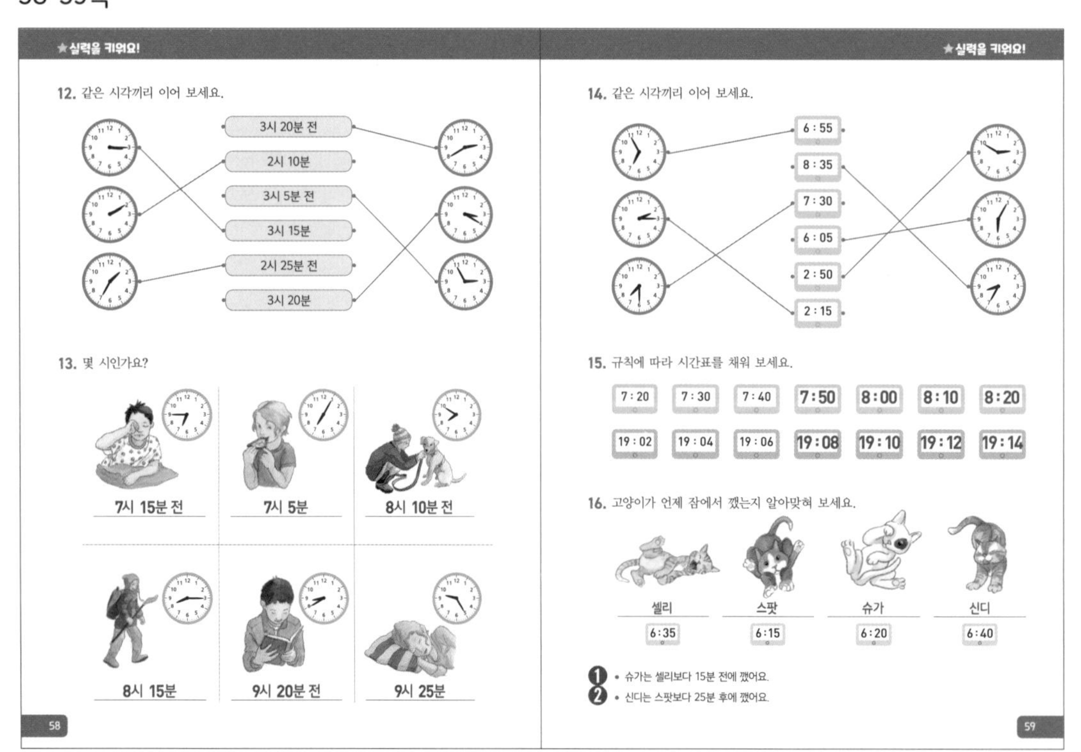

★실력을 키워요!

12. 같은 시각끼리 이어 보세요.

3시 20분 전
2시 10분
3시 5분 전
3시 15분
2시 25분 전
3시 20분

13. 몇 시인가요?

7시 15분 전 | 7시 5분 | 8시 10분 전

8시 15분 | 9시 20분 전 | 9시 25분

58

★실력을 키워요!

14. 같은 시각끼리 이어 보세요.

6 : 55
8 : 35
7 : 30
6 : 05
2 : 50
2 : 15

15. 규칙에 따라 시간표를 채워 보세요.

7:20	7:30	7:40	7:50	8:00	8:10	8:20
19:02	19:04	19:06	19:08	19:10	19:12	19:14

16. 고양이가 언제 잠에서 깼는지 알아맞혀 보세요.

셀리	스팟	슈가	신디
6:35	6:15	6:20	6:40

❶ • 슈가는 셀리보다 15분 전에 깼어요.
❷ • 신디는 스팟보다 25분 후에 깼어요.

59

59쪽 16번

❶ 슈가는 셀리보다 15분 전에 깼어요. →15분 차이 나는 시각은 6시 35분과 6시 20분임. 슈가가 더 먼저 깼으므로 슈가=6시 20분, 셀리=6시 35분

❷ 신디는 스팟보다 25분 후에 깼어요. →25분 차이 나는 시각은 6시 15분과 6시 40분임. 신디가 더 늦게 깼으므로 신디=6시 40분, 스팟=6시 15분

-61쪽

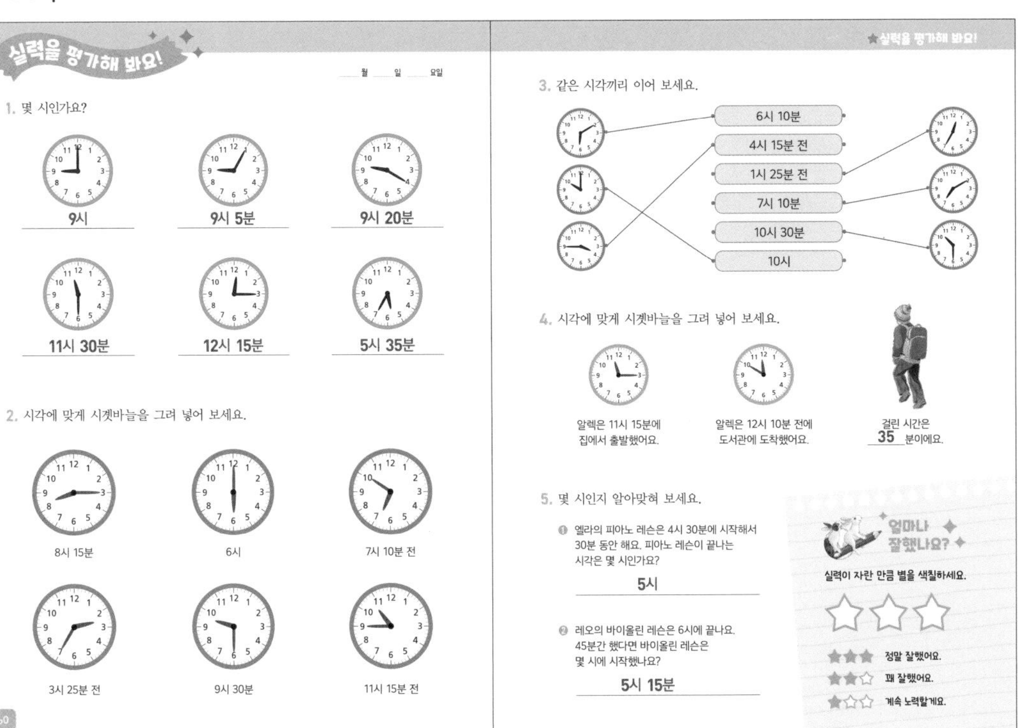

실력을 평가해 봐요!
1. 몇 시인가요?
9시
9시 5분
9시 20분
11시 30분
12시 15분
5시 35분
2. 시각에 맞게 시곗바늘을 그려 넣어 보세요.
8시 15분
6시
7시 10분 전
3시 25분 전
9시 30분
11시 15분 전
3. 같은 시각끼리 이어 보세요.
6시 10분
4시 15분 전
1시 25분 전
7시 10분
10시 30분
10시
4. 시각에 맞게 시곗바늘을 그려 넣어 보세요.
알렉은 11시 15분에 집에서 출발했어요.
알렉은 12시 10분 전에 도서관에 도착했어요.
걸린 시간은 35 분이에요.
5. 몇 시인지 알아맞혀 보세요.
엘라의 피아노 레슨은 4시 30분에 시작해서 30분 동안 해요. 피아노 레슨이 끝나는 시각은 몇 시인가요?
5시
레오의 바이올린 레슨은 6시에 끝나요. 45분간 했다면 바이올린 레슨은 몇 시에 시작했나요?
5시 15분
얼마나 잘했나요?
실력이 자란 만큼 별을 색칠하세요.
정말 잘했어요.
꽤 잘했어요.
계속 노력할게요.

-63쪽

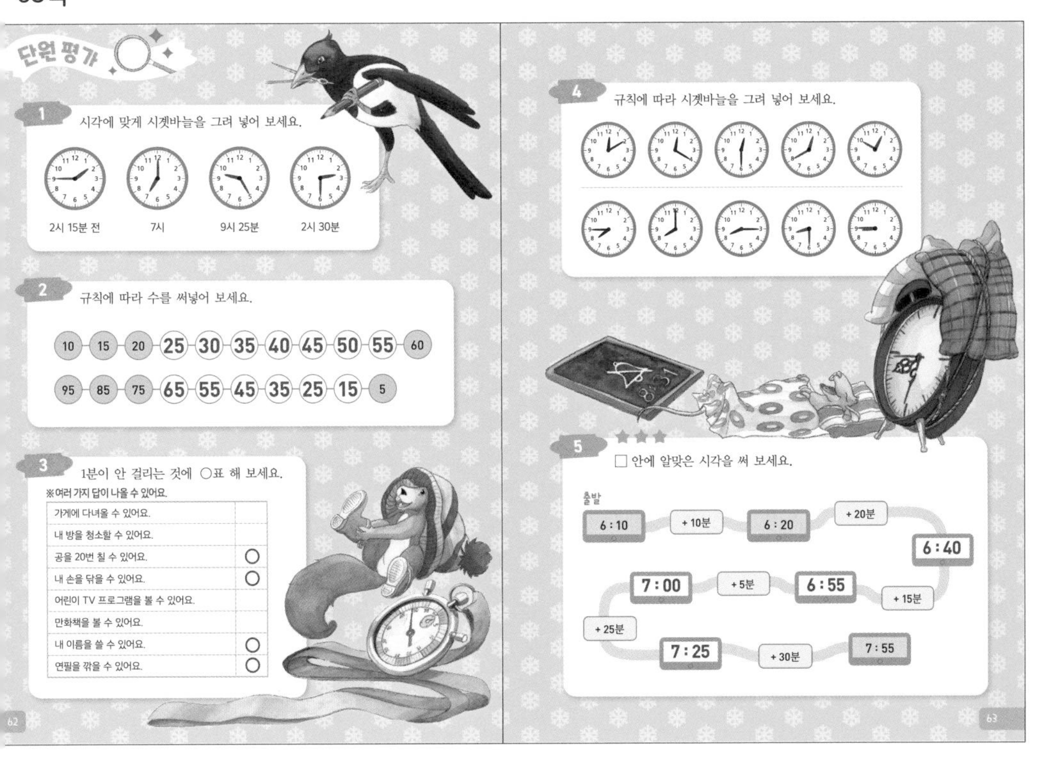

단원 평가
1 시각에 맞게 시곗바늘을 그려 넣어 보세요.
2시 15분 전
7시
9시 25분
2시 30분
2 규칙에 따라 수를 써넣어 보세요.
10 15 20 25 30 35 40 45 50 55 60
95 85 75 65 55 45 35 25 15 5
3 1분이 안 걸리는 것에 ○표 해 보세요.
※여러 가지 답이 나올 수 있어요.
가게에 다녀올 수 있어요.
내 방을 청소할 수 있어요.
공을 20번 칠 수 있어요. ○
내 손을 닦을 수 있어요. ○
어린이 TV 프로그램을 볼 수 있어요.
만화책을 볼 수 있어요.
내 이름을 쓸 수 있어요. ○
연필을 깎을 수 있어요. ○
4 규칙에 따라 시곗바늘을 그려 넣어 보세요.
5 □ 안에 알맞은 시각을 써 보세요.
출발
6 : 10
+ 10분
6 : 20
+ 20분
6 : 40
+ 15분
6 : 55
+ 5분
7 : 00
+ 25분
7 : 25
+ 30분
7 : 55

63쪽 4번

- 12시 10분부터 10분씩 늘어나는 규칙
- 7시 45분부터 15분씩 늘어나는 규칙

64-65쪽

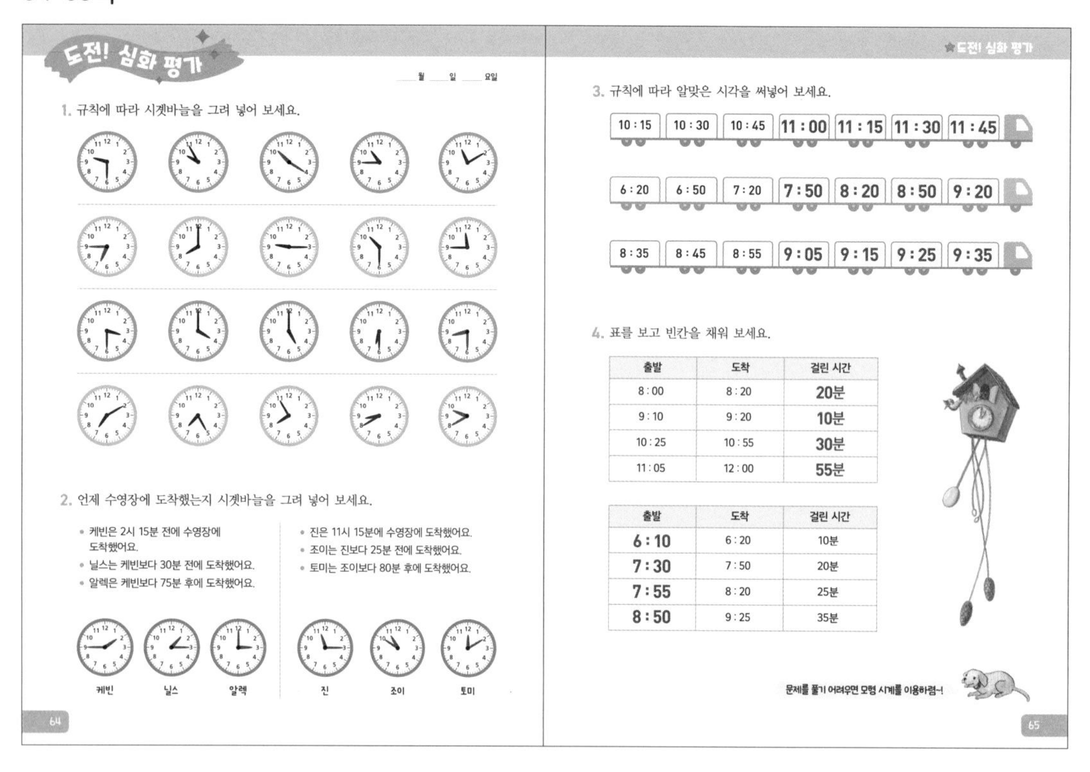
도전! 심화 평가

월 일 요일

1. 규칙에 따라 시곗바늘을 그려 넣어 보세요.

2. 언제 수영장에 도착했는지 시곗바늘을 그려 넣어 보세요.

- 케빈은 2시 15분 전에 수영장에 도착했어요.
- 닐스는 케빈보다 30분 전에 도착했어요.
- 알렉은 케빈보다 75분 후에 도착했어요.
- 진은 11시 15분에 수영장에 도착했어요.
- 조이는 진보다 25분 전에 도착했어요.
- 토미는 조이보다 80분 후에 도착했어요.

케빈 닐스 알렉 진 조이 토미

64

도전! 심화 평가

3. 규칙에 따라 알맞은 시각을 써넣어 보세요.

10:15 10:30 10:45 11:00 11:15 11:30 11:45

6:20 6:50 7:20 7:50 8:20 8:50 9:20

8:35 8:45 8:55 9:05 9:15 9:25 9:35

4. 표를 보고 빈칸을 채워 보세요.

출발	도착	걸린 시간
8:00	8:20	20분
9:10	9:20	10분
10:25	10:55	30분
11:05	12:00	55분

출발	도착	걸린 시간
6:10	6:20	10분
7:30	7:50	20분
7:55	8:20	25분
8:50	9:25	35분

문제를 풀기 어려우면 모형 시계를 이용하렴~!

65

65쪽 3번

- 10시 15분부터 15분씩 늘어나는 규칙
- 6시 20분부터 30분씩 늘어나는 규칙
- 8시 35분부터 10분씩 늘어나는 규칙

64쪽 1번

- 9시 30분부터 25분씩 늘어나는 규칙
- 6시 45분부터 1시간 15분씩 늘어나는 규칙
- 30분→1시간→1시간 30분→2시간으로 늘어나는 규칙
- 15분→30분→45분→60분(1시간)으로 늘어나는 규칙

64쪽 2번

❶ 케빈은 2시 15분 전에 수영장에 도착했어요.
→2시 15분 전은 1시 45분

❷ 닐스는 케빈보다 30분 전에 도착했어요.
→1시 45분보다 30분 전은 1시 15분

❸ 알렉은 케빈보다 75분 후에 도착했어요.
→1시 45분에서 75분 후는 3시

❺ 조이는 진보다 25분 전에 도착했어요.
→11시 15분에서 25분 전은 10시 50분

❻ 토미는 조이보다 80분 후에 도착했어요.
→10시 50분에서 80분 후는 12시 10분

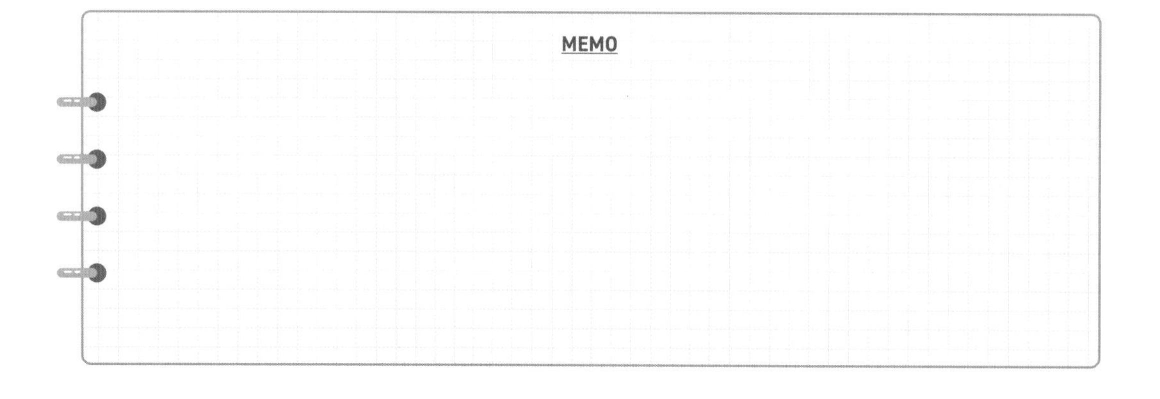

66-67쪽

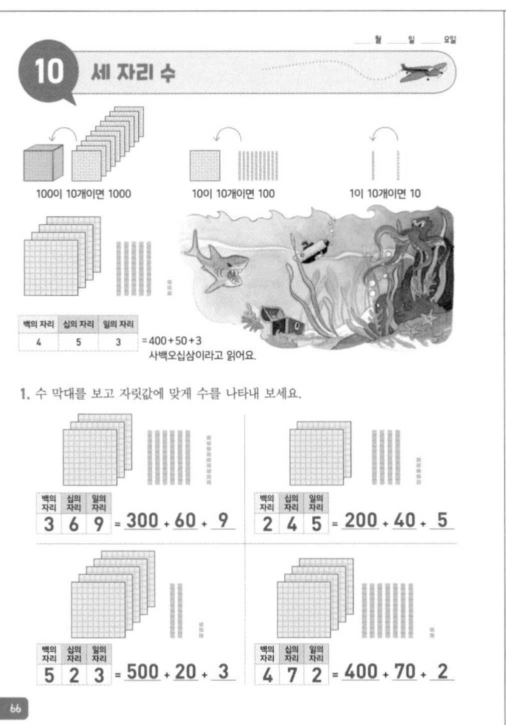

월 일 요일

10 세 자리 수

100이 10개이면 1000 / 10이 10개이면 100 / 1이 10개이면 10

백의 자리	십의 자리	일의 자리
4	5	3

=400+50+3
사백오십삼이라고 읽어요.

1. 수 막대를 보고 자릿값에 맞게 수를 나타내 보세요.

369 = 300 + 60 + 9
245 = 200 + 40 + 5
523 = 500 + 20 + 3
472 = 400 + 70 + 2

66

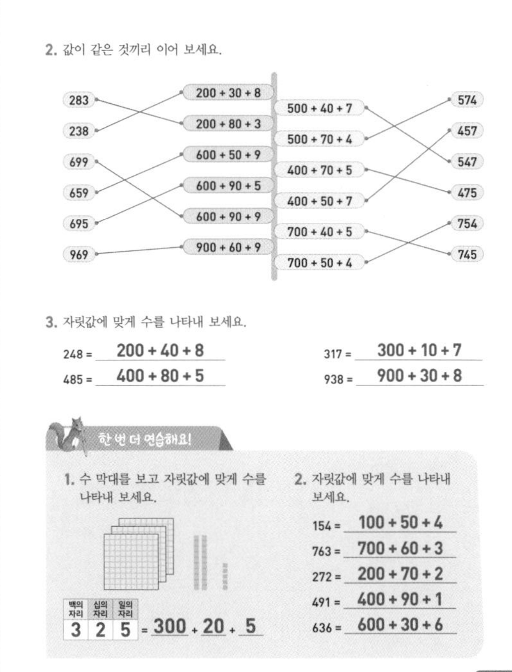

2. 값이 같은 것끼리 이어 보세요.

283 — 200 + 80 + 3
238 — 200 + 30 + 8
699 — 600 + 90 + 9
659 — 600 + 50 + 9
695 — 600 + 90 + 5
969 — 900 + 60 + 9

500 + 40 + 7 — 547
500 + 70 + 4 — 574
400 + 70 + 5 — 475
400 + 50 + 7 — 457
700 + 40 + 5 — 745
700 + 50 + 4 — 754

3. 자릿값에 맞게 수를 나타내 보세요.

248 = 200 + 40 + 8
485 = 400 + 80 + 5
317 = 300 + 10 + 7
938 = 900 + 30 + 8

한 번 더 연습해요!

1. 수 막대를 보고 자릿값에 맞게 수를 나타내 보세요.

325 = 300 + 20 + 5

2. 자릿값에 맞게 수를 나타내 보세요.

154 = 100 + 50 + 4
763 = 700 + 60 + 3
272 = 200 + 70 + 2
491 = 400 + 90 + 1
636 = 600 + 30 + 6

67

부모님 가이드 | 66쪽

그림을 보며 아이에게 질문해 보세요.
- 십 모형 1개는 일 모형 몇 개와 같니? **10개**
- 백 모형 1개는 십 모형 몇 개와 같니? **10개**
- 천 모형 1개는 백 모형 몇 개와 같니? **10개**
- 바다 그림 옆에 노란색 백 모형 몇 개가 있니? **4개**
- 빨간색 십 모형은 몇 개가 있니? **5개**
- 파란색 일 모형은 몇 개가 있니? **3개**
- 백의 자리와 십의 자리와 일의 자리에 있는 수를 모두 합해 보렴. **453**

8-69쪽

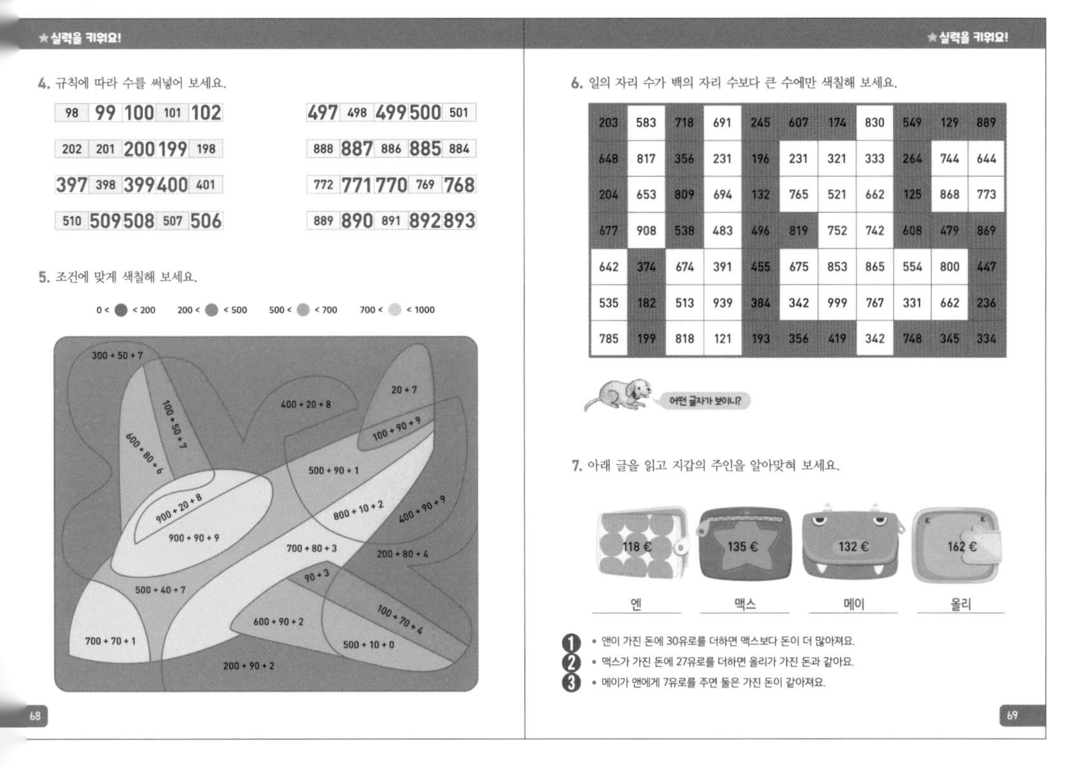

실력을 키워요!

4. 규칙에 따라 수를 써넣어 보세요.

98 99 100 101 102
202 201 200 199 198
397 398 399 400 401
510 509 508 507 506
497 498 499 500 501
888 887 886 885 884
772 771 770 769 768
889 890 891 892 893

5. 조건에 맞게 색칠해 보세요.

0 < ● < 200　200 < ● < 500　500 < ● < 700　700 < ● < 1000

68

6. 일의 자리 수가 백의 자리 수보다 큰 수에만 색칠해 보세요.

203	583	718	691	245	607	174	830	549	129	889
648	817	356	231	196	231	321	333	264	744	644
204	653	809	694	132	765	521	662	125	868	773
677	908	538	483	496	819	752	742	608	479	869
642	374	674	391	455	675	853	865	554	800	447
535	182	513	939	384	342	999	767	331	662	236
785	199	818	121	193	356	419	342	748	345	334

어떤 글자가 보이니?

7. 아래 글을 읽고 지갑의 주인을 알아맞혀 보세요.

118 € 엔　135 € 맥스　132 € 메이　162 € 올리

❶ • 앤이 가진 돈에 30유로를 더하면 맥스보다 돈이 더 많아져요.
❷ • 맥스가 가진 돈에 27유로를 더하면 올리가 가진 돈과 같아요.
❸ • 메이가 앤에게 7유로를 주면 둘은 가진 돈이 같아져요.

69

69쪽 7번

❷ 맥스가 가진 돈에 27유로를 더하면 올리가 가진 돈과 같아요. →135+27=162, 맥스=135, 올리=162

❸ 메이가 앤에게 7유로를 주면 둘은 가진 돈이 같아져요. →메이가 가진 돈이 더 많으므로 남은 돈 2개 중 메이=132(132-7=125), 앤=118(118+7=125)

70-71쪽

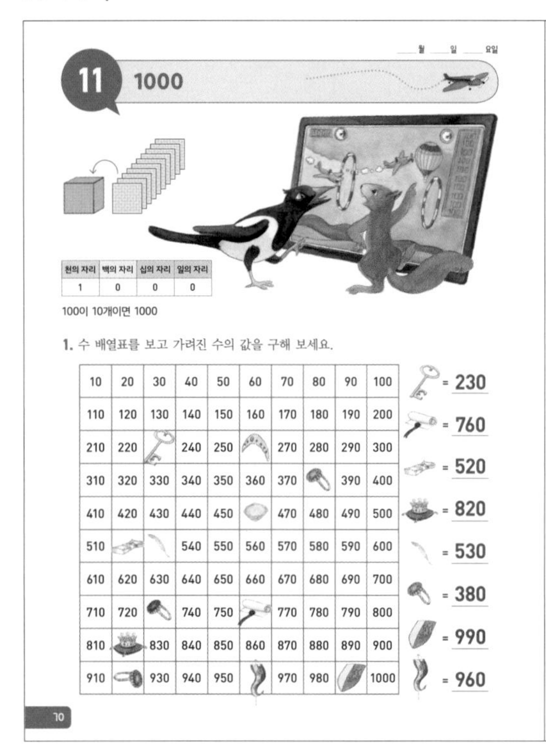

11 1000

천의 자리	백의 자리	십의 자리	일의 자리
1	0	0	0

100이 10개이면 1000

1. 수 배열표를 보고 가려진 수의 값을 구해 보세요.

10	20	30	40	50	60	70	80	90	100
110	120	130	140	150	160	170	180	190	200
210	220		240	250		270	280	290	300
310	320	330	340	350	360	370		390	400
410	420	430	440	450		470	480	490	500
510			540	550	560	570	580	590	600
610	620	630	640	650	660	670	680	690	700
710	720		740	750		770	780	790	800
810		830	840	850	860	870	880	890	900
910		930	940	950		970	980		1000

= 230
= 760
= 520
= 820
= 530
= 380
= 990
= 960

70

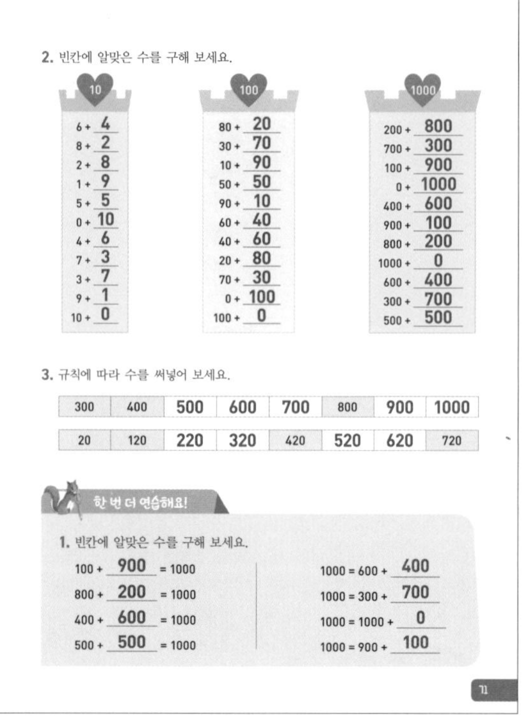

2. 빈칸에 알맞은 수를 구해 보세요.

10	100	1000
6 + 4	80 + 20	200 + 800
8 + 2	30 + 70	700 + 300
2 + 8	10 + 90	100 + 900
1 + 9	50 + 50	0 + 1000
5 + 5	90 + 10	400 + 600
0 + 10	60 + 40	900 + 100
4 + 6	40 + 60	800 + 200
7 + 3	20 + 80	1000 + 0
3 + 7	70 + 30	600 + 400
9 + 1	0 + 100	300 + 700
10 + 0	100 + 0	500 + 500

3. 규칙에 따라 수를 써넣어 보세요.

300	400	500	600	700	800	900	1000
20	120	220	320	420	520	620	720

한 번 더 연습해요!

1. 빈칸에 알맞은 수를 구해 보세요.

100 + 900 = 1000
800 + 200 = 1000
400 + 600 = 1000
500 + 500 = 1000

1000 = 600 + 400
1000 = 300 + 700
1000 = 1000 + 0
1000 = 900 + 100

71

부모님 가이드 | 70쪽

그림을 보며 아이에게 질문해 보세요.
- 천 모형 1개는 백 모형 몇 개와 같니? 10개
- 천 모형 1개는 십 모형 몇 개와 같니? 100개
- 천 모형 1개는 일 모형 몇 개와 같니? 1000개

부모님 가이드 | 71쪽

네 자리 수가 되면 수가 엄청 커 보여 아이가 당황할 수 있습니다. 아이에게 간단한 질문을 하여 수 감각을 키워 주세요.
- 900에 얼마를 더하면 1000이 될까? 100
- 800보다 100 작은 수는 뭘까? 700
- 1000을 반으로 나누면 얼마가 될까? 500

72-73쪽

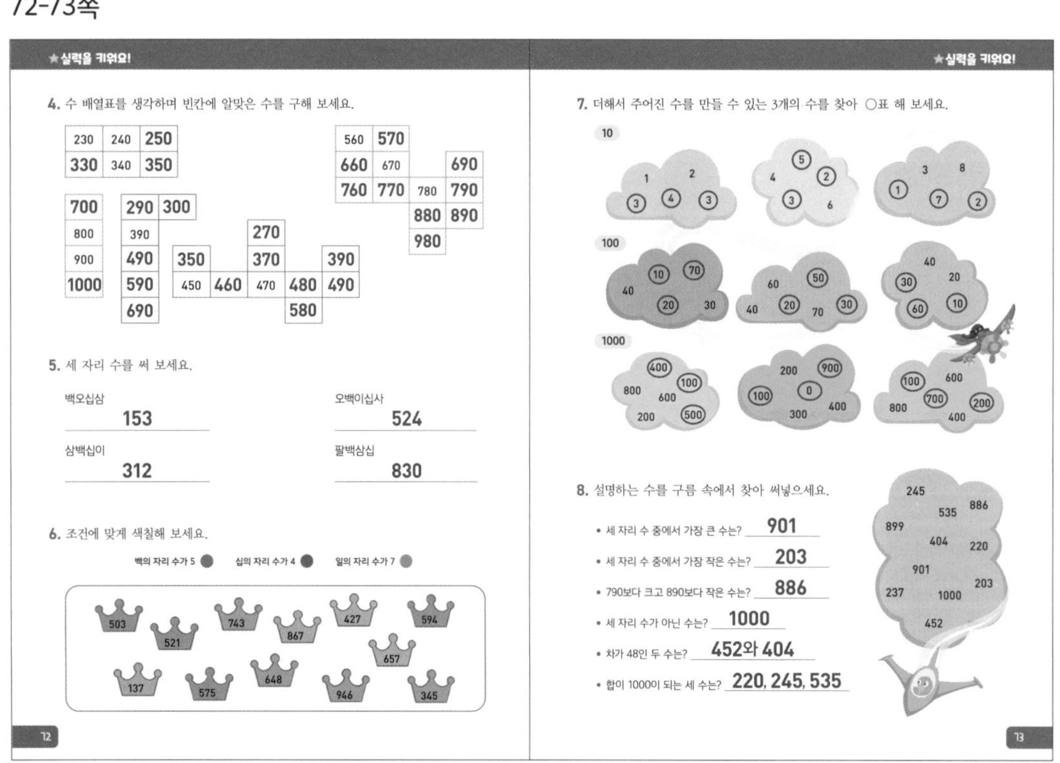

★실력을 키워요!

4. 수 배열표를 생각하며 빈칸에 알맞은 수를 구해 보세요.

230 240 250 / 330 340 350

560 570 / 660 670 690 / 760 770 780 790 / 880 890 / 980

700 / 800 / 900 / 1000

290 300 / 390 / 490 / 590 / 690

350 / 450 460

270 / 370 / 470 480 / 580

390 / 490

5. 세 자리 수를 써 보세요.

백오십삼 153
오백이십사 524
삼백십이 312
팔백삼십 830

6. 조건에 맞게 색칠해 보세요.

백의 자리 수가 5 ● 십의 자리 수가 4 ● 일의 자리 수가 7 ●

503 521 743 867 427 594 657 137 575 648 946 345

72

★실력을 키워요!

7. 더해서 주어진 수를 만들 수 있는 3개의 수를 찾아 ○표 해 보세요.

10: (1, 2, ③, ④, ③) (④, ⑤, ②, ③, 6) (①, 3, 8, ⑦, ②)

100: (⑩, ⑳, 40, ⑳, 30) (60, ㊿, 40, ⑳, 70, ㉚) (40, 20, ㉚, ㊵, ⑩)

1000: (400, 100, 800, 600, 200, 500) (200, 900, 100, 0, 300, 400) (100, 600, 700, 800, 400, 200)

8. 설명하는 수를 구름 속에서 찾아 써넣으세요.

- 세 자리 수 중에서 가장 큰 수는? 901
- 세 자리 수 중에서 가장 작은 수는? 203
- 790보다 크고 890보다 작은 수는? 886
- 세 자리 수가 아닌 수는? 1000
- 차가 48인 두 수는? 452와 404
- 합이 1000이 되는 세 수는? 220, 245, 535

73

75쪽

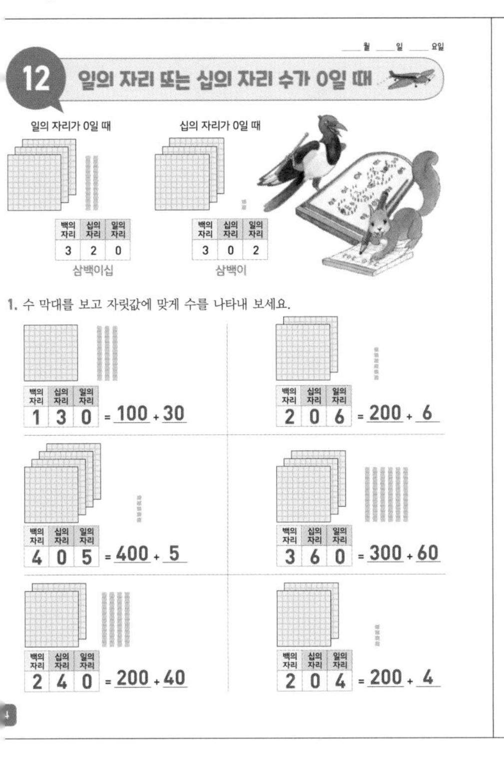

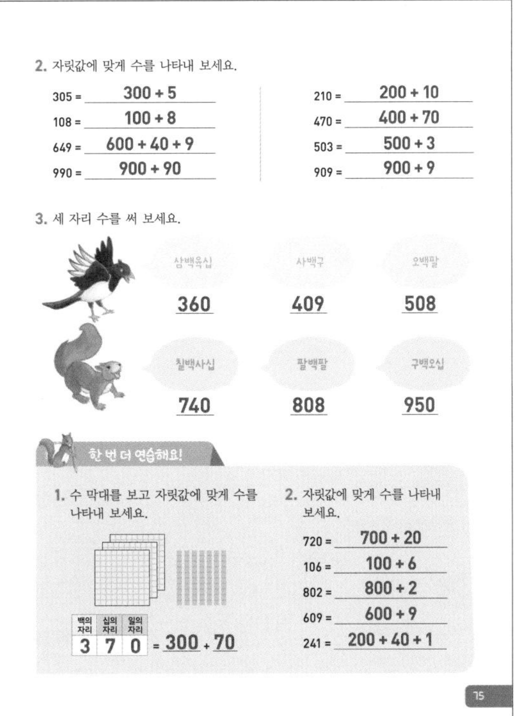

부모님 가이드 | 74쪽

그림을 보며 아이에게 질문해 보세요.
- 왼쪽 수 모형에서 백 모형이 몇 개 있니? **3개**
- 십 모형은 몇 개 있니? **2개**
- 일 모형은 몇 개 있니? **0개**
- 그렇다면 일의 자리에 어떤 수가 올까? **0**
- 왼쪽 수 모형을 수로 나타내고 읽어 보렴.
  320, 삼백이십
- 오른쪽 수 모형에서 백 모형이 몇 개 있니? **3개**
- 십 모형은 몇 개 있니? **0개**
- 일 모형은 몇 개 있니? **2개**
- 오른쪽 수 모형을 수로 나타내고 읽어 보렴.
  302, 삼백이

77쪽

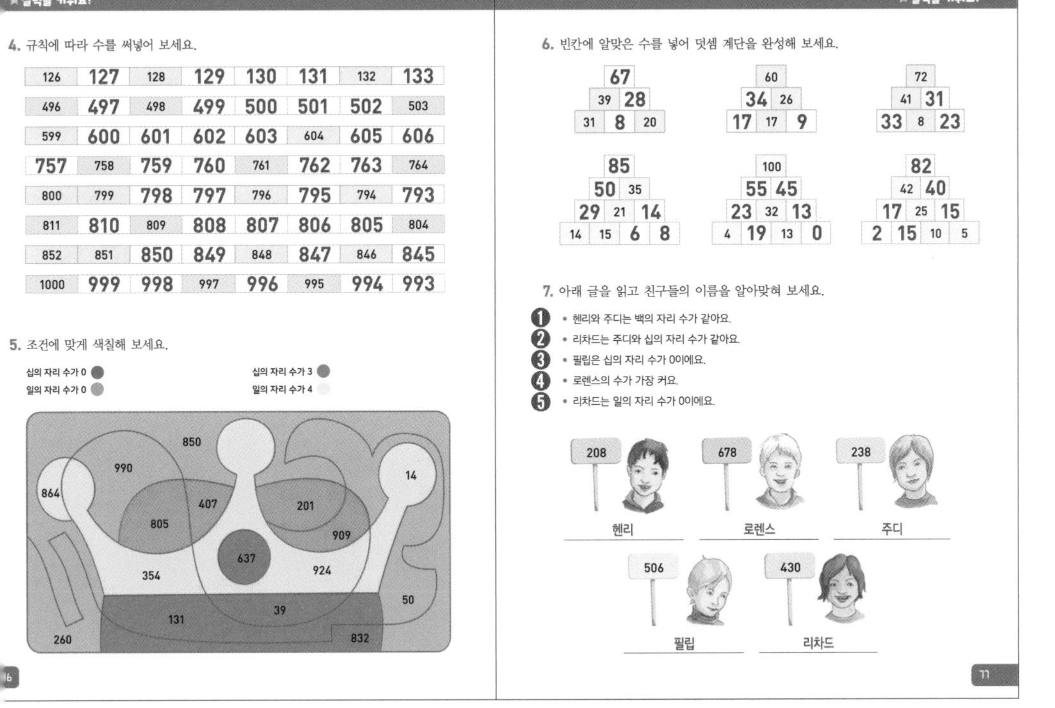

77쪽 7번

❹ 로렌스의 수가 가장 커요. →678이 가장 크므로 678=로렌스

❺ 리차드는 일의 자리 수가 0이에요. →430=리차드

❷ 리차드는 주디와 십의 자리 수가 같아요. →430=리차드이므로 십의 자리 수가 3인 수 238=주디

❶ 헨리와 주디는 백의 자리 수가 같아요. →238=주디이므로 백의 자리 수가 2인 수 208=헨리

❸ 필립은 십의 자리 수가 0이에요. →506=필립

78-79쪽

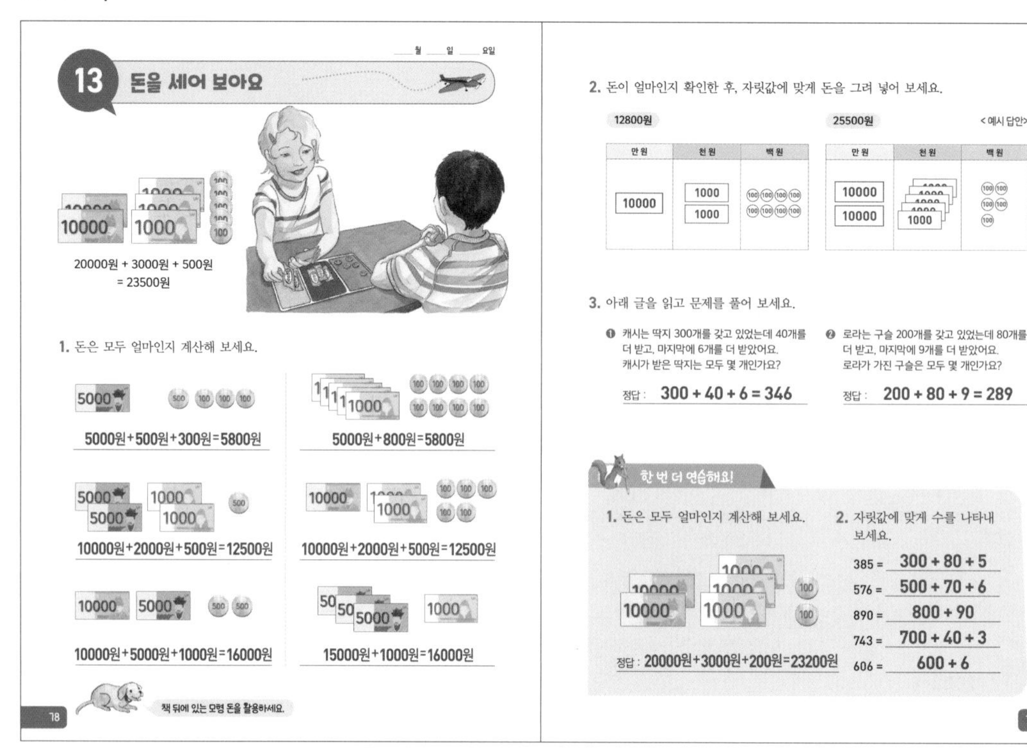

월 일 요일

13 돈을 세어 보아요

20000원 + 3000원 + 500원
= 23500원

1. 돈은 모두 얼마인지 계산해 보세요.

5000원+500원+300원=5800원

5000원+800원=5800원

10000원+2000원+500원=12500원

10000원+2000원+500원=12500원

10000원+5000원+1000원=16000원

15000원+1000원=16000원

책 뒤에 있는 모형 돈을 활용하세요.

78

2. 돈이 얼마인지 확인한 후, 자릿값에 맞게 돈을 그려 넣어 보세요.

12800원 / 25500원 <예시 답안>

만 원	천 원	백 원
10000	1000, 1000	100 ×8

만 원	천 원	백 원
10000, 10000	1000 ×5	100 ×5

3. 아래 글을 읽고 문제를 풀어 보세요.

❶ 캐시는 딱지 300개를 갖고 있었는데 40개를 더 받고, 마지막에 6개를 더 받았어요. 캐시가 받은 딱지는 모두 몇 개인가요?

정답 : 300 + 40 + 6 = 346

❷ 로라는 구슬 200개를 갖고 있었는데 80개를 더 받고, 마지막에 9개를 더 받았어요. 로라가 가진 구슬은 모두 몇 개인가요?

정답 : 200 + 80 + 9 = 289

한 번 더 연습해요!

1. 돈은 모두 얼마인지 계산해 보세요.

정답 : 20000원+3000원+200원=23200원

2. 자릿값에 맞게 수를 나타내 보세요.

385 = 300 + 80 + 5
576 = 500 + 70 + 6
890 = 800 + 90
743 = 700 + 40 + 3
606 = 600 + 6

79

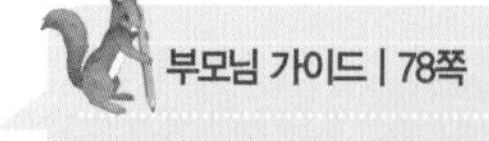

그림을 보며 아이에게 질
해 보세요.
– 그림에서 만 원짜리 지
가 몇 개 있니? **2개**
– 그림에서 천 원짜리 지
가 몇 개 있니? **3개**
– 천 원이 3개면 얼마니?
3000원(삼천 원)
– 그림에서 백 원짜리 동
이 몇 개 있니? **5개**
– 백 원이 5개면 얼마니?
500원(오백 원)
– 그림에 있는 돈이 모두
마니? **23500원(이만 삼
오백 원)**

80-81쪽

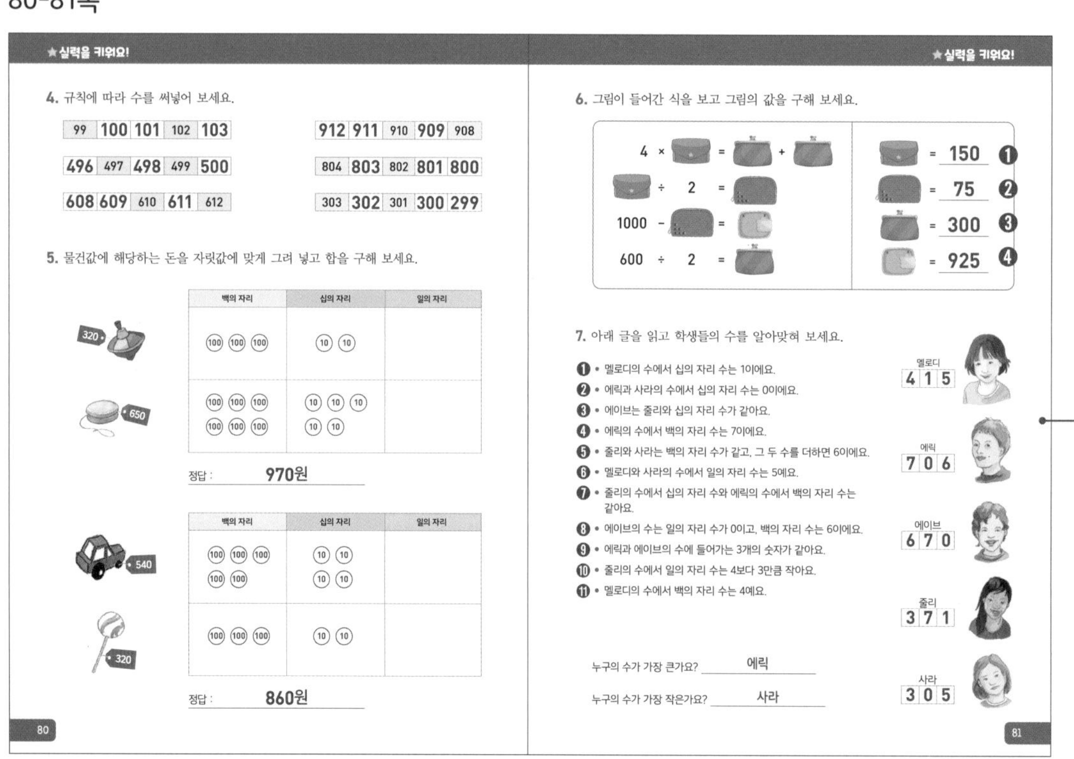

실력을 키워요!

4. 규칙에 따라 수를 써넣어 보세요.

99	100	101	102	103
496	497	498	499	500
608	609	610	611	612

912	911	910	909	908
804	803	802	801	800
303	302	301	300	299

5. 물건값에 해당하는 돈을 자릿값에 맞게 그려 넣고 합을 구해 보세요.

	백의 자리	십의 자리	일의 자리
320	100 100 100	10 10	
650	100 100 100 100 100 100	10 10 10 10 10	

정답 : 970원

	백의 자리	십의 자리	일의 자리
540	100 100 100 100 100	10 10 10 10	
320	100 100 100	10 10	

정답 : 860원

80

실력을 키워요!

6. 그림이 들어간 식을 보고 그림의 값을 구해 보세요.

= 150 ❶
= 75 ❷
= 300 ❸
= 925 ❹

7. 아래 글을 읽고 학생들의 수를 알아맞혀 보세요.

❶ • 멜로디의 수에서 십의 자리 수는 1이에요.
❷ • 에릭과 사라의 수에서 십의 자리 수는 0이에요.
❸ • 에이브는 줄리와 십의 자리 수가 같아요.
❹ • 에릭의 수에서 백의 자리 수는 7이에요.
❺ • 줄리와 사라는 백의 자리 수가 같고, 그 두 수를 더하면 6이에요.
❻ • 멜로디와 사라의 수에서 일의 자리 수는 5예요.
❼ • 줄리의 수에서 십의 자리 수와 에릭의 수에서 백의 자리 수는 같아요.
❽ • 에이브의 수는 일의 자리 수가 0이고, 백의 자리 수는 6이에요.
❾ • 에릭과 에이브의 수에 들어가는 3개의 숫자가 같아요.
❿ • 줄리의 수에서 일의 자리 수는 4보다 3만큼 작아요.
⓫ • 멜로디의 수에서 백의 자리 수는 4예요.

멜로디 415
에릭 706
에이브 670
줄리 371
사라 305

누구의 수가 가장 큰가요? 에릭

누구의 수가 가장 작은가요? 사라

81

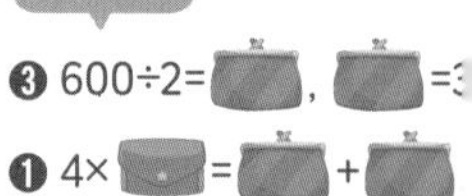

❸ 600÷2= , =3

❶ 4× = +
4× =600, =

❷ ÷2= ,
150÷2= , =7

❹ 1000- = ,
1000-75= ,

82-83쪽

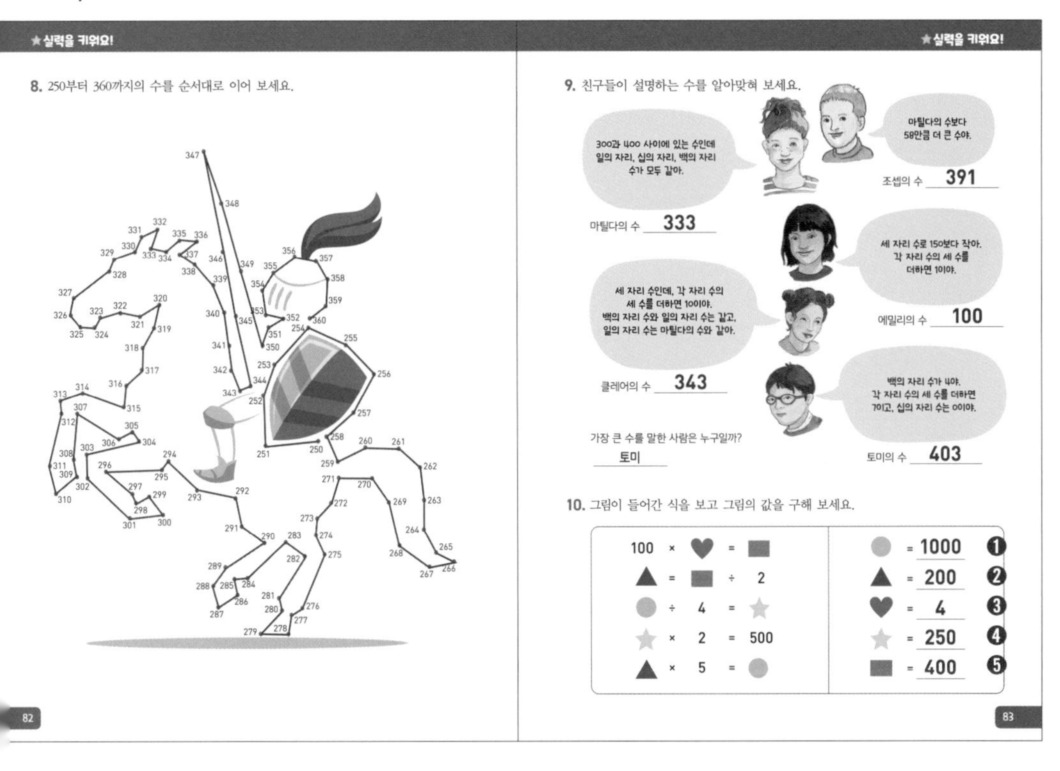

★실력을 키워요!

8. 250부터 360까지의 수를 순서대로 이어 보세요.

★실력을 키워요!

9. 친구들이 설명하는 수를 알아맞혀 보세요.

300과 400 사이에 있는 수인데 일의 자리, 십의 자리, 백의 자리 수가 모두 같아.
마틸다의 수 333
마틸다의 수보다 58만큼 더 큰 수야.
조셉의 수 391
세 자리 수로 150보다 작아. 각 자리 수의 세 수를 더하면 1이야.
에밀리의 수 100
세 자리 수인데, 각 자리 수의 세 수를 더하면 10이야. 백의 자리 수와 일의 자리 수는 같고, 일의 자리 수는 마틸다의 수와 같아.
클레어의 수 343
백의 자리 수가 4야. 각 자리 수의 세 수를 더하면 7이고, 십의 자리 수는 0이야.
토미의 수 403
가장 큰 수를 말한 사람은 누구일까?
토미

10. 그림이 들어간 식을 보고 그림의 값을 구해 보세요.

식	답
100 × ♥ = ■	● = 1000 ❶
▲ = ■ ÷ 2	▲ = 200 ❷
● ÷ 4 = ★	♥ = 4 ❸
★ × 2 = 500	★ = 250 ❹
▲ × 5 = ●	■ = 400 ❺

82 83

83쪽 9번

마틸다 300과 400 사이에 있는 수 가운데 세 자리 수가 모두 같은 수는 333
클레어 1. 일의 자리 수는 마틸다의 수 3과 같고, 백의 자리 수와 일의 자리 수가 같으므로, 일의 자리 수는 3, 백의 자리 수도 3. 2. 세 수를 더하면 10이 되므로 3+3+□=10, □=4 따라서 343
조셉 마틸다의 수보다 58만큼 더 큰 수이므로, 333+58=391
에밀리 150보다 작으면서 세 자리 수이고, □+□+□=1이면 1과 나머지는 0이 되므로 100
토미 백의 자리 수=4, 십의 자리 수=0, 일의 자리 수는 4+0+□=7이므로 □=3, 따라서 403

83쪽 10번

❹ ★×2=500, ★=250

❶ ●÷4=★, ●÷4=250, ●=1000

❷ ▲×5=●, ▲×5=1000, ▲=200

❺ ▲=■÷2, 200=■÷2, ■=400

❸ 100×♥=■, 100×♥=400, ♥=4

MEMO

81쪽 7번

❽ 에이브의 수는 일의 자리 수가 0이고, 백의 자리 수는 6이에요. 에이브 [6][ ][0]

❹ 에릭의 수에서 백의 자리 수는 7이에요. 에릭 [7][ ][ ]

❾ 에릭과 에이브의 수에 들어가는 3개의 숫자가 같아요. →3개의 수는 0, 6, 7임. 따라서 에이브 [6][7][0]

❷ 에릭과 사라의 수에서 십의 자리 수는 0이에요. → 0과 6 중 십의 자리 수에 0이 들어가면 나머지 6은 일의 자리가 됨. 에릭 [7][0][6], 사라 [ ][0][ ]

❻ 멜로디와 사라의 수에서 일의 자리 수는 5예요. 멜로디 [ ][ ][5], 사라 [ ][0][5]

⓫ 멜로디의 수에서 백의 자리 수는 4예요. 멜로디 [4][ ][5]

❶ 멜로디의 수에서 십의 자리 수는 1이에요.를 종합하면 멜로디 [4][1][5]

❺ 줄리와 사라는 백의 자리 수가 같고, 그 두 수를 더하면 6이에요. 같은 수를 더해 6이 되는 수는 3, 사라 [3][0][5], 줄리 [3][ ][ ]

❿ 줄리의 수에서 일의 자리 수는 4보다 3만큼 작아요. 4−3=1이므로, 줄리 [3][ ][1]

❼ 줄리의 수에서 십의 자리 수와 에릭의 수에서 백의 자리 수는 같아요. 에릭의 수에서 백의 자리 수는 7이므로, 줄리 [3][7][1]

84-85쪽

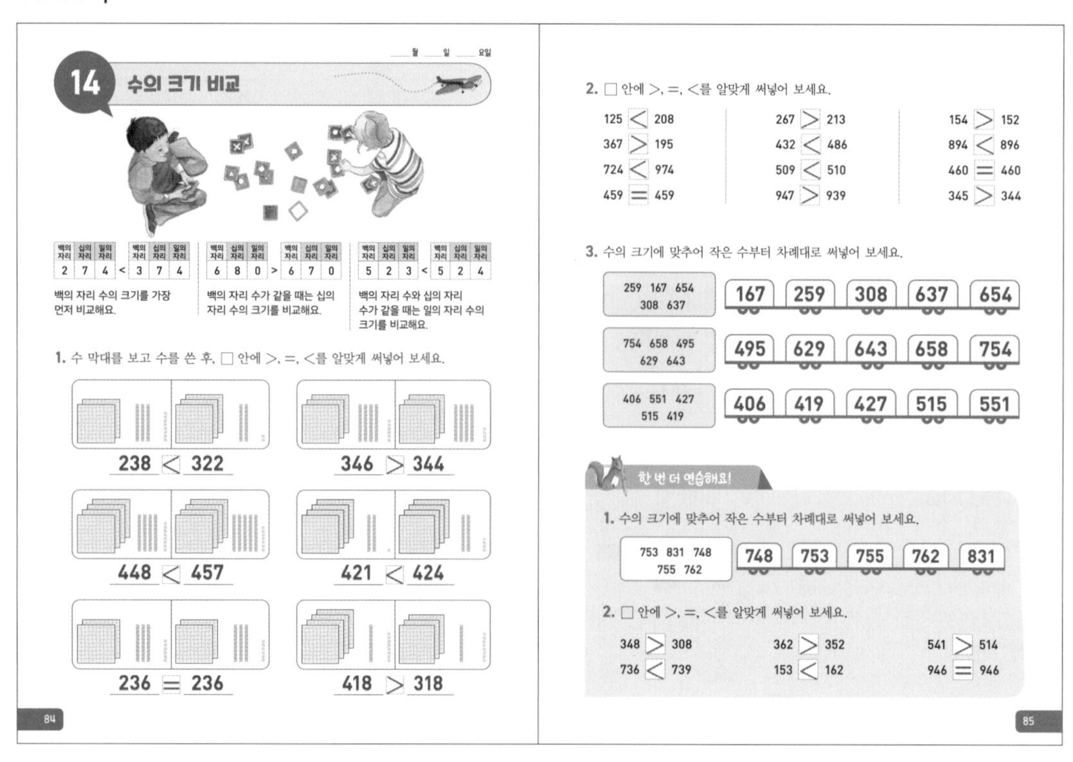

부모님 가이드 | 84쪽

그림을 보며 아이에게 질문해 보세요.

- 274와 374를 비교해 보렴. 어떤 수가 더 크니? **374**
- 왜 374가 274보다 크니? **백의 자리 수를 비교해 보면 2보다 3이 더 커요.**
- 680과 670에서 백의 자리 수를 비교해 보렴. **같아요.**
- 십의 자리 수를 비교해 보렴. **8과 7을 비교했을 때 8이 더 커요.**
- 두 수 중 어떤 수가 더 크니? **680**

86-87쪽

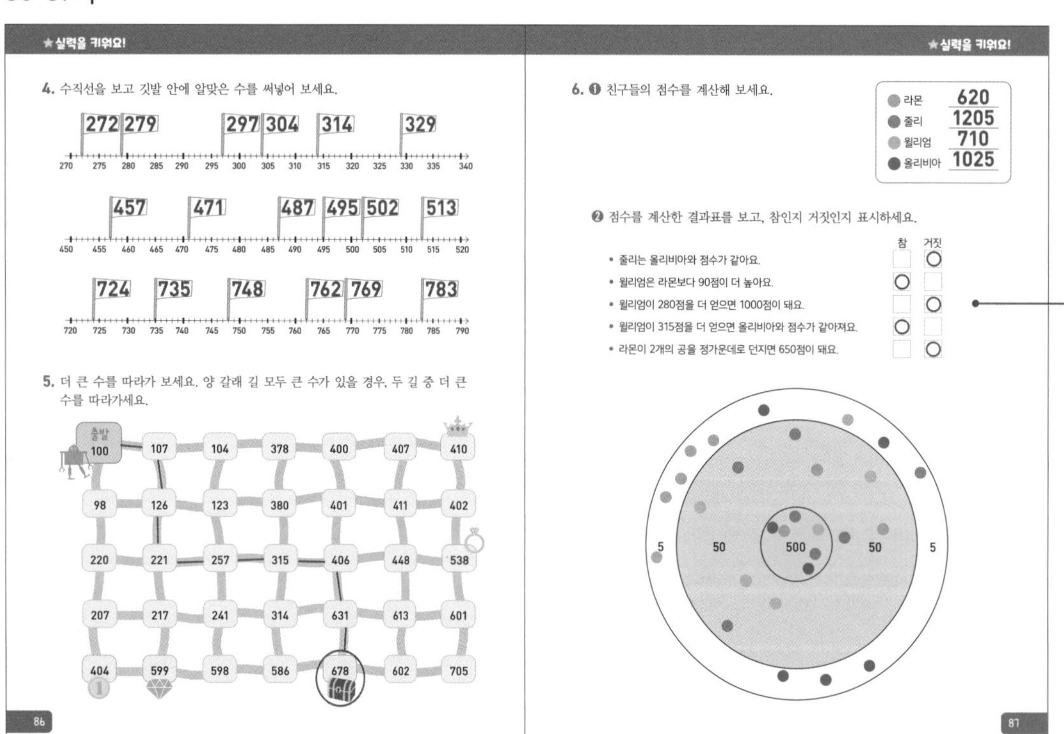

88-89쪽

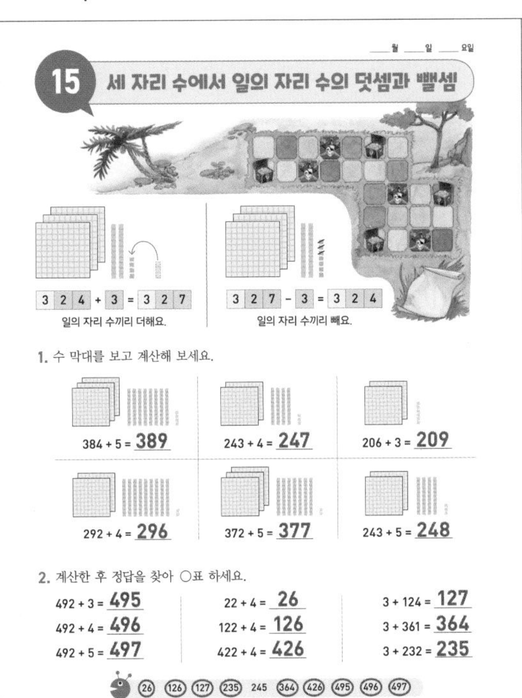

___월 ___일 ___요일

15 세 자리 수에서 일의 자리 수의 덧셈과 뺄셈

3 2 4 + 3 = 3 2 7
일의 자리 수끼리 더해요.

3 2 7 - 3 = 3 2 4
일의 자리 수끼리 빼요.

1. 수 막대를 보고 계산해 보세요.

384 + 5 = **389**
243 + 4 = **247**
206 + 3 = **209**
292 + 4 = **296**
372 + 5 = **377**
243 + 5 = **248**

2. 계산한 후 정답을 찾아 ○표 하세요.

492 + 3 = **495**
492 + 4 = **496**
492 + 5 = **497**
22 + 4 = **26**
122 + 4 = **126**
422 + 4 = **426**
3 + 124 = **127**
3 + 361 = **364**
3 + 232 = **235**

26 126 127 235 245 364 426 495 496 497

88

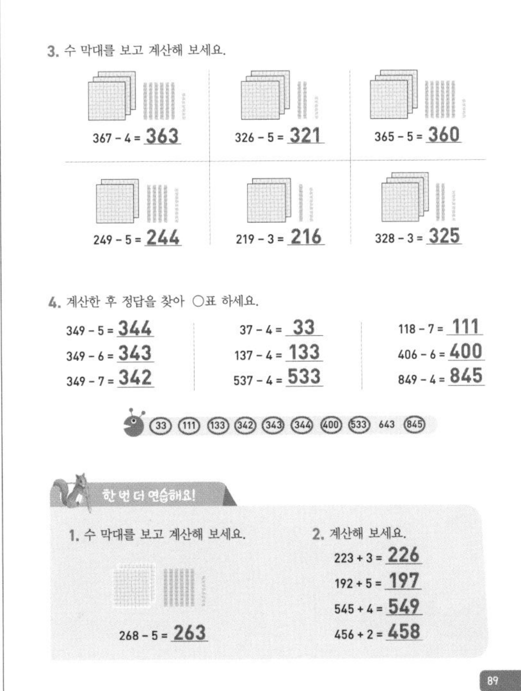

3. 수 막대를 보고 계산해 보세요.

367 - 4 = **363**
326 - 5 = **321**
365 - 5 = **360**
249 - 5 = **244**
219 - 3 = **216**
328 - 3 = **325**

4. 계산한 후 정답을 찾아 ○표 하세요.

349 - 5 = **344**
349 - 6 = **343**
349 - 7 = **342**
37 - 4 = **33**
137 - 4 = **133**
537 - 4 = **533**
118 - 7 = **111**
406 - 6 = **400**
849 - 4 = **845**

33 111 133 342 343 344 400 533 643 845

한 번 더 연습해요!

1. 수 막대를 보고 계산해 보세요.

268 - 5 = **263**

2. 계산해 보세요.

223 + 3 = **226**
192 + 5 = **197**
545 + 4 = **549**
456 + 2 = **458**

89

부모님 가이드 | 88쪽

그림을 보며 아이에게 질문해 보세요.

- 왼쪽에 어떤 덧셈식이 있니? **324+3=327**
- 더하는 수 3이 어떤 수 모형과 더해졌니? **일 모형 4와 더해져서 7이 됐어요.**
- 오른쪽에는 어떤 뺄셈식이 있니? **327-3=324**
- 수 모형에서 뺄셈이 어떻게 나타내졌니? **일 모형에서 3개가 지워졌어요.**

MEMO

87쪽 6번

점수판에 이름에 해당하는 색이 몇 개 있고 몇 점을 얻었는지 표를 만들어서 살펴보면 좋아요.
센 것은 ×표 하면서 지우면 헷갈리지 않고 정확하게 계산할 수 있어요.

이름	500점	50점	5점	계산식	합계
라몬	1	2	4	500×1+50×2+5×4	620
줄리	2	4	1	500×2+50×4+5×1	1205
윌리엄	1	4	2	500×1+50×4+5×2	710
올리비아	2	0	5	500×2+50×0+5×5	1025

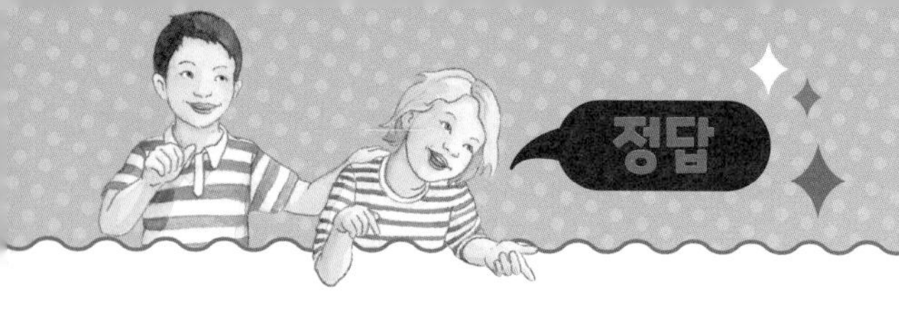

90-91쪽

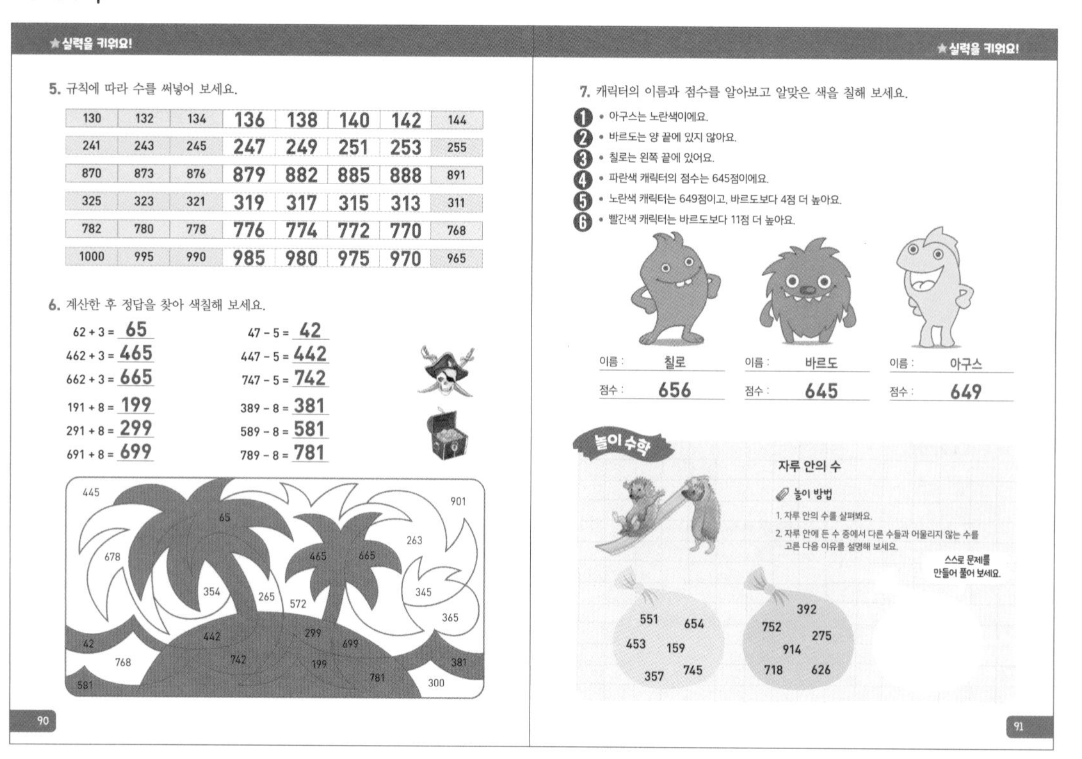
★실력을 키워요!

5. 규칙에 따라 수를 써넣어 보세요.

130	132	134	136	138	140	142	144
241	243	245	247	249	251	253	255
870	873	876	879	882	885	888	891
325	323	321	319	317	315	313	311
782	780	778	776	774	772	770	768
1000	995	990	985	980	975	970	965

6. 계산한 후 정답을 찾아 색칠해 보세요.

62 + 3 = 65, 462 + 3 = 465, 662 + 3 = 665
191 + 8 = 199, 291 + 8 = 299, 691 + 8 = 699
47 - 5 = 42, 447 - 5 = 442, 747 - 5 = 742
389 - 8 = 381, 589 - 8 = 581, 789 - 8 = 781

445, 901, 65, 263, 678, 465, 665, 354, 265, 572, 345, 365, 442, 299, 699, 42, 742, 768, 199, 781, 381, 581, 300

90

★실력을 키워요!

7. 캐릭터의 이름과 점수를 알아보고 알맞은 색을 칠해 보세요.

1 • 아구스는 노란색이에요.
2 • 바르도는 양 끝에 있지 않아요.
3 • 칠로는 왼쪽 끝에 있어요.
4 • 파란색 캐릭터의 점수는 645점이에요.
5 • 노란색 캐릭터는 649점이고, 바르도보다 4점 더 높아요.
6 • 빨간색 캐릭터는 바르도보다 11점 더 높아요.

이름 : 칠로 점수 : 656
이름 : 바르도 점수 : 645
이름 : 아구스 점수 : 649

놀이 수학

자루 안의 수

놀이 방법
1. 자루 안의 수를 살펴봐요.
2. 자루 안에 든 수 중에서 다른 수들과 어울리지 않는 수를 고른 다음 이유를 설명해 보세요.

스스로 문제를 만들어 풀어 보세요.

551, 654, 453, 159, 357, 745
392, 752, 275, 914, 718, 626

91

91쪽 7번

❷ 바르도는 양 끝에 있지 않
요. →가운데 = 바르도
❸ 칠로는 왼쪽 끝에 있어요
첫 번째 = 칠로, 세 번째 =
구스
❶ 아구스는 노란색이에요.
→아구스 = 노란색
❺와 ❻에서 바르도와 비교
므로 파란색 = 바르도, 남
빨간색 = 칠로
❹ 파란색 캐릭터의 점수는 6
점이에요.
→바르도 = 파란색 = 645
❺ 노란색 캐릭터는 649점이
바르도보다 4점 더 높아
→아구스 = 노란색 = 645
=649
❻ 빨간색 캐릭터는 바르도
다 11점 더 높아요. →칠로
빨간색 = 645+11=656

91쪽 놀이 수학

여러 가지 답이 나올 수 있어
파랑 자루
- 다른 수는 모두 홀수이고
만 짝수
- 551만 같은 수가 2번 나옴
- 745만 십의 자리 수가 5가 아
초록 자루
- 다른 수는 모두 짝수이고
만 홀수
- 626만 같은 수가 2번 나옴
- 718만 각 자리 수의 합이
가 아님.

92-93쪽

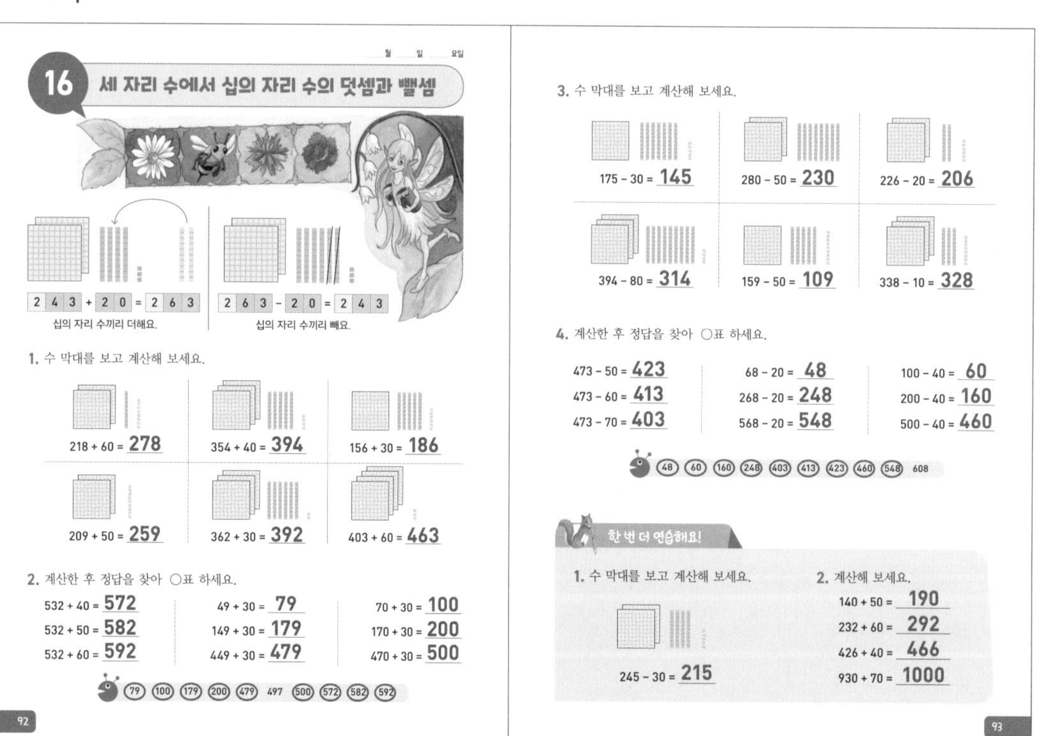
월 일 요일

16 세 자리 수에서 십의 자리 수의 덧셈과 뺄셈

2 4 3 + 2 0 = 2 6 3
십의 자리 수끼리 더해요.

2 6 3 - 2 0 = 2 4 3
십의 자리 수끼리 빼요.

1. 수 막대를 보고 계산해 보세요.

218 + 60 = 278, 354 + 40 = 394, 156 + 30 = 186
209 + 50 = 259, 362 + 30 = 392, 403 + 60 = 463

2. 계산한 후 정답을 찾아 ○표 하세요.

532 + 40 = 572, 532 + 50 = 582, 532 + 60 = 592
49 + 30 = 79, 149 + 30 = 179, 449 + 30 = 479
70 + 30 = 100, 170 + 30 = 200, 470 + 30 = 500

79 100 179 200 479 497 500 572 582 592

92

3. 수 막대를 보고 계산해 보세요.

175 - 30 = 145, 280 - 50 = 230, 226 - 20 = 206
394 - 80 = 314, 159 - 50 = 109, 338 - 10 = 328

4. 계산한 후 정답을 찾아 ○표 하세요.

473 - 50 = 423, 473 - 60 = 413, 473 - 70 = 403
68 - 20 = 48, 268 - 20 = 248, 568 - 20 = 548
100 - 40 = 60, 200 - 40 = 160, 500 - 40 = 460

48 60 160 248 403 413 423 460 548 608

한 번 더 연습해요!

1. 수 막대를 보고 계산해 보세요.

245 - 30 = 215

2. 계산해 보세요.

140 + 50 = 190
232 + 60 = 292
426 + 40 = 466
930 + 70 = 1000

93

부모님 가이드 | 92쪽

그림을 보며 아이에게 질문
해 보세요.
– 왼쪽에 어떤 덧셈식이 있
니? 243+20=263
– 더하는 수 20이 어떤 수 모
형과 더해졌니? **십 모형 4
과 더해져서 6이 됐어요.**
– 오른쪽에는 어떤 뺄셈식이
있니? 263–20=243
– 수 모형에서 뺄셈이 어떻게
나타내졌니? **십 모형에서
2개가 지워졌어요.**

94-95쪽

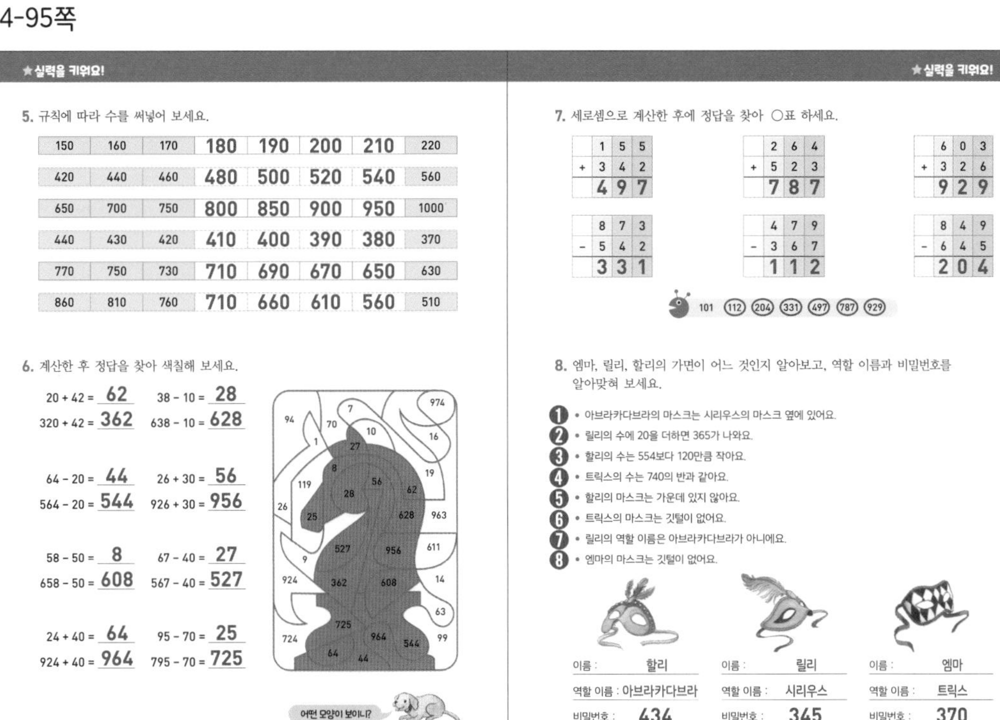

★실력을 키워요!

5. 규칙에 따라 수를 써넣어 보세요.

150	160	170	180	190	200	210	220
420	440	460	480	500	520	540	560
650	700	750	800	850	900	950	1000
440	430	420	410	400	390	380	370
770	750	730	710	690	670	650	630
860	810	760	710	660	610	560	510

6. 계산한 후 정답을 찾아 색칠해 보세요.

20 + 42 = 62　38 - 10 = 28
320 + 42 = 362　638 - 10 = 628
64 - 20 = 44　26 + 30 = 56
564 - 20 = 544　926 + 30 = 956
58 - 50 = 8　67 - 40 = 27
658 - 50 = 608　567 - 40 = 527
24 + 40 = 64　95 - 70 = 25
924 + 40 = 964　795 - 70 = 725

어떤 모양이 보이니?

7. 세로셈으로 계산한 후에 정답을 찾아 ○표 하세요.

155 + 342 = 497　264 + 523 = 787　603 + 326 = 929
873 - 542 = 331　479 - 367 = 112　849 - 645 = 204

101 (112) (204) (331) (497) (787) (929)

8. 엠마, 릴리, 할리의 가면이 어느 것인지 알아보고, 역할 이름과 비밀번호를 알아맞혀 보세요.

❶ 아브라카다브라의 마스크는 시리우스의 마스크 옆에 있어요.
❷ 릴리의 수에 20을 더하면 365가 나와요.
❸ 할리의 수는 554보다 120만큼 작아요.
❹ 트릭스의 수는 740의 반과 같아요.
❺ 할리의 마스크는 가운데 있지 않아요.
❻ 트릭스의 마스크는 깃털이 없어요.
❼ 릴리의 역할 이름은 아브라카다브라가 아니에요.
❽ 엠마의 마스크는 깃털이 없어요.

이름	할리	릴리	엠마
역할 이름	아브라카다브라	시리우스	트릭스
비밀번호	434	345	370

94　95

95쪽 8번

❻ 트릭스의 마스크는 깃털이 없어요.
❽ 엠마의 마스크는 깃털이 없어요.
→마지막 마스크에 이름은 엠마, 역할 이름은 트릭스
❺ 할리의 마스크는 가운데 있지 않아요.
→엠마의 마스크는 오른쪽 끝에 있으므로 첫 번째는 할리, 가운데는 남은 이름 릴리가 됨.
❼ 릴리의 역할 이름은 아브라카다브라가 아니에요.
→역할 이름 중 남은 것은 시리우스이므로 릴리의 역할 이름은 시리우스, 할리는 아브라카다브라
❸ 할리의 수는 554보다 120만큼 작아요. 554-120=434
❹ 트릭스의 수는 740의 반과 같아요. 740을 반으로 가르면 370
❷ 릴리의 수에 20을 더하면 365가 나와요. 365-20=345

96-97쪽

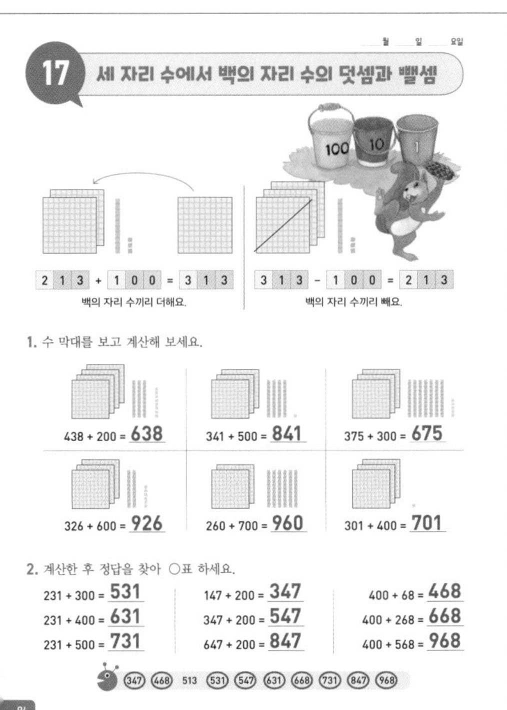

17 세 자리 수에서 백의 자리 수의 덧셈과 뺄셈

월 일 요일

213 + 100 = 313　백의 자리 수끼리 더해요.
313 - 100 = 213　백의 자리 수끼리 빼요.

1. 수 막대를 보고 계산해 보세요.

438 + 200 = 638　341 + 500 = 841　375 + 300 = 675
326 + 600 = 926　260 + 700 = 960　301 + 400 = 701

2. 계산한 후 정답을 찾아 ○표 하세요.

231 + 300 = 531　147 + 200 = 347　400 + 68 = 468
231 + 400 = 631　347 + 200 = 547　400 + 268 = 668
231 + 500 = 731　647 + 200 = 847　400 + 568 = 968

(347) (468) 513 (531) (547) (631) (668) (731) (847) (968)

96

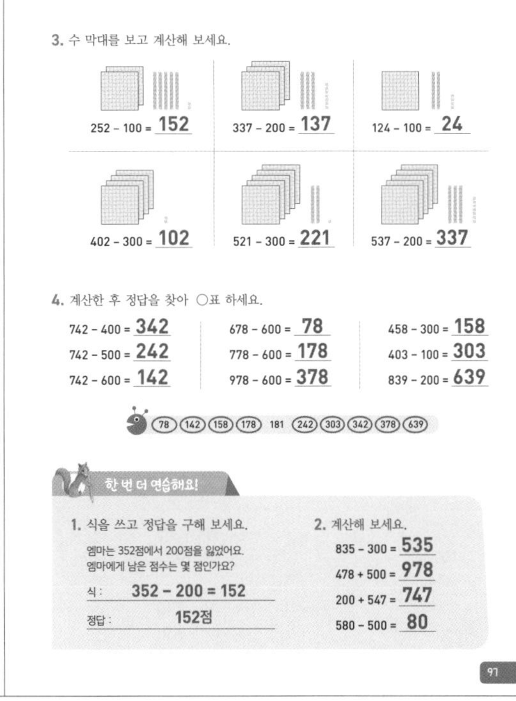

3. 수 막대를 보고 계산해 보세요.

252 - 100 = 152　337 - 200 = 137　124 - 100 = 24
402 - 300 = 102　521 - 300 = 221　537 - 200 = 337

4. 계산한 후 정답을 찾아 ○표 하세요.

742 - 400 = 342　678 - 600 = 78　458 - 300 = 158
742 - 500 = 242　778 - 600 = 178　403 - 100 = 303
742 - 600 = 142　978 - 600 = 378　839 - 200 = 639

(78) (142) (158) (178) 181 (242) (303) (342) (378) (639)

한 번 더 연습해요!

1. 식을 쓰고 정답을 구해 보세요.
엠마는 352점에서 200점을 잃었어요. 엠마에게 남은 점수는 몇 점인가요?
식 : 352 - 200 = 152
정답 : 152점

2. 계산해 보세요.
835 - 300 = 535
478 + 500 = 978
200 + 547 = 747
580 - 500 = 80

97

부모님 가이드 | 96쪽

그림을 보며 아이에게 질문해 보세요.
- 가장 왼쪽에 어떤 수가 있니? 213
- 수 모형으로 213을 나타내 보렴. **백 모형 2개, 십 모형 1개, 일 모형 3개**
- 213에 얼마를 더했니? 100
- 213+100은 얼마니? 313
- 더하는 수 100이 어떤 수 모형과 더해졌니? **백 모형 2와 더해져서 300이 됐어요.**
- 이제 오른쪽에 있는 수 313을 보자. 수 모형으로 313을 나타내 보렴. **백 모형 3개, 십 모형 1개, 일 모형 3개**
- 313에서 얼마를 뺐니? 100
- 313-100은 얼마니? 213
- 수 모형에서 뺄셈이 어떻게 나타내졌니? **백 모형에서 1개가 지워졌어요.**

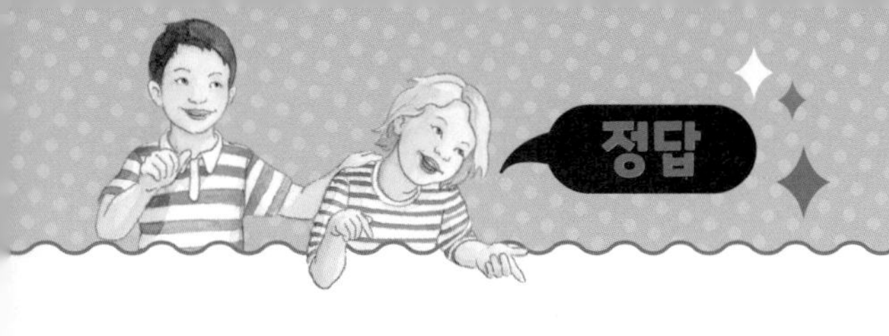

정답

98-99쪽

★실력을 키워요!

5. 아래 글을 읽고 식을 쓴 후 정답을 구해 보세요.

❶ 메이는 437점에서 200점을 잃었어요. 메이에게 남은 점수는 몇 점인가요?

식 : 437 − 200 = 237

정답 : 237점

❷ 실비아는 400점을 잃었어요. 실비아의 처음 점수가 682점이라면, 남은 점수는 몇 점인가요?

식 : 682 − 400 = 282

정답 : 282점

6. 그림을 보고 돈이 얼마인지 쓴 후, □ 안에 >, =, <를 알맞게 써넣어 보세요.

6400원 > 6200원

11500원 = 11500원

8200원 < 8500원

20700원 > 20500원

98

★실력을 키워요!

7. 빈칸에 알맞은 수를 구해 보세요.

234 + 154 = 388

742 + 241 = 983

346 + 321 = 667

563 − 321 = 242

674 − 120 = 554

978 − 47 = 931

8. 처음 수를 구해 보세요.

❶ 시작 처음 수 324 → 20을 빼세요. → 600을 더하세요. → 마침 마지막 수 904

❷ 시작 처음 수 240 → 2를 곱하세요. → 50을 더하세요. → 마침 마지막 수 530

❸ 시작 처음 수 950 → 800을 빼세요. → 3으로 나누세요. → 마침 마지막 수 50

99

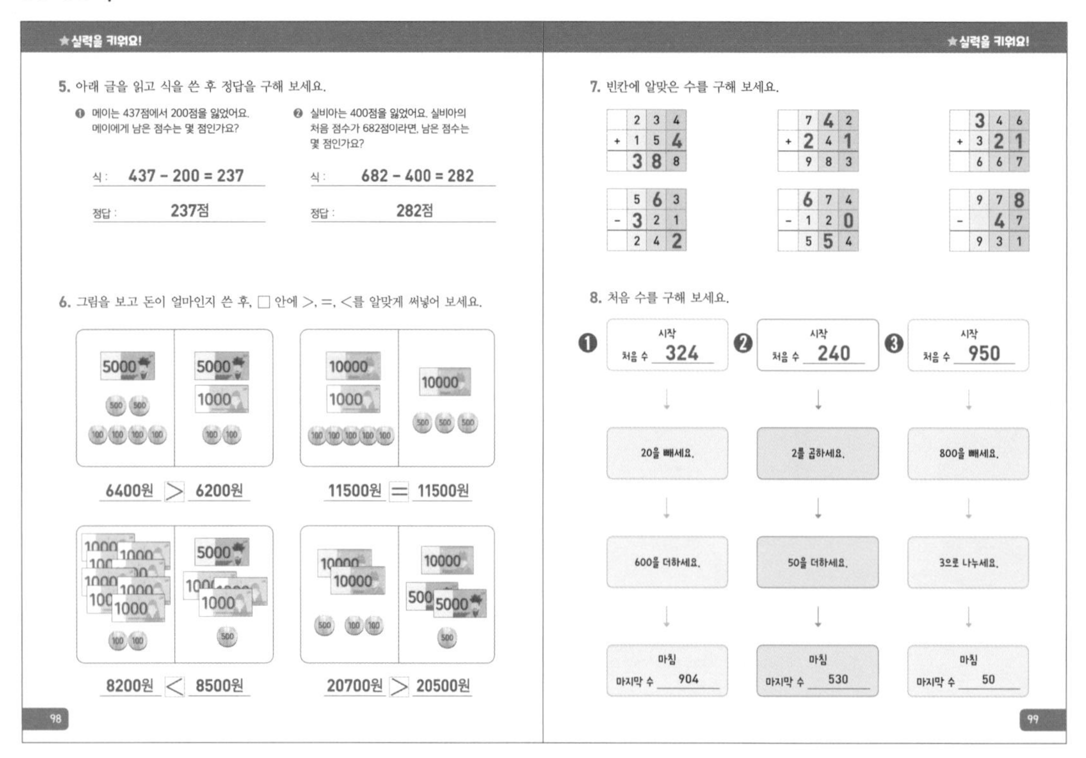

99쪽 8번

처음 수를 구하려면 마지막 수를 가지고 반대로 계산해야 하므로 덧셈은 뺄셈, 뺄셈은 덧셈, 곱셈은 나눗셈, 나눗셈은 곱셈으로 계산해야 해요.

❶ 904-600=304, 304+20=324, 처음 수는 324

❷ 530-50=480, 480÷2=240, 처음 수는 240

❸ 50×3=150, 150+800=950 처음 수는 950

100-101쪽

실력을 평가해 봐요!

월 일 요일

1. 자릿값에 맞게 수를 나타내 보세요.

백의 자리	십의 자리	일의 자리	
5	7	2	= 500 + 70 + 2
4	6	5	= 400 + 60 + 5
4	7	0	= 400 + 70
3	0	7	= 300 + 7

2. 규칙에 따라 수를 써넣어 보세요.

346	347	348	349	350	351	352	353
594	593	592	591	590	589	588	587

3. 자릿값에 맞게 수를 나타내 보세요.

472 = 400 + 70 + 2

615 = 600 + 10 + 5

537 = 500 + 30 + 7

764 = 700 + 60 + 4

303 = 300 + 3

180 = 100 + 80

801 = 800 + 1

990 = 900 + 90

100

★실력을 평가해 봐요!

4. 그림을 보고 돈이 얼마인지 쓴 후, □ 안에 >, =, <를 알맞게 써넣어 보세요.

5800원 < 6000원

12000원 > 11800원

5. □ 안에 >, =, <를 알맞게 써넣어 보세요.

521 < 802

763 > 591

452 < 461

786 > 750

543 > 541

637 < 639

6. 계산해 보세요.

121 + 7 = 128

432 + 3 = 435

428 + 50 = 478

570 + 20 = 590

326 + 100 = 426

300 + 639 = 939

219 − 7 = 212

526 − 4 = 522

986 − 50 = 936

837 − 30 = 807

574 − 200 = 374

967 − 900 = 67

얼마나 잘했나요?

실력이 자란 만큼 별을 색칠하세요.

★★★ 정말 잘했어요.

★★☆ 꽤 잘했어요.

★☆☆ 계속 노력할게요.

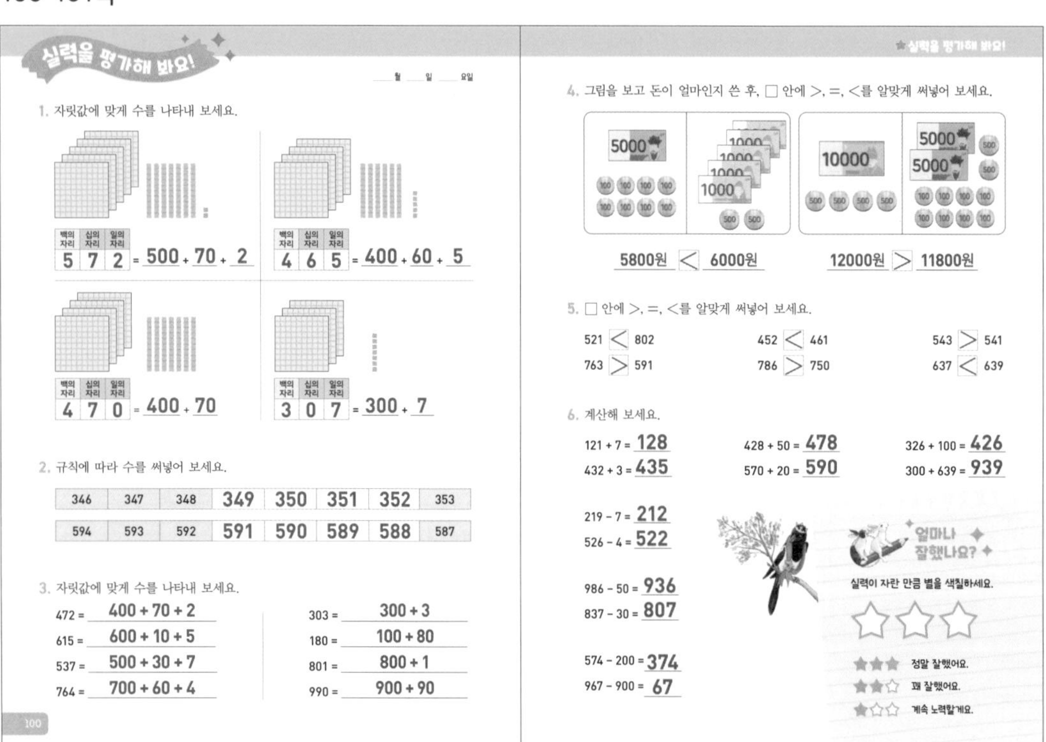

102-103쪽

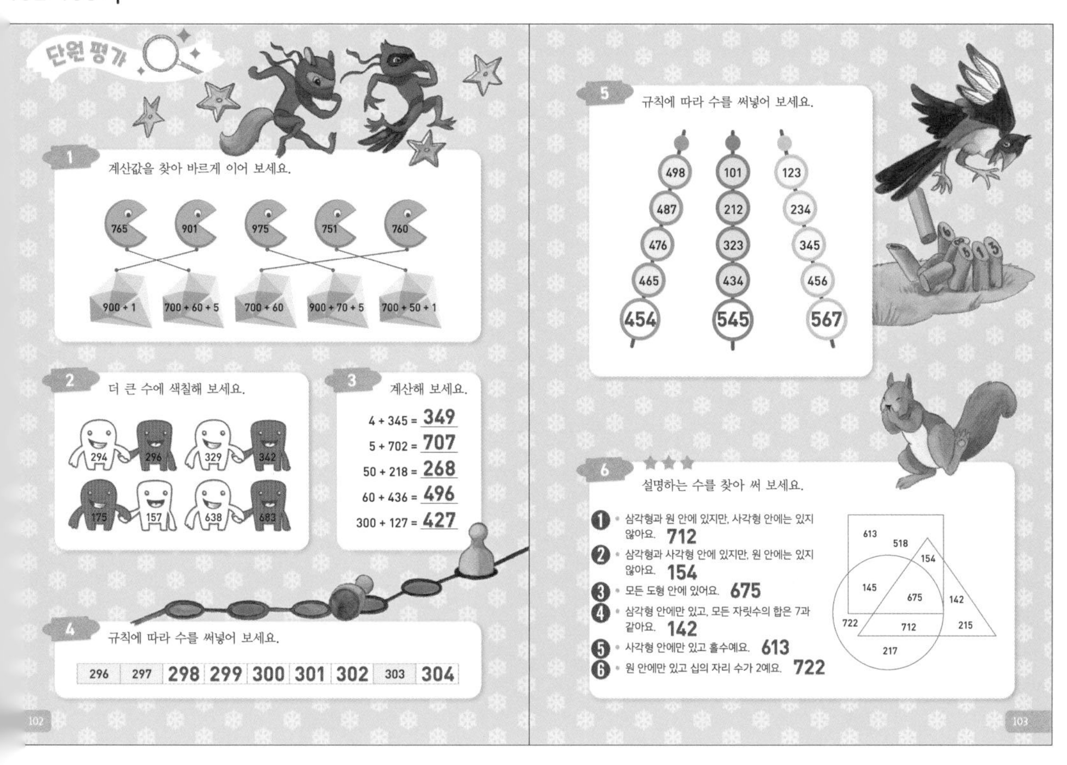

단원 평가
1 계산값을 찾아 바르게 이어 보세요.
765 901 975 751 760
900 + 1 700 + 60 + 5 700 + 60 900 + 70 + 5 700 + 50 + 1
2 더 큰 수에 색칠해 보세요.
294 296 329 342
175 157 638 683
3 계산해 보세요.
4 + 345 = 349
5 + 702 = 707
50 + 218 = 268
60 + 436 = 496
300 + 127 = 427
4 규칙에 따라 수를 써넣어 보세요.
296 297 298 299 300 301 302 303 304
5 규칙에 따라 수를 써넣어 보세요.
498 487 476 465 454
101 212 323 434 545
123 234 345 456 567
6 설명하는 수를 찾아 써 보세요.
삼각형과 원 안에 있지만, 사각형 안에는 있지 않아요. 712
삼각형과 사각형 안에 있지만, 원 안에는 있지 않아요. 154
모든 도형 안에 있어요. 675
삼각형 안에만 있고, 모든 자릿수의 합은 7과 같아요. 142
사각형 안에만 있고 홀수예요. 613
원 안에만 있고 십의 자리 수가 2예요. 722
613 518 154 145 675 142 722 712 215 217
102
103

103쪽 6번

❶ 삼각형과 원 안에 있지만, 사각형 안에는 있지 않아요.
→675, 712 중 712만 해당

❷ 삼각형과 사각형 안에 있지만, 원 안에는 있지 않아요.
→154, 675 중 154만 해당

❸ 모든 도형 안에 있어요.
→675

❹ 삼각형 안에만 있고, 모든 자릿수의 합은 7과 같아요.
→142, 215 중 142만 해당

❺ 사각형 안에만 있고 홀수예요.
→613, 518 중 613만 해당

❻ 원 안에만 있고 십의 자리 수가 2예요.
→722, 217 중 722만 해당

104-105쪽

____월 ____일 ____요일

1. 식이 맞으면 ○, 틀리면 X표 하세요.

900 + 9 < 90 + 900 ○
1000 - 200 = 490 + 310 ○
857 - 12 > 820 + 15 ○
150 + 120 > 140 + 130 X
6 × 100 > 701 - 100 X
5 × 20 < 25 × 4 X
10 × 9 = 30 + 30 + 30 ○
412 - 9 < 380 + 5 X

2. 표를 보고 바르게 계산하여 빈칸을 채워 보세요.

+	1	10	100
99	100	109	199
289	290	299	389
509	510	519	609
899	900	909	999

-	1	10	100
140	139	130	40
270	269	260	170
800	799	790	700
1000	999	990	900

×	3	4	5
35	105	140	175
105	315	420	525
122	366	488	610
210	630	840	1050

÷	3	5	10
30	10	6	3
60	20	12	6
90	30	18	9
150	50	30	15

3. 아래 글을 읽고 문제를 풀어 보세요.

① 시에나는 우주 게임에서 156점을 얻었어요. 그리고 이 점수의 2배만큼 되자 달나라에 도착했어요. 시에나의 점수는 몇 점인가요?

정답 : 312점

② 이삭은 우주 게임에서 135점을 얻었어요. 그리고 이 점수의 3배만큼 되자 화성에 도착했어요. 이삭의 점수는 몇 점인가요?

정답 : 405점

③ 엘사는 우주 게임에서 250점을 얻었어요. 그리고 이 점수의 4배만큼 되자 토성에 도착했어요. 엘사의 점수는 몇 점인가요?

정답 : 1000점

④ 키라는 우주 게임에서 600점을 얻었어요. 그리고 유성과 부딪혀서 이 점수의 $\frac{1}{4}$만큼을 잃었어요. 키라의 남은 점수는 몇 점인가요?

정답 : 450점

⑤ 로라는 우주 게임에서 880점을 얻었어요. 그리고 유성과 부딪혀서 이 점수의 $\frac{1}{4}$만큼을 잃었어요. 로라의 남은 점수는 몇 점인가요?

정답 : 660점

⑥ 에릭은 우주 게임에서 750점을 얻었어요. 그리고 유성과 부딪혀서 이 점수의 $\frac{1}{3}$만큼을 잃었어요. 에릭의 남은 점수는 몇 점인가요?

정답 : 500점

4. 아래 글을 읽고 지갑의 주인을 알아맞혀 보세요.

❶ • 아만다가 가진 돈에 16유로를 더하면 미라가 가진 돈과 같아요.
❷ • 킴이 제리에게 8유로를 주면 둘은 가진 돈이 같아져요.
❸ • 미라는 킴보다 돈이 더 많아요.

제리

킴

아만다

미라

105쪽 3번

❶ 156×2=312

❷ 135×3=405

❸ 250×4=1000

❹ 600을 4등분하면 150, 600-150=450

❺ 880을 4등분하면 220, 880-220=660

❻ 750을 3등분하면 250, 750-250=500

105쪽 4번

❸ 미라는 킴보다 돈이 더 많아요.

❶ 아만다가 가진 돈에 16유로를 더하면 미라가 가진 돈과 같아져요.
→16 차이 나면서 더 큰 수는 148과 164인데 아만다가 더 적게 가졌으므로 아만다=148, 미라=164

❷ 킴이 제리에게 8유로를 주면 둘은 가진 돈이 같아져요.
→남은 지갑 126과 142에서 킴이 돈이 더 많아야 하므로 킴=142(142-8=134), 제리=126(126+8=134)

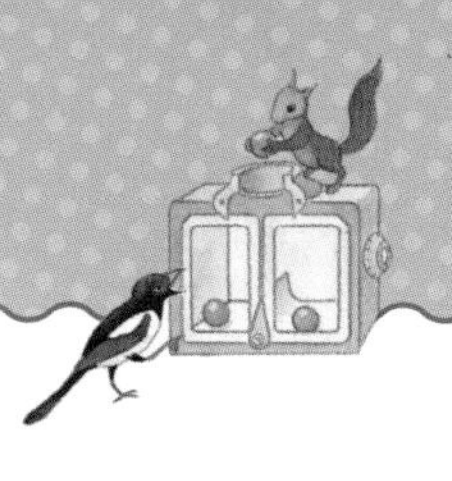

107쪽

놀이 수학

수평 만들기

놀이 방법

한 번 더 연습해요!

1. □ 안에 >, =, <를 알맞게 써넣어 보세요.

580 > 200 + 340

890 > 480 + 400

935 < 360 + 600

200 + 350 > 940 - 400

100 + 590 < 899 - 200

200 + 260 = 760 - 300

107

109쪽

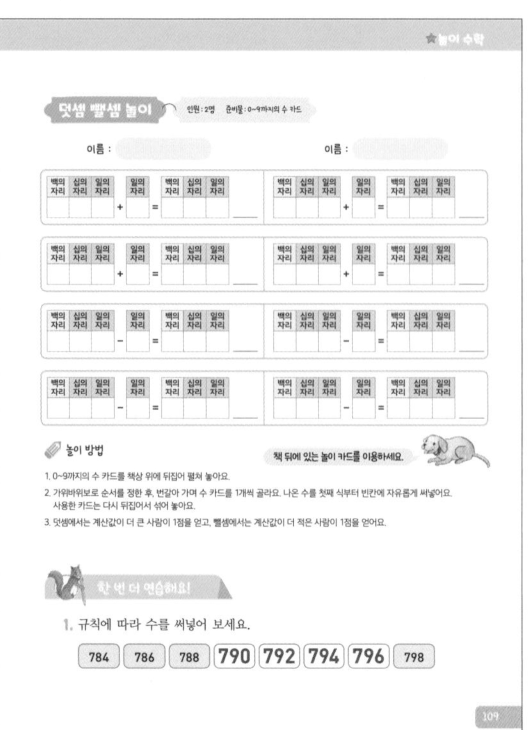

놀이 수학

덧셈 뺄셈 놀이

놀이 방법

책 뒤에 있는 놀이 카드를 이용하세요.

한 번 더 연습해요!

1. 규칙에 따라 수를 써넣어 보세요.

784 786 788 790 792 794 796 798

109

111쪽

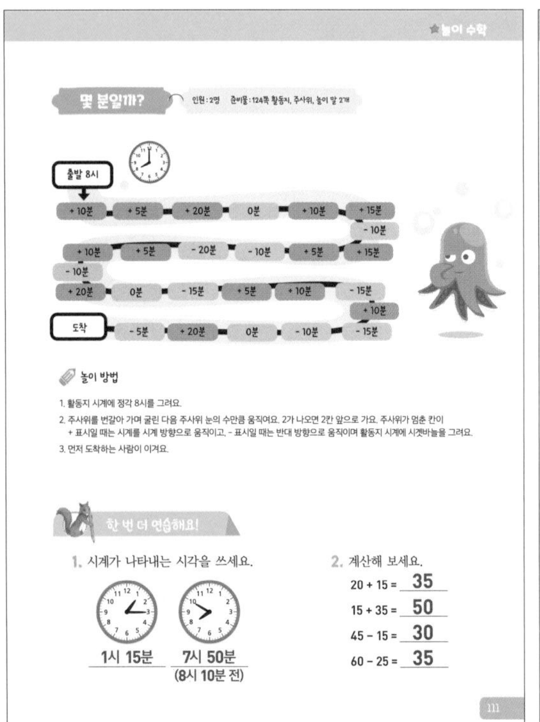

놀이 수학

몇 분일까?

놀이 방법

한 번 더 연습해요!

1. 시계가 나타내는 시각을 쓰세요.

1시 15분

7시 50분 (8시 10분 전)

2. 계산해 보세요.

20 + 15 = 35

15 + 35 = 50

45 - 15 = 30

60 - 25 = 35

111

113쪽

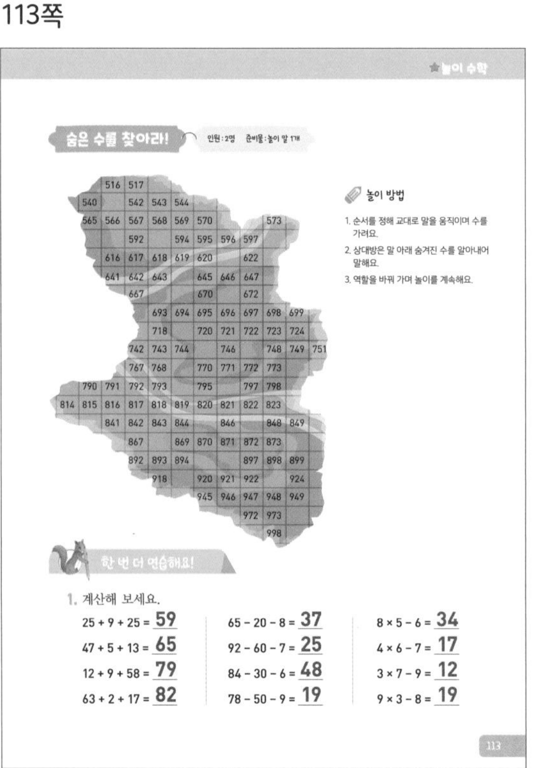

놀이 수학

숨은 수를 찾아라!

놀이 방법

한 번 더 연습해요!

1. 계산해 보세요.

25 + 9 + 25 = 59

47 + 5 + 13 = 65

12 + 9 + 58 = 79

63 + 2 + 17 = 82

65 - 20 - 8 = 37

92 - 60 - 7 = 25

84 - 30 - 6 = 48

78 - 50 - 9 = 19

8 × 5 - 6 = 34

4 × 6 - 7 = 17

3 × 7 - 9 = 12

9 × 3 - 8 = 19

113

116쪽

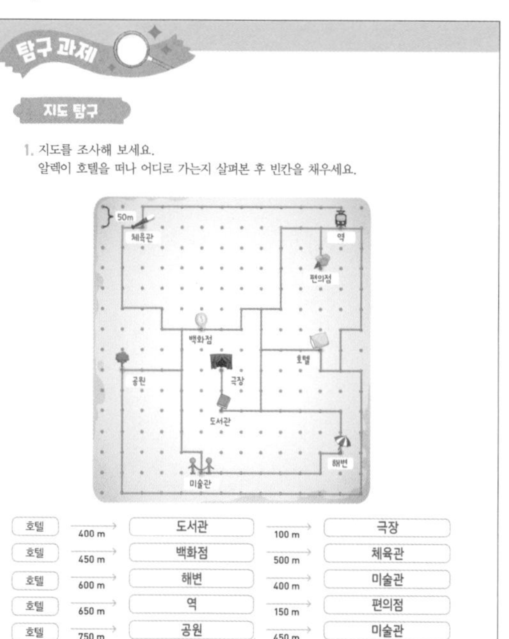
탐구 과제

지도 탐구

1. 지도를 조사해 보세요.
알렉이 호텔을 떠나 어디로 가는지 살펴본 후 빈칸을 채우세요.

출발	거리	도착	거리	도착
호텔	400 m	도서관	100 m	극장
호텔	450 m	백화점	500 m	체육관
호텔	600 m	해변	400 m	미술관
호텔	650 m	역	150 m	편의점
호텔	750 m	공원	450 m	미술관
호텔	1000 m	미술관	400 m	해변
호텔	950 m	체육관	700 m	공원

116

118쪽

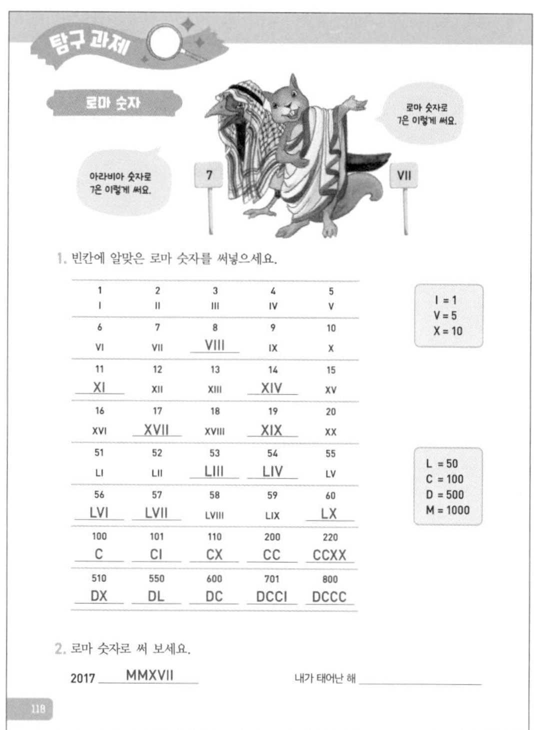
탐구 과제

로마 숫자

1. 빈칸에 알맞은 로마 숫자를 써넣으세요.

1	2	3	4	5
I	II	III	IV	V
6	7	8	9	10
VI	VII	VIII	IX	X
11	12	13	14	15
XI	XII	XIII	XIV	XV
16	17	18	19	20
XVI	XVII	XVIII	XIX	XX
51	52	53	54	55
LI	LII	LIII	LIV	LV
56	57	58	59	60
LVI	LVII	LVIII	LIX	LX
100	101	110	200	220
C	CI	CX	CC	CCXX
510	550	600	701	800
DX	DL	DC	DCCI	DCCC

I = 1
V = 5
X = 10

L = 50
C = 100
D = 500
M = 1000

2. 로마 숫자로 써 보세요.

2017 MMXVII　　내가 태어난 해 ________

118

20쪽

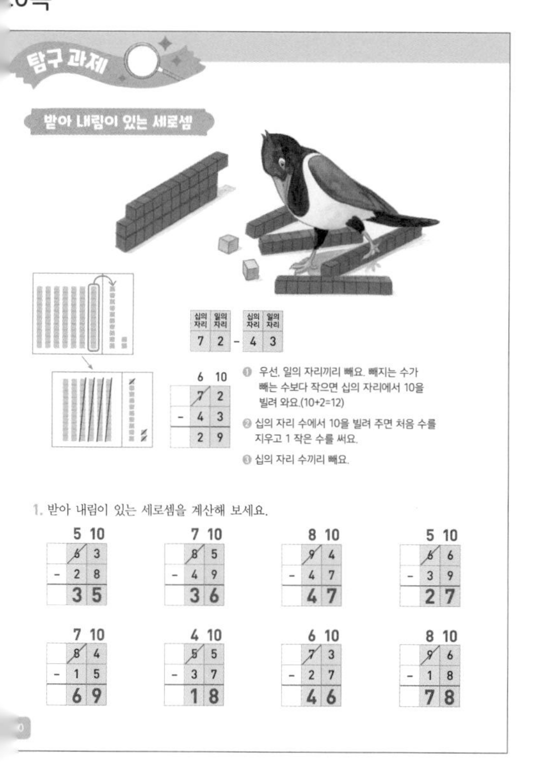
탐구 과제

받아 내림이 있는 세로셈

십의 자리	일의 자리		십의 자리	일의 자리
7	2	-	4	3

	6 10	
	7̸	2
-	4	3
	2	9

❶ 우선, 일의 자리끼리 빼요. 빼지는 수가 빼는 수보다 작으면 십의 자리에서 10을 빌려 와요.(10+2=12)
❷ 십의 자리 수에서 10을 빌려 주면 처음 수를 지우고 1 작은 수를 써요.
❸ 십의 자리 수끼리 빼요.

1. 받아 내림이 있는 세로셈을 계산해 보세요.

- (5 10) 6̸3 − 28 = 35
- (7 10) 8̸5 − 49 = 36
- (8 10) 9̸4 − 47 = 47
- (5 10) 6̸6 − 39 = 27
- (7 10) 8̸4 − 15 = 69
- (4 10) 5̸5 − 37 = 18
- (6 10) 7̸3 − 27 = 46
- (8 10) 9̸6 − 18 = 78

MEMO